Minyong Jichang Gongcheng Kancha

民用机场工程勘察

谢春庆 著

人民交通出版社股份有限公司

北京

内 容 提 要

本书在大量工程实践基础上,系统地研究了民用机场工程勘察理论、技术与方法,并重点对民用机场建设中关注的自然斜坡与高填方边坡稳定性问题、岩溶与土洞问题、地下水问题、场址稳定性问题、特殊性岩土问题等作了深入、细致研究;对填料勘察、洪水调查、应急勘察、机场勘察管理等作了系统分析与研究;对机场勘察中方法选择、合理时间确定、特殊土原状样的采取及保护、岩土参数取值、岩土工程分析等的难题做了有益的探索,提出了相应勘察方法、步骤和内容,相关成果具有重要的理论意义和实用价值。

本书内容系统、完整,案例丰富,理论紧密联系实际,操作性强,可供从事民用机场工程勘察、设计、施工和监理等技术人员使用,也可作为高等学校机场工程相关专业的参考用书。

图书在版编目(CIP)数据

民用机场工程勘察 / 谢春庆著. — 北京:人民交通出版社股份有限公司, 2016.12

ISBN 978-7-114-13530-9

Ⅰ.①民… Ⅱ.①谢… Ⅲ.①民用机场—工程地质勘察 Ⅳ.①TU248.6

中国版本图书馆 CIP 数据核字(2016)第 299444 号

书　　　名:民用机场工程勘察
著　作　者:谢春庆
责任编辑:李　喆
出版发行:人民交通出版社股份有限公司
地　　　址:(100011)北京市朝阳区安定门外外馆斜街 3 号
网　　　址:http://www.ccpcl.com.cn
销售电话:(010)59757973
总　经　销:人民交通出版社股份有限公司发行部
经　　　销:各地新华书店
印　　　刷:北京虎彩文化传播有限公司
开　　　本:787×1092　1/16
印　　　张:24.5
字　　　数:594 千
版　　　次:2016 年 12 月　第 1 版
印　　　次:2024 年 1 月　第 2 次印刷
书　　　号:ISBN 978-7-114-13530-9
定　　　价:68.00 元

序

　　民用机场工程勘察是机场建设的基础,勘察质量好坏直接影响机场建设安全、投资和工期,目前已有不少机场因为勘察质量原因引起了机场道槽的不均匀变形、过大变形、道面脱空与错台或断裂、高填方边坡过大变形、滑移或坍塌等重大工程问题,造成机场投资和工期的重大变更,甚至停航,造成巨大的经济损失。

　　本书作者在长年机场勘察、地基处理等生产与研究的基础上,结合工程实践,系统地研究了民用机场勘察的理论、方法和内容,并成功地指导了数十个新建、改扩建军用与民用机场勘察。该书是作者在总结多年机场建设经验与研究成果基础上编制而成,具有如下显著的特点:

　　(1)按机场建设程序和勘察阶段,全面地研究了选勘、初勘、详勘、专项勘察和施工勘察的特点、技术、内容和评价方法,能有效地指导机场建设全过程勘察,避免勘察工作遗漏和失误。

　　(2)深入地研究了土面区勘察工作布置,指出了目前机场勘察中存在的问题,可有效避免机场勘察中误区。

　　(3)系统地研究了岩溶地区机场勘察方法,深入分析了机场道槽区、土面区岩溶洞穴稳定性计算方法,提出了简单、实用、符合工程实际的洞穴稳定性判定方法。

　　(4)深入研究了河谷地区、冰碛层地区高填方机场的水文地质勘察、地下水观测和后评价方法,以及机场建设工程中地下水的工程效应,为地下水防治提供了科学依据。

　　(5)系统地研究了机场填料勘察,提出了岩溶地区、红层地区、冰碛层地区机场飞行区土石比勘察与确定的具体方法。

　　(6)首次系统地研究了机场应急勘察,提出了应急勘察的内容、方法和手段,以及报告编制要求。

　　(7)首次较为系统地研究了复杂场地干线机场岩土工程勘察管理、高高原机场岩土工程勘察管理、不停航机场勘察组织与管理。

　　(8)案例丰富,理论联系实际,可读性、可操作性强。

　　该书内容具有很强的实用性,在当前机场大规模快速建设时期,该书的出版对于从事民用机场建设领域勘察、设计、施工、监理与教学的工程技术人员来说是一本颇有价值的参考文献。

中国工程院院士:郑颖人

2016 年 6 月 20 日

前　言

　　随着社会和经济的发展，更多人出行选择安全、快捷、舒适的飞行，作为航空事业载体的民用机场建设飞速发展，目前仅我国西部地区在建和拟建的机场就达数十个，规划的通用机场达数百个。由于人们对乘机舒适的要求和飞机起降对机场的要求越来越高，现在和将来，我国新建和扩建的机场皆是现代化的标准机场。同时，为了节约土地并符合机场净空和环保等要求，我国机场建设正向"上山下海"发展，涉及的岩土工程问题越来越复杂，对机场勘察要求越来越高。工程实践证明，机场勘察质量对机场建设的质量、投资、工期影响越来越大，失败的勘察将给机场安全埋下隐患，导致整个机场投资猛增，工期拖长，后期维护费用增大，甚至导致整个机场的报废。

　　作者在 70 余个机场工程勘察、地基处理、岩土工程咨询项目的工程实践，以及高原机场快速勘察等研究和参编《军用机场勘测规范》、《民用机场勘测规范》、《高填方地基技术规范》、《民用机场高填方工程技术规范》的基础上，总结了民用机场勘察的经验与教训，系统地研究了机场工程勘察的内容、理论和技术方法，对机场建设关注的特殊地质条件和特殊性岩土问题、填料问题、洪水问题做了深入研究，对机场应急勘察、机场勘察管理等也作了较为系统地分析与研究，对机场勘察方法选择、合理时间确定、特殊土原状样的采取及保护、岩土参数取值、岩土工程分析等难题进行了有益的探索，提出了相应的勘察方法、步骤和内容。

　　本书撰写过程中得到了西部战区空军勘察设计院全体同仁，民航西南地区管理局徐德欣高级工程师、中国民航机场建设集团公司张合青教授级高级工程师、邱存家、周正飞高级工程师、杨彪工程师、空军工程设计研究局常书义高级工程师、成都理工大学冯文凯教授、贵州大学刘宏教授、空军工程大学种小雷教授、四川省地质集团胡勇生教授级高级工程师、原兰州军区空军勘察设计院李成星高级工程师、四川中奥建设工程试验检测有限公司罗鹏工程师等人的大力支持，特此致谢！

　　本书由四川中奥建设工程试验检测有限公司资助出版，本书撰写中借鉴和参考的主要文献已列出，但难免遗漏，在此谨向文献作者一并致谢。

　　由于作者水平有限，书中缺点和错误在所难免，敬请批评指正。

著　者

2016 年 5 月

目　　录

第3篇 机场工程专项勘察

第1章 绪 论

1.1 机场基础知识

1.1.1 机场的分类

机场是供飞机起降、停放、维护和组织飞行保障活动的场所。按照飞行场地的性质,可分为陆上机场、水上机场、冰上机场;按其隶属关系,可分为军用机场、民用机场、军民合用机场。

民用机场按用途分为运输机场和专业机场两类。运输机场是指为从事旅客、货物运输等公共航空运输活动的民用航空器提供起飞和降落服务的机场,可分为枢纽机场、干线机场、支线机场三种。专业机场有工厂、航校、航测、农业、森林防火、航空救护等专用机场。

目前我国蓬勃发展的通用机场,按《通用机场建设规范》(MH/T 5026—2012)对通用机场的定义:"指为从事工业、农业、林业、渔业和建筑业的作业飞行,以及医疗卫生、抢险救灾、气象探测、海洋监测、科学实验、教育训练、文化体育等飞行活动的民用航空器提供起飞、降落等服务的机场。"根据其对公众利益的影响程度可分为以下三类:

一类:指具有10~29座航空器经营性载人飞行业务,或最高月起降架次达到3000以上,或纳入政府应急救援及公共服务基础设施体系的机场以及民用航空器生产组装厂家、科研机构的试飞场。

二类:指具有5~9座经营性航空器载人飞行业务,或最高月起降架次600~3000,或具有对公众提供公共服务类飞行活动的机场。

三类:除一、二类外的通用机场。

1.1.2 机场的组成

民用机场由空域、飞行区、航站区、地面工作区和生活区组成。

1)机场空域

机场空域是根据飞机起降及飞行训练的需要而在机场上空划定的一定范围空间,主要由若干飞行空域组成。

2)飞行区及分级

(1)飞行区的组成

飞行区是供飞机起降和停放的场所,由机场净空和飞行场地(飞行区的地面部分)组成。

机场净空区是为了飞机起降安全而在机场周围划定的对人工和天然物体高度实行限制的区域。世界各国都制定了民用运输机场的净空标准,定出各级机场净空障碍物限制面的尺寸和坡度。为了确保飞机起降安全,在选择跑道位置和方向时,应使机场周围的净空符合相应的标准;在机场净空区内修建建筑物的高度也应按净空标准加以严格限制。

飞行场地是机场的主体。民用运输机场飞行场地的组成如图 1-1 所示,由升降带(包括跑道及停止道)、跑道端安全道地区、净空道、停机坪(包括站坪、过夜停机坪、修机坪、等待坪)、滑行道(包括主滑行道、端联络道、中间联络道、快速出口滑行道)等组成。跑道直接供飞机起飞滑跑和着陆滑跑用,是机场最主要的组成部分,通常用水泥混凝土筑成,也有用沥青混凝土筑成的。

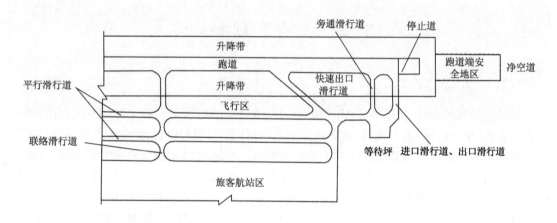

图 1-1 民用运输机场飞行场地(飞行区地面部分)组成

(2)民用运输机场飞行区的分级

为了使得机场各种设施的技术要求与飞行的飞机性能相适应,民用运输机场飞行区用两个指标进行分级(表 1-1 ~ 表 1-3)[1]。

飞行区等级指标 I   表 1-1

飞行区等级指标 I	飞机基准飞行场地长度 (m)
1	<800
2	800 ~ 1199
3	1200 ~ 1790
4	≥1800

飞行区等级指标 II   表 1-2

飞行区等级指标 II	翼展 (m)	主起落架外轮外侧间距 (m)
A	<15	<4.5
B	15 ~ 23.99	4.5 ~ 5.99
C	24 ~ 35.99	6 ~ 8.99
D	36 ~ 51.99	9 ~ 13.99
E	52 ~ 69.99	9 ~ 13.99
F	65 ~ 79.99	14 ~ 15.99

民用运输机场飞行区分级举例 表1-3

机场使用机型	飞机基准飞行场地长度（m）	翼展（m）	主起落架外轮外侧间距（m）	飞行区等级
ERJ145LR	2269	20.0	4.1	4B
CRJ200	1440	21.3	3.2	3B
ARJ21		33.9	4.7	B
波音－737－300	2749	28.9	6.4	4C
空客－320－200	2480	33.9	8.7	4C
空客－310－300	1845	43.9	10.9	4D
波音－707－200	2697	39.9	7.9	4D
波音－757－200	2057	38.1	8.7	4D
波音－767－200	1981	47.6	10.8	4D
空客－330－300	2560	60.3	12.0	4E
波音－747－400	3352	64.3	8.7	4E
空客－380	3350	79.8	14.3	4F

3）航站区、地面工作区

（1）航站区

航站区是指为航空运输业务（旅客和货物）的陆、空交换区域的统称，由航站楼、货运站、交通设施、供应服务设施等组成。

（2）地面工作区

地面工作区简称工作区，是指为保证运输飞行活动能持续和安全进行而设置的各种地面设施区域，通常有指挥、调度、气象、雷达、通信、导航等保障飞行安全顺利进行的设施，飞机维修、充电、油料、航材的储备和供应等保障飞行活动能持续进行的设施，供机场各类人员用的办公用房等。

1.2 机场场地复杂程度、勘察等级划分

1.2.1 民用机场场地复杂程度、地基等级划分[3]

民用机场场地复杂程度、地基等级划分与《岩土工程勘察规范》（GB 50021—2001）类似，并在此基础上进行机场勘察等级划分。

1.2.2 机场场地的复杂程度划分

（1）符合下列条件之一者为一级场地（复杂场地）：

①抗震设防烈度等于或大于8度，分布有存在潜在地震液化可能性砂土、粉土层的地段；

②不良地质作用强烈发育；

③地质环境已经或可能受到强烈破坏；

④地形地貌复杂或飞行区填方高度大于或等于20m；

⑤滩涂或填海造地场地。

（2）符合下列条件之一者为二级场地（一般场地）：

①抗震设防烈度等于7度,分布有存在潜在地震液化可能性砂土、粉土层的地段;

②不良地质作用一般发育;

③地质环境已经或可能受到一般破坏;

④地形地貌较复杂或飞行区填方高度大于或等于10m。

(3)符合下列条件者为三级场地(简单场地):

①抗震设防烈度等于或小于6度的场地;

②不良地质作用不发育;

③地质环境基本未受破坏;

④地形地貌简单或飞行区填方高度小于10m。

注:从第(1)条开始,向第(2)、(3)条推定,以最先满足的为准。

1.2.3 机场地基等级划分

(1)符合下列条件之一者为一级地基:

①岩土种类多,性质变化大,地下水对工程影响大,且需特殊处理;

②软弱土、湿陷性土、膨胀土、盐渍土、多年冻土等特殊性岩土,以及其他情况复杂,需作专门处理的岩土。

(2)符合下列条件之一者为二级地基:

①岩土种类较多,性质变化较大,地下水对工程有不利影响;

②除本条第一款规定以外的特殊性岩土。

(3)符合下列条件者为三级地基:

①岩土种类单一,性质变化不大,地下水对工程无影响;

②无特殊性岩土。

1.2.4 民用机场勘察等级划分

民用机场工程勘察等级划分是根据场地复杂程度、地基等级和飞行区指标综合确定,具体划分根据表1-4综合分析确定。

民用机场勘察等级划分 表1-4

勘察等级	确定勘察等级的条件		
	场地复杂程度	地基等级	飞行区指标Ⅱ
甲级	一级场地(复杂场地)	一级、二级、三级	C、D、E、F
	二级场地(中等场地)	一级	C、D、E、F
		二级、三级	E、F
	三级场地(简单场地)	一级	C、D、E、F
		二级、三级	E、F
乙级	二级场地(中等场地)	二级	C、D
		三级	C、D
	三级场地(简单场地)	二级	C、D
丙级	三级场地(简单场地)	三级	C

1.3 机场工程勘察概述

1.3.1 机场工程勘察的内容

机场作为航空事业的载体正随着社会发展而迅速发展。机场的建设包括机场勘察、设计、施工和维护四个阶段。机场勘察作为机场建设的最初阶段,为机场的设计提供基础资料。勘察质量的高低,对机场的定位、设计、投资及使用具有重要的影响。成功的勘察,将为机场建设节约工期和大量的投资;失败的勘察可能导致整个机场投资增大,工期的增长,甚至整个机场的报废。

机场的勘察内容总体上可分为两个部分:工程测量和工程地质或岩土工程勘察,人们习惯上将工程地质或岩土工程勘察称为机场工程勘察。工程测量的内容包括控制测量、水准测量、地形图测量。地形图测量包括1∶5000、1∶2000、1∶1000的方格网地形测量。工程地质勘察随机场建设要求的增高,其内容不断增加,除传统工程地质外,还包括水文地质、灾害地质、环境地质、天然建筑材料勘察等,是一个系统的勘察工程。

1.3.2 机场工程勘察的阶段

机场工程勘察的阶段可分为选址勘察、初步勘察、详细勘察和施工勘察4个阶段。选址勘察简称选勘,其任务主要是为初拟的数个场址提供比选基础资料;初步勘察简称初勘,其任务是在设计确定的场址上进行初步勘察,为机场的预可行研究、可行性研究提供地质依据;详细勘察简称详勘,是在初勘的基础上,增加勘察方法,加大勘察密度,对场地进行的勘察,目的是为初步设计、施工图设计提供岩土工程资料;施工勘察是在施工过程中进行的勘察,目的是对详勘提出的疑问、设计提出需要进一步查明的问题、施工中新发现的岩土工程问题等进行勘察。施工勘察常常是小范围、局部的、短时间的勘察。

针对上述4个勘察阶段提出的关于机场场址确定、机场建设和运营安全、制约机场建设投资和工期的关键性工程地质或岩土工程问题等可进行专项勘察,如断裂活动性专项勘察、斜坡稳定性专项勘察、水文地质专项勘察、岩溶专项勘察等。

1.3.3 机场工程勘察的主要方法

机场工程勘察的主要方法有工程地质测绘、物探、钻探、原位试验、室内试验等。原位试验的方法有动力触探、静力触探、静载荷试验、反应模量试验、干密度试验等;室内试验的内容很多,因机场工程地质条件的不同,试验项目差异很大,总体上有岩土常规试验、抗剪试验、抗压试验、高压固结试验、膨胀土试验、冻土试验、有机质试验、土腐蚀性试验、颗分试验、建材试验等。

1.3.4 机场工程勘察的特点

从形态上讲,房屋建筑可视为点勘察,公路、铁路为线勘察,机场则为面勘察。机场勘察的范围常为数平方千米或数十平方千米。机场勘察须作面勘察的原因在于:面积大;道槽区地基沉降变形要求很高,跑道纵向工后沉降要求小于 $1.0‰ \sim 1.5‰$。

机场勘察具有如下的特点:

(1)系统性强。机场工程勘察为选勘、初勘、详勘和施工勘察等一系列连续过程,服务于机场场址确定、机场规划和布局、岩土工程设计、施工、检测、监测和监理;勘察内容涉及地质学、工程地质学、岩石力学、土力学、地球物理学、地球化学、水文地质学、地震学、土木工程学、测量学、采矿学、水文学、环境学、材料学等多个学科,综合性、系统性、实践性很强;勘察手段包含了几乎所有工程勘察方法。机场工程勘察必须具有天、地、人的大系统观点:除考虑场地工程条件的适宜性外,勘察中须考虑机场建设对周边地质环境的影响,考虑气候对飞行的影响,考虑飞行对人的影响,考虑人对气候的适应性,考虑机场供水供电的经济性,考虑场址的位置对地方经济的带动作用,只有这样才能选择合适的勘察方法和手段,才能为设计提出合理的建议。也就是说,机场工程勘察本身具系统性,作为机场勘察的主体——人,要具系统的观点。

(2)要求高。机场一般属国家重点投资项目,勘察等级一般为甲级。

(3)勘察内容多,精度要求高。

(4)勘察范围广。机场建设场地面积数平方千米或数十平方千米,加上天然建材、水源地和水利设施等的勘察,实际的勘察面积常大于 $100km^2$。

(5)勘察难度大。由于飞行区为直面,不可回避像河流、淤泥地、深沟、高山等障碍,常缺乏供水供电设施,施工困难。

(6)责任大。机场为重点工程,投资数亿元至数十亿元,甚至近千亿元。任何一点失误皆会导致机场建设工期推迟,投资的增大,严重的失误甚至导致整个机场工程的下马,造成极大的经济损失和恶劣的社会影响。

1.3.5 机场勘察的主要依据

机场勘察的依据主要有:

(1)《××机场工程勘察合同》。

(2)《××机场工程勘察要求》。

(3)国家行业标准《民用机场勘测规范》(MH/T 5025—2011)。

(4)国家军用标准《军用机场勘测规范》(GJB 2263A—2012)。

(5)国家标准《岩土工程勘察规范》(GB 50021—2001)。

(6)国家标准《土工试验方法标准》(GB/T 50123—1999)。

(7)国家标准《土的分类标准》(GB/T 50145—2007)。

(8)国家标准《建筑地基基础设计规范》(GB 50007—2011)。

(9)国家标准《建筑抗震设计规范》(GB 50011—2010)。

(10)国家标准《膨胀土地区建筑技术规范》(GB 50112—2013)。

(11)国家标准《工程测量规范》(GB 50026—2007)。

(12)国家标准《建筑边坡工程技术规范》(GB 50330—2013)。

(13)国家行业标准《软土地区岩土工程勘察规范》(JGJ 83—2011)。

(14)国家行业标准《建筑桩基技术规范》(JGJ 94—2008)。

(15)国家行业标准《建筑基坑支护技术规程》(JGJ 120—2012)。

（16）国家行业标准《建筑工程地质勘探与取样技术规程》（JGJ/T 87—2012）。

（17）国家行业标准《建设用砂》（GB/T 14684—2011）。

（18）国家行业标准《建设用卵石、碎石》（GB/T 14685—2011）。

（19）国家行业标准《民用机场飞行区土（石）方与道面基础施工技术规范》（MH 5014—2002）。

（20）中国工程建设标准化协会《岩土工程勘察报告编制标准》（DB21/T 1214—2005）。

（21）其他，包括相关专业勘察规范、地方勘察规范。

1.4　机场发展趋势[4]

随着社会和经济的发展，更多的人出行选择安全、快捷、舒适的飞行，使得机场建设飞速发展，如目前仅我国西部地区在建和拟建的机场就达数十个，规划的通用机场达数百个。同时，人们对乘机的舒适要求和飞机起降对机场的要求（包括飞行场地长度、平整度、净空等）也越来越高，机场建设必向高标准发展，现在和将来，我国新建和扩建的机场皆是现代化的标准机场。为了节约土地并符合机场净空和环保等要求，我国和国际上机场建设场地发展方向是"上山下海"，牵涉到的岩土工程问题将越来越复杂，具体表现在三个方面：

（1）特殊土地基处理问题。

（2）山区机场建设中的高填方问题。

（3）海上机场建设问题。

这三点代表了国际上岩土工程界相关领域最高水平。机场建设要求增高，必将使机场工程勘察的难度、工作量和责任大幅度增大，机场勘察工作者须引起足够的重视。

第1篇

机场工程勘察
技术方法

机场建设是综合性很强的工程,包括场道工程(面)、进场公路(线)、房屋建筑(点)、隧道工程、地下洞室、供油工程、给排水工程等。在平面上跨越的地质和工程地质单元多,涉及几乎所有的工程地质或岩土工程问题。它不仅受地质和地理因素影响,也受到许多机场建设因素的影响,因此,机场工程地质勘察无论在内容、要求、方法、广度、深度、重点、评价方法等方面都有自己的要求和特点,选择合适的勘察技术方法十分重要。机场工程勘察的方法包括工程地质测绘、工程物探、钻探、原位测试、室内试验等。

第2章　工程地质测绘

工程地质测绘是在勘察场地及其外围观察、量测并记录描绘与工程直接或间接有关的各种地质要素,为绘制综合工程地质图等提供依据的工作。工程地质测绘突出的优点是在短时间内花费较少的资金,查明较大范围内的工程地质条件。机场工程实践证明工程地质测绘是评价场址适宜性、制订正确勘察方案的主要依据,是避免勘察事故、提高勘察效率和勘察效益的重要途径和手段。

2.1　测绘的方法

2.1.1　定义与原则

机场工程地质测绘方法与一般工程地质测绘的方法相同,即沿一定的勘察路线作沿途观察和在关键的点位上进行详细观察和描述。测绘的原则是以最短的路线观测到最多的工程条件和现象。

2.1.2　工作一般顺序

机场工程地质测绘的顺序一般是首先在室内阅读已有的研究资料,明确测绘中需要重点研究的问题并编制工作计划;其次在室内进行卫星遥感影像和航测照片的解译,对区域工程地质条件做出初步的总体评价和判明工程地质条件各个单元的一些标志;再后是进行现场的踏勘,选定测绘路线,测制地质剖面,了解场区地层,确定地层的时代和划分的标准等,编制测绘纲要;最后,按测绘纲要,组织人员进场测绘。

2.1.3　测绘路线

在选址勘察和初步勘察阶段,测绘的面积大,已有的地形图比例往往比较小,设计索要资料的时间短,一般可按穿越岩层或横穿地貌、自然地质现象单元来布置观测路线。在详细勘察时,则以追索走向和地质单元边界为测绘路线。

2.1.4　测绘工作要点

(1)场道工程的地质点、地质界线,以及场区和临近影响区域中重大岩土工程问题的范围界线用仪器测定,实地测量误差不应大于5cm。

(2)现场测绘和资料整理中要特别注意把点与点、线与线之间观察到的现象联系起来,并及时地综合资料,及时地发现问题,克服孤立、片面地观察、分析地质现象,以及整理资料中拖延现象,使工程地质测绘真正起到指导后续勘察的作用。

2.2 机场工程地质测绘作用[5]

下面以案例来说明工程地质测绘的作用。

2.2.1 工程地质测绘成果是评价机场场址适宜性的主要依据之一

位于嘉陵江畔的 NZ 机场,场址位于Ⅲ级阶地上,宽谷缓丘地貌。场区地层是呈二元结构的黏性土和砂卵石层。勘察单位接受任务后,仅进行简单的调查访问后,即按规范布孔施钻,随后即提交简单的工程勘察报告,场址评价是工程地质条件良好,无不良地质现象。可是机场土方施工中发现,砂卵石层中分布着无规律的老金洞,纵向洞深达数十至数百米。在降雨的作用下,挖方地基发生了无规律的塌陷,致使工期推迟两年多,直接经济损失数千万元。

分析事故原因发现,机场工程勘察缺失了工作地质测绘阶段。嘉陵江发源于秦岭山脉,切割含金地层,其河床冲洪积物中必然含金(现在还有人在采沙金),古人在阶地的砂卵石层中采金完全可能,况且场区已有数个塌陷老金洞口。有了金洞,不难想到要弄清金洞的数量、洞深、埋深、方向与跑道关系等,分析它的危害性,并把它作为一种不良地质现象处理。虽然年代久远,常规调查困难,但应建议甲方增列专项勘察。勘察结果必然建议甲方更换场址或作好相关预案,可以避免机场建设的重大损失。

相反,四川 MY 机场具有相似的工程地质条件,通过测绘查明了金洞口的位置,初步分析金洞分布规律,向建设单位说明了金洞可能引起的潜在危害,增列了专项勘察,查明了金洞分布规律、稳定性,并及时地进行了处理,避免了重大灾害的发生。所以,工程地质测绘成果是机场场址选择、适宜性评价不可缺少的依据。

2.2.2 工程地质测绘是制订勘探方案的主要依据

制订勘察方案的依据很多,有规范和勘察要求、甲方要求、领导的意图等,但是最主要的、最合理的是工程地质测绘成果。如规范规定简单场地详勘阶段孔间距 100～150m,若工程地质测绘中发现有很好的剖面,且岩土物理力学性质良好时,钻孔间距可能就是 300m 或 500m。简单场地中若有局部不良地质现象时,钻孔间距可能是 30m 或 10m。反之,复杂场地虽然规范规定钻孔间距 50m,但工程地质测绘确定的局部工程地质条件良好地段,钻孔间距可能是100m,甚至 300m。所以,一个有经验岩土工程师布置的钻孔图,常常不是规正的方格网。

位于长江南岸的 WZ 机场,主要地层是第四系松散堆积层、侏罗系河湖相砂泥岩互层,属中切河谷的低山丘陵地貌。作者通过详细的工程地质测绘,查明了场区地貌、地层、水文地质、环境地质及不良地质现象基本状况,综合分析后,确定了各个阶段工作内容和勘探工作重点:查明填方区第四系松散层和基岩全强风化层的厚度及物理力学性质,泥化夹层分布、厚度、抗剪性能;斜坡稳定性等。根据勘察重点调整和优化整个场区的原勘察方案,如钻孔多布设在道槽区的填方区段、边坡稳定影响区;现场载荷试验布设在接近道面设计高程区域,大剪试验布置在边坡稳定影响区;室内试验中道槽区重点进行固结试验、边坡稳定影响区重点进行抗剪试验等。优化后的勘察工作较原建设单位、设计单位提出勘察方案节省钻孔 30%,现场试验

20%，室内试验25%，工期提前25%。目前，机场已建成，未发现任何没有查清的工程地质问题，为建设单位节约了大量资金和时间，同时也节约了勘察经费，反映良好。

西南边陲的TC机场，详勘阶段作者所在单位中标，勘察要求中将钻孔、取样位置、试验位置等详细地标在地形图中，并明确了各个钻孔深度、样品试验项目等。作者在详细的水文地质工程地质测绘后，提出了钻孔、试验点和项目调整和优化建议，并与建设单位和设计人员沟通，且明确勘察的工作量将节省20%以上。非常遗憾，建设单位和设计人员未采纳作者建议。迫于后期报告审查、勘察质量责任、费用和工期等压力，以单位公函形式向建设单位提出正式建议，要求正式回复，并将公函和回复函附在勘察报告中。同时在报告中明确了按原勘察要求未查明场区工程地质条件，提出后期勘察建议。在勘察报告审查、初步设计审查中，专家支持了作者意见，强烈建议由作者进行补充勘察工作，在此基础上重新审查修改后的初步设计文件。按作者建议勘察方案，30天完成了补充勘察工作，查明了场区地层、地貌、水文地质条件、工程地质问题，提出了合理的岩土参数，进行了正确的工程地质条件评价和提出跑道优化和地基处理措施建议。

补勘工作中通过精细的工程地质测绘、钻探和试验工作，发现了场区东北端三个大型滑坡，获取相关岩土参数，进行了稳定性分析和评价，提出了跑道优化建议，避免了该机场建设的重大灾害，节省投资5000余万元。

2.2.3　工程地质测绘是避免勘察质量事故的重要手段

西南中部LT机场位于宽阔平坦的长江Ⅱ级阶地上，一条宽约10m的小河横穿场区。1997年，该机场改扩建中对小河的处理有两个方案：一是跑道下架设涵洞；二是河流改道。航站楼也有两个比较方案，其中方案2交通较方便。经核算，若地层主要为砂卵石层，河流改道和航站楼方案2都比较经济。从表面上看，场区都是卵石层或物理力学性质良好的黏性土。勘察单位在勘察了跑道和航站楼方案1后，获得了地基持力层为砂卵石层结论，即推测航站楼方案2和河流改道处地基也为砂卵石层，并提交工程勘察报告，造成了整个场区地基都为砂卵石层的假象，致使设计人员选择了实际地基为淤泥和粉细砂的航站楼方案2和河流改道方案，造成拖延工期近4个月，直接经济损失二百余万元。分析事故原因，除责任心外，就是缺少了工程地质测绘。如果进行常规工程地质测绘，并把成果进行简单的河流动力学和沉积学理论分析，就可得知航站楼方案2和河流改道处最有可能沉积细粒物质，在排水不畅时，长期浸泡软化第四系粉土、砂土和黏性土，形成软弱土层，应作为重点勘探区。所以在第四系覆盖良好的河床阶地、平原(坝)区，工程地质测绘工作仍然有着不可忽视的作用，只是工作重点应放在研究地貌成因和松软土层分布与物理力学特性方面。

又如西南西部YB机场，场址位于Ⅰ～Ⅱ级阶级上。扩建勘察中，工程地质测绘除查明场区地貌、地层、构造外，还着重调查了场区及附近泥石流、崩塌发育规律，尤其是观测到阶地结合部位的一层建筑出现了裂缝，敏感地意识到它的下面可能存在淤泥等软弱土层，可能造成阶地结合部位填土不均匀沉降和接触面上的滑动，所以加密布置了钻孔，揭露了厚层的饱水松散的粉土和粉砂。若机械地按规范布孔，孔位就不在阶地的结合部位，将给机场建设留下隐患，造成重大损失。

相反，西南SL机场在新建第二跑道勘察中，在未进行详细工程地质测绘的前提下，按勘察规范和要求机械地布置钻孔,漏勘了两孔间原池塘填土下软弱土层,使得该机场二跑道建成后该区域发生了过大沉降,对飞行安全构成了较大威胁,不得不停航处理,造成了恶劣的社会影响。

再如四川 NJ 机场,场地位于涪江的 Ⅱ～Ⅳ 级阶地上,作者接手负责该项工程勘察时,被告之机场已作了详勘,场区地质条件较好,无不良地质现象发育,并提交了详勘报告,仅对设计优化部位,补充少许勘察即可。但分析了移交的勘察资料后,发现未作工程地质测绘工作,且勘探手段单一;填方区所在的沟谷中由于施工条件困难,极少有钻孔控制,存在漏勘重大工程地质问题可能,存在高填方边坡由于下卧软弱层未查清、未处理而滑塌可能,存在道槽区地基不均匀沉降可能。作者把这些情况向上级汇报后,仔细收集区域资料和当地的建设资料,拟定了详细的补充勘察方案。

(1)补充了全场区 1∶1000 的工程地质测绘,发现了下列不良地质现象:

①场区部分民房开裂,其黏性土持力层具有弱膨胀性。

②填方区部分地段分布软塑黏性土、饱水粉土、淤泥等,力学性质差。

③斜坡稳定性差,存在小型崩塌、滑坡等。

④填方区部分地段地下水位高,地下水对填方地基浸泡软化严重。

⑤洞窖问题,尤其在场区发现了 5 个金洞,并提议甲方立即作了专项勘察。

(2)根据测绘获取的第一手资料,进行综合分析后,针对性布置了勘察工作,获取了丰富的成果:

①在沟谷中布置钻孔、探坑,并根据实际情况加密钻孔,查明了填方边坡稳定影响区、道槽区软弱土分布。勘探发现,高填方局部地段可塑粉质黏土下淤泥厚达 3.0m,曾陷入过大水牛而不能自拔,极具有隐害性。如不处理,填方后边坡必将滑塌,后果非常严重。

②进行了标贯、静探、动探、载荷、大型剪切试验等原位试验,获得了可靠的变形模量、承载力、抗剪参数等岩土参数。

③采取原状样品,重点完成了压缩、剪切等强度试验。

④采用物探、动探、标贯、钻探等手段,查明了金洞的分布、埋深、规模和稳定性。

⑤采用泉点调查、钻孔水位测量、抽水试验等手段,查明了场区的水文地质条件,深入分析了地下水工程效应,提出了防治措施。

⑥将补充勘察资料与前期勘察资料进行综合分析、整理,编制完整的机场勘察报告,并把成果及时提交给设计、施工部门。

该机场已于 2002 年建成通航,施工和营运中未发现任何与勘察成果中相违背的地质现象。补充勘察避免了建设中的事故,节约了大量的资金,深得建设单位和设计单位的好评。

2.2.4 工程地质测绘是节省勘察工作量、提高勘察效率、节约勘察经费的重要途径

西南东部 XY 机场,场区位于低山丘陵的岩溶地区,工程地质条件复杂。勘察单位接受任务后,并不是仓促上钻,而是组织力量进行了资料的收集整理和详细的工程地质测绘,并着重调查了岩溶、地表裂隙发育规律,井、泉分布,场区淤泥等软弱土分布、厚度等。尔后结合物探资料,布置钻孔。钻孔揭露溶洞准确率达 75% 以上,有效地控制岩溶发育规律,查明了场区工程地质条件和不良地质现象。经对比,勘察单位施钻数量比规范要求少 71 个,节约钻探费上

百万元,节约时间 40 多天。如果把工程勘察比作砍柴工程的话,地质测绘是"磨刀",磨刀是不费砍柴工的。

AL 机场为海拔 4000m 以上的高高原机场,接受勘察任务时已是 10 月份,场地是冰天雪地,高寒缺氧,采用常规勘察,无法按要求在 80 天内完成 5 个场址的选勘任务。鉴于上述情况,作者选择了基于"3S"技术的高原机场快速勘察方法:

(1)将勘察项目部分为单位驻地内业和工地现场外业两大组;内业组负责在单位完成遥感卫星地质解译工作,并在外业组到达工地前将包含地层、构造、工程地质问题的解译成果传到现场。

(2)外业组根据解译成果,分析场区工程地质条件、选择工程地质测绘路线、测绘内容、测绘重点等,实施过程中不断优化和调整。

(3)外业组分为工程测量组、水文地质工程地质测绘组、钻探组和试验组。地质测绘组分为 3 个小组,由地质经验丰富的工程师带队。以绘制有等高线的 1∶5000 的卫星遥感地质解译图像作为底图进行现场测绘,并根据现场调查情况将地貌、地层界线、工程地质问题类型、规模和位置作为重点测绘内容,划分工程地质单元并进行初步评价。在每个地质单元布置 1 条剖面或 1~2 个钻孔,进行工程地质分析、推测验证,进行现场标贯、动探、微型贯入试验等。

(4)通过上述以水文地质工程地质测绘为主,物探、钻探、探井和现场试验为辅的方法,25 天就查明了 5 个场址地形、地貌和主要的工程地质问题,并对场址的优缺点进行了对比。发现 5 个场址均存在移动性沙丘、泥石流、厚层软弱土、盐渍化冻土、大面积砂土液化等重大工程地质问题一种或几种,均不适宜机场建设,如图 2-1、图 2-2 所示。

图 2-1　移动性沙丘　　　　　　　　　　　图 2-2　盐渍化冻土

(5)根据建设单位要求,采用上述方法,在 10 天内选出了满足机场建设要求的场址,目前该机场已建成通航。

2.2.5　工程地质测绘是技术人员获得科技成果的起点

在 NJ 机场工程地质测绘中,观测到场区边坡稳定性与植被有着密切关系。通过深入分析获得了目前或今后一段时间内,场区水杉、松柏等速生林对边坡稳性作用不利一面大于有利的一面,在降雨、风等诱导作用下,促使边坡向不稳定方向发展,建议建设单位进行了边坡稳定性与植被关系研究;LS 机场、RKZ 机场改扩建和 ML 机场工程测绘中发现场道部分砂土、粉土在地下水作用下具有砂土液化可能性,可能造成地基失效和道面脱空,针对性地进行了高烈度河谷地区砂土、粉土液化特性研究;对 KD 机场、YD 机场经过地质测绘确定了场区冰碛土和地下水问题是场区主要工程地质问题,建议建设单位进行了冰碛土专项试验与研究;GZ 机场在地质测绘后确定了软弱土、冻土、泥炭土、地下水分布区的高填方边坡稳定性是制约机场建设的关键,建议建设单位进行了"高地震烈度下高填方地基变形与稳定性研究";AL 机场在地质测绘后发现盐渍土是影响机场建设投资与工期关键因素,建议建设单位进行了盐渍土工程特性研究;QJ 机场改扩建工程地质测绘后发现膨胀土对场道稳定性起控制作用,并决定着建设投资,建议进行了膨胀土处理技术研究。BJ 机场、CS 机场、LZ 机场、WS 机场、WN 机场等工程地质测绘后发现地形复杂,岩溶强发育,钻探成本高,效率低,针对每个机场特点,展开岩溶洞穴探测方法研究。TR 机场、XY 机场等在地质测绘后发现红黏土发育,但位置偏僻,交通条件差,当地实验室无法完成机场相关室内试验,即进行了红黏土原状土样保护方法研究,获得了红黏土原状土样长效保护方法;YB 机场、YL 机场、FL 机场、BZ 机场等在地质测绘后发现全强风化砂岩为场道地基主要持力层,具有原生岩体强度高,但扰动后强度急剧降低,且难以压实的特性,即展开了原状土样取样方法和全强风化砂岩工程特性研究。

上述研究课题建议和开展均在工程地质测绘后获取了场区总体认识的前提下进行的,作为课题的建议单位和机场勘察单位理所当然地参与了课题,获得了众多的研究成果,有效地指导了设计和施工,避免了重大工程事故,节省了工期和投资。所以工程地质测绘不仅是勘察技术人员获取成果的起点,也是设计人员获取成果基础。没有完善的工程地质测绘就没有对机场区域地质总的认识;没有了优秀地勘成果,也就失去优秀设计的基础。

综上所述,工程地质测绘是机场勘察首要的、最基本的方法,它是评价场址适宜性,制定正确勘察方案的主要依据;它是避免勘察事故,提高勘察效率和勘察效益的重要途径和手段;它也是纠正某些非专业人员关于"机场工程勘察就是打钻"错误认识的重要方法。机场工程勘察必须重视工程地质测绘。

第3章 工程勘探

3.1 工程物探

3.1.1 概述

地球物理勘探简称物探。凡是以各种岩、土物理性质的差别为基础,采用专门的仪器,通过观测天然或人工的物理场变化来判断地下地质情况的方法,统称为物探。用于工程勘察中的物探,习惯上称工程物探。工程物探的优点是效率高、成本低、仪器和工具比较轻便。物探与工程地质测绘、坑探、钻探密切配合,对指导地质判断、合理布置钻孔、减少钻探工作量等方面能取得良好的效果。物探的类型很多,主要有电法勘探、电磁法勘探、地震勘探、声波探测、重力勘探、磁力勘探与放射性勘探等。机场工程勘察中常用的有电法勘探、地震勘探、地质雷达等。每一种勘探方法都有一定的适用范围,表3-1为我国常用物探方法的适用条件。

我国常用物探方法的适用条件　　　　　　　　　表3-1

方　　法			应 用 范 围	适 用 条 件
直流电法	电阻率法	电测深	(1)了解地层的岩性、基岩埋深; (2)了解构造破碎带、滑动带的位置,裂隙发育方向; (3)探测含水构造,含水层分析; (4)寻找地下洞穴	(1)探测的岩层要有足够的厚度,岩层的倾角不宜大于20°; (2)分层的ρ值有明显差异,在水平方向没有高电阻或低电阻的屏蔽;地形比较平坦
		电剖面	(1)探测地层、岩性分界面; (2)探测断层破碎带的位置; (3)寻找地下洞穴	分层电性差异较大
	电位法	自然电场法	判定在岩溶,滑坡以及断裂带中地下水的活动情况	地下水埋藏较浅,流速足够大,并有一定的矿化度
		充电法	测定地下水流速、流向、测定滑坡的滑动方向或滑动速度	含水层深度小于50m,流速大于1.0m/d,地下水矿化度微弱,围岩电阻率较大
交流电法	频率测深法		查找岩溶、断层、裂隙及不同的层面	—
	无线电波透视法		探测溶洞	—
	地质雷达		探测岩层界面、洞穴	—
地震勘探	直达波法		测定波速,计算土动弹性参数	—
	反射波法		测定不同的地层界面	界面两侧介质的波阻抗有明显的差异,能形成反射面
	折射波法		测定性质不同的地层界面,基岩埋深、断层位置	离开震源一定距离(盲区)才能接收到折射波

17

方　法		应 用 范 围	适 用 条 件
声波法		测定动弹性参数,测定洞室围岩松动圈或应力集中范围	—
测井	电视测井	观测钻孔井壁	以电源为能源的电视测井不能在浑水中进行,如以超声波为能源则可在浑水中进行
	井径测量	测定钻孔直径	—
	电测井	测定含水层特性	—
	井间层析成像	探测孔间洞室、裂缝、破碎带位置	探测目标与周围介质电性差异明显

3.1.2 电(磁)法勘探

电法勘探简称电探,是利用仪器测定岩、土导电性的差异来判断地质情况的一种物探方法。电探的种类很多,按电场性质可分为人工电场法和自然电场法。人工电场法又可分为直流电法和交流电法,我国目前机场勘察中用得较多的是直流电法。直流电法按其电极装置的不同,分为电阻率法(包括电剖面法、电测深法及高密度电阻率法)和充电法。电磁法勘探是利用仪器测定岩、土导电性和导磁性的差异来判断地质情况的一种物探方法,电磁法勘探类型很多,如频率电磁法、瞬变电磁法、音频电磁法、地质雷达等,机场工程勘察中常用的电磁勘察方法为地质雷达。

1)电阻率法

(1)基本原理

利用不同岩层或同一岩层由于成分、结构而具有不同电阻率的性质,将直流电通过接地电极供入地下,建立稳定的人工电场,在地表量测某点垂直方向(电测深法)或某剖面水平方向(电剖面法)的电阻率变化,从而判别岩层的分布或地质构造特点的方法,称为电阻率法。根据电极排列形式和移动方式的不同,电阻率法可分为电剖面法、电测深法和高密度电阻率法。

(2)电剖面法

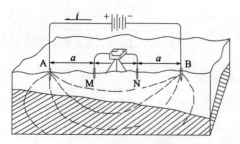

图 3-1　对称四极电测深法的装置
A、B-供电电极;M、N-测量电极

电剖面法是测量电极和供电电极间距保持不变,而测点沿一定测线方向移动,以探测某一深度内岩性水平变化的方法。按电极排列形式和移动方式的不同,又可细分为对称四极剖面法、复合对称四极剖面法、三级剖面和联合剖面法、偶极剖面法、中间梯度法。图 3-1 为对称四极电测深法的装置情况。A、M、N、B 4 个电极布置在一条直线上,量测电极 M、N 布置在电极 A、B 中间,量测时 M、N 不动(当 A、B 增大到一定值后,M、N 按极距选择要求增大),对称式增大 A、B,每移动一次 A、B 测得一次岩土的电阻率;或 A、B 和 M、N 按一定的比例同时增大,测量岩(土)体的电阻率。

电剖面法一般用来解决一些定性的地质问题,只有在条件极为有利的条件下,才能做一些粗略的定量解释。它适用于探测:

①电性差异的不同地层接触面的起伏情况。

②有电性差异的陡立地层接触面。

③含水或泥质充填的宽大破碎带。

④较厚而有明显电性标志的断层。

(3)电测深法

电测深法是在地表某点(测深点)为中心,用不同供电极距测量不同深度的电阻率,获取该点垂直方向视电阻率变化情况,从而获得该点的地质断面的方法。根据电极距,可分为普通电测深法和高密度电测深法。

电测深适用于:

①地层在水平(<20°)和垂直方向的分界线,基岩起伏情况,古河床的位置,岩层裂隙的主导发育方向及其随深度的变化情况。

②含水层的分布、分层、厚度及埋藏深度等。

③构造破碎带的位置及范围,滑动面的位置及含水性质,岩溶洞穴的分布情况等。

(4)高密度电阻率法

高密度电阻率法,原理与普通电阻率法相同,但通过改进测定方法、仪器设备及资料处理,可提供地下一定深度范围内横向和垂向电性变化情况,具有电剖面法和普通电阻率法优点。

高密度电阻率法适用于地形平缓、覆盖层薄条件下探测:

①覆盖层、风化带及基岩面起伏形态。

②隐伏断层、构造破碎带的位置。

③含水层的分布、分层、厚度及埋藏深度等。

④滑坡、洞穴、采空区位置、分布情况等。

⑤地下管线、构筑物等。

(5)工程应用

机场勘察实践证明,人工跑极的高密度电测深能有效克服地形影响,实测中可对曲线上的畸变点进行重复读数,防止畸变数据干扰,对机场场地浅部岩溶洞穴、破碎带、隐伏构造、地下水和地层分布的探测效果良好。原成都军区勘察设计院在西南地区对兴义机场、磊庄机场、贵阳机场、德江机场、毕节机场、沧源机场、昆明长水机场等 20 余个复杂地形的岩溶场地进行人工跑极高密度电测深物探,并结合工程地质测绘、钻探等手段,查明了场地中溶洞、破碎带、地层分布。装置为垂向对称四极电测深,仪器最大工作电压为 450V。野外实测点距为 5m,个别异常段加密至 2.5m。极距 $AB/2 = 2m$、$3m$、$5m$、$7.5m$、$10m$、$12.5m$、$17.5m$、$22.5m$、$27.5m$、$32.5m$、$37.5m$、$42.5m$、$47.5m$、$52.5m$、$62.5m$、$72.5m$、$82.5m$、$92.5m$、$102.5m$,$MN/2 = 1.5m$。

2)充电法

(1)基本原理

充电法是将 A 极置于要观测的良导电性地质体内,将 B 极置于足够远处接地,供电后,量测 A 处电场等位线的形状或等位线随时间的变化情况,以推求地质体的形状、大小或运动情况。

（2）工程应用

充电法在机场工程勘察中主要用来测定：地下水的流向、流速，以及滑坡体的滑动方向、速度和滑动面的位置。

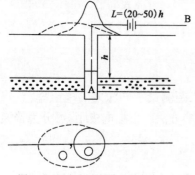

图3-2　用充电法测量地下水流向、流速

①测定地下水的流向、流速

利用充电法测定地下水的流向和流速是在钻孔或水井中进行。如图3-2所示，将供电电极 A 放到井下含水层的位置，B 极放到足够远处（一般为 A 极到地面距离 h 的 20～50 倍），供电后地下水充电，这时量测以井口为中心的等电位线大致为圆形。然后向井中注入食盐水，再量测等电位线，则等电位线在水流运动方向上将发生改变，由原来的圆形变为椭圆形，等电位线的移动方向即为地下水流向，中心点的移动速度为地下水流速的一半。

②测定滑坡体的滑动方向和速度

利用充电法测定滑坡体的滑动方向和速度，确定滑动面的位置，通常是在钻孔中进行。如图3-3所示，在不同的深度上埋设数个金属球，分别用导线接到地面，作为供电电极 A_1、A_2、A_3…将 B 极放到足够远处。分别用 A_1B、A_2B、A_3B…供电，量测钻孔附近的等电位线，并且间隔一定时间重复测量。如没有滑动现象，则等电位线重合；反之不重合如图 3-3b）所示。根据等电位线移动的方向和距离，便可求出滑动的方向和速度；从等电位线是由第几个 A 极开始移动的，便可大致确定滑动面的位置。

3）地质雷达

（1）基本原理

地质雷达发射机以脉冲形式发射的高频电磁波，一部分沿着空气和介质（如岩石）的分界面传播，经过时间 t_0 后为接收机所接收，称为直达波；另一部分传入介质中，在介质中若遇电性不同的介质体（如其他地层、洞穴等），就发生反射和折射，经 t_s 时间后反射波回到接收天线，为接收机所接收，称为回波。直达波比回波的行程短、速度快，因而最早到达接收天线。

根据接收到的两种波及其传播时间，从而判断介质体的存在并估算其埋深度，如图3-4所示。

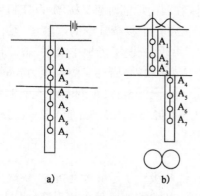

图3-3　用充电法测滑动的方向及速度

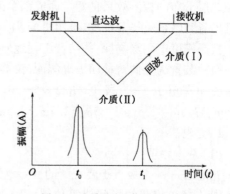

图3-4　地质雷达工作原理示意图

（2）工程应用

地质雷达在具备下列条件时,探测地下洞穴、构造破碎带、滑坡体,划分地层结构等方面效果良好。

①被测对象与周围介质之间具有电阻抗差异。

②被测体位于地下水位以上。

③被测体具有一定规模。

④目的体上方无极低阻屏蔽层,且测区内无其他电磁干扰。

西南地区岩溶山区机场地形复杂,岩溶发育程度一般可达中等~强发育,溶洞、溶隙和溶蚀破碎带发育。初勘、详勘阶段受地形、覆盖层影响,地质雷达效果很差。但在道槽挖方区整平后,由于地形平整,探测深度要求一般在15m内,采用地质雷达往往能取得良好效果,如毕节机场、沧源机场、仁怀机场、黄平机场、威宁机场等。

地质雷达在道槽区岩溶场地施工勘察应注意:

①开挖至整平区后,地质雷达勘探前要采用细粒石渣、粗砂等整平、压实。

②降水对探测精度影响。

③岩溶地层中软弱夹层对洞穴解译精度的影响。

④施工电线、电波干扰。

3.1.3 地震勘探

地震勘探是通过人工激发的弹性波速度差异,判定地层岩性、地质构造等。机场工程勘察中弹性波的激发方法,一般用敲击或爆炸法。按弹性波的传播方式,地震勘探分为直达波法、反射波法和折射波法。

1）直达波法

（1）基本原理

由震源直接传播到接收点的波称为直达波。利用直达波的时距曲线（弹性波到达观测点的时间 t 和到达观测点所经过的距离 S 的关系曲线称时距曲线）可求得直达波速,从而计算土层参数。

（2）工程应用

机场工程勘察中主要用于测定岩土层波速,计算岩土层的动弹性参数和探测岩溶洞穴、采空区。

2）反射波法

（1）基本原理

弹性波从震源向地层中传播,遇到不同的地层界面时,遵循反射定律发生反射现象,如图 3-5 所示。形成反射面的条件是界面两介质的密度和传播速度的乘积（称介质波阻抗）不相等。

根据测得反射波到达地面所需的时间,做出反射波的时距曲线,就可求出所需探测界面深度。

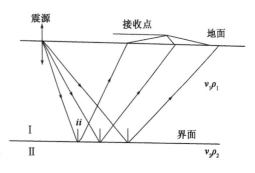

图 3-5 波的反射

（2）工程应用

反射波法在机场工程勘察中主要用于探测不同深度的地层界面、隐伏断层、构造破碎带的位置、滑坡、洞穴、采空区位置、分布情况等。

3）折射波法

（1）基本原理

弹性波在上、下层分界面处发生折射，遵循折射定律：

$$\frac{\sin i_1}{v_1} = \frac{\sin i_2}{v_2} \tag{3-1}$$

如果 $v_2 > v_1$，则折射波将远离法线，当入射角 i_1 逐渐增大至某一临界角 i 时，折射角 i_2 将增大至90°，此时在下层内的折射波变为沿界面滑行的滑行波 P。滑行波在上部地层内，将重新以 i 角由界面射出，并返回地面，如图3-6所示。

利用折射波，根据时距曲线，推求上层深度的方法如下：如图3-7所示，设上下两层的波速分别为 v_1、v_2，O 点为震源，S_1、S_2、S_3…为检波器。经由 OS_1、OS_2…在表面直接传播的波的时距曲线为一条直线 OA，根据它的斜率（等于 $1/v_1$）可以确定 v_1；经由 $OPQS_1$、$OPTS_2$…传播的折射波的时距曲线为另一条直线 BC，根据它的斜率（等于 $1/v_2$）可以确定 v_2。BC 与时间坐标的交点数值 ΔT，代表间接传播的折射波滞后于直接传播的表面波的时间（称为截距时间），根据它可以按下式推求上层的深度 H：

$$H = \frac{v_1 v_2 \Delta T}{2\sqrt{v_2^2 - v_1^2}} \tag{3-2}$$

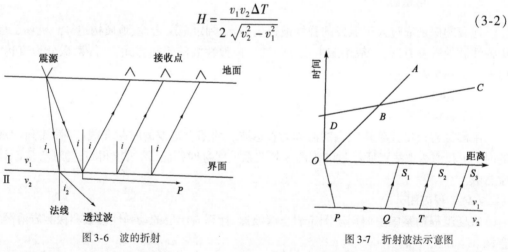

图3-6 波的折射　　　　　　　　　图3-7 折射波法示意图

如上所述，折射波法的应用条件是 $v_2 > v_1$，即下层的波速较上层大时才能应用。两者的差别越显著，效果越好。如果基岩坚实、不风化、不破碎，而覆盖层比较疏松，则用折射波法探测两者的界面是很容易的；反之，如果基岩风化严重，而覆盖层比较密实，用折射波法探测它们的界面将是困难的。

（2）工程应用

机场工程勘察中折射波法主要用于探测覆盖层厚度、划分风化带和基覆界面、探测隐伏断层、破碎带等。在康定机场、稻城机场、铜仁机场、兴义机场、德江机场、甘孜机场等勘察中采用了折射波法，探测断层、划分风化带，效果较好。

YD机场勘察中利用第四系冰碛碎石与花岗岩间、断层带和挤压破碎带与完整花岗岩间波速的显著差异,采用 ZG-24 型工程地震仪进行浅层地震折射波探测。地震折射检波距 3m,人工爆破振源,炮间距 30~50m,采样间隔 0.2ms,记录时长 410ms。浅震记录波形清晰,测量相邻点距均方相对误差为 ±2.2%,满足规范要求小于 5% 的要求,物探工作野外质量可靠。通过地震勘探查明了场区第四系冰碛碎石与花岗岩界面,查明了场区气象站、老林口、F_6、F_9、F_{10} 等 5 条隐伏断层,后冲兴、圆顶山等 6 条挤压破碎带。

3.1.4 声波探测

1)基本原理

声波探测是利用弹性波探测技术的一种,它是利用数千赫兹~20 千赫兹的声频弹性波通过岩体,研究其在不同性质和结构岩体中的传播特性,从而解决某些工程地质问题。

2)工程应用

工程勘察中声波探测方法有平透法、对穿法和横波法。

机场工程勘察中声波探测成果主要用于:

(1)测定岩土体的动弹性参数,提供地震动参数。

(2)评价岩体的完整性,为评价采空区、岩溶洞穴稳定性提供依据。

(3)界定洞室围岩松动圈和应力集中区的范围,为飞机洞库、油库掩体稳定性评价提供依据。

3.1.5 层析成像

1)基本原理

层析成像是根据对射线扫描所得的信息进行计算机反演计算,重建被测区内岩体各种参数的分布规律图像,评价被测体的质量,圈定地质异常体的方法。目前,主要有地震波层析成像、电磁波层析成像、电阻率层析成像。

(1)地震波层析成像。利用地震波在不同地质体中传播速度差异,采用相互交叉的致密弹性波射线网络对地质体进行透射投影,通过 Radon 逆变换重建速度场、衰减系数的分布形态,对岩体进行分类和评价。图 3-8 为 WN 机场采用地震层析成像探查溶蚀发育区域。溶蚀发育区位于深度 14.5~17.5m 处,里程为 4~12m;在测段内,较完整基岩波速为 1300~3500m/s;在异常段,破碎带及采空区波速小于 1000m/s。

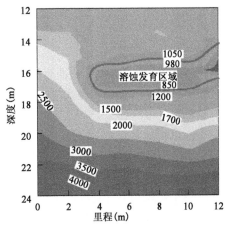

图 3-8 WN 机场地震成析成像图

(2)电磁波层析成像。在两个钻孔或坑道内发射和吸收电磁波,利用电磁波密集射线对被测区进行扫描,经计算机反演计算生成岩石吸收系数分布图像,对岩体进行分类和评价。

(3)电阻率层析成像。采用电流穿透被测岩体,利用观测到的点位值与相应射线在成像单元内所经路径,经计算机反演计算生成电阻率等值线图或色谱像素图,对岩体进行分类和评价。

2）工程应用

机场工程勘察中层析成像主要用于探测隐伏断层、破碎带和采空区、岩溶洞穴等。CS机场勘察中在二叠系阳新组灰岩、泥盆系海口组灰岩地层中采用钻孔中的电磁波层析成像探测岩溶洞穴的分布、规模和形态，效果较好，为机场地基处理提供了可靠依据，如图3-9所示。

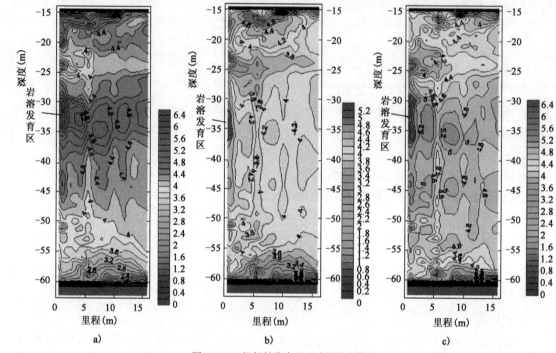

图3-9　CS机场钻孔中电磁波层析成像图

a）发射—接收频率采用7Hz，在深度17m左右和30～35m之间存在近水平方向的高吸收异常，推断为空洞位置；b）发射—接收频率采用9Hz，在深度17m左右和32～37m之间存在近水平方向的高吸收异常，推断为空洞位置；c）发射—接收频率采用12Hz，在深度17m左右和31～37m之间存在近水平方向的高吸收异常，推断为空洞位置

3.1.6　测井

测井包括电视测井、井径测量、电测井等。通过测井可观测钻孔孔壁的裂隙等构造、获取钻孔不同深度的直径和含水层的特性等。由于电视测井所获图像的直观性，目前机场勘察中主要采用电视测井。

1）电视测井

电视测井是一种能反映孔壁图像的探测方法。探测中多以日光灯为能源，其次为超声波作能源。

2）工程应用

通过电视测井获得孔壁图像，识别图像能完成下列工作：

（1）识别岩石粗颗粒形状、量取大小。

（2）观测水平、倾斜和垂直裂隙，判断走向，量取宽度和倾角。

（3）观测洞穴发育、充填状况，量取洞径、洞高，如图3-10为CS机场勘察中采用电视测井观测到的井壁岩溶发育状况。

（4）观测断层、破碎带、滑坡滑动面（带）发育状况。

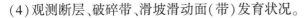

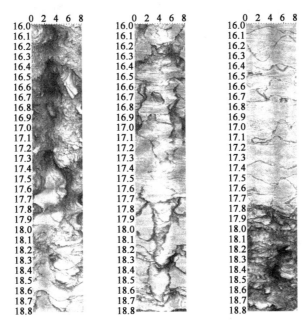

图 3-10　CS 机场电视测井图像

3.1.7　物探方法综合应用

每一种物探均有其适用条件、优点和缺点，机场勘察工程应结合场地条件、地方工程勘察经验，选择两种及以上方法对同一对象进行探测，并结合地质测绘、钻探和探井验证，严禁未经验证的单一物探成果用作设计之依据。

3.2　工 程 钻 探

钻探是机场工程勘察的重要方法，是获取深部地质资料的重要的手段。根据调研、地质测绘和物探成果选用合适的钻探方法，按布设的钻孔进行钻探是机场工程地质勘察必不可少的工作。机场工程勘察目前采取的钻探手段有钎探、洛阳铲、小螺旋钻、回旋钻、冲击钻和潜孔钻等。

3.2.1　钎探

钎探主要用来探查松散黏性土、粉土、黄土、淤泥等的厚度。方法是用钎具向下冲入土中，凭感觉判断土层的厚度、卵石层或基岩顶面埋深等。探测深度最大可达 10m 左右。钎探主要用于机场选址勘察和验槽，由经验丰富技术员操作。

3.2.2　洛阳铲

洛阳铲主要在选址勘察和验槽阶段对可塑态以上的黏性土、粉土和黄土钻进。方法是凭借洛阳铲的重力将其冲入土中,钻成直径小而深度较大的圆孔。优点是工具轻、体积小,可采取扰动土样,探测深度较深,一般土多为10m左右,在黄土中可超过30m。

3.2.3 小螺旋钻

小螺旋钻在机场工程勘察中广泛用于黏性土、粉土、非饱和砂土、淤泥等,可以取得扰动土样。小螺旋钻的钻具结构包括螺旋钻头和钻杆(ϕ42mm),用人工的方法加压回旋钻进,一般深度小于6m,最大可达10m以上。由于其轻便、撤卸快捷,钻进速度快,在非控制孔、地形条件差、施工难度大的区域有着明显的优越性。

3.2.4 冲击钻进

1)细粒土

由于飞机作用于地基的影响深度较浅,在平原或地面高程接近道面设计高程处,采用SH30型钻机冲击钻进效率高,成本低。SH30型钻机的主要技术参数见表3-2。

SH30钻机主要参数　　　　　　　　　　　　　　　表3-2

项　目	参　数	项　目	参　数
钻进深度(m)	30	卷扬机平均速度(m/s)	0.24、0.57、1.48
开孔直径(mm)	142	转盘速度(r/min)	18、44、110
终孔直径(mm)	110	钻架形式及高度	4腿,6m
最大起重能力(单绳)(kN)	15	动力额定功率(kW)	7.5
钻机质量(kg)	500		

SH30型钻机是利用重杆的冲击作用,将取土钻头冲入土中,再利用重杆反冲击作用将取土钻头拔起。由于其取土速度快,操作简单,可方便地更换取土器,采取原状土样,也可便利地完成标贯、动力触探等试验,在西部机场勘察中广泛应用。经成都地区多家单位对比试验,SH30型钻机是浅层松散层地基勘察中效率最高、成本最低钻机和进行标贯、动探试验、取原状土样最方便的设备。

SH30型钻机适应性强,可广泛地应用于粉土、黏性土、砂、填土地基的钻进,其缺点是钻进深度浅,实际的取土钻进深度一般不大于20m;二是跟管钻进通常很困难,对软塑、流塑状态的黏性土、饱和的粉土、砂土、淤泥及淤泥质土不仅采芯困难,而且常出现缩孔、塌孔、埋钻等现象。

2)粗粒土、巨粒土

机场工程勘察中所遇到粗粒土主要为圆砾、角砾、卵石;巨粒土为漂石、块石。对圆砾、角砾、卵石这类良好地基土,机场工程勘察中对非控制孔可采用动力触探方法来判断地层的厚度和密实状况;对控制孔要采取岩芯观察土层的岩石成分、粒组成分及它们的变化规律。冲击钻进粗粒土、巨粒土层缺点是难以准确判明粒组成分,但钻进速度快是它的显著优点。目前,常用的冲击设备有CZ型钻机、丰收型钻机、YKC型钻机、黄河钻机、潜孔钻机等。成孔直径一般为300~500mm。

3.2.5　回旋钻进

1) 钻机主要类型及性能

回旋钻进适宜于各类土。目前,机场工程勘察中常用的钻机有 100 型、150 型和 300 型。我国产常用工程勘探钻机的主要性能指标如表 3-3。

国产主要钻机主要性能 表 3-3

钻机类型	立轴转数(r/min)		开孔直径(cm)	钻机质量(kg)	钻机最大起重力(kN)	钻杆直径(mm)	钻孔倾角(°)
	正转	反转					
XU300-2A (300 型)	118、226、308、585	73、140	110	900	50	42	90 ~ 75
GX-1T (150 型)	60、180、360、600		110	500	27	42	90 ~ 0
XY-1 (100 型)	142、285、570		110	750	25	42	90 ~ 75

机场工程勘察钻孔的直径实际在 75 ~ 150mm。钻孔的深度小于 300m,一般小于 100m。

2) 钻探一般技术要求

一般机场的勘察可按《岩土工程勘察规范》(GB 50021—2001)、《建筑工程地质勘探与取样技术规程》(JGJ/T 87—2012)要求执行,即:

(1) 钻进深度、岩层面深度、地下水位深度的量测误差应在 ±5cm 内。

(2) 非连续取芯钻进的回次进尺,对于螺纹钻探应在 1m 内,对于岩芯钻探应限制在 2m 以内。

(3) 岩芯钻探的岩芯采取率,对于一般岩石应不低于 80%,对软质、破碎岩石应不低于 65%。

(4) 钻孔时应注意观测地下水位,量测地下水初见水位与静止水位。通常每个钻孔均应量测第一含水层的水位。如有多个含水层,应根据勘察要求决定是否分层量测水位。

(5) 对于定向钻进的钻孔、进行跨孔法波速测试的钻孔,应分段进行孔斜的测量。

对于复杂场地,应根据实际的现场条件,增强技术要求,如地形切割很深的倾斜岩层场地,岩芯采取率和原状岩土样级别皆应提高,如六盘水机场软弱夹层采取率要求大于 90%,Ⅰ级土样。

3) 复杂地层钻进要点

(1) 软弱土

在软塑或流动状态的黏性土中钻进,可使用低角度的长螺旋钻,或采用带阀的管钻进行冲击,然后下套管跟管钻进,以防孔径收缩。当采用回旋钻进时应采用优质泥浆,如塌孔严重应下套管护壁。下钻钻进时先冲洗孔底存渣,防止存渣过多造成埋钻。需取样鉴定土质时应采用干钻钻进。

(2) 松散砂层

机场工程中松散砂层的钻进方法可采用冲击钻进和回旋钻进。

① 当采用管钻冲击钻进时,冲程不应过大,一般为 0.1 ~ 0.2m,每回次钻进 0.5m 左右。

② 当采用回旋钻进时宜采用半盒管式双管单动或单管静压取芯工艺。

③钻进中应注意防止发生流沙涌升现象。为了避免孔内发生涌沙可采用人工注水方法，使孔内水位高于地下水位，必要时使用泥浆以增加压力防止涌砂。当采用管钻冲击钻进时，可边钻边下薄壁套管，且宜套管超前30～50cm。

④对于需做标贯试验的砂层，必须严防涌砂现象发生。

（3）块碎石层

机场工程中块碎石层的钻进方法可采用冲击钻进和回旋钻进。

①对于粒径小于20cm的卵石、碎石地层，当采用冲击钻进时，可用一字或十字钻头冲击成小石块，然后用阀门管钻提取。每冲击一次应将钻具向左转动15°～30°使石块破碎均匀、孔壁保持圆形。若遇大块石夹层时可用回旋钻进或采用孔内爆破；若遇较松散而漏水的块碎石层，钻进困难时可向孔内投适量的黏土球，然后冲击钻进，使黏土与石块黏合，再用勺钻或管钻提取；孔壁掉块坍塌时需下套管加固；使用岩芯管冲击钻进时，应记录每贯入一定深度的锤击数。

当采用回旋钻进时，应根据块碎石层密实度、地下水条件，选择泥浆、植物胶护壁还是跟管钻进。一般情况下，松散—稍密块碎石层宜跟管钻进，回次进尺以0.5～1.0m为宜；中密—密实块碎石可选择跟管钻进或泥浆、植物胶护壁钻进。对不同场地，适宜的泥浆、植物胶护壁浓度、转速差异较大，在大规模钻进前宜进行试验。

②对于粒径普遍大于20cm的卵石、碎石地层，一般不宜采用冲击钻进。受条件制约必须采用冲击钻进时，应辅以孔内爆破措施，并采用投放黏土球方式确保孔壁稳定。

当采用回旋钻进时，应跟管钻进，且宜采用黏土、水泥等止水，防止掉钻、埋钻、卡钻、烧钻等事故。在有经验地区，当有对比验证回旋钻孔时，可采用风动潜孔钻机钻进。

（4）滑坡体

滑坡体钻进一般应按《滑坡防治工程勘查规范》（DZ/T 0218—2006）、《建筑工程地质勘探与取样技术规程》（JGJ/T 87—2012）要求执行。为保证机场场地滑坡钻探的岩芯质量，钻探还应满足：

①采用干钻、双层岩芯管、无泵孔底反循环等方法进行。

②钻进中应随时注意地层破碎程度、密度、湿度的变化情况，详细观测、分析滑动面位置。当钻进快到预计滑动面附近时，回次进尺不应超过0.15～0.30m，以减少岩芯扰动，便于鉴定滑动特征。

（5）岩溶地层

在岩溶地层中钻进需注意：

①可能发生漏水、掉块以及钻入孔洞后钻孔发生歪斜等情况。

②如发现岩层变软、进尺加快、突然漏水或取出岩芯有钟乳石和溶蚀现象，需注意防止遇空洞造成掉钻事故。

③记录钻穿洞穴顶板深度、填充物性质、地下水等情况。

④为防止钻孔歪斜可采取下导向管等办法，再开始在洞穴底板钻进，且宜用低压慢速旋转。如洞穴漏水可用黏土或水泥封闭。

4）内陆水上钻探

机场工程勘察不可避免地遇到水上钻探，但除个别在大江大湖上外（如ML机场端安全区在雅鲁藏布江主流上),一般皆在小湖、小河、水塘上钻探,因而缺少船只,尤其是大吨位船只。所以,机场工程勘察水上勘察多用油桶筏、竹筏或木筏。

水上钻探要注意:

(1)将套管螺纹全部上紧,最上面一节的螺纹要装上护圈。

(2)随时检查锚绳及保护绳的松紧情况,并根据水位的涨落调整其长度。

(3)放置钻具要随时考虑到船筏的平衡,勿使偏重。

(4)遇暴风雨,船筏摇摆,应停钻,并提出孔内钻具,人员撤离。

3.3　探 井 (槽)

探井和探槽在机场工程勘察中具有能直接观察地质现象、采取原状土样和快速、高效的优点,配合物探、钻探等手段,通常能获得良好的勘察效果。西南地区机场工程勘察探井和探槽的数量一般占总勘探点数的20%~40%。

3.3.1　探井

机场工程勘察中探井包括竖井和平洞,形状有圆形、椭圆形、方形、长方形和不规则形,根据场地地形、地质条件和岩土性状、勘察的目的选用。一般情况下,机场工程勘察中探井以圆形、长方形竖井为主。

探井主要布置在:

(1)地质条件复杂,需要仔细观察地层,尤其是软弱夹层地段。

(2)需要人工采取原状土样、扰动土样地段。

(3)地形条件复杂,钻机难以达到区段。

(4)林木砍伐困难、房屋拆迁难度大、庄稼或果木即将收获,钻探无法开展地段。

(5)钻探供水困难、成本高地段或场地。

(6)应急勘察时,钻探设备难以及时到位区段。

(7)配合物探、钻探勘探,在保证勘察质量前提下,能有效降低勘察费用和缩短勘察工期区段。

3.3.2　探槽

机场工程勘察的探槽一般呈长条形,宽度为0.8~1.5m,深度根据勘察目的、岩土性质、地质体大小和埋深、开挖难易、坑壁稳定性等确定,一般不宜超过5m。

探井主要布置在:

(1)陡峭的山坡。

(2)滑坡、潜在不稳定坡的前缘、后壁或中部。

(3)断层或破碎带。

(4)岩性分界线。

(5)地下水渗出带。

3.3.3 开挖方法

探井开挖方法包括人工开挖和机械开挖,应根据场地地形、交通、植被和机械设备条件确定。当具备挖掘机械施工条件时,应优先采用挖掘机开挖。

3.3.4 安全要求

探井、探槽开挖应满足如下安全条件:

(1)探井、探槽开挖前应设立明确、醒目标志和设置围栏,探井、探槽应及时编录和回填,避免人员、动物进入作业区受到伤害或跌入井、槽内而造成伤亡。

(2)当采用人工开挖时,如发现井、槽壁鼓胀、掉块、渗水、流沙等应停止开挖,及时撤出人员,待采取支撑、护壁等措施,并经论证,能保证安全后,方能继续开挖。

(3)当采用人工开挖时,内陆地区探井深度超过 10m,高原地区探井深度超过 6m,应采取适当的通风措施。

(4)当采用人工开挖,水下作业深度一般不宜超过 0.5m,最多不应超过 1m。

3.4 案 例

不同类型的场地,对勘探要求不一样。勘探宜根据勘察要求,结合场地地形、岩性、供水等条件,选择合适的勘探方法、合适的钻机,采用适当钻探工艺,并且要经常总结积累勘探经验。下文是作者对西藏雅江(雅鲁藏布江)流域松散层勘探方法的总结。

雅江流域是西藏经济文化的中心地带,日喀则、拉萨、八一镇等重要的城市皆位于其上。新中国成立后,尤其是近 20 年来,随着国家经济的发展和国防的建设,雅江流域上兴建了许多重要的大中型工程,作者参加了日喀则机场、贡嘎机场的改扩建工程、林芝机场、西藏体育中心、西藏大学新校区、980 油库等工程勘察,并为此而收集了大量的工程资料,如拉萨河河道整治、尼洋河水电站、拉萨火车站等工程资料,如图 3-11 所示。

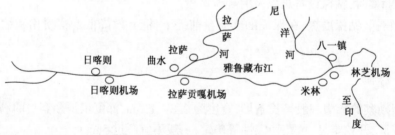

图 3-11 雅江流域上重要工程位置示意图

3.4.1 雅江流域上松散层的主要类型

雅江流域第四系松散层包括粉土、粉质黏土、砂层、卵石、漂石、碎石等。由于它们某些性质和分布的环境与内地同类土层不同,需要相应的勘察方法。

3.4.2 粉土、土夹碎石层的勘探

雅江流域的漫滩、阶地上普遍分布一层粉土、粉质黏土,其勘察可按一般工程的勘察方法

进行,如取芯、采样作室内试验、标贯、N_{10}轻型动力触探、静力触探等。勘察中应注意下列问题:

1)冲洪积饱水粉土层钻探

漫滩和I级阶地上的粉土通常呈现饱水状态,在钻探振动作用下,多呈液化状态,难以采芯观测。冲击钻进,花管中几乎全是泥浆,重锤难以有效打击钻头而进尺;回旋钻进,通常是有进尺而无芯。机场工程勘察中总结的方法是护壁管超管1~1.5m,活门岩芯管(阀管)捞浆,并且需不停钻一次钻探到位。

2)坡洪积土夹碎石层钻探

对坡积、洪积的粉土、粉质黏土,通常夹有碎石,或粉土层、粉质黏土层间分布有碎石层或透镜体。对此类土层不宜采用SH30型钻机等冲击钻进,而应采用回旋钻进,因为在遇较大的碎石时,就无法钻进,如980油库,不得不频繁挪孔来避开大直径碎石,实际钻探点位难以准确到设计孔位。

该类地层一般比较松散,钻探中易掉块卡钻或塌孔埋钻,须跟管钻进,钻具一般超前0.5~1.0m较宜。

3.4.3 砂层的勘探

砂层随沉积时间、沉积方式和地貌部位的不同,物理力学性质有较大的差异。一般情况下,采用常规方法可满足要求,如钻探、标贯、重型动力触探等。勘察中应注意下列问题:

1)动探、钻探

雅江II级及II级以上的阶地砂层固结较好,力学性质好,承载力标准值可达200kPa以上。当其伏于卵石层之下,N_{120}超重型动力触探击数可达卵石层中密~密实状态的击数,工程中容易将其误判为卵石,不应采用动力触探划分地层。如ML机场IV级阶地细砂层被部分冲刷侵蚀后,其上堆积支流I级阶地的卵石层,细砂层N_{120}动探击数修正值达密实卵石层击数,初始的钻孔(SH30型),将其误判为卵石,承载力标准值为720kPa,变形模量为47MPa。后经回旋采芯钻探和探坑纠正,避免了重大的勘察事故(该区为河流改道区和高填方区,填方高度>20m)。砂层和卵石层击数的对比见表3-4。

雅江IV级阶地细砂层 N120 动探击数表　　　　　　　　　　　表3-4

岩 土 类 型	密实状态	N120 超重型动力触探					
		统计数(击)	最大值(击)	最小值(击)	均值(击)	变异系数	修正击数(击)
雅江IV级阶地细砂层	密实	1260	15.8	4.2	9.5	0.176	9.1
支流I级阶地卵石	中密	21	9	6	7.6	0.304	6.7
	密实	1530	36	9	17.5	0.451	17.1

经过1000余个钻孔,20000余米进尺的钻探摸索,此类砂层宜采用回旋100型~150型钻机干钻钻进,孔径89~118mm,一般不需套管护壁。冲击采芯效果不理想:一是冲击速度慢,二是受振影响动,砂层变松,难以采芯,易塌孔埋钻。

2)静探

雅江Ⅱ级及Ⅱ级以上的阶地砂层常伏于卵石层之下,静力触探使用受到限制;一是锚固困难,二是需配合钻探进行,三是端阻力大,不易贯入。当需查明下伏砂层的承载力特征、液化特性时,应配合钻探进行静探和标贯试验。

3)波速测试

雅江Ⅱ级及Ⅱ级以上的阶地砂层剪切波速(150~230m/s)与卵石层(200~480m/s)相近,不宜采用面波或地震反射、折射测试的波速划分地层。

3.4.4 卵石的勘探

雅江流域上的卵石层主要位于雅江及支流的河床和阶地。雅江流域上卵石层有如下的特征:

(1)日喀则→拉萨机场→林芝,卵石粒径总体上有变大的趋势。

(2)雅江河漫滩→Ⅰ级阶地→Ⅱ及Ⅱ以上级阶地,卵石密实度呈增加趋势。

(3)支流→雅江,卵石粒径和密实度均呈减小趋势。

一般来说,雅江河漫滩、Ⅰ级阶地、支流漫滩上卵石多呈稍密~中密状态,Ⅱ及Ⅱ以上级阶地上卵石呈中密~密实状态,以密实状态为主。

卵石层勘探最有效的方法是动力触探,但受上述砂层的影响,常误把砂判为卵石或把松散卵石判为砂,所以,雅江流域上卵石层勘探必须有采芯孔或足够深度的探井,其数量一般不应低于总勘探点的1/3。这一点在上述三个机场,我们皆有深刻的认识。

Ⅱ及Ⅱ以上级阶地上卵石,100型、150型回旋钻机采用泥浆、植物胶护壁,双管单动钻进,采芯效果很理想。漫滩和Ⅰ级阶地卵石层较松散,无论回旋钻进,还是冲击钻进,速度多较快,但是容易塌孔埋钻,泥浆、植物胶护壁多不理想,需跟管钻进。另外,漫滩和Ⅰ级阶地卵石层往往夹饱和薄层砂或砂透镜体,钻探宜辅以活门岩芯管捞砂。机场工程勘察钻孔深度一般在30m以内,孔径89~118mm,钻探效果较好。

3.4.5 漂石的勘探

雅江流域上的漂石层主要位于支流的入口处、支流的河道和洪积扇上。从雅江的中上游日喀则至雅江的中下游林芝(雅江大拐弯处),皆广泛发育漂石层。

1)支流的入口处、支流河道上的漂石层

位于支流的入口处、支流河道上的漂石层往往与卵石层交错分布,漂石间多充填卵石和砂,结构较紧密;漂石层厚度一般为1~8m;地下水位埋藏较浅,一般为0~3m。对于此类漂石层勘察采用回旋150型、300型钻机钻进(孕镶金刚石钻头),植物胶护壁,孔径89~118mm,每天进尺3~8m。钻进过程中应防备卵石掉落卡钻,在松散卵石段宜跟管钻进。若不要求采芯,偏心潜孔锤钻进甚为理想,每天可进尺数十米。

2)洪积扇上的漂石层

对洪积扇上的漂石层,一般厚度为3~12m最大厚度可达30余米;漂石一般直径为20~40cm,大者可达75~85cm,含量占55%~75%,中间充填砾石和砂,如ML机场。骨架颗粒,交错排列,多呈密实状态。由于其位置相对较高,除前缘外,地下水埋藏较深,多大于4.5m;洪积扇中部和后缘部位,渗透性良好,通常不含水。

对洪积扇上的漂石层的钻探可采用同支流上漂石层相同的方法,但是护壁浆液漏失严重。对此类漂石层的勘察采用探井较理想。对 HP 机场、GA 机场、LZ 机场近 200 口探井统计表明,探井宜采用圆形,直径为 0.8 ~ 1.2m,最大探井深度可达 14.5m;长方形、矩形不仅土方量大,且易坍塌。如 LZ 机场开挖探井 100 余个,圆形,直径为 1 ~ 1.2m 的探井深度一般为 5 ~ 9m,最大 14m,无一坍塌。而方形的探井深度一般在 5m 以上就会发生不同程度的坍塌。

第4章 岩土测试

4.1 原位测试

机场工程勘察中常用的原位测试方法有标贯试验、动力触探试验、静力触探试验、十字板剪切试验、微贯试验、偏铲胀试验、载荷试验、大剪试验、岩石原位试验、波速试验、地基反应模量试验、固体体积率测试、干密度试验、颗分试验、水文地质试验等。机场工程勘察中原位试验应针对场地地质条件、勘察阶段和当地的经验选用[4][7~8]，以最少的成本、最短时间，获得最准确的岩土工程和水文地质参数。

4.1.1 标准贯入试验

标准贯入试验习惯称为标贯试验，其原理是利用一定的锤击能，将一定规格的标贯器打入土中，取一定量土样，然后依据贯入击数判别土层的变化，确定土的工程性质，对地基土做出工程地质评价。

标准贯入试验作用是用测得的标贯击数 N 判断砂土或粉土的密实度、黏性土的稠度，估算土的强度与变形指标，确定地基土的承载力，评价砂土、粉土的液化及估算单桩极限承载力与沉桩的可能性，同时可划分土层类别，确定土层剖面和取扰动土样进行一般的物理试验等。

标准贯入试验设备主要有标准贯入器、探杆、穿心锤、锤垫及自由落锤等。试验时将贯入器竖立，63.5kg 的落锤将其打入土中 0.15m 后，开始记录每打入 0.1m 的击数，累计 0.30m 的锤击数 N。锤击速度不应超过 30 锤/min，落锤高度 0.76m ± 0.02m。若遇到密实土层，锤击数超过 50 击时，不应强行打入，记录实际的贯入深度，并按下式换算成相应于 0.30m 的贯入击数 N。

$$N = 30 \times \frac{50}{\Delta S} \tag{4-1}$$

式中：ΔS——50 击时的贯入量(cm)。

提起探杆取下标贯器，观测描述土样，并记录土样的长度，尤其要注意标贯器是否遇到了石块等硬物，判断锤击数 N 的真实性。

标准贯入试验适用于砂土、粉土及一般黏性土、风化岩、冰碛土等。但应注意风化岩和冰碛土中常含有碎石，一是使锤击数偏高，影响试验准确性，二是大块坚硬的碎石容易破坏标贯器的刃口，使之失效。KD 机场由于冰碛砂层中含太多的块碎石，损坏不少标贯器而不得不停用；WZ 机场全风化层中残留了部分未完全风化的岩石碎块，使标贯击数偏高，初勘时未经载荷试验等对比修正，过高地评价了地基承载力。详勘时经载荷试验、室内试验综合修正，获得了正确的岩土参数。对比发现，按未经修正击数获取的承载力约为修正后的 1.2 ~ 1.3 倍。

4.1.2 动力触探

1）目的和作用

动力触探试验的原理与标准贯入试验相同,只是将标贯器换成了圆锥探头。动力触探试验的目的和作用是评价地层状态,获取地基承载力和变形指标,如砂土、粉土的孔隙比或相对密度、黏性土的塑性状态、碎石土密实度,以及上述地层承载力特征值、变形或压缩模量等;评价场地的均匀性;搜查土洞、滑动面、软硬土层界面;确定桩基持力层及承载力,检验地基改良与加固的质量等。在有经验地区,可以确定地层的分布厚度、基岩面埋深、全强风化层厚度等,可适当减少钻孔数量。

2）动力触探类型、适用范围

动力触探试验可分为轻型(N_{10})、中型(N_{28})、重型($N_{63.5}$)和超重型(N_{120})等不同类型。

N_{10}适用于黏土、粉质黏土、粉土和粉砂等。

N_{28}适用于黏土、粉质黏土、粉土、粉砂、细砂、中砂、粗砂和砾砂等。

$N_{63.5}$适用于粉砂、细砂、中砂、粗砂、砾砂、圆砾、角砾、碎石、卵石和部分极软岩。

N_{120}适用于圆砾、角砾、碎石、卵石、极软岩和部分软岩。

3）试验方法

试验设备主要有触探头、触探杆和穿心锤三部分组成。试验时将触探头竖立,连续自由落锤将其击入土中,记录每10cm的锤击数。经杆长修正后,按不同类型动探公式计算或通过表格查取承载力和变形模量,判定砂土的孔隙比和粉土、砂土、碎石土的密实状态等。

4）案例

（1）西南地区机场工程勘察动力触探要求

原成都军区空军勘察设计院在西南地区机场工程勘察中进行了大量的动力触探试验,获得了良好效果,其提出动力触探要求如下:

①动力触探试验应与载荷试验、波速试验、颗分试验、压实度试验等配合使用。建立动探击数与相关岩土指标的关系曲线或对应关系。严禁采用单一动力触探获取地基的强度和变形参数。

②试验场地尽量平整,设备安装过程中,触探架要平稳、牢固,触探杆丝扣紧固、竖直。

③探头直径磨损量小于2%,锥尖高度磨损量小于5%。

④贯入过程连续,贯入速度宜为15~30击/min。

⑤当采用动力触探孔判别地层分布、状态时,对每一工程地质分区的每类地层的每种状态至少应有6个以上对比钻孔和6组以上相关试验数据。

（2）工程应用

机场工程勘察中常用的动力触探试验类型是轻型(N_{10})、重型($N_{63.5}$)超重型(N_{120})。轻型(N_{10})常用于黏性土和黏性素填土地基勘察,如林芝机场、太平寺机场、万州机场、铜仁机场、兴义机场、陆良机场、沧源机场等;重型($N_{63.5}$)主要用于砂土地基勘察,如贡嘎机场、阿里机场、成都双流机场、绵阳机场等;超重型(N_{120})几乎在所用的碎石类土地基勘察中广泛应用。主要的优点是试验速度快、设备简单耐用,成本低。西南地区几乎所有机场的碎石类土(含基岩强风化层)地基勘察和检测都采用了N_{120}试验,并都获得了成功。

作者在贡嘎机场、邦达机场、日喀则机场、林芝机场、阿里机场等大型工程中对卵石、碎石和砾石层进行 N_{120} 动触探试验，并总结出了西藏地区 N_{120} 试验锤击数按国家规范修正后，按《西南勘察设计研究院 N_{120} 触探试验暂行规定》查取的承载力较按国家规范查取承载力更接近实际。KD 机场、YD 机场冰碛碎石层按上述方法获取的承载力标准值接近载荷试验获得极限承载力的 1/2，满足地基规范的要求，可作为冰碛碎石层的主要勘察手段之一。

4.1.3　静力触探试验

1）作用与优点

静力触探试验可用于：

（1）黏性土、粉土、软土、砂土等划分、土类的判别。

（2）估算砂土的相对密度、内摩擦角、黏土的不排水强度、土基压缩模量、变形模量、砂土的初始线弹性模量和初始切线剪切模量、地基承载力、单桩承载力、固结系数、渗透系数。

（3）砂土及粉土的液化判别等。

静力触探试验具有快速、数据连续、再现性好、操作省力、经济等优点，在机场工程勘察中广泛使用。

2）设备类型

我国广泛使用的是电测静力触探，即将带有电测传感器的探头，用静力匀速贯入土中，根据电测传感器的信号，测试探头贯入土中所受的阻力。按传感器的功能，静力触探可分为常规静力触探试验（CPT，包括单桥探头、双桥探头）和孔压静力触探试验（CTPU）。单桥探头测定的是比贯入阻力（P_s），双桥探头测定的是锥尖阻力（q_s）和侧壁阻力（f_s），孔压静力触探探头是在单桥探头和双桥探头上增加量测贯入土中时土中孔隙水压力（孔压）的传感器。

机场工程勘察一般采用 3～10kg 的探头、数据自动采集处理系统的触探机。

3）试验方法

电测静力触探一般按以下方法进行试验：

（1）按试验仪器规定方法标定探头。

（2）设置反力设施，调试设备，连接触探杆和探头。

（3）按 1.2m/min 贯入速率将探头匀速垂直压入土中。

（4）进行探头归零检查。

（5）当出现下列情况时，终止试验，并立即拔出触探杆。

①到达设计深度。

②反力失效或主机超过负荷。

③探杆明显弯曲，有断杆危险。

4）案例

（1）西南地区机场工程勘察静力触探经验

①在一些地区或某些特殊地层，如贵州的含砂红黏土、西藏Ⅲ、Ⅳ级阶地上的砂层，静力触探试验按现行有关规范、手册解译的成果还不是很理想，宜结合当地经验和其他勘察成果综合解释。当经验或验证钻孔不足时，严禁将静力触探孔用作钻孔。

②道槽区及对地基变形敏感地区应采用孔压静力触探，量测孔隙水压力，为沉降计算提供

参数。

③使用前及使用两个星期应进行探头标定。

④山区沟谷水田(塘)、河床漫滩软弱土分布区,地锚宜采用单叶叶片,长度不小于1.8m。试验前应采用两端开口的圆筒将试验点与外界隔断,并将筒内水、泥浆舀出,准确测量贯入起点位置坐标和高程。

⑤平原和河谷等地形较为平坦地区的机场工程勘察宜采用车载式静力触探,山区机场工程勘察宜采用便携式反力系统静力触探。

⑥根据静探试验数据计算地基承载力、变形模量、相对密度等岩土参数指标所采用公式的地区经验很强,应重视地区经验收集与积累,并在勘察中采用载荷试验、剪切试验、密度试验成果修正。

(2)工程应用

近年在西南地区的成都双流机场、红原机场、宜宾机场、泸州机场、巴中机场、达州机场、稻城机场、兴义机场、毕节机场、仁怀机场、沧源机场、澜沧机场、拉萨贡嘎机场、阿里机场等数十个新建、扩建机场中应用静探孔总数超过2000余个,总静探进尺近40000m,效果总体良好。

静力触探孔深度一般为2~15m。近几年,试验性地在河床深厚的具二元地层结构的覆盖层地区运用了深层静力触探,即将上部的土层,尤其是坚硬的块碎石、角砾土用钻孔揭穿,然后静力触探试验,效果比较理想,解决了深层松散层,如饱和砂、软土等的原位测试问题。深层静力触探试验最大测试深度超过100m。

(3)存在的问题

静力触探试验很好地解决了黏性土、粉土、砂层,尤其是饱水粉土、粉砂、细砂、软塑黏性土、淤泥等地基均匀性评价问题,对有经验地区获取的岩土参数也比较准确,但是也存在如下问题,应谨慎对待:

①对力学性质相近的地层分界线判别误差很大,必须与钻孔配合使用。

②当用静探试验成果判断砂土液化时,应与标贯成果对比,建立对应关系式。

③静探获取物理力学参数与真实值可能差异很大,应经载荷试验、剪切试验成果等修正。

4.1.4　微贯试验

1)作用与目的

微形贯入仪是一种便携式仪器,地质技术人员可方便携带。通过微型贯入试验能方便、快速等获取地基承载力、压缩模量和液性指数,判别黏性土层的塑性状态和粉土、砂土层的密实度,判断黄土的湿陷性等。通过微贯试验与室内试验、其他现场试验的对比,能建立微贯仪读数与塑性状态、密实度、承载力和压缩模量之间的关系,在工程地质测绘、钻孔与探井编录中能消除地质技术人员间认识的差异,统一认识和标准,避免编录、制图和工程地质评价中对同一地质现象认识不一致的问题。

2)设备类型

微贯仪可按结构、质量、量程等分类。

(1)按结构分:微贯仪可分为机械式和智能式两种,本质上是一种微型静力触探仪。由于智能式轻便、读数方便、精度较高,使用越来越广泛。

（2）按质量分：微贯仪有 0.1kg（精度 5%）,0.2kg（精度 1%）,3.0kg 、3.5kg（精度 2.5%）等类型。0.1kg 、0.2kg 微贯仪贯入深度一般 0 ~ 1cm；3.0kg 、3.5kg 微贯仪贯入深度一般 0 ~ 0.3m,软弱土中可达 1.5m。适宜于一般黏性土、红黏土、湿陷性黄土、粉土、膨胀土、砂土、淤泥、全强风化软质岩石和全风化的硬质岩石等。

（3）按测试量程分：微贯仪可分为 0 ~ 200kPa、0 ~ 400kPa 和 0 ~ 500kPa 等规格。前者适宜软 ~ 可塑土层,后者适宜可塑 ~ 坚硬土层、全强风化岩石。

3）试验方法

（1）按仪器厂家说明书要求标定微贯仪。

（2）制样。取一块厚度大于 2cm,直径大于 10cm 的土样,将其削平。也可将直径大于 10cm 岩芯横向平截或在探井中直接铲平土层。

（3）平握微贯仪外套,垂直于土平面,施加压力,在约 10s 时间中匀速地将探头贯入 10mm,记录微贯仪读数。

（4）将刻度杆拨回到零,完成下一点试验。机场工程精度要求较高,西南地区机场工程勘察中要求每个土平面试验 8 ~ 10 个点,取其贯入阻力的平均值。

（5）将探头测试干净,放回仪器盒（袋）。

4）工程应用

自 20 世纪 90 年代起,在我国西南地区几乎所有的新建、扩建机场工程勘察中应用了微型贯入仪,取得了良好的效果。其他地区机场工程勘察,不同程度应用了微型贯入仪,也取得了一定效果。

（1）西南地区机场工程勘察中应用范围

①主要地层包括一般黏性土、膨胀土、红黏土、砂土、粉土、盐渍土、冰碛土,以及全强风化红层泥岩、砂岩、页岩、粉砂岩等。

②试验场地海拔 450 ~ 4600m,涉及平原、高原、山地和沟谷。

③试验季节包括春夏秋冬,涉及寒带、温带、亚热带、热带,气温 -10 ~ 55℃。

（2）应用经验

微型贯入仪质量轻、成本低、便于携带、试验快速、精度高,应推广使用,西南地区机场工程勘察应用中积累了较为丰富经验。

①贯入速度一定要匀速,不能过快冲击或有停顿,在 10s 左右完成。

②测试点间距不得小于 3 倍探头直径。

③试验土层表面平整,但不得反复涂抹、削刮,防止扰动土的原状。

④应在纸质上记录每个试验数据,便于复查和存档,包括智能式贯入仪。

⑤及时与室内含水率、密度、液塑限试验,以及现场的载荷试验、剪切试验、压实度试验、波速试验等成果进行对比,建立对应关系,并不断修正完善。

⑥在工程地质测绘、钻孔和探井编录中,每个技术人员配发微型贯入仪,根据事先建立的贯入阻力与地层状态指标的对应关系,对相关地层按统一的标准进行描述和编录,能避免不同技术人员认识间差异,尤其是年轻技术人员对地层状态现场鉴定缺乏经验的缺陷。

⑦验槽使用微型贯入仪,能定量与前期勘察资料对比,同时获得定量的承载力参数,判断地基能否满足设计要求。

⑧注意经验积累,建立地区经验关系式或曲线。

4.1.5 载荷试验

载荷试验是在原位条件下,向地基或基础逐级施加荷载,并同时观测地基或基础随时间而变形的一项原位测试方法。该试验是确定天然地基、复合地基、桩基础承载力和变形参数的综合性测试手段,也是确定某些特殊土特征指标的有效方法,还是某些原位测试手段(如静力触探、标准贯入试验、动力触探等)赖以进行对比的方法。按试验的目的、适用条件,载荷试验可分为平板载荷试验、螺旋板载荷试验、桩基载荷试验、动力载荷试验。机场工程勘察中常用的是浅层平板载荷试验和螺旋板载荷试验。

1)浅层平板载荷试验

(1)作用与目的

浅层平板载荷试验适用于各类地基土和软岩、风化岩,在机场工程勘察中主要作用在于:确定地基土层和全强风化岩石的承载力,研究地基土层和全强风化岩石的变形特征,测定变形模量;测定黄土、膨胀性岩土、盐渍土等特殊性岩土的特征指标。

(2)设备类型

浅层平板载荷试验的仪器设备主要包括:

①承压板,用于向试坑底部加压。承压板形状一般呈圆形和方形,钢质或混凝土板,其面积:土基上为 2500 ~ 5000cm^2,岩基上为 700cm^2。

②加荷装置,一般由荷载源(重物或机械力向承压板加荷载)、荷载台或反力装置(锚定或支撑系统)构成,常见的加荷装置如图 4-1 所示。

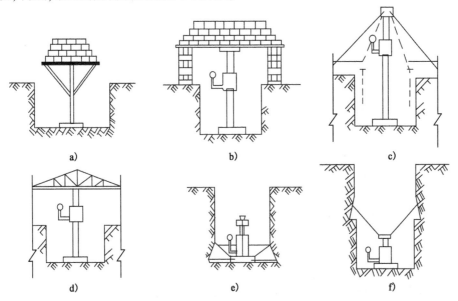

图 4-1 平板载荷试验常见的加荷装置

a)荷载台重加荷;b)墩式荷载台;c)伞形构架式;d)桁架式;e)k 形反力架;f)坑壁斜撑式

③沉降观测记录表及装置。

(3)浅层平板载荷试验方法

试验采用分级加荷的方法,在每一级加载后测读沉降,至沉降稳定为止,再施加荷载。加荷方式和相应稳定标准有沉降相对稳定法、沉降非稳定法和等沉降速率法。机场工程勘察中在填方区段应采用相对稳定法,在挖方区或接近道面设计高程区域,当有经验时可采用沉降非稳定法。

①沉降相对稳定法。即常规慢速法。每加一级荷载按间隔时间 10、10、10、15、15min 观测一次沉降,以后每隔 30min 观测一次沉降,直至 2h 的沉降量不大于 0.1mm 为止,再加下一级荷载。

②沉降非稳定法,即快速法。自加荷操作历时的一半起,每隔 15min 观测一次沉降,每级荷载保持 2h。

③加荷标准。荷载按等量分级施加,一般为 10 ~ 12 级,并不少于 8 级。每级荷载增量为预估极限荷载的 1/12 ~ 1/10,当不易预估荷载时可按表 4-1 选用。

载荷试验每级荷载增量参考数据   表 4-1

试验土层特征	每级荷载增量(kPa)	试验土层特征	每级荷载增量(kPa)
淤泥、流塑黏性土、松散砂	≤15	坚硬黏性土、粉土、密实砂	50 ~ 100
软塑黏性土、粉土、稍密砂	15 ~ 25	碎石土、软岩石、风化岩石	100 ~ 200
可塑 ~ 硬塑黏性土、粉土、中密砂	25 ~ 50		

④试验终止条件。当出现下列情况之一时,可终止试验:

a. 承压板周边土出现明显侧向挤出,周边岩土出现明显隆起或径向裂缝持续发展。

b. 本级荷载的沉降量大于前级荷载沉降量的 5 倍,荷载与沉降曲线出现明显陡降。

c. 在某级荷载下 24h 沉降速率不能达到相对稳定标准。

d. 总沉降量与承压板直径(或宽度)之比超过 0.06。

(4)工程应用

图 4-2 探井中载荷试验

浅层平板载荷试验是机场工程勘察中获取承载力、变形模量最为可靠的方法,是校正其他试验成果的依据,应保证道槽区飞机影响深度内土层和全强风化岩石均应有不少于 3 组试验。由于载荷试验费用高、时间长、安全风险高,应精心布置、细心试验,确保试验质量和安全,避免返工。在大型探坑中进行载荷试验时应计算坑壁稳定性,做好支撑和变形观测,尽可能采用自动化加荷与观测设备,避免坑壁坍塌伤人和亡人事故,如图 4-2 所示。

新建机场场地条件比较差,尤其是西南的山区机场,载荷试验困难在于解决荷载问题。试验宜根据场地的实际情况,采用大型载重卡车反力系统、堆载反力系统、锚固反力系统等。建于崇山峻岭的 WZ 机场的砂岩、泥岩全强风化层载荷试验反力系统采用扩大头的抗拔桩[6],单桩反力可达 20t,2 ~ 3 根桩可满足载荷试验反力要求。康巴高原的 KD 机场,充分利用场地的块碎石作堆载反力;西藏高原的 ML 机场近靠公路,场地较平整,采用车载反力系统,方便省时。上述机场工程勘察中由于采用全自动加压和数据采集处理系统,减小了人为误差,避免了反力系统下观测、读数的危险。

2）螺旋板载荷试验

（1）作用与目的

螺旋板载荷试验是将一个螺旋承压板旋入地面以下的预定深度，通过传力系统向螺旋形承压板施加压力，测定承压板的下沉量，通过试验曲线和相关公式计算地基土承载力、压缩模量、固结系数、饱和软黏土的不排水抗剪强度。它适用于深层地基土和地下水位以下的地基土，测试深度一般为 10～15m。在机场工程勘察中螺旋板载荷试验主要用于地下水位高的沿海机场道槽区的软土分布区、河谷机场道槽区的软弱土分布区、山区机场道槽填方区的软弱土分布区获取地基土承载力、压缩模量和抗剪参数。

（2）设备类型

常用的螺旋板载荷试验设备由四部分组成。

①螺旋板头。由螺旋板、护套等组成，常用的有直径 113mm、160mm 和 252mm 三种规格。

②量测系统。由电阻式应变传感器、测压仪等组成。

③加压系统。由千斤顶、传力杆等组成。

④反力系统。由地锚、钢架梁等组成。

（3）试验方法

①在预定试验位置钻孔，孔深至试验深度以上 20～30cm，清除孔底受压或受扰动土层。

②旋入反力地锚后，按每转一圈下入一个螺距方式旋入螺旋板。安装传力杆、千斤顶、钢架梁、传感器、测压仪等。

③按浅层平板载荷试验方法施加荷载和终止试验。

（4）工程应用

在沿海地区的 PD 机场、CL 机场，以及西南地区的 XY 机场、YL 机场等工程勘察中进行了螺旋板载荷试验，测得了地基深层软土、软塑黏土、红黏土，以及饱水砂土、粉土的承载力、压缩模量、固结系数、饱和软黏土的不排水抗剪强，为道槽地基沉降计算、填方边坡稳定性计算提供了可靠的参数。

螺旋板载荷试验中应特别注意：

①试验地层以上钻孔护壁。软土或软弱土取芯钻进孔壁极易坍塌，宜根据当地经验采用泥浆、薄壁套管、井筒等护壁。

②在试验地层之上 2m 左右至试验地层顶面 20～30cm 区段，应降低钻速，慢钻，轻提钻具，最大可能减小对试验地层的扰动。

③试验影响区域严禁堆放货物、停放车辆。

④试验前试验点位置、试验地层及深度选择，宜结合钻探、静探进行。

⑤试验后出现异常试验数据，应在试验孔旁进行钻探取芯观测和进行相关试验，相互验证。

4.1.6　现场剪切试验

机场工程勘察中常用的现场剪切试验有现场直接剪切试验、十字板剪切试验，其次是钻孔剪切试验和微型十字板剪切试验。

1)现场直接剪切试验

机场工程勘察现场直接剪切试验多布置在填方边坡稳定影响区、存在边坡稳定性问题的挖方区域和接近道面高程设计的区域,一般在试坑中进行。根据剪切面产状,可采用平推法或楔形体法。

(1)试验布置方案[7]

①平推法

布置方法如图4-3所示,剪切荷载平行于剪切面,适用于土体、软弱面的剪切试验。

②楔形体法

布置方法如图4-4所示,常用于倾斜岩体软弱面或岩土体试体制备成矩形或梯形有困难时。楔形体法剪切荷载为竖向荷载、外加荷载为水平荷载,根据剪切面上正应力大小、楔形体形状和施加方向有所差异。

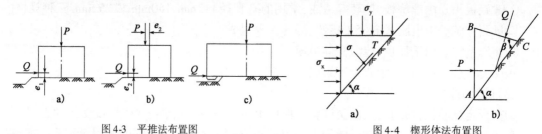

图4-3 平推法布置图

图4-4 楔形体法布置图

a)剪切面上正应力较大时;b)剪切面上正应力较小时

(2)试验设备、要点

大面积直接剪切试验适用于测定边坡和滑坡的岩体软弱结构面、岩石和土的接触面、滑动面以及黏性土、粉土、砂土、碎石土、混合土和其他粗颗粒土层的抗剪强度。试验的基本原理与室内直剪仪基本相同。由于土样的受剪面积比室内大得多,且又在现场直接进行试验,因此比室内试验更符合天然状态。

①剪切仪法

a.试验设备

a)水平推力设备。可调反力座、手摇蜗轮体、推杆、测力计等。

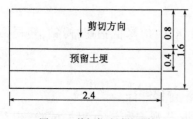

图4-5 剪切仪法试坑开挖
示意图(尺寸单位:m)

b)垂直压力设备。横梁、手摇蜗轮体、拉杆、测力计、同步式垂直压力轴滑道、传压盖、底盘、地锚等。

c)剪力环。内径为35.69cm,高14cm,面积1000cm²。

b.试验要点

a)按图4-5所示的要求挖试坑。试坑尺寸一般为2.4m×1.6m。当试坑开挖到离要求试验深度0.2m时,停止全面开挖,预留一条宽0.4m、高0.2m土埂,以便制作试件。

b)由预留土埂的一端开始制备试件,先将顶部削平,使顶面与剪切面平行,按大剪仪剪切环的位置切削直径为35.7cm的土柱,并使土柱垂直剪切面。

c)将剪切环套在土柱上,使水平施力方向与剪切方向一致,并将剪切环徐徐压下至距离要求的试验深度(或滑动面)3～5mm 处。

d)削平试样,将传压板、传压盖放在试件上。

e)按仪器试验说明书安装剪切仪、水平和垂直反力装置、测力计等。

f)转动手轮施加垂直荷载,使测力计达到所需的压力读数。垂直压力一般按 50、100、150、200、250kPa 施加。

g)施加垂直压力后,立即转动水平推力手轮,匀速施加水平推力,直到测微表指针不进或后退,或水平变形达试件直径的 1/15,可结束该土柱试验。

h)按上述要点完成不同垂直压力下 3 次以上的试验,直到能绘出比较合理的抗剪强度曲线。

②千斤顶法

a.试验设备

a)剪力盒。分圆形和方形两种,圆形面积 $1000cm^3$,高 25cm,下端有刃口;方形边长 50～70.7cm,高 10～20cm,下端也有刃口。

b)承压板。形状与剪力盒一致,尺寸略小于剪力盒,厚度以垂直压力下不产生变形为限。其作用是传递垂直压力给土样。

c)带压力表或测力计并经标定的油压千斤顶 2 个。

d)加压及反力设备。有地锚反力、斜撑反力或直接采用重物加荷等方法。

b.试验要点

a)挖试坑和安装设备,如图 4-6 所示。要求试坑的大小不小于剪力盒边长的 3 倍。当试坑挖好后,根据剪力盒的大小修正土样,并将剪力盒套在土样上,顶部削平,然后安装其他设备。

b)每一试体按 4～5 级分级施加垂直荷载至预定压力,每隔5min 记录百分表一次。在 5min 内,变化不超过 0.05mm 时,即认为稳定,再加下一级荷载。

c)预定垂直荷载稳定后,开始施加水平推力,控制推力徐徐上升,直至表压不再升高或后推为止,并记录最大水平推力。

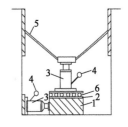

图 4-6 千斤顶法剪切试验装置
1-剪力盒(内装土样);2-承压板;3-千斤顶;4-压力表;5-加压反力装置;6-滑座

d)当剪切变形急剧增长或剪切变形达到试体尺寸的 1/10 时可终止试验。

e)按以上方法在不同垂直压力下作 3 个以上的试验,得到 3 对以上的垂直压力和对应的水平推力读数。

③水平挤出法推剪试验

水平挤出法推剪试验适用于洪坡积等混砂砾碎石土层、稍胶结或风化的砂砾岩等黏聚力较小或剪断后残余的黏聚力较小的地层,不适宜塑性大的土层。

a.试验设备

a)枕木。至少需要 2 块,大小一般为 8cm×32cm×5cm,作为千斤顶枕垫。

b)钢板。尺寸与枕木大小一致,厚度以加力后不致变形为限,一般为 1～2cm。

c)装有压力表或测力计,并经标定的千斤顶一个。目前,一般采用带有电子传感器的千斤顶,方便准确。

b. 试验要点

a）根据试验要求在试验点开挖试坑，测量土体的重度，并在预定深度处，留出一个三面临空的长方形试验土体。土体大小应满足：$H >$ 最大土颗粒的 5 倍，$H/B = 1/4 \sim 1/3$，$L = (0.8 \sim 1.0)B$，其中 H、L、B 分别代表土体的高度、长度、宽度。土体的两边各挖宽 20cm 的小槽，槽中放塑料布或薄铁板，并在其上回填土，稍加夯实。

b）安装试验设备，如图 4-7 所示。要求千斤顶的压力点对准被剪土体的高度的 1/3 和宽度的 1/2 处。将设备安装好后，即缓慢施加水平推力，加荷速率在水平位移 4mm/（15 ~ 20s）左右。当土体开始出现剪切面时，压力表上的读数达到最大值，继续加荷，压力表的读数不仅不增加，反而下降，此时即认为土已被剪坏，记录压力表上的最大读数，即为 P_{max}。

c）测定 P_{min}，其测定标准如下：

（a）千斤顶加压到 P_{max} 值后，停止加压，使油压表读数后退并稳定到某一值。

（b）观测试体刚开始出现裂缝时的压力表读数。

（c）当千斤顶加压到 P_{max} 后，松开油阀，然后关上油阀重新加压，以其峰值作为 P_{min}。

一般认为 P_{min} 值即为土体的摩擦力。

d）确定滑动弧的位置，并量测滑动弧上各点的距离和高度，绘制滑动弧草图。为了使滑动弧明显，可在土体剪切破坏后，反复施加推力和松开油阀，使挡板往复推，以致试体剪出部分下部土层界线明显。

④一次水平剪切法试验

一次水平剪切法试验适用于塑性较大的坚硬黏土和岩石，且试验和计算方法均较简单。

a. 试验设备

同"水平挤出法推剪试验"。

b. 试验要点

a）开挖探坑，如图 4-8 所示，并取土测定土的重度。试件尺寸大小不宜小于 50cm × 50cm × 80cm，试件加工要求规则。

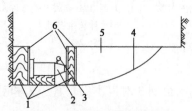

图 4-7　水平推剪试验装置图

1-枕木;2-千斤顶;3-压力表;4-滑动面;5-土样;6-钢板

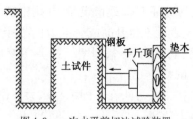

图 4-8　一次水平剪切法试验装置

b）安装千斤顶，其压力点对准试件高度的 1/3 和宽度的 1/2 处。

c）试验时千斤顶缓慢移动，让受剪的土有一个压密的过程。剪切速率，如试件有几个软弱面时应快一些，如只有一个软弱面可稍慢一些。

d）剪切过程中，获得最大水平推力 P_{max} 和最小水平推力 P_{min}。

⑤工程应用

在地质灾害广泛发育、以山区机场为主的西南地区几乎每个机场均进行了现场直接剪切试验，如兴义机场、六盘水机场、仁怀机场、威宁机场、宜宾机场、泸州机场、绵阳机场、遂宁机场、巴中机场、达州机场、九寨黄龙机场、稻城机场、沧源机场、澜沧机场、腾冲机场、昆明长水机场等。

试验地层岩性涉及软塑~硬塑的一般黏性土、红黏土、膨胀土,松散~密实的砂土、粉土、碎石土、混合土、冰碛土;全强风化泥岩、页岩、煤、砂岩、玄武岩、花岗岩、变质砂岩、千枚岩、泥质灰岩和白云岩,以及上述中~微风化地层中的软弱结构面。

试验地层成因包含残积、坡积、冲积、洪积、崩积、湖积、冰水(川)堆积、沼泽沉积、滑坡堆积、泥石流堆积、火山堆积;试验地层时代包括第四系、第三系、白垩系、侏罗系、三叠系、二叠系、石炭系、奥陶系和寒武系。

测试对象包括松散层滑坡的滑动面(带)或潜在滑动面(带)、基岩地层中滑坡的滑动面(带)或潜在滑动面(带)和基覆界面(带)上岩土层。试验方法采用了平推法、楔形体法,试验状态包括天然状态和浸水状态。

经系统总结,西南地区现场直接剪切试验应注意如下几点:

a.试验点布置

a)填方区域。填方边坡稳定影响区,重点布置在高填方边坡坡内坡脚线至填方边坡宽度一半的区域。

b)非填方区。存在边坡稳定性问题的挖方区域和接近道面设计高程的区域。

b.试验地层

a)填方区域。位于边坡稳定影响区的所有地层原则上均应布置剪切试验,重点布置在边坡稳定性计算确定的潜在滑动面(带)。

b)非填方区。已有的或潜在的滑动面(带)。

c.试验方法

a)对于填方区域:

(a)原场地地基基岩地层埋藏较深且稳定,第四系地层的剪切试验可采用平推法。

(b)原场地地基基岩地层埋藏浅,但产状近水平,第四系地层及基覆界面的剪切试验可采用平推法。

(c)原场地地基基岩地层埋藏浅,岩体软弱结构面倾角大于其内摩擦角或岩层倾角大于基覆接触面(带)地层的内摩擦角宜采用楔形体法。

(d)原场地第四系软弱夹层倾斜角或已有的或潜在的滑动面(带)倾斜角大于其内摩擦角,宜采用楔形体法。

b)非填方区。根据已有的或潜在的滑动面(带)的方向布置试验,宜采用楔形体法。

c)当试验地层为粗粒混合土、稍胶结或风化的砂砾岩时可采用水平推挤法。

d.垂直荷载的确定与施加

a)填方区域。垂向荷载为"填方荷载+上覆地层自重",分5级施加。

b)非填方区。垂向荷载为"上覆地层自重",分5级施加。

e.对比试验

在开挖试坑的同时,在剪切面(带)采取平行样品进行室内重度、含水率、颗粒分析、直接剪切和三轴剪切试验。

对比分析室内剪切试验与现场剪切试验获取参数间的差异。一般情况下,当剪切面(带)

上岩土层颗粒较细,小于0.075mm 粒径含量大于90%时,室内直接剪切试验与现场剪切试验相近;当剪切面(带)上岩土层含粗颗粒较多,小于0.075mm 粒径含量小于90%时,室内直接剪切试验小于现场剪切试验。

f. 高原山区试验

高原山区气候恶劣,变化无常,高寒缺氧,现场剪切试验需注意:

a)地点选择。在满足技术条件前提下,应尽可能布置交通方便的地方。

b)试坑开挖宜在上午进行,尽可能当天完成试验。如当天不能完成,试坑底部至少留50cm 保护层,并回填虚土至地面。

c)试验尽可能在夏季进行。剪切缝离冻土底面距离应大于60cm。

d)试验应在无风状态下进行,否则仪表读数误差很大,且反力系统摇摆可能危及试验人员安全。高原地区一般在下午3时后开始起风,试验尽可能在午后3时前完成,若不能完成,试验应在停风的间隙进行。

e)试验者应选择能适应高原环境的熟练技术人员。

g. 浸水剪切试验

工程完成后可能受地表水、地下水影响的地层、结构面应进行浸水剪切试验,尤其是膨胀土、湿陷性黄土和全强风化砂岩。浸水剪切试验应注意:

a)选择合适地点开挖试坑,浸水,观测试验墩浸水软化、浸水崩解速度。

b)当试验墩存在浸水崩解现象时,应采用合适方法进行保护,如在 YB 机场全强风化砂岩浸水剪切试验中采用细钢砂和竹片进行保护,如图4-9 所示。

图4-9　全强风化砂岩浸水剪切试验

c)每个目标试验地层浸水试验至少应有3 个以上浸水时间段,每个浸水时间段至少应进行3 组试验。

d)试验前抽干试坑积水,安装设备、试验。

e)试验结束后观测剪切面浸泡情况和取样进行含水率、重度、颗分试验。

h. 剪切面观测

现场直接剪切试验完成后应将试验墩掀起,观测剪切面并拍照。观测剪切面是否为试验要求地层、对比与试坑中所取进行室内试验样品的差异、描述剪切面上粗颗粒分布、各个试验墩剪切面差异,必要时取样进行颗粒分析、含水率和重度试验。

i. 试验取值

现场剪切试验获取的 c、φ 值不能直接用于边坡稳定性计算,应结合室内剪切试验、地方经验综合分析后提出建议值,一般情况下,建议值宜为试验值的70% ~75%。

2)十字板剪切试验

(1)作用与目的

十字板剪切试验是在钻孔内直接测定软黏土的抗剪强度。它所测得的抗剪强度值相当于不排水剪的抗剪强度和残余抗剪强度,或无侧限抗压强度的1/2。该试验在机场的边坡区和软土分布的高填方区常用于计算地基的承载力、确定软基的临界高度、分析地基的稳定性、判断软土的固结历史、检验地基的改良效果等。

（2）设备类型

十字板剪切试验设备由十字板头、试验仪器、探杆、贯入主机等组成,可分为开口钢环式和电阻应变式两种。

十字板头宜采用不锈钢整体制造,板面粗糙度不大于 $6.3\mu m$,其常用规格见表4-2。

十 字 板 头 规 格　　　　　　　　　　表4-2

型号	板高 H (mm)	板宽 D (mm)	板厚 t (mm)	板下端刃角 a (°)	轴 杆		高宽比 H/D	厚宽比 t/D	面积比 A_r (%)
					直径 Φ (mm)	长度 s (mm)			
I	100	50	2	60	13	50	2	0.04	≤14
II	150	75	3	60	16	50	2	0.04	≤13

（3）试验方法

①开口钢环式十字板剪切试验

开口钢环式十字板剪切试验是利用蜗轮旋转插入土中的十字板头,借助开口钢环测出土中的抵抗力矩,从而计算土的抗剪强度。

a.试验设备

试验设备主要为由测力装置、十字板头、轴杆组成的试验仪,如图4-10所示。

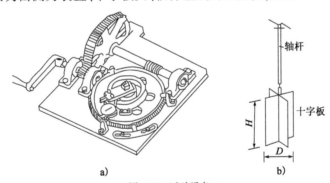

图 4-10　试验设备
a)开口钢环测力装置;b)十字板头

a)反力装置。开口钢环式测力装置,借助钢环的拉伸变形来反映施加扭力的大小。

b)十字板头。一般采用矩形十字板头,且径高比为 1:2 的标准型。机场工程勘察中常用的规格有 50mm×100mm 和 75mm×150mm 两种。前者适用于稍硬的黏性土,后者适用于软黏土。

c)轴杆。按轴杆与十字板头的连接方式有离合式和牙嵌式两种。一般使用的轴杆直径约为20mm。

b.试验步骤

a)用回旋钻机开孔,并用旋转法下套管至预定试验深度以上等同于 3~5 倍套管直径尺寸的深度处,再用提土器清孔,在钻孔内允许有少量的虚土残存,但不宜超过 15cm。在软土中钻进时,应在孔中保持足够的水位,以防止软土在孔底涌起。

b)将十字板头、离合器、轴杆与试验钻杆逐级接好下入孔内,使十字板头与孔底接触,接上导杆。先用专用摇把套在导杆上向右旋转,使十字板头离合器咬合,再将十字板头徐徐压入土中的预定试验深度。如压入困难,可用锤轻轻击入。

c)装上底座和测定装置,并将底座与套管、底座与固定套之间用制紧轴制紧。装上量测钢环变形的百分表,并调整百分表至零。

d)试验开始即开动秒表,以约0.1r/s的转速旋转转盘,使最大扭力值在3~10min内到达。每转一圈,测记钢环变形读数一次,直至土体剪损(即读取最大读数),仍继续读数1min。此时施加于钢环的作用力即是使原状土剪损时的总作用力。

e)在完成上述原状土试验后,拔下连接导杆与测力装置的特制键,套上摇把连续转动导杆、轴杆数转,使土体完全破坏,再插上特制键,按步骤d)以0.1r/s的转速进行试验,即可获得挠动土的总作用力。

f)拔掉特制键将十字板轴杆向上拔起3~5cm,使连轴杆与十字板头的离合器分离,再插上特制键,仍按步骤d)测得轴杆和设备的机械阻力值。至此一个试验点的试验工作全部结束。

②电阻应变式十字板剪切试验

电阻应变式十字板剪切试验是利用静力触探仪的贯入装置将十字板头压入到不同的试验深度,借助于齿轮扭力装置旋转十字板头,用电子仪器测量土的抵抗力矩,从而计算出土的抗剪强度。它可以在饱和软黏土中用一套仪器进行静力触探和十字板剪切试验。

a.试验设备

a)十字板头。总质量约1kg,外形尺寸为50mm×50mm×210mm。由十字板、扭力矩、测量电桥和套筒等组成。

b)回转系统。总质量约9kg,外形尺寸为250mm×210mm×170mm。由蜗轮、蜗杆、卡盘、摇把和插头等组成。

c)加压系统、量测系统、反力系统与静力触探仪共用。

b.试验要点

a)选择十字板尺寸。对软黏土可采用75mm×150mm的十字板;对稍硬的土层可采用50mm×100mm的十字板。

b)将十字板安装在电阻应变式板头上,并与轴杆电缆、应变式接通。

c)按静力触探的方法,把电阻应变式十字板贯入到预定试验深度处。

d)使用回转部分的卡盘卡住轴杆。

e)用摇把慢慢匀速地回转蜗杆、蜗轮,在3~5min内到达最大应变值。摇把每转一圈读数一次,直至剪损(即读取最大应变值)后,仍继续读数1min。

f)完成上述试验后,用摇把将轴杆连续转6圈,然后重复e)步骤,即得重塑土剪损时的最大应变值。

g)完成一次试验后,松开卡盘,用静力触探的方法继续下压至下一试验深度,重复上述c)~f)步继续试验。

h)试验完成后,按静力触探方法上拔轴杆,取出十字板。

(4)工程应用

在沿海机场软土分布区、内陆机场填方边坡分布有软弱土区域,由于采样进行室内试验困难,常进行十字板剪切试验,如 PD 机场、CL 乐机场、YB 机场、YL 机场等,主要作用是测定软土、软塑黏土的抗剪强度,计算地基的抗剪能力、承载性能、分析地基的稳定性、判断软土的固结历史、检验地基的改良效果等。

十字板剪切试验所采用的计算公式地区经验性强,机场工程勘察应收集当地的岩土工程勘察资料,并与其他检测方法相互验证与校核。

3)钻孔剪切试验

钻孔剪切试验自美国爱荷华州州立大学 R. L. Handy 等于 1970 年提出利用现场地质钻孔进行孔内原位直接剪切试验的想法以来,多国科学家进行了多方面研究,已成功开发和研制了适用于土体、软～中等硬度岩体的岩石钻孔剪切仪(Rock Borehole ShearTest),如图 4-11 所示。目前在美国、日本等国家广泛应用,取得了重要的工程应用经验。我国近年也开展了钻孔剪切的试验研究,但还未见到在大型工程中应用的系统报道。

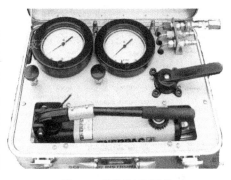

图 4-11　钻孔剪切试验仪

(1)试验设备

试验设备由剪切头、剪切板、剪力作用系统、控制装置、千斤顶等组成,如图 4-12 ～ 图 4-15 所示。

图 4-12　剪切头

图 4-13　提供提拉力的液压千斤顶

(2)优点与建议

钻孔剪切仪可在勘察现场快速测试各种土质和石灰岩、砂岩、页岩、泥岩、煤、风化岩、玄武岩等软岩到中硬岩的抗剪强度,可以快速检测软岩和无法取芯岩石的剪切强度和残余剪切强度。岩石钻孔剪切仪由于试验时间间隔小,试验精度好,并可以通过转动剪切头的方式在同一钻孔、同一深度得到 4 个不同的试验点数据,因此可以在较短时间和较小范围内得到大量的试验数据,并可以应用统计方法来确定岩石的强度。完成一条莫尔—库仑岩石破坏包络线只需 20 ～ 30min。

相关资料证明,钻孔剪切试验的结果非常接近固结不排水剪切参数,正好是机场岩土工程计算所需试验状态的剪切参数,建议在我国西南、西北等山区机场边坡工程勘察中开展应用试验,积累经验,更好地为机场建设服务。

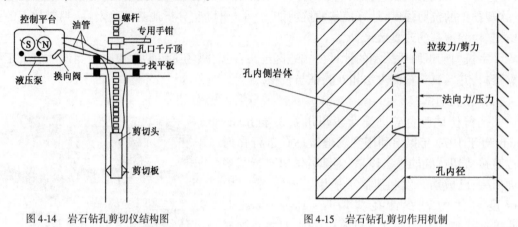

图 4-14　岩石钻孔剪切仪结构图　　　　　　图 4-15　岩石钻孔剪切作用机制

4.1.7　波速试验

弹性波在地层介质中的传播,可分为压缩波(P 波)和剪切波(S 波)。剪切波垂直分量为 S_v 波、水平分量为 S_H 波。在地表层表面传播的面波可分为 Rayleigh 波(R 波)和 Love 波(L 波)。它们在介质中传播的特征和速度各不相同。P 波最先到达,速度最快;S 波次之;R 波最慢,但振幅最大。根据 Miller 和 Percy(1955)的计算,R 波约占输入能量的 2/3,且衰减得慢,在地表考虑动力基础等振动影响时,R 波具有首要意义。

波速测试方法主要有单孔波速法、跨孔波速法、面波法。

1)单孔波速法

在地面激振,检波器在一个垂直钻孔中接收,自上而下或自下而上按地层划分逐层进行检测,计算每一地层的 P 波或 S_H 波速的方法为单孔法,如图 4-16[7]所示。

(1)试验设备

①震源设备。要求产生能量大,稳定性好和重复性好的剪切波震源。常见的有:

a.击板法。将激振板放在离孔口约 1m 处

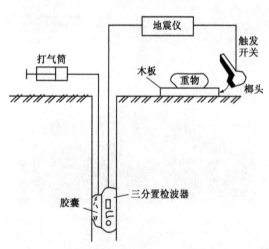

图 4-16　单孔波速法测试示意图

的地面,并保持两者之间接触良好,木板上压约 500kg 重物。用木锤或铁榔头,水平敲击木板端部,木板与地面之间产生剪切力,使地层产生剪切波。一般的激振板规格:长 2.5~3m、宽 0.3m、厚 0.05m。

b.弹簧激振法。由木板、弹簧、穿心锤等组成。试验前用地脚螺钉将木板固定地面,弹簧一端用地锚固定。试验时将穿心锤拉到一定距离后,突然放松,利用弹簧的弹力冲击木板,使板与地面产生剪切波。这种装置使用起来比较麻烦,但稳定性好、重复性好,激振能量大,能测较深钻孔波速。

c.定向爆破法。利用炸药爆破的能量使装药装置与地面产生剪切力而使地面产生剪切波。定向爆破法优点在于可用于测深孔波速。

②测试仪器。由三分量检波器和地震仪组成。

（2）试验要点

①平整场地,使激振板离孔口的水平距离约1m,上压重物约500kg或用汽车前两轮压在木板上。

②接通电源,在地面检查测试仪正常后,即可进行试验。

③把三分量检波器放入孔内预定深度内,在地面用汽筒充气,胶囊膨胀使三分量检波器紧贴孔壁。

④用木锤或铁锤水平敲击激振板一端,地表产生的剪切波经地震传播,由孔内三分量检波器的水平检波器接收 S_H 波信号,该信号经电缆送入地震仪放大记录。试验要求地震仪获得3次清晰的记录波形。然后反向敲击木板,以同样获得3次清晰波形为止,该试验点结束。

⑤胶囊放气,把孔内三分量检波器放入下一个试验点,重复上述步骤。

⑥整个孔测试完后,检查野外记录是否完整,并测定孔内水位。

2）跨孔波速法

在两个以上垂直钻孔中自上而下或自下而上按地层划分,在同一地层的水平方向上一孔激发,另外钻孔接收,逐层进行检测地层的直达 S_V 波的方法为跨孔法,如图4-17所示。

（1）试验设备

①震源设备。常用的孔内震源有剪切锤和火花震源。

a.孔内剪切锤。图4-18是一种激振力可变向的孔内剪切锤。使用时,锤放入预定深度后,水管被加压膨胀、活塞使活动板紧贴孔壁,拉动缆绳使重锤冲击固定在孔壁的活动板,活动板即与孔壁土层产生剪切力,土层产生 S_V 剪切波。垂锤可以自由下落或快速上拉冲击活动板,使击振力的方向上下改变。

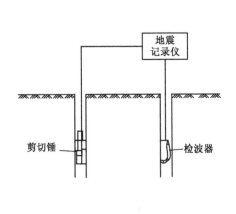

图4-17　跨孔波速法测试示意图

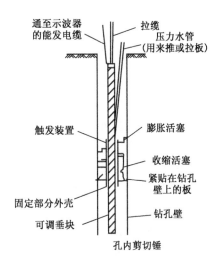

图4-18　孔内剪切锤示意图

b. 电火花震源。将 220V 交流电、经变压整流成 2 ~ 10kV 的高压,通过电缆在孔内水中突然放电,产生高温高压的气泡冲击孔壁、该冲击力主要产生 P 波,但在临近钻孔内的垂直检波器可接收到 S_V 剪切波。

②测试仪器。与单孔波速法相同。

(2)试验要点

①在预先打好的两个以上的垂直钻孔中,量测两孔之间的距离,并测定每孔的孔斜与方位,以校正跨孔法波速试验两测点的水平距离,如图 4-17 所示。

②在地面检查好试验仪器设备之后,将剪切锤与垂直方向检波器放入孔内同一深度的同一地基土层内并充气固定好。

③试验时将缆绳快速上拉或自由下落冲击剪切锤固定在孔壁的活动板,使临近孔内检波器接收到 S_V 剪切波,地震仪接收到 3 次清晰的波形为止。

④松开孔内剪切锤与检波器,准备下一测点试验。

⑤测试完成后,要检查野外测试记录是否完整,并测定孔内水位。

3)面波法

面波,即瑞雷波,是一种沿地表传播的波,传播深度约为一个波长。由于其具有频散特性,不同频率的面波以不同速度传播,根据频率与波长关系,可借助不同波长的面波传播特性反映不同深度地基土变化特征。

根据激振方式不同,面波法可分为稳态法和瞬态法,机场工程勘察中多采用瞬态法。

(1)试验设备

①震源

a. 激振器:机械式激振器、电磁激振器和电液激振器。

b. 重锤或落锤。

②检波器

宜采用低频速度型传感器,灵敏度大于 $300\text{mV/cm} \cdot \text{s}^{-1}$。

③信号采集分析仪

可使用工程地震仪、面波仪等,如北京水电物探研究所开发的 SWS 系列面波仪。

(2)试验要点

①根据测试深度、精度要求选择测试频率、频率间隔。

②将激振点和检波器排列在一条线上,并按等间距将检波器插入地层中。

③启动激振器在地面施加一定频率面波(稳态法)或采用重锤或落锤敲击地面产生一定频率范围的面波(瞬态法)。

④根据接受的面波信号初步分析测试深度、精度是否满足要求,否则调整测试频率、检波器道间距重新测试,直至满足要求后,进行下一点检测。

(3)工程应用

几乎所有的机场工程勘察均进行了波速测试,其主要目的或用途:

①提供地基土的动力参数

主要包括纵波速度、横波速度、等效剪切波速,动剪切模量、动弹性模量、卓越周期等。

②划分场地地层分类和场地类别

根据地基土的剪切波速、等效剪切波速、土层厚度等计算和判别场地地层的类型和场地类别。

③判断砂土地基液化

对波速低的软弱层(如饱和土的粉土、砂层等),分析液化的可能性,如拉萨贡嘎机场、林芝机场、稻城机场等。

④探测地质异常体

根据波速差异、异常区范围和形态探测洞穴、破碎带、划分基覆界面、软弱夹层、风化界面等。如在 NZ 机场、NJ 阳机场工程勘察利用面波探测古墓、古金洞、地下管道;CS 机场、XY 机场、DJ 机场、BJ 机场、MT 机场、WN 机场等中采用面波、跨孔波速法探测岩溶洞隙、溶蚀破碎带、断层破碎带;在 YB 机场、YL 机场、NC 机场、BZ 机场、TC 机场、QB 机场、GZ 机场等中利用面波划分风化带、基覆界面、不同时代岩性差异较大的岩层分界面;MT 机场、WN 机场中利用面波探寻滑坡界面或潜在软弱滑动面。

适当的面波工作可指导钻探、探井布置,减少钻探、探井工作量。波速探测应与钻探、探井、室内试验等密切配合,相互验证,未经验证的波速测试资料不能应用于工程实践。

4.1.8 反应模量试验

反应模量试验是在机场道槽区进行的。新机场一般在土方完成后,铺筑道面以前进行,为道面设计提供参数;旧机场一般道槽区附近进行,如道肩,也可在道面上进行,通过公式换算为土基的反应模量。

1)试验设备

试验设备如图 4-19 所示。

(1)加荷设备。载货汽车或平板拖车 1 辆,宜选用在后轴外约 80cm 处大梁上有 1 根小横梁的汽车,以便供千斤顶加力时作为反力架;油压千斤顶 1 台,量程 200kN 以上;刚性承压板 1 组,最下面的钢板直径为 750mm,其上叠置不同小直径钢板,其直径范围为 450 ~ 610mm,每块钢板厚度不得小于 25mm。

(2)量测设备。电子秤或测力环 1 台,量程 200kN 以上;弯沉仪 2 台并附有 2 个百分表,另增加 4 个百分表及 2.40m 长钢梁支架 1 根、磁性表架 3 个;钢直尺 1 把,长 300 ~ 500mm;锤球 1 个,温度计、秒表各 1 个;平镐 1 ~ 2 把;油灰刀 1 ~ 2 把;水平尺 1 把;过筛干细砂 1 桶。12mm × 12mm × 3mm 的金属数块。

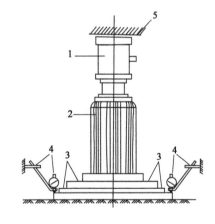

图 4-19 反应模量试验装置图

1-电子秤压头;2-千斤顶;3-承压板;4-百分表;5-加载装置

2)试验要点

(1)选定具有代表性的测点(每组 3 点,至少 1 组)。

(2)先将测点的土基表面铲平或修平,并用水平尺检查。找平后均匀地铺砂少许,其厚度不宜超过 5mm。

(3)安置承压板,并将一块板轻轻地旋转半周或一周,用水平尺校正,必须对准上板中心,堆叠在一起。

(4)将载重汽车或平板拖车开到测点位置,将系于加力小横梁中部的垂球对准承压板中心,然后收起垂球,并将车轮前后轮胎堵塞平稳。

(5)承压板安放平稳后,将 3 只百分表放置在最下层承压板边缘一定位置上,要求各表距板边缘约 5mm,3 只表呈 120°交角,然后再将两台弯沉仪的测头分别置于承压板直径两端百分表附近进行监测,百分表支点距承压板中心不小于 2m。调整百分表使其指针处于行程中间位置。

(6)在千斤顶与横梁之间垂直地放置压力传感器或压力环及垫等物,再轻轻给千斤顶加压,使其与加载设备贴紧。

(7)仔细检查试验装置的牢固性,并用 15.4kN 载荷预压 1~2 次,消除间隙,减少试验误差。

(8)卸除预压荷载,记下百分表读数,然后分级连续加载。荷载分级应不小于 5 级,加荷时中间不卸载,加载速度应均匀。加荷试验按沉降速率小于 0.25mm/min,且不少于 3min 控制。

逐级加载的顺序:

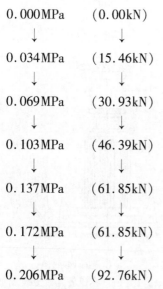

0.000MPa　　(0.00kN)

↓　　　　　↓

0.034MPa　　(15.46kN)

↓　　　　　↓

0.069MPa　　(30.93kN)

↓　　　　　↓

0.103MPa　　(46.39kN)

↓　　　　　↓

0.137MPa　　(61.85kN)

↓　　　　　↓

0.172MPa　　(61.85kN)

↓　　　　　↓

0.206MPa　　(92.76kN)

(9)测试数据按表 4-3 格式记录。

3)资料的整理

计算土基反应模量:

土基反映模量测试记录   表 4-3

测点:　　　　　　　测试日期:　　　　　　时间:　　　　　　天气:

气温:　　　　　　　承压板直径:　　　　　加载设备:

序号	荷载		百分表读数(mm)							承压板下沉值(cm)
	电子秤读数(kN)	单位压力(MPa)	1 号		2 号		3 号		平均	
			读数	格数	读数	格数	读数	格数		
1										
2										
3										

加载人:　　　　　　　读数人:　　　　　　　　记录人:

注:弯沉仪监测读数同样用此表填写。

(1)绘制关系曲线

在方格纸上绘制承压板的单位面积荷载(MPa)与下沉量(cm)的关系曲线。

(2)计算公式

对于一般土基:

$$k_u = \frac{p_B}{0.00127} \tag{4-2}$$

对于坚硬土基:

$$k_u = \frac{7.00}{l_B} \tag{4-3}$$

上二式中:k_u——现场测得的土基反应模量(MN/m^3);

　　　　p_B——承压板下沉量为 0.127cm 时所对应的单位面积压力(MPa);

　　　　l_B——承压板在单位面积压力为 0.07MPa 时所对应的下沉值(cm)。

(3)不利季节修正计算

按下式将现场测得的土基反应模量 k_u 换算成不利季节的土基反应模量。

$$K_0 = k_u \frac{d}{d_u} \tag{4-4}$$

式中:d——现场原样试件在 0.07MPa 压力下的下沉值(cm),在实验室用固结仪测得;

　　　d_u——现场试件浸水饱和后在 0.07MPa 压力下的下沉值(cm),在实验室用固结仪测得。

4)工程应用

尽管《民用机场勘测规范》(MH/T 5025—2011)中规定了反应模量试验内容,但由于该项试验要在地基处理完成后进行才有实际意义,所以目前实际的勘察工作中多未进行该项工作,一般甲方委托第三方检测单位完成。

2005 年前,西南地区机场建设要求在勘察阶段完成现场和室内的反应模量试验,但由于实际施工后的地基质量与勘察阶段对应压实度的样品差异明显,反应模量数值差异太大而不具指导意义,所以 2005 年后勘察要求已不再要求勘察单位进行反应模量试验。

4.1.9 物理性质测试

1)颗粒分析试验

(1)定义

颗粒级配是反映土体结构的重要指标,机场工程上用不均匀系数 C_u 和曲率系数 C_c 来表示。

$$C_u = \frac{d_{60}}{d_{10}} \qquad C_c = \frac{d_{30}^2}{d_{10}} \cdot d_{60} \tag{4-5}$$

式中:d_{60}——相应于累计百分含量为 60% 的粒径(mm);

d_{30}——相应于累计百分含量为 30% 的粒径(mm);

d_{10}——相应于累计百分含量为 10% 的粒径(mm);

当 $C_u \geqslant 5$, $C_c = 1 \sim 3$ 时,为良好级配的土,即不均粒土。

(2)机场工程勘察中颗分试验要求与要点

①当场区松散层为粗巨粒土时,应进行现场大型颗粒分析试验。

②颗分试验样品应在探井中采取,探井的最小直径或边长不应小于代表性最大粒径的 5 倍。挖方区、接近道面设计高程区域,探井深度应至设计高程下 5 ~ 6m,填方区探井深度应至飞机和填方荷载有效影响深度。

a. 当粗巨粒土在垂向上分布较均匀时,可只在浅部开挖探井试验。

b. 当有现存的粗巨粒土剖面时,可在剖面上刻槽取样试验,刻槽宽度和深度不小于代表性最大粒径的 5 倍。

c. 挖方区深部填料和道面设计高程下地基土的颗分试验经允许可结合试验段施工和大面积工程施工进行。

③试验采用圆孔标准筛。大于标准筛最大孔径的粒组采用直尺量取最大边长或直径。

④分组称取质量。

⑤绘制颗分级配曲线,计算 C_u、C_c。

(3)工程应用

①在 ML 机场 Ⅱ、Ⅲ 阶地上冲洪积漂卵石、泥石流块碎堆积层进行了颗分试验。冲洪积漂卵石 $C_u \geqslant 5$, $C_c = 1 \sim 3$,级配良好,但航站区泥石流块碎堆积层 $C_u \geqslant 15$, $C_c \geqslant 5$,级配差,最大粒径 1.2m,用作填料必须爆破改良。

②BA 机场主要区域均位于古冰水泥石流堆积层上。古泥石流堆积物主要由千枚岩、板岩、变质砂岩、砂岩等碎石组成,呈棱角、次棱角状,粒径一般 2 ~ 10cm,最大可达 25cm,含量约 50% ~ 75% 不等,多扁平状,强 ~ 中等风化,呈中密 ~ 密实状,探井如图 4-20 所示,颗分曲线如图 4-21 所示。填料级配不良,不能直接用作填料,所以进行了振动碾压、冲击碾压和强夯填筑试验。结果表明在夯击能 2000 ~ 4000kN · m,虚铺厚度 4 ~ 5m 的条件下,碎石被击碎,级配变好,基本满足设计要求,节省了数千万地基处理费用和数月的工期。

③KD 机场、YD 机场松散层为冰川堆积的漂砾、碎石、角砾、砂等,无沉积规律、无分选。冰碛层最大粒径 6.5m,一般粒径小于 80cm,$C_u = 38 \sim 857.1$,均值 301.4,$C_c = 0.04 \sim 2.7$,天然级配不良。通过专项研究和试验段研究,采用开挖拌和、大于 80cm 漂块石爆破、3000kN·m 强夯密实,填筑地基达到了密实、稳定、均匀要求。

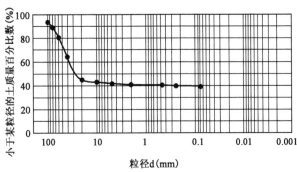

图 4-20 泥石流堆积的碎石层　　　　　图 4-21 工程区代表性颗分曲线

④在 GA 机场、AL 机场、LSL 机场、NJ 机场、LT 机场、HY 机场、LPS 机场等对冲洪积的卵石、砾石、滑坡、崩坡积和泥石流等堆积的块碎石层进行了现场大型颗分试验,查明了上述地层的颗粒级配特征,为其利用、处理提出了可靠依据。

2)密度试验

当难以采集样品在室内进行密度试验或采集的样品不具代表性时,应进行现场密度试验,准确测量土层的密度。

(1)定义

现场密度试验为土体质量与土体体积之比。当土体以块碎石为主,试验时,块碎石干燥,土中水分含量少时,习惯上称此时密度为干密度。

(2)机场工程勘察中密度试验要求与要点

①漂块石、碎石土、角砾土、砂土、混合土等粗粒土或细粒土中粗粒含量较高时应进行现场密度试验。

②密度试验应开挖探井取样进行。探井应选择在代表性地段、深度段,且不应有偶然大粒径;探井最小直径或边长应不小于代表性最大粒径的 3 倍,且探井体积不小于 3m³。

③体积测量宜采用灌水法。试验中应选厚度适宜的薄膜,灌水后薄膜应紧贴探井壁。

(3)工程应用

干密度为碎石土、砂土地基的重要控制指标,作者在西南地区机场工程勘察中统计发现干密度与密实度、承载力、变形模量有较好的对应关系:当干密度 $\geq 2.0 \mathrm{g/cm}^3$ 时,块碎石已达到中密状态以上,承载力标准值大于 300kPa,变形模量大于 15MPa,可满足机场道槽区地基要求。

ML 机场原场地漂石层干密度 $2.25 \sim 2.71 \mathrm{g/cm}^3$,卵石层干密度 $2.06 \sim 2.30 \mathrm{g/cm}^3$,承载力可达 280kPa,变形模量大于 18MPa;KD 机场、YD 机场原场地冰碛碎石层干密度 $> 2.0 \mathrm{g/cm}^3$,承载力可达 250kPa,变形模量大于 15MPa,原场地冰碛层为良好的天然地基。

3）固体体积率试验

（1）定义

固体体积率为土体中固体所占体积与总体积之比，以百分率表示。

$$\delta = \frac{m}{\rho V} \cdot 100\% \tag{4-6}$$

式中：δ——固体体积率（%）；

m——探坑中固体的质量（kg）；

ρ——探坑中岩石块体的密度（kg/m³）；

V——探坑的体积（m³）。

（2）机场工程勘察中固体体积率试验要求与要点

同现场密度试验。一般用于受水侵蚀冲刷而形成架空结构的块碎石、粗粒混合土地基或块碎石填筑地基，由于强度参数难以获取，通常采用固体体积率来描述土体的结构。

（3）工程应用

①固体体积率为块碎石、漂石、混合土，以及块碎石填筑地基的重要质量指标。《民用机场岩土工程设计规范》（MH/T 5027—2013）[9]已将固体体积率作为填筑地基质量控制的主要指标，具体指标由试验得出。

②KD 机场、YD 机场架空结构块石固体体积率62.4% ~ 88.75%，它反映了块石分布不均匀，密实度差异较大，需作处理。

③WS 机场、MT 机场、BJ 机场等航站区中块碎石填方区勘察，以及 XY 机场、BJ 机场、LDB 机场、CS 机场等扩建均对块碎石填筑体进行固体体积率试验，并建立起与载荷试验的对应关系，有效地减少了载荷试验数量，缩短了工期、节省了勘察费用。

4.1.10 水文地质试验

机场的水文地质试验包括抽水试验、压水试验、注水试验、渗水试验。试验的目的为获取有关水文地质参数，如渗透性、富水性、流量、流向等，为机场的供水、地基处理等提供水文地质资料。

水文地质试验在有关规范和手册中皆有详述，下面介绍机场工程勘察中常用的渗水试验。渗水试验有单环法和双环法两种。

1）试验设备、要点

按图 4-22 连接设备。

（1）单环法采用的硬质铁环高 20cm，直径 37.75cm。双环法采用的硬质铁环高 20cm，外环直径 50.00cm，内环直径 25.00cm。

（2）在试验位置上，挖方形或圆形试验坑至预定深度，在坑底部再挖一注水试验坑，深度 20cm，修平坑底，保持土的原状结构。

（3）放入铁环，使其与坑底紧密接触，外部填实，确保四周不漏水。

（4）在坑底部铺 2 ~ 3cm 的砂砾层，作缓冲层。

（5）安上流量桶，接上胶管、钳夹。

（6）向试坑内注水，待坑内水位达到 10cm 时，开始试验，记录时间和流入坑内的流量，保持坑内水位稳定在 10cm 处。

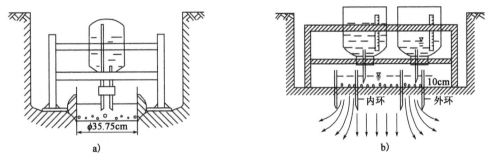

图 4-22　渗水试验装置图
a)单环法;b)双环法

(7)外业试验结束,排干坑内的积水,开挖试坑,确定水的渗入深度。

2)室内资料整理

(1)单环法计算公式:

$$k = \frac{Q}{F} \tag{4-7}$$

(2)双环法计算公式:

$$k = \frac{Ql}{F(H_k + Z + l)} \tag{4-8}$$

上二式中:k——渗透系数(cm/min);

$\quad\quad Q$——渗水量(mL/min);

$\quad\quad l$——开挖确定的渗水深度(cm);

$\quad\quad F$——渗水内环面积(cm^2);

$\quad\quad H_k$——测试土层毛细压力水头,一般取40cm;

$\quad\quad Z$——试坑内内水环中的水层高度。

3)工程应用

单环法、双环法是野外测定包气带非饱和岩(土)层渗透系数的简易方法,其中双环法较单环法精度较高,砂土、粉土测试精度较黏性土高。

在西南地区的 GA 机场、AL 机场、BD 机场、ML 机场、KD 机场、YD 机场、HY 机场、GZ 机场、WN 机场、ZT 机场等高原、高高原机场等条件艰苦地区、交通不便、试验条件差的地区均进行了渗水试验,测得了碎石土、砂土、粉土和混合土的渗透系数,为岩土工程计算、设计提供了较为准确的参数。

4.2　室　内　试　验

室内试验是由室内的专业试验人员按照相关的规范、标准完成的。本节着重介绍机场工程勘察中室内试验的野外采样的方法、目的和测试项目。

4.2.1 岩土原状样品的采取与保存

1)普通岩土原状样品的采取与保存

普通土样的采取、检验、封装、储存、运输应严格按《建筑工程地质勘探与取样技术规程》（JGJ/T 87—2012）[10]进行。

岩石样品的采取应考虑岩石的强度。极限抗压强度大于75MPa时，磨光后的样品边长或直径不小于5cm；强度为25~75MPa时，样品边长或直径不小于7cm；强度小于25MPa时，样品边长或直径不小于10cm。对在钻孔采样，最小的孔径为89mm，一般情况下孔径108 mm为最佳。

土样应及时密封、送试验室。来不及送的土样应在当天选择阴凉潮湿的地方挖坑掩埋。

2)特殊要求岩土原状样品的采取与保存

(1)大尺寸全强风化红层砂岩原状样采取与保存[11]

全风化和强风化红层砂岩结构强度较高，天然状态下承载力和变形模量较大，但在受到扰动和浸水时强度迅速降低，勘察工作中难以采取Ⅰ、Ⅱ级原状样品，尤其是大尺寸全强风化红层砂岩原状样采取与保存。结合YB、YL、BZ、FL等红层地区机场的工程实践，研制了大尺寸全强风化红层砂岩原状样采取与保存方法，效果良好，其采样步骤如下：

①在选定的拟采样位置，以设计采样直径的1.5倍为边界，采用人工开挖至设计的取样深度。

②观察和判断开挖深度内是否为设定的岩性和风化类型；如不是则重新选取采样位置。

③扩大拟采样四周工作面至便于作业人员作业和搬运样品。

④按取样用硬质圆形PVC管的外径，在拟采样的层面上画圆圈，并使用手板锯、刮灰刀等将全强风化的砂岩样品修刮为硬质圆形PVC管内径大小的柱体。

⑤将预先对半分开的硬质圆形PVC管套在柱体上，用修刮岩柱时产生的细粒将PVC管空隙充满，而后用胶带将PVC管固定。

⑥用手扳锯将岩柱底端锯断，用刮灰刀将岩柱顶面、底面刮平；将厚0.3mm、直径略大于PVC管外径的钢板用胶带固定在岩柱顶面和底面；标注岩柱上、下方向。

⑦用密目纱布包裹PVC管和钢板，再用柔软的细铁丝缠绕固定后用毛刷将热溶后的液态石蜡均匀地涂在砂布上，静置至石蜡冷凝。

⑧将样品编号后用厚层塑料薄膜包裹，并用胶带固定；装入底部设置5cm以上厚度泡沫板的木箱中，四周用碎泡沫板紧密填塞至箱顶部，盖箱顶板。

⑨将木箱装入轻型卡车，小心运至试验室。

(2)红黏土原状土样保护方法[12]

红黏土具有高含水率、高塑限、高液限特征，极易失水收缩而产生裂隙。勘察中用薄壁取土器采样后，立即用黏胶带或蜡密封，3天后解样，试样壁上常附着一层水珠，土样壁已产生网状裂隙，裂隙深度2~3 cm为主，最深达4 cm，导致土样物理力学性质严重破坏，土样失效。究其原因是土样采取后，因温度和应力等与天然状态差异巨大，红黏土中水分经昼夜变化，水分迅速向外扩散、蒸发，产生类似地膜效应现象，改变了土样性状，进一步改变了物理力学性质。对于交通不便地区、边远地区机场工程勘察，按常规原状土样保存方法难以满足红黏土样品质量和时间要求。

结合 TR 机场、XY 机场、LZ 机场、LDB 机场、BJ 机场、HP 机场、DJ 机场、ZY 机场、WN 机场、MT 机场、ZT 机场、WS 机场、LC 机场、CS 机场、QB 机场等不断总结和完善红黏土原状土样保护方法;红黏土原状土样裹浆、掩埋和保湿保护方法。该法对上述工程 15000 余个红黏土原状样进行了保护,经上千个样品的抽样检查,采样后至运输到试验室样品无裂纹,含水率变化小于 1% 的时间为 14～22 天,效果良好。方法和步骤如下:

①将按规范采取的原状红黏土样用接近软塑状态的流塑态红黏土泥浆包裹,裹浆厚度为 2～4mm。

②将裹浆后原状土样装入取样筒中,盖上铁盖,擦净表面,用胶带密封,标注上、下层面,贴上采样标签。

③把密封后的土样埋入阴凉处深度不小于 1.5m 深度的土坑中,并在表面浇少量水。

④按 30cm×40cm×50cm 规格制备透气木箱,在木箱底部放置厚约 5cm 的泡沫板。

⑤在取样后的 15 天内将坑中土样小心取出,样盒与样盒、样盒与箱板间隔 2cm 装入木箱中。然后用浸泡 2 天以上的稻草、谷壳、麦壳、碎玉米秆等将间隙密实充填,盖上箱顶板,用铁丝捆扎牢实。

⑥将木箱装车,小心运至试验室。

(3)软弱夹层原状样品采取

①深层软弱夹层原状样采取。对于深层软弱岩石,尤其是薄层的软弱夹层,采用岩芯管回转采样,很难达到要求,甚至漏采,宜采用双管单动的半盒管式钻具或双动三重管取样。采取后的样品应及时地封装和掩埋,送试验室分析。

②浅层软弱夹层原状样采取。对于浅层软弱夹层可开挖探槽(井)或相同地貌单元上其他项目新开挖揭露软弱夹层的剖面上采用环刀直接压入取样。

4.2.2 常规试验

1)土常规试验

土常规试验的目的是获取土常规的物理力学指标,包括:密度、比重、天然含水率、初始孔隙比、饱和度、液性指数、塑性指数、内摩擦角、黏聚力、压缩系数、压缩模量等。各指标的应用见表4-4。

机场建设中土物理指标的应用 表4-4

指标	符号	应用	土的分类	
			黏性土	砂土
密度 重度 水下浮重	ρ γ ρ'	1.计算干密度、孔隙比等其他物理指标; 2.计算土的自重压力; 3.计算地基的稳定性和地基土的承载力; 4.计算斜坡的稳定性; 5.计算挡土墙的压力	+ + + + +	+ + + + +
比重	G_s	计算孔隙比等其他物理指标	+	+
含水率	ω	1.计算孔隙比等其他物理指标; 2.评价土的承载力; 3.评价土的冻胀性	+ + +	+ + +

指标		符号	应用	土的分类	
				黏性土	砂土
干密度		ρ_d	1. 计算孔隙比等其他物理指标； 2. 评价土的密度； 3. 控制填土地基的质量	+ − +	+ + −
孔隙比 孔隙率		e n	1. 评价土的密度； 2. 计算土的水下密度； 3. 计算压缩系数和压缩模量； 4. 评价土的承载力	− + + +	+ + − +
饱和度		S_r	1. 划分砂土的密度； 2. 评价土的承载力	− −	+ +
可塑性	液限	w_L	1. 黏性土分类；	+	−
	塑限	w_P	2. 划分黏性土状态；	+	−
	塑性指数	I_P	3. 评价土的承载力；	+	−
	液性指数	I_L	4. 估计土的最优含水率； 5. 估算土的力学性质	+ +	− −
	含水比	u	评价老黏土和红黏土的承载力	+	−
颗粒组成	有效粒径 平均粒径 不均匀系数 曲率系数	d_{10} d_{50} C_u C_c	1. 碎石土、砂土的分类和级配情况； 2. 大致估计土的渗透性； 3. 计算过滤器孔径或计算反滤层； 4. 评价砂土和粉土液化的可能性； 5. 评价地基渗透变形可能性； 6. 评价填料的级配组成和适宜性； 7. 估算地基承载力	− − − − + + +	+ + + + + + +
最大孔隙比 最小孔隙比 相对密度		e_{max} e_{min} D_r	1. 评价砂土密度； 2. 估算砂土体积的变化； 3. 评价砂土液化的可能性	− − −	+ + +
渗透系数		k	1. 计算基坑的涌水量； 2. 设计排水结构； 3. 计算沉降所需时间； 4. 人工降低水位的计算； 5. 评价地基渗透变形可能性； 6. 计算供水井出水量	+ + + + + −	+ + + + + +
击实性	最大干密度 最优含水率	ρ_{dmax} ω_y	控制填土地基质量及密实效果	+	−
压缩性	压缩系数 压缩模量 压缩指数 体积压缩系数	α_{1-2} E_s C_c m_v	1. 计算地基变形； 2. 评价土的承载力	+ +	− −
	固结系数	C_v	计算沉降时间及固结度	+	−
	前期固结压力 超固结比	p_c OCR	判断土的应力与应变关系	+	+
抗剪强度	内摩擦角 黏聚力	φ c	1. 评价地基稳定性、计算承载力； 2. 计算斜坡的稳定性； 3. 计算挡土墙的土压力	+ + +	+ + +

指　标	符　号	应　用	土的分类	
			黏性土	砂土
侧压力系数、泊松比	ξ ν	1. 研究土中应力与应变的关系; 2. 计算变形模量	+ +	- -
承载比	CBR	设计跑道	+	+
无侧限抗压强度	q_u	1. 估算土的承载力; 2. 估算土的抗剪强度	+ +	- -
灵敏度	S_t	评价土的结构性	+	-

注:" + "表示相应的指标为表内所指的该类土采用;" - "表示该指标不被采用。

土常规试验原状样品应采用薄壁取土器或活塞式取土器采取。

土常规试验方法应按《土工试验方法标准》(GB/T 50123—1999)进行。

2)岩石常规试验

岩石的常规试验项目包括密度、孔隙率、吸水率、抗压强度(天然状态及饱和状态)等。岩石试验方法,可按相关手册和规范。对于水平和缓倾角岩层场地和岩层虽然较陡,但沟谷切割浅(<5m)的场地,机场工程勘察时,通常只作岩石常规试验可满足设计要求,否则需作下述的岩石特殊试验。

4.2.3　土特殊项目试验

1)三轴剪切试验、反复慢剪试验、反复直剪试验、流变试验等

各类剪切试验目的都是获取土层的黏聚力 c、内摩擦角 φ 值,为边坡和高填方原场地地基的稳定性计算和地基处理提供资料。位于机场范围内涉及边坡(自然边坡和人工边坡)和填方应力影响范围内的土层,皆应根据岩土特性和地方工程经验选择合适方法作此类试验。

2)高压固结试验

高压固结试验一般在道槽高填方区土层中进行,目的是为填方区原地面地基固结计算提供资料。高压固结的压力应高于设计填方高度的填土压力 200kPa 以上。试验分 6～8 级压力进行。每类土每种状态的试验数量应不少于 8 组。

3)渗透试验

渗透试验在下列情况下进行:

(1)道槽区原场地土层,为道槽区地基沉降计算提供资料。

(2)填方区原场地土层,为填方区地基的沉降计算提供资料。

(3)当场道地基中地下水较丰富时,为地基渗透破坏计算提供资料。

(4)计算地下水的流量,为机场排水设计提供资料。

4)湿陷性试验

各类黄土地基,皆应作湿陷性试验,测定黄土的自重湿陷性系数、机场荷载压力下的湿陷系数和溶滤变形系数,评价黄土的湿陷性和提供地基处理参数。

5)膨胀性试验

机场工程勘察中,所有的黏性土和泥岩、黏土岩,以及其他可能存在膨胀性的岩石皆应作

膨胀性鉴定。在初步确定岩土层具膨胀性后,须做膨胀性试验。试验项目包括自由膨胀率、膨胀率、膨胀力、膨胀含水率、线缩率、体缩率、缩限、收缩系数等。

6)重型击实试验

道槽区、土面区的填方区,以及用作填料的土层皆应做重型击实试验。重型击实试验获取的参数为最大干密度和最佳含水率。重型击实试验采取的是扰动土样,每个土样野外采取质量约为50kg。击实试验数量:每类土应不少于6组。

7)回弹模量试验

回弹模量试验是重型击实试验完成后,取其试验样再做试验,获取土样回弹模量值。回弹模量是道面设计的重要参数。室内试验获取的回弹模量是理想状态下的参数值,实际工程中是得不到的,为设计、施工的目标值。回弹模量试验数量:道面设计高程下6m深度内原场地土层和填土的每一类型不宜少于6组。

8)无侧限抗压强度和灵敏度试验

黏性土无侧限抗压强度和灵敏度试验的目的是估算土的承载力、抗剪强度和评价土的结构性。对于存在土质边坡的场地应做此试验,尤其是软弱土、红黏土场地。试验的数量:每类土每种状态不应小于6组。

9)土有机质、易溶盐及腐蚀性试验

土有机质、易溶盐、腐蚀性试验的目的主要是测定土中的有机质、易溶盐含量是否满足地基要求,判断土是否对机场建筑具有腐蚀性。易溶盐分析项目包括$K^+ + Na^+$(差减法)、NH_4^+(纳氏试剂比色法)、Ca^{2+}(EDTA容量法)、Mg^{2+}(EDTA容量法)、Cl^-(摩尔法)、SO_4^{2-}(EDTA容量法)、HCO_3^-(酸滴定法)、CO_3^{2-}(酸滴定法)、OH^-(酸滴定法)、NO_3^-(水杨酸比色法)、总含盐量(质量法)、pH值等。

在一般场地的机场工程勘察中,初勘阶段每类土应采取2~3个样做分析,初步判断有机质、易溶盐含量是否满足地基要求,初步判断土是否对机场建筑具有腐蚀性;在详勘试验阶段据实际情况适当增加试验数量即可。

在分布有富含腐殖质的土层、煤系地层和盐渍土等特殊场地机场的勘察中,初勘阶段应在不同的地貌单元分别采取6~8组样品做试验,精确地测定土中有机质和易溶盐的含量、类型和pH值,评价土对机场建筑的腐蚀类型和等级。详勘阶段应根据工程地质分区或环境地质分区采取土样作有机质和腐蚀性试验,每个分区内采样数量不少于6组,准确评价土对机场建筑的腐蚀类型和等级。

10)土颗粒分析试验

按颗粒的大小,土颗粒分析可分为碎石等巨粒土颗粒分析、砂等粗粒土颗粒分析、粉土、黏性土等细粒土的颗粒分析。

碎石等巨粒土颗粒分析目的是获取巨粒土的颗粒大小、粒组成分、不均匀系数、曲率系数,判断巨粒土的均匀性、密实度、承载力等,为施工图设计提供资料,尤其是高填方的填料设计提供资料。巨粒土的大块碎石一般在野外人工分选,如KD机场采样后在现场分选10cm以上块碎石,剩余的样品在室内筛分。根据室内外土体的质量、粒组成分计算整个土体的不均匀系数、曲率系数。

砂的颗粒分析方法为筛分,主要目的有两个:一是判定砂的类别,获取细度模数等参数,为砂土压实方法选择、机场的建材等提供资料;二是为砂土液化判断提供资料。

粉土的颗粒分析主要是获取黏粒含量,判断液化可能性;黏性土的颗粒分析目的:一是为场道垫层泥结碎石提供资料。分析的粒组选取宜按道面设计的标准进行,即 > 2mm、2 ~ 0.5mm、0.5 ~ 0.25mm、0.25 ~ 0.074mm、0.074 ~ 0.05mm、0.05 ~ 0.01mm、0.01 ~ 0.005mm、0.005 ~ 0.002mm、< 0.002mm 粒组分析;二是判断黏性土粗颗粒含量,为水文地质条件分析、地基处理、机场排水设计等提供资料。

机场工程勘察中每种地貌或每个地质单元上的每一类土颗粒分析的采样数量不得少于3个。

4.2.4　岩石特殊项目试验

1)抗剪试验

岩石的抗剪试验目的是获取岩石(体)的黏聚力 c 和内摩擦角 φ,为边坡的稳定性评价和治理提供参数。在沟谷切割较深且岩层倾斜的地区、岩体裂隙发育的边坡区,试验数量不得少于 6 组,且宜大于 8 组,尤其是软弱结构面上的岩土应尽可能地多做几组,最大限度地获取真实抗剪参数。

2)变形试验

岩石变形试验获取的主要参数为变形模量和泊松比,为地基的变形计算提供资料。试验要求的数量为每类岩石不少于 6 组。

3)抗拉试验

机场工程中不允许拉应力出现。一旦拉应力出现,拉断破坏通常为工程岩体破坏的主要方式,因为抗拉强度远小于抗压强度,仅为其 3% ~ 5%。其原因为岩石或岩体是一种多孔隙、多裂隙的材料,拉应力条件下,抗拉强度仅决定于黏聚力,而抗压强度除此之外,还有内摩擦力。因此,抗拉强度是机场工程中一个非常重要指标,同时它还是条石建材的不可缺少指标。抗拉强度试验在以往机场工程勘察中常被忽略,造成了不必要的返工和时间的拖延。

岩石抗拉强度试验方法有直接拉伸法和间接法。由于直接拉伸法的试件的制备和试验技术皆比较复杂,目前多用间接法,其中以劈裂法和点荷载法最常用。试验要求的数量为每类岩石不少于 6 组。

4.2.5　水质试验

1)腐蚀性试验

水的腐蚀性试验主要为场区地表水、地下水腐蚀性评价和机场施工的工程用水提供资料。试验按《岩土工程勘察规范》(GB 50021—2001)方法和项目进行。

主要的测试项目和方法:pH 值(电位法)、$Na^+ + K^+$(差减法)、NH_4^+(纳氏试剂比色法)、Ca^{2+}(EDTA 容量法)、Mg^{2+}(EDTA 容量法)、Cl^-(摩尔法)、SO_4^{2-}(EDTA 容量法)、HCO_3^-(酸滴定法)、CO_3^{2-}(酸滴定法)、OH^-(酸滴定法)、NO_3^-(水杨酸比色法)、侵蚀性 CO_2(盖耶尔法)、游离性 CO_2(酸滴定法)、总矿化度(质量法)。

对用于腐蚀性试验的水样,采取后需加化学纯 $CaCO_3$ 试剂作稳定剂。

　　根据水质试验结果,做出混凝土结构腐蚀性、混凝土中钢筋腐蚀性、钢结构腐蚀性评价。

　　2)饮用水水质试验

　　饮水水质试验主要为机场建成后生活用水提供资料。试验方法和要求应按国家有关标准和规范执行,如饮用水水质标准等。试验须在水样保质期内送到的有资质的疾控部门分析。

　　在条件许可时,饮用水样尽可能地请试验单位采样。

　　水质试验采样数量一般不宜少于6个。

　　水质试验结果除试验人员签名外,还须加盖试验单位公章和分析资质章。

第2篇

机场工程前期
阶段性勘察

机场工程勘察一般是按选勘、初勘、详勘、施工勘察等分阶段进行。选勘、初勘、详勘一般称为机场工程前期阶段性勘察，其方法包括工程地质测绘、工程物探、钻探、原位测试、室内试验等，内容有工程地质、水文地质、环境地质、供排水、洪水、填料、天然建材等。不同勘察阶段的勘察方法、内容、广度、深度和评价方法有所不同，并根据场地条件、设计与建设单位要求调整。总的来说，选址勘察以定性评价为主，重点评价场地的稳定性和适宜性；初步勘察采用定性评价与定量评价相结合的方法，重点评价场地适宜性，提出初步的岩土参数；详细勘察以定量评价为主，重点评价道槽区变形特征、边坡稳定性，提出详细的岩土工程参数。

第5章　选址勘察

在机场选址阶段进行的工程地质勘察称为选址勘察(选勘),目的是查明对场址影响明显的活断层、大型泥石流、滑坡、岩溶、采空区等特殊地质条件,以及大面积液化土、冻土、盐渍土、软土、膨胀土等特殊性岩土等重大工程地质问题,评价场地的稳定性和适宜性,为机场建设场址的确定和投资匡算提供地质依据。

5.1　勘察方法与内容

选址勘察以收集资料、现场踏勘、工程地质测绘为主;对条件复杂场址,应进行必要的勘探,布置少量物探、坑探、钻探或试验工作。

5.1.1　资料收集与踏勘

资料收集内容包括:

1)地质资料

主要收集区域地质、工程地质、水文地质、地震地质等地质资料。

2)地表水文资料

重点收集影响场址安全的洪水位、影响机场排水的河水位、可接纳的排水量等。

3)气象资料

重点收集风向、风速、能见度和云高、雷暴、气温、降水量、蒸发量等气象资料。

4)现场踏勘

对收集资料进行系统分析后,进行现场踏勘。踏勘的主要目的是了解现场地形地貌、地层构造、交通条件、人文条件、钻探供水条件、人员住宿条件等。踏勘后根据收集资料和踏勘情况编写选址勘察方案。

5.1.2　工程地质测绘

工程地质测绘是选址勘察最主要方法,宜采用卫星遥感解译、航片解译、无人机图像解译和现场调查相结合的手段。

1)测绘范围

测绘范围包括:

(1)比选场址。

(2)机场建设可能产生影响的临近区域。

(3)周边对机场建设可能造成影响的不良地质作用的发生、分布和作用区域。

2)测绘精度

测绘比例尺采用1:5000~1:50000,地质条件复杂的地段可采用1:2000。

3)测绘内容与要求

(1)初步调查比选场址的区域构造、抗震设防烈度和地震历史情况,判断有无影响场区稳定性的活动断裂或强地震环境。

(2)初步调查比选场址的岩溶、滑坡、崩塌、泥石流、地下采空区等不良地质作用,分析对机场工程的危害程度,对场址的稳定性做出初步评价。

(3)初步调查比选场址地层岩性,尤其是特殊性岩土分布与性质,初步分析机场工程建设可能遇到的岩土工程问题。

(4)初步调查地下水的类型和赋存状态,含水层的岩性特征、埋藏深度、污染情况及其与地表水体的关系。

(5)初步调查场址附近的自然水系、水灾情况(包括水灾原因、淹没范围、持续时间等)、水利建设情况。

(6)初步收集气象、水文、植被、土的标准冻结深度等资料。

(7)调查有无地磁异常和影响机场修建的矿藏资源。

5.1.3 工程勘探与试验

1)进行工程勘探的情形

当有下列情况之一的,应进行工程勘探:

(1)场地复杂程度为一级或二级。

(2)地基等级为一级或二级。

(3)飞行区指标 II 为 D、E、F。

(4)场址或场址附近没有可供参考的勘察资料。

2)工程物探

对隐伏的可能对机场建设造成重大影响的断层、滑坡、特殊性岩土的分布和厚度,可结合场地条件和地方工程勘察经验选择2~3种物探方法进行探测。物探线宜垂直构造线或沿跑道轴线布置。物探线条数和探测深度应根据需要初步探明地质对象确定。

3)探井与钻探

(1)探井与钻探宜布置在跑道中心线、典型地貌单元及拟建航站区。

(2)跑道中心线上探井与钻探间距宜为 500~1000m,拟建航站区探井与钻探间距宜为250~500m,每个典型地貌单元宜布置1~2个勘探点。

(3)基岩埋藏较浅时,钻孔深度可至中、微风化基岩内 1~3m;基岩埋藏较深时,钻孔深度可至较硬的稳定土层 3~5m;查明地质构造的钻孔深度,按实际需要确定;探坑深度根据实际情况确定。

4)试验

(1)钻孔和探坑竖向取土样间距,应按地层特点和岩土的均匀程度确定,主要岩土层应取样,每类主要地层取样量不少于 6 个。

（2）室内试验与原位测试工作内容应根据岩土类别确定,提供初步工程分析评价所需岩土参数。

5.1.4 洪水调查

1）洪水调查意义、目的

近年来越来越多的老机场被异常气候条件下洪水淹没,如 GA 机场,甚至有的机场不得不搬迁,如四川 DZ 机场。洪水淹没下的机场不仅不能进行航班正常营运、飞行训练和作战,而且还不能发挥机场在恶劣气候发生后的抗震救灾功能,造成巨大的经济损失和严重的社会不良影响,甚至影响军队的战斗力和国防安全,同时洪水淹没所造成设备损坏、地基浸泡软化、洪水过后清淤、道基修复和检测等费用也是难以估计的,所以在军队和民航的勘察规范中均明确要求进行场地附近的河流、水系、水源及水的流向、流速、流量、常水位,洪水位及其发生时间、淹没范围,避免洪水造成不必要损失。

洪水调查主要目的:

（1）判明机场是否存在被洪水淹没可能,为机场场址确定提供依据。

（2）为机场道面设计高程和防洪设计提供依据。

（3）为机场排水设计提供依据。

水文调查中河流、水系、水源及水的流向、流速、流量、常水位等一般可从当地水利部门收集,机场工程勘察中调查的重点是对洪水位进行调查和复核,为机场选址和防洪设计提供依据,所以洪水调查主要在选址和初勘阶段进行。

2）洪水设防标准

鉴于上述原因,我国的军用机场、民用运输机场和通用机场均制定了严格的防洪标准,见表 5-1 ~ 表 5-3。

军用机场防洪标准（GJB 2130—1994） 表 5-1

防洪等级	适用条件	重现期（年）	
		安全洪水位及防洪堤	截、排水沟
一	四级机场及重要的二、三级机场	100	50
二	普通的二、三级机场	50	20
三	一级机场 应急起飞跑道、备用跑道及拖机道	20	10

民用机场防洪标准（GB 105—2008） 表 5-2

飞行区指标	旅客航站区指标	设计洪水频率≥（年）
3B、2C 以下	1	10
3C、3D	2	20
4C、4D	3、4	50
4D 及 4D 以上	5、6	100

注:旅客航站区指标为 5、6 级的机场按 300 年一遇校核。

通用机场防洪标准(MH/T 5026—2012)　　　　　　　　　　表 5-3

类　别	设计洪水频率≥(年)	排水工程的暴雨重现期≥(年)
一类	50	3
二类	20	2

3)洪水调查方法

洪水调查一般应采用下列方法:

(1)收集资料。收集机场所在流域的水文、气象、地质资料,尤其是当地水文部门先前所做的洪水调查资料。机场前期工作一般由当地发展改革部门负责,这些资料的收集可通过发展改革部门向当地相关部门收集。

(2)分析整理收集到水文、气象、地质等资料,初步确定调查时间、人员和河流区段。

(3)在当地政府和水文部门配合下,现场调查河道一般情况,如河床断面情况、主槽弯曲情况、有无支流、卡口等现象。根据河道的情况,选择调查的河段。

(4)在调查河段选择时应尽可能满足以下要求:

①靠近工程地点。

②有明显的洪水痕迹。

③河道较为顺直,水流畅通,没有大的支流加入,没有回水或分流。

④河床较稳定,冲淤变化不大。

(5)请当地群众到现场共同调查,指认洪水痕迹;必要时组织座谈会,共同回忆,相互启发,彼此验证。

(6)在无居民区调查时,可依据漂浮物、河流沉积物高度、水流冲刷痕迹、洪水淹没两岸引起的物理、化学及生物作用而留下的标志,判断洪水位。洪水痕迹调查可靠度见表5-4[96]。

洪水痕迹调查可靠度评定标准　　　　　　　　　　表 5-4

评定因素	等　级		
	可　靠	较可靠	供　参　考
指认人的印象和旁证情况	亲身所见,印象深刻,所讲情况逼真,旁证确凿	亲身所见,印象不深,所述情况较逼真,旁证资料较少	听传说或印象不够清楚具体,缺乏旁证
标志物和洪痕情况	标志物固定,洪水痕迹具体,或有明显洪痕	标志物变化不大,洪水位置较具体	标志物已有较大变化,洪痕位置不具体
估计可能误差范围(m)	0.2 以下	0.2~0.5	0.5~1.0

(7)对调查到的洪水位进行实际测量。

(8)在河道顺直、河床较稳定、比降小、河槽平面无大的收缩或扩张地段选择河流横断面进行形态断面测量。高程一般测至洪水痕迹以上 1~2m。当选定的断面处无洪水痕迹时,可将其断面上下游的同一次痕迹点相连,从而得出形态断面处洪水位。对比降小的平原地区,在形态断面上游 100~200m,下游 50~100m;对比降大的山区,在形态断面上游 50~100m,下游 25~50m。

4)洪水调查内容

洪水调查应包括以下内容:

（1）在调查期内发生洪水的年份、月份及次数。

（2）洪水涨落的历时及来源。

（3）洪水痕迹、碑记、文献资料等。

（4）当时河道断面及形状。

（5）洪水河槽情况,如有无树木、庄稼,河槽土质等。

（6）洪水发生时临近流域的降雨及洪水情况。

（7）上下游有无支流加入及决口、溃坝、分流等情况。

5.2　勘察报告要求

5.2.1　选址勘察报告内容

选址勘察报告应包含以下内容:

（1）前言

①勘察目的、依据、任务和要求。

②勘察方法和手段。

③勘察工作情况和取得的勘察成果。

（2）各比选场址气象条件

①风向。

②气温。

③降水量和蒸发量。

④坏天气。

（3）各比选场址工程地质、水文地质条件和评价

①区域地质条件。

②工程地质条件。

③水文地质条件。

④自然水系、水位情况。

⑤地基稳定性的基本分析与评价。

⑥环境工程地质条件与机场建设的相互关系和影响。

⑦环境工程地质问题预测及岩土工程问题处理的初步意见。

⑧场址工程地质条件对建设机场适宜性影响的初步评价。

⑨地方建筑材料情况。

⑩各场址优缺点对比分析。

（4）结论和建议

①各比选场址气象、水文、地质条件,存在的主要工程地质问题。

②从地质角度推荐场址。对下列情况应建议更换场址:场地内存在对场地稳定有重大直接威胁或潜在威胁的不良地段;地基土严重不良地段;洪水或地下水对建筑场地有严重威胁地段;地下有开采价值的矿床、未稳定的地下采空区、磁铁异常地区。

③对初勘工作的建议。

5.2.2　报告附件

（1）附图
①机场所在区域综合地质构造图（1：50000～1：100000）。
②综合工程地质与勘探点平面布置图（1：5000～1：10000）。
③钻孔柱状图。
④场址附近河流的洪水位淹没范围图（1：5000～1：10000）。
⑤勘探点主要数据一览表。
⑥其他需要的图表。
（2）试验、测试成果资料
①岩土试验指标综合成果表。
②原位测试成果表。
③室内试验成果表。
（3）其他专题勘察报告资料

5.3　山区机场选址勘察[13]

"上山下海"是机场发展的趋势,它所面临的,也是不得不解决的高填方、软土和特殊性岩土问题,代表了岩土工程界的最高水平。山区机场地基处理和土石方工程是机场建设中建设工期最长、花费最高的部分,控制了机场建设工期和投资,所以山区机场选址应重视选址勘察。但是由于某些原因,山区机场选址勘察一直是机场建设的薄弱环节,给后期的机场建设留下了不少隐患。

5.3.1　山区机场选址勘察现状

1）不了解机场工程特点的单位承担了机场选址勘察

目前,机场的选址勘察工作一般是当地政府委托当地国土部门或勘察单位完成的。这些单位一般不了解机场工程的特点和机场勘察的特殊性,勘察报告反映出来的现状也大多不令人满意:查查区域地质资料,到现场踏勘后,简单地写一些地质概况,对设计、施工所关心的工程地质情况,尤其是对影响场址稳定性和制约机场投资和工期的工程地质问题涉及很少,存在极大的机场安全和工程造价大幅上升隐患。

例如,西部 LPS 机场,作者在场址初勘时就发现 37 个滑坡、9 处大型崩塌、两条泥石流沟、18 条断层和其他工程地质问题和矿产,如矿洞、软弱夹层、2000 多万立方米的高品位的硅石矿,很难说这是一个理想的机场场址。

再如,西南东部在建 LD 机场选址勘察由地方国土部门的一家勘察单位承担,场址审查时发现,场区的地形地貌与地层很难对应,可能存在重大地质误差,建议委托有经验勘察单位重新进行选址勘察。结果表明原选址勘察报告中将构造剥蚀地貌误判为岩溶地貌,将碎屑岩地层错判为碳酸盐岩地层,漏查了 3 个大型滑坡、2 处 50000m² 的软弱土地基。

2）勘察单位认真程度、勘察深度不够

少数机场的选址勘察也是由了解机场工程特点的勘察单位完成的,但是由于勘察深度不够,也存在不少的问题,有时还是严重的灾害问题。如 AL 机场海拔约4300m,条件相当艰苦。勘察单位也做了许多工作,选了很多的场址,经综合分析,推荐了 3 个场址。场址复核时,专家发现推荐场址可能存在较大的工程地质问题,建议对场址进行工程地质条件复查。复查表明,3 个场址皆不是理想场址。第一个场址需要搬掉一个山头,费用估约 4 亿元。除此之外还受到移动沙丘、盐碱化威胁;第二个场址正对着一个大型的泥石流沟口,每年皆被泥石流冲刷、侵蚀。第三个场址为河流的高漫滩,地层为细砂、粉砂、中砂夹粉土。冬季地下水位埋深小于1.0m,而雨季场址大部分就淹没在水中。该场址存在地基软弱、砂土液化、洪水威胁等问题。另外,此处还是当地的湿地保护区,生活有国家的二级保护禽类。为此,本着对建设单位负责的精神,在合同工作外,展开了大面积的选址工作,最终在离第三个场址不到 10km 的地方,选定了一个交通方便、净空条件好、地层主要为卵石、不受洪水、泥石流威胁的场址,作为初勘的推荐场址。该场址被采纳,节省投资上亿元。

3）场址审查工作中,经验丰富的勘察人员少

目前,我国机场场址的审查工作主要由飞行程序专家、场道专家完成,很少有工程地质和岩土工程专家参加,即使有个别专家参加,也因评审时间短,对现场情况了解不够,很难真正发现问题。"先天上,后地下",无疑是正确的。机场的场址首先满足的是空域问题,前期工作主要由飞行程序专家、场道专家组成是完全正确的,实践也证明了这一点。但是山区机场的建设是一个复杂的系统工程,机场的投资包括处理净空、场道建设及附属设施的费用,其中 90% 以上的费用,为地面建设费。所以,目前机场场址审查是有些偏颇的。

5.3.2　山区机场选址勘察意义及作用

选址工作是综合的、复杂的,地质勘察是其中的一项重要内容。实践证明,山区等复杂场地的支线机场在气候条件满足时,土方工程和地基处理费用约占总投资的 40% ~60%,它对机场建设的投资具有决定性的作用。地质勘察工作是查明场地的地质条件,所提交的资料是编制地基处理方案、计算土石方工程量,进而预算工程投资的主要依据,在机场建设中具有重要意义。一个优秀的勘察不仅为设计提供可靠的、全面的地质资料,而且是缩短工期、节省投资的重要保证。然而,我国目前对这部分工作重视不够,尤其在选址阶段,造成了许多不必要的麻烦和损失。常言道"磨刀不费砍柴工",充分的勘察工作不仅不耽误选址时间,反而从总体上还能节省时间,避免重复工作,避免重大的失误。下面是两个选址勘察的成功例子,可足以说明选址勘察的重要性。

5.3.3　案例

1）ML 机场

ML 机场位于雅鲁藏布大断裂附近,活断层发育,地形陡峭、泥石流、崩塌等广泛发育,地质条件极为复杂,曾有专家断言该地区不适宜建机场。选址工作中设计和勘察人员密切合作,终于在地区政府所在地附近选定了一个地质条件相对最简单、各方面皆满足机场要求的、投资最少的场址,并在初勘、详勘中不断优化,最终确定最佳的轴线方位、最少土方工程量的方案,

为机场建设缩短了工期,节省了大量的投资。

2)KD机场

KD机场区域构造位于青藏滇缅"歹"字形构造体系与川滇南北构造带交接复合部位的鲜水河断裂带的南东段,区内北西和北北东向断裂构造发育,是场区所在区域的主导构造,场区夹持于二台子断裂与惠远寺~勒吉普断裂之间。主干断裂均是晚更新世以来的活动断裂。场址的地震烈度Ⅸ度。弱震自1970年以来,发生频繁,平均每年约10次,属浅源型地震。通过仔细的勘察工作,终于在这些断裂间选出一个长约15km,宽约3km完整的断块,且断块上覆松散层主要为力学性质较好的冰碛碎石土,推荐机场建在断块上。断块周围大震发生周期约为365~606年,对于机场建设和使用来说,目前该区处于一个相对平静的安全时段,适宜机场建设。深入的地勘工作不仅在地质条件复杂的地区选出了安全场址,避免重大的灾害事故,而且较好的地基条件节省了大量投资,更重要的是证明了地质条件复杂的高烈度地震区也能建设机场。

5.3.4 建议

建设单位应重视选址勘察,被委托单位应具有丰富机场勘察经验和良好声誉;场址评审应有机场勘察专家参与,在评审会前,勘察专家在每个比选场址现场至少有2~3天的有效工作时间,确保所选场址综合条件最优,不存在重大的工程地质问题。

第6章 初步勘察

一般情况下,在机场场址批准和预可行性研究评估批复后,可对批复场址进行初步勘察,重点查明工程场地的重大工程问题,评价场地适宜性,提出初步的岩土参数和解决主要岩土工程问题的初步方案,为可行性研究的建设工程方案和投资估算提供基础资料。

6.1 初步勘察任务

初步勘察应在收集、分析选址勘察报告、场址批复报告、预可性研究报告基础上,重点完成下列任务:

(1)从区域地质、水文地质、工程地质和环境工程地质条件角度,对机场建设场地的稳定性、适宜性进行深入的分析与评价。

(2)进行机场环境工程地质评价和地质灾害预测,提出不良地质作用的防治和监测措施初步建议。

(3)提出场地初步的岩土设计参数,初步分析、评价不良地质作用和特殊性岩土工程特性,提出初步的处理方案建议。

6.2 勘察方法与内容

初步勘察应采用工程地质测绘、工程物探、坑探、钻探、现场试验、室内试验相结合的方法。

6.2.1 工程地质测绘

工程地质测绘宜采用现场路线穿越与顺层追索的方法,并对卫星遥感解译、航片解译、无人机图像解译成果进行检查、核对,建立现场解译标志,进一步进行解译工作,丰富解译成果,提高解译精度。

1)测绘范围

测绘范围包括:

(1)审批场址。

(2)机场建设可能产生影响的临近区域。

(3)周边对机场建设可能造成影响的不良地质作用的发生、分布和作用区域。

2)测绘精度

(1)测绘比例尺1:2000～1:5000,地质条件复杂的地段可采用1:1000。

(2)在地质构造线、地层接触线、岩性分界线、标准层位和每个地质单元体应有地质观测点。

（3）地质观测点的密度应根据场地的地貌、地质条件、成图比例尺和工程要求等确定,并应具代表性。

（4）地质观测点应充分利用天然和已有的人工露头,当露头少时,应根据具体情况布置一定数量的探坑(井)或探槽。

（5）地质观测点的定位应根据精度要求选用适当方法;地质构造线、地层接触线、岩性分界线、软弱夹层、地下水露头和不良地质作用等特殊地质观测点,应用测量仪器定位。

3）测绘内容

（1）调查研究地形、地貌特征,划分地貌单元,分析各地貌单元的形成过程及其与地层、构造、不良地质作用的因果关系。

（2）查明场地主要地质构造、新构造活动的形迹及其与地震活动的关系。

（3）初步查明岩土的年代、成因、性质、厚度和分布范围,以及各种特殊性岩土的类别和工程地质特征。

（4）初步查明岩体结构类型、风化程度、各类结构面(尤其是软弱结构面)的产状和性质,岩、土接触面和软弱夹层的特性等。

（5）初步查明场地土的标准冻结深度和冻土性质等。

（6）调查岩溶、洞穴、滑坡、崩塌、泥石流、冲沟、地面沉降、断裂、地震震害、地裂缝、场地的地震效应、岸边冲刷等不良地质作用的形成、分布、形态、规模、发育程度及其对工程建设的影响。

（7）调查人类活动对场地稳定性的影响,包括大挖大填、河流改道、人工洞穴、地下采空、灾害防治、抽水排水和水库诱发地震等。

（8）调查场地地下水的类型、补给来源、排泄条件、历年最高地下水位,尤其是近3~5年最高地下水位,初步确定水位变化幅度和主要影响因素,并实测地下水位;必要时应设长期观测孔。

（9）调查场地附近的河流、水系、水源及水的流向、流速、流量、常水位,洪水位及其发生时间、淹没范围。

（10）收集气象、水文、植被及建筑材料等资料。

6.2.2 工程勘探

1）工程物探

（1）物探线布置

物探线应在地质测绘之后,地质工程师提出需要物探解决的问题,由地质工程师和物探工程师共同协商布置。一般情况下应遵循:纵向物探线应沿跑道中心线、滑行道中心线布置,斜向或垂向物探线垂直地质构造线和沿联络道中心线布置。地质条件复杂时,根据需要增加物探线。

（2）物探方法

根据场地地质条件、地形条件和地区勘察经验,选择2~3种物探方法进行综合物探。

（3）物探勘探深度

物探解译深度应根据被测地质体厚度、埋深确定。一般来说,岩溶地区勘探深度为道面设计高程下 $30 \sim 40m$,红层地区勘探深度为道面设计高程下 $20 \sim 30m$,河谷地区勘探深度至基岩面下 $10 \sim 15m$。地质构造、滑坡等的勘探深度按地质测绘拟定深度确定。

2)钻探、探井

(1)勘探点、线布置

勘探线应综合工程地质测绘成果、物探解译成果布置,中等复杂场地、复杂场地严禁等间距布置勘探点、线。一般情况下,勘探点、线布置应遵循以下原则:

①飞行区

a.飞行区勘探线沿跑道中心线、平行滑行道中心线、联络道中心线布置,机坪按方格网布置。

b.垂直于跑道方向布置 $3 \sim 5$ 条勘探线。

c.沿高填方边坡坡脚线及其两侧 $30 \sim 50m$ 位置布置勘探线。

d.勘探线上的勘探点间距可按表 6-1 确定,异常地段予以适当加密。

飞行区初步勘察勘探点间距　　　　　　　　　　　表 6-1

勘察等级	中心线勘探点(m)	垂向勘探点(m)	方格网勘探点(m)	坡脚线勘探点(m)
甲级	$100 \sim 150$	$50 \sim 100$	$150 \sim 200$	$50 \sim 100$
乙级	$150 \sim 200$	$100 \sim 150$	$200 \sim 250$	—
丙级	$200 \sim 300$	$150 \sim 200$	$250 \sim 300$	—

e.勘探点应沿勘探线布置,具体位置可根据现场地形地质条件适当调整。在每个地貌单元和不同地貌单元交接部位,应布置勘探点。

②航站区、工作区

一般情况下,航站区、工作区勘探点、线应按以下要求布置:

a.勘探线、勘探点间距按表 6-2、表 6-3 确定,局部异常地段应予以适当加密。

航站区初步勘察勘探线、勘探点间距　　　　　　　　　表 6-2

勘察等级	勘探线间距(m)	勘探点间距(m)
甲级	$100 \sim 150$	$75 \sim 150$
乙级	$150 \sim 200$	$100 \sim 200$
丙级	$200 \sim 300$	$150 \sim 200$

工作区初步勘察勘探线、勘探点间距　　　　　　　　　表 6-3

勘察等级	勘探线间距(m)	勘探点间距(m)
甲级	$150 \sim 200$	$100 \sim 150$
乙级	$200 \sim 300$	$150 \sim 200$
丙级	$300 \sim 400$	$200 \sim 300$

b.在每个地貌单元和不同地貌单元交接部位,布置勘探点。

(2)勘探深度

①勘探点分为控制性勘探点和一般性勘探点,控制性勘探点应为钻孔,一般性勘探点可为

钻孔、静探孔、动探孔、探井(槽)或其他经验证有效的波速测试点等。飞行区控制性勘探点宜占飞行区勘探点总数的 1/5 ~ 1/3,航站区控制性勘探点宜占航站区勘探点总数的 1/8 ~ 1/4,工作区控制性勘探点宜占工作区勘探点总数的 1/10 ~ 1/5;并且每个地貌单元均有控制性勘探点。

②勘探点深度宜按表6-4确定。填方荷载有效深度应根据填方高度、原场地地基性质通过计算确定。

初步勘察钻孔深度   表 6-4

功能分区	控制性勘探点深度	一般性勘探点深度
飞行区	挖方区及接近道面设计高程区至道面设计高程下 12 ~ 16m,填方区至填方荷载有效深度下 10 ~ 15m	挖方区及接近道面设计高程区至基岩内 1 ~ 2m 或至道面设计高程下 6 ~ 8m,填方区至填方荷载有效深度下 5 ~ 10m
航站区	挖方区及接近道面设计高程区至道面设计高程下中微风化基岩内 1 ~ 3m,基岩埋藏较深时,至较硬的稳定土层 5 ~ 10m 且不小于 20 ~ 30m;填方区至填方荷载有效深度下 5 ~ 10m	挖方区及接近道面设计高程区至道面设计高程下中微风化基岩内 1 ~ 2m,基岩埋藏较深时 15 ~ 20m;填方区至填方荷载有效深度下 2 ~ 5m
工作区	至中微风化基岩内 1 ~ 3m;基岩埋藏较深时,至较硬的稳定土层 3 ~ 5m 且不小于 10 ~ 15m	至基岩内 1 ~ 2m;基岩埋藏较深时,5 ~ 10m

③查明地质构造的勘探点深度,按实际需要确定;软弱土等特殊性岩土和滑坡等特殊地质条件区域的勘探点深度根据计算确定。

3)试验

(1)现场试验

飞行区道槽影响区重点进行获取变形参数的原位试验,如载荷试验、静探试验、动探试验、微贯试验、标贯试验等;边坡稳定影响区重点进行获取抗剪强度参数试验,如现场直剪试验、十字板剪切试验、钻孔剪切试验等。

每一主要地层试验不宜少于 3 组。

(2)室内试验

①取样

a.取样的孔、坑在划定的工程地质单元内应均匀布置,其数量应不少于勘探点总数的 1/6 ~ 1/3。

b.钻孔和探坑竖向取土样间距,应按地层特点和岩土的均匀程度确定,每一土层均应取样。场区每种土层取样数量不少于 12 个。

②试验内容

飞行区道槽影响区重点进行固结试验、击实试验,挖方区及接近道面设计高程区最大固结压力为 400kPa,填方区最大固结压力应大于填方荷载 200kPa 以上;边坡稳定影响区重点进行剪切试验,包括直剪试验、反复慢剪试验和三轴压缩试验,试验的垂向压力应大于上覆填方荷载。飞行区室内试验项目可根据岩土类型按表6-5确定,航站区和工作区室内试验项目可按

《岩土工程勘察规范》(GB 50021—2001)等相关规范确定。

飞行区室内岩土试验项目　　　　　　　表 6-5

试验项目		道槽影响区							边坡稳定影响区						
		砂类土	粉土	黏性土	软土	黄土	盐渍土	膨胀土	砂类土	粉土	黏性土	软土	黄土	盐渍土	膨胀土
天然含水量试验		●	●	●	●	●	●	●	●	●	●	●	●	●	●
密度试验			●	●	●	●	○	●		●	●	●	●	○	●
颗粒密度试验		●	●	●	●	●	●	●	●	●	●	●	●	●	●
颗粒分析		●	●				○	○	●	●					
界限含水量试验			●	●	●	●	○			●	●	●	●		●
相对密度试验		●							●						
击实试验			●	●		●		●		●	●		●		●
承载比试验		○	○	○											
渗透试验	垂直		○	●	●	●			○	●	●	○			●
	水平		○	○	●	○						○	○		
固结试验			●	●	●	●	○	●	○		●	●	○		●
次固结试验			○	○											
直接剪切试验	快剪			○					●	●	●	●	●	○	●
	固快		○	○	●	○			○	●	●	●	●	●	
	慢剪										○	○	○		○
反复直剪试验											○	○			
三轴压缩试验	UU			○	●	○				○		○			○
	CU		○	○	●	○			○	●	●	●	○		○
	CD										○	○	○		
无侧限抗压强度试验					○							○			
湿陷/溶陷试验						●	●							●	○
膨胀试验								●							●
收缩试验								●							○
易溶盐试验		●	●	●	●	○	●	○	●	○	●	●	●	●	●
有机质含量试验		●	●	●	●	●		○	●	●	●	●	●	○	●

注：●为适用项目；○为可用项目。

6.2.3　水文地质勘察

1)水文地质勘察的目的、任务

(1)初步查明含水层和隔水层的类型、埋藏条件。

(2)初步查明地下水类型、补给、径流和排泄条件。

(3)初步查明不同含水层的水位及动态变化规律,以及相互间转化关系。

（4）初步评价地下水对工程建设的不良影响,并提出相应的防治措施建议。

2）勘察方法、内容

（1）结合工程地质测绘,进行水文地质调查。

（2）测量所有钻孔、探井水位。当场地有多层对工程有影响的地下水时,分层量测地下水位。

（3）进行现场试验或室内试验,测定土层的渗透系数等水文地质参数。

（4）采取代表性地下水水样进行简分析。

（5）当地下水条件复杂,对机场建设有较大影响时,应选择代表性钻孔进行长期水位观测。

6.3 勘察报告要求

6.3.1 初步勘察报告内容

初步勘察报告应包含以下内容:

（1）前言

①勘察目的、依据、任务和要求。

②勘察方法、手段、仪器设备。

③取得的勘察成果。

④勘察工作情况和完成的主要工作量。

（2）自然地理

①位置交通。

②气象。

③水文。

（3）工程地质条件评价及地基处理建议

①区域地质、水文地质条件。

②新构造运动与地震。

③场地工程地质条件。

④场地水文地质条件。

⑤岩土试验参数的统计与分析。

⑥场地工程地质分区及分区评价,包括承载力、变形特征、地基稳定性、均匀性、边坡稳定性等评价,以及主要岩土工程问题、环境工程地质问题分析与评价等。

⑦岩土工程问题处理的初步建议。

（4）地方建筑材料

（5）机场供水与排水

（6）结论和建议

①场地主要地层、构造、地貌类型。

②地表水及洪水对机场建设影响。

③水文地质条件。

④场地稳定性、适宜性评价结论。

⑤主要岩土工程问题、环境工程地质问题分析与评价结论。

⑥挖方区土石比。

⑦地基处理的初步建议。

⑧对详勘工作的建议。

6.3.2　报告附件

(1)附图

①机场所在区域综合地质构造图(1∶10000～1∶50000)。

②综合工程地质与勘探点平面布置图(1∶2000～1∶5000)。

③钻孔柱状图。

④工程地质剖面图(水平1∶1000～1∶2000,垂直1∶100～1∶200)。

⑤地方建筑材料分布图(1∶2000～1∶10000)。

⑥勘探点主要数据一览表。

⑦其他需要的图表。

(2)试验、测试成果资料

①岩土试验指标综合成果表。

②原位测试成果表。

③室内试验成果表。

(3)工程物探勘察成果资料

(4)其他专题勘察报告资料

第7章 详细勘察

一般情况下,在机场可行性研究评估批复和总体规划审查批准后,可进行详细勘察,重点查明影响道面沉降和边坡稳定的岩土工程问题,提出详细的岩土工程参数和具体的地基处理方案,为飞行区初步设计、施工图设计、航站区和工作区地基处理和土石方工程提供地质依据。

7.1 详细勘察任务

详细勘察应在收集和分析机场初步勘察报告、可行性研究报告、总体规划报告、地势设计、地基处理或岩土工程治理初步方案的基础上按详细勘察要求,编制勘察方案后进行,并重点完成下列任务:

(1)查明飞行区岩土工程条件,提供详细的岩土工程资料和初步设计、施工图设计所需的岩土参数。

(2)查明航站区、工作区岩土工程条件,提供地基处理和土石方工程设计所需岩土参数。

(3)进一步进行机场环境工程地质评价,提出不良地质作用的防治和监测措施建议。

(4)对不良地质体和特殊性岩土进行深入岩土工程分析与评价,对地基处理与土石方工程提出具体方案建议。

7.2 勘察方法与内容

详细勘察应采用工程地质测绘、工程物探、坑探、钻探、现场试验、室内试验相结合的综合方法。

7.2.1 工程地质测绘

详细勘察阶段工程地质测绘应在初步勘察的基础上,结合初步的地基处理方案,对场区内的滑坡、崩塌、塌陷、洞穴、地面裂缝、特殊性岩土、泉眼、沟塘等专门地质问题作进一步的测绘与调查。

1)测绘范围

测绘范围包括:

(1)场址征地范围。

(2)周边对机场建设可能造成影响的不良地质作用的发生、分布和作用区域。

2)测绘精度

(1)测绘比例尺1:1000,地质条件复杂的地段可采用1:200~1:500。

(2)在地质构造线、地层接触线、岩性分界线、软弱夹层、地下水露头和不良地质作用边界线的地质观测点间距不宜大于 50m,且应采用仪器测定。

(3)地质观测点应充分利用天然和已有的人工露头,当露头少时,应根据具体情况布置一定数量的探坑(井)或探槽。

3)测绘内容

(1)查明滑坡的形态特征与规模、滑裂面的地层结构与坡度、滑坡体周边地形地貌特征、地下水条件,分析滑坡的形成过程、稳定状态及发展趋势。

(2)查明崩塌体的分布、规模、形态特征及岩土性状,分析其对工程的影响。

(3)查明塌陷、洞穴、地面裂缝的分布、形态特征和规模、类型和性质,查明其与地表水和地下水的关系,分析其对工程的影响。

(4)查明泉眼的分布、位置、出水量,泉水的地下水类型、补给来源、排泄条件,与地表水体的关系。

(5)查明场地土层的标准冻结深度。

(6)查明特殊土的边界范围。

(7)查明场区水文地质条件,分析地下水补给、径流和排泄条件,以及动态变化规律。

7.2.2 工程勘探

1)工程物探

(1)物探线布置

物探线应在详细勘察阶段工程地质测绘完成,并充分分析初勘资料后,由地质工程师和物探工程师共同协商布置。一般情况下应遵循:纵向物探线应沿跑道中心线两侧 15～30m、滑行道中心线两侧 15～20m 布置,斜向或垂向物探线垂直地质构造线、不良地质作用走向和沿联络道中心线两侧布置。地质条件复杂时,土面区也应布置适当物探线。

(2)物探方法

根据场地地质条件、地形条件、前期勘察和地区勘察经验,选择 2～3 种物探方法进行综合物探。

(3)物探勘探深度

物探解译深度应根据被测地质体厚度、埋深确定,具体深度同初步勘察。

2)钻探、探井

(1)勘探点、线布置

勘探线应综合初步勘察成果、本次勘察工程地质测绘成果、物探解译成果布置,要求针对性强、目的明确。中等复杂场地、复杂场地严禁等间距布置勘探点、线。一般情况下,勘探点、线布置应遵循下列原则:

①飞行区

a.飞行区勘探线沿跑道中心线及其道肩两侧、平行滑行道中心线及其道肩两侧、联络道中心线及其道肩两侧布置,机坪一般情况下按方格网布置。

b.土面区根据地质测绘成果、地基土性质和厚度、地下水发育状况、填方高度、填料性质、排水设施等综合分析布置,每条填方沟谷至少应有一条勘探线,每个挖方区至少应有一条勘探线。

c.填方边坡稳定影响区一般按 30 ~ 50m 位置布置勘探线。填方边坡稳定影响区范围根据计算确定,高填方边坡稳定影响区勘探点重点布置在坡脚线外 50 ~ 100m,坡脚内 1/2 ~ 2/3 坡宽区域。

d.勘探线上的勘探点间距可按表 7-1 确定,异常地段予以适当加密。

飞行区详细勘察勘探点间距 表 7-1

勘察 等级		甲 级	乙 级	丙 级
道槽区	中心线勘探点	50 ~ 75	75 ~ 100	100 ~ 150
	两侧勘探点	50 ~ 75	100 ~ 150	300 ~ 500
土面区	挖方区	50 ~ 100	200 ~ 300	—
	沟谷区	50 ~ 100	100 ~ 150	200 ~ 300
机坪区		50 ~ 75	75 ~ 100	100 ~ 150
填方边坡稳定影响区		30 ~ 50	100 ~ 150	—

e.勘探点应沿勘探线布置,具体位置应根据现场地形地质条件调整。在每个地貌单元和不同地貌单元交接部位,应布置勘探点。施放钻孔后,地质技术负责人应在现场根据地形地质条件对每一个钻孔进行调整,明确每个钻孔目的,讲解技术要求。

②航站区、工作区

航站区、工作区勘探点、线应结合总体规划,按下列要求布置,满足地基处理和土石方施工要求:

a.勘探线、勘探点间距按表 7-2 确定,局部异常地段应予以适当加密。

航站区、工作区详细勘察勘探线、勘探点间距 表 7-2

勘察 等级	勘探线间距(m)	勘探点间距(m)
甲级	50 ~ 75	50 ~ 75
乙级	100 ~ 150	75 ~ 100
丙级	根据土石方施工要求确定	

b.在每个地貌单元和不同地貌单元交接部位,布置勘探点。

(2)勘探深度

勘探深度参照表 6-4 执行。

3)试验

(1)现场试验

试验位置、方法和内容按详细勘察要求执行,且应确保道槽区每一工程地质单元的每一主要地层载荷试验不宜少于 3 组,高填方边坡工程区软弱层剪切试验不宜少于 6 组。

(2)室内试验

①取样

a.取样的孔、坑在划定的工程地质单元内应均匀布置,其数量应不少于单元内勘探点总数的 1/6 ~ 1/3。道槽设计高程下地基土取样竖向间距,应按地层特点和土的均匀程度确定。一般情况下,取样间距:1 ~ 5m 深度可为 1.0 ~ 1.5m,5 ~ 10m 深度可为 2.0 ~ 2.5m,10m 深度以下可为 3.0m。

　　b. 每一土层均应取样,尤其是软弱夹层。

　　c. 当土的含水率、塑性状态等渐变、岩石风化程度渐变,需要判断含水率、塑性状态、风化程度的变化规律时应连续采样;进行三轴压缩试验等需要较多样品的试验时,应连续采样。

　　②试验内容

　　试验内容同初步勘察。道槽设计高程下每一工程地质单元地基的每一土层每一塑性状态的每项岩土指标的数量应不少于 6 个;压缩性高的土层、特殊性土、受地下水影响的土层,则不应少于 12 个。每种土类重型击实试验的组数应不少于 3 组,勘察等级为甲级时应不少于5 组。

7.2.3　水文地质勘察

1)水文地质勘察的目的、任务

(1)查明地下水类型、埋藏深度、赋存条件和动态变化规律。

(2)查明场区含水层的分布规律、渗流状态及地下水和地表水的水力联系和补排关系。

(3)查明压缩层内各层岩土,以及可能发生渗透变形岩土层的水文地质参数。

(4)查明场区内地下水位变化幅度及动态变化规律。

(5)查明地下水对工程的不良影响,包括浸泡软化、渗透变形、盐渍化、冻融、腐蚀性等,提出防治措施建议。

2)勘察方法、内容

(1)对地下水影响区的水文地质条件进行深入调查,比例尺 1:200～1:500。

(2)分层量测所有钻孔、探井初见水位、稳定水位。

(3)对场区泉点、初步勘察阶段设置的地下水观测孔进行长期观测。

(4)进行室内渗透试验,测定黏性土、粉土、砂土、全强风化岩石等的渗透系数。

(5)现场抽水或注水试验,综合测定地基土的渗透性。

(6)采取代表性地下水水样进行简分析、全分析。

(7)当地下水条件复杂,对机场建设有较大影响时,应选择代表性钻孔进行长期水位观测。

(8)必要时进行室内物理模拟试验和数值分析。

(9)绘制场区地下水位等值线,尤其是地下水影响区等值线图。

(10)绘制综合水文地质平面图、水文地质柱状图和水文地质剖面。

　　在上述工作的基础上,查明场区水文地质条件,评价地下水对工程建设影响,提出防治措施建议。

7.3　勘察报告要求

7.3.1　详细勘察报告内容

　　详细勘察报告应包含以下内容:

（1）前言

①勘察目的、依据、任务和要求。

②勘察方法、手段、仪器设备。

③取得的勘察成果。

④勘察工作情况和完成的主要工作量。

（2）自然地理

①位置、交通。

②气象。

③水文。

（3）工程地质条件评价及地基处理建议

①区域地质、水文地质条件。

②新构造运动与地震。

③场地工程地质条件。

④场地水文地质条件。

⑤岩土试验参数的统计与分析。

⑥场地工程地质分区及分区定性、定量评价，包括承载力、变形特征、地基稳定性、均匀性、边坡稳定性等评价，以及主要岩土工程问题、环境工程地质问题分析与评价等。

⑦岩土工程问题处理的具体建议。

⑧地下水、土腐蚀性评价。

⑨挖方区填料类型、可挖性与压实性分析，土石比、填挖比。

（4）地方天然建筑材料

（5）机场供水与排水

（6）结论和建议

对勘察任务书中提出的问题和要求做出技术性结论，重点描述：

①场地地层、构造、微地貌类型。

②场地抗震设防烈度、场地类别、地基地震效应评价结论。

③场地水文地质条件及地下水对工程建设影响结论。

④岩土参数的分析与取值。

⑤主要岩土工程问题、环境工程地质问题的定性、定量分析与评价结论。

⑥挖方区土石比、填挖比、填料类别。

⑦岩土利用、整治、改造方案及其分析，地基处理的具体建议。

⑧工程施工和运行期间可能发生的岩土工程问题的预测和预防措施建议。

⑨机场供水与排水的具体建议。

⑩对专项勘察、施工勘察的建议。

7.3.2 报告附件

（1）附图

①综合工程地质与勘探点平面布置图（1∶1000~1∶2000），局部复杂地段1∶200~1∶500。

②钻孔柱状图。

③工程地质剖面图(水平 1∶500~1∶1000,垂直 1∶50~1∶100)。

④特殊土分布厚度等值线图(1∶500~1∶2000)。

⑤基岩顶面等值线图(1∶500~1∶2000)。

⑥机场地下水等水位线图(1∶500~1∶2000)。

⑦岩土工程计算简图及计算成果图表。

⑧岩土利用、整治、改造方案的有关图表。

⑨地方建筑材料分布图(1∶1000~1∶5000)。

⑩勘探点主要数据一览表。

⑪其他需要的图表。

(2)试验、测试成果资料

①岩土试验指标综合成果表。

②原位测试成果表。

③室内试验成果表。

(3)工程物探勘察成果资料

(4)其他专题勘察报告资料

7.4 实际工作勘察阶段划分

近年来,我国对机场建设不同阶段的投资作了明确规定,一般情况下预可性阶段批复的估算投资作为国家和民航拨款依据,可行性研究阶段、施工图设计阶段投资不再变更,不足的部分由地方政府自行解决。所以近年民航投资政策对地方政府,尤其是经济落后地区政府压力很大。地方政府为了减小自行投资风险,要求前期阶段的工作做得更扎实,将勘察阶段逐步前移、深度逐步加深。

1)选址勘察阶段

对重点推荐的场址要求勘察深度度介于规范规定选址勘察与初步勘察深度之间,甚至直接进行初步勘察。

2)初步勘察阶段

对批复场址要求勘察深度度介于规范规定初步勘察与详细勘察深度之间,甚至直接进行详细勘察。

3)详细勘察阶段

对跑道、坡脚线、航站区、工作区进行补充勘察或专项勘察。

通过上述勘察阶段或勘察深度的调整,尽管地方政府存在比按常规勘察阶段、勘察深度的勘察多花上百万勘察费用风险,但由于地质勘察资料相对丰富、精度相对较高,设计人员更能全面把握整个场区地质情况,设计方案相对完善,投资计算更接近实际,地方政府可减小数千万,甚至上亿元的自行投资的风险。

勘察单位作为技术服务单位,勘察阶段和深度应按合同约定执行,全心全意为建设单位服务。

第8章　机场一次性勘察

8.1　概　　论

8.1.1　定义与合法性

机场一次性勘察是指在选址勘察之后将初步勘察和详细勘察合为一次勘察,称为一次性勘察。《军用机场勘测规范》(GB 2263A—2012)规定机场勘测分为选勘、定勘、详勘3个阶段。在特殊情况下,经有关部门批准,可以将勘测阶段工作合并进行。《民用机场勘测规范》(MH/T 5025—2011)规定对场地条件和地基条件简单的飞行区指标Ⅱ为C及以下的机场,可简化勘察阶段。也就是说,军队和民航部门均许可将机场不同勘察阶段合并,机场一次性勘察在批准情况下为合法行为。

军用机场无论是何级别、类型,只要被相关部门批准,就可以进行一次性勘察,这是由军队的特点决定的;民用机场要求的是场地条件和地基条件简单的飞行区指标Ⅱ为C及以下的机场,即场地条件和地基条件简单的支线机场、通用机场和直升机场可以进行一次性勘察,但近20年实际机场勘察工作中场地条件和地基条件复杂的支线机场、通用机场也有不少进行了一次性勘察。

8.1.2　一次性勘察形式

机场一次性勘察实际工作有两种形式:一是直接按详细勘察要求布置工作,工作结束后提供详细勘察文件;二是先按初步勘察要求布置工作,完成初步勘察野外工作后按详细勘察要求布置工作,勘察队伍不撤场,不间断地继续进行勘察工作。在详细勘察的过程中编写初步勘察报告,大致在初步勘察外业结束后20天左右提交初步勘察报告。根据初步勘察成果调整正在实施的详细勘察方案,尤其是在报告编制过程中发现的工程地质问题,在详细勘察过程中及时布置勘探工作予以查明。

8.1.3　一次性勘察优缺点分析

1)优点

(1)简化了招标、勘察程序,缩短了勘察的总时间,在工程迫切要求上马时,优越性表现尤为突出。

(2)节省了勘察单位进出场费用,减小了场区内钻探等设备搬迁费用。

(3)减小了勘察占地、用水协调次数与难度,节省了青苗、林木等赔偿费用。

(4)正常情况下,一次性勘察费用小于分初步勘察和详细勘察两个阶段勘察的累计费用。

（5）能提前把握场址及附近区域总体地质情况,提供初步勘察资料,为机场项目的立项赢得时间。

（6）能提前把握场区深入的地质情况,提供详细勘察资料,为预可研、可研报告编制、初步设计、施工图设计提供正确的基础资料,各个阶段投资计算相对准确,能最大限度减小地方政府自行解决机场建设投资不足部分的风险。

（7）勘察工作连续性好,能避免勘察单位人事变动后而造成的勘察工作不连续问题。

2）缺点

（1）存在跑道轴线、航站区、工作区位置优化调整,增加勘察工作量和费用风险。

（2）缺乏初步勘察后勘察单位和设计单位消化分析初步勘察资料的过程,勘察工作针对性相对缺乏。当地质条件极其复杂,后期补充勘察或专项勘察工作量相对较大。

（3）缺乏对场区地下水季节性动态观测,缺乏地下水对场区岩土工程条件影响、制约的深刻认识,而这些在以地下水供水的机场、存在膨胀性岩土机场、土洞发育机场和需要填方机场都显得十分重要。

（4）对勘察人员素质要求高:要求工程（项目）负责人具有丰富机场勘察经验和良好管理素质;要求各专业人员对专业熟悉,并具备一定科研能力;要求各类人员具有服从管理、协同作业的良好素质。

（5）当项目立项批复时间很长时,存在或增加:

①勘察单位可能由于项目未立项而难以按时、足额收取勘察费用问题,对经济实力不雄厚单位来说,可能存在经营上资金链断裂风险。

②建设单位存在未履行勘察合同中支付勘察费用条款而被起诉的风险。

③勘察单位撤、并、改制后,机场建设勘察后期服务难以保证风险。

④勘察单位、建设单位人事变动,后期服务协调、沟通难度增加风险。

⑤勘察损毁的青苗、林木等不能及时赔偿,引起相关部门、人员不满,阻拦后期施工,甚至社会动荡风险。

（6）由于机场建设项目未立项,勘察提前委托或招标程序合法性问题。

8.2　案　　例

近二十年中,我国西部地区对 NJ 机场、KD 机场、YL 机场、GZ 机场、WZ 机场、WL 机场、TR 机场、XY 机场、MT 机场、CT 机场、MT 机场等进行了一次性勘察。这些项目场地和地基条件复杂,地貌类型包括构造剥蚀地貌、岩溶地貌、河床冲洪积堆积地貌、滑坡和泥石流堆积地貌、冰川堆积地貌,海拔高度 350 ~ 4500m,涉及软弱土、红黏土、盐渍土、冻土、冰碛土等特殊性岩土和崩塌、滑坡、泥石流、岩溶与土洞、活断层等特殊地质条件,勘察级别为甲级。尽管上述机场一次性勘察存在一些问题,但事后总结分析判定:勘察质量总体满足勘察要求,勘察时间缩短 30% ~ 40%,节约成本 10% ~ 20%,总体上均获得了成功。

下面以 TR 机场为例,介绍当时在未有《民用机场勘测规范》的条件下进行的机场一次性工程勘察[14]。

8.2.1　工程概况

TR 机场位于武陵山腹部,经济欠发达地区。当地政府为了改善落后的交通状况,迫切要求恢复已停航十余年的泥结碎石道面简易机场,并通过改扩建,把它建成 4C 级新型机场,跑道长 2400m,比原跑道延长 900m,跑道轴向旋转 2°。由于各种原因,要求从勘察合同签订到提交正式初步勘察报告时间不超过 25 天,提交正式详细勘察成果时间不超过 50 天。

该机场为 50~60 年代基干民兵所建,未留下任何工程地质及岩土工程资料,勘探前仅收集到 1:200000 的地质图和水文地质普查报告。

合同签定时仅有粗略的机场位置桩,无任何比例的地形图。作者在上述情况下,打破常规勘察程序,组织施行了一次性机场勘察。该机场已建成飞行多年,建设和运行中未发现影响机场建设的任何勘察问题。

8.2.2　勘察方法、步骤

1)拟定正确的勘察方案

(1)明确勘察任务

该机场勘察必须完成的任务如下:

①场区的地质构造、成因、分布规律。

②岩土的组成、矿物成分、特性、裂隙情况、分布特征。

③场区的土层、植物土、淤泥层的厚度。

④岩土的物理力学性质及各层的允许承载力。

⑤场区不良地质的成因、分布范围、发育情况及处理建议。

⑥对场区岩土的稳定性和建设机场的适宜性做出评价,提出机场工程构筑物的基础方案。

⑦查明场区水文地质条件,查明场区附近水系,对机场供水和排水提出建议。

⑧查明地方材料的产地、规格、数量、质量、单价、运距和开采运输条件。

(2)现场踏勘

在阅读了上述区域地质资料和明确了勘察任务后,进行了现场踏勘,了解场区地貌、地层、地质构造、植被、地表水的情况;了解场区有无不良地质现象,如滑坡、崩塌、陷落、泥石流等;了解原机场施工方法;了解当地建筑、地质、水电等部门的勘察经验、设备、试验状况;了解场区道路、交通、供水、食宿、民工;了解当地民风、民俗;初步确定勘察方法、设备及难度。

(3)确定勘察等级和勘察依据

根据《岩土工程勘察规范》(GB 50021—1994),该机场岩土工程勘察等级为:工程安全等级为一级重要工程。场地:两端延长区地形起伏大,高差 50 余米,岩土性质变化大,存在红黏土胀缩等问题,确定为二级复杂场地。地基:岩土种类较多,性质变化大,需作处理,确定为二级地基。综合上述三条,该机场岩土工程勘察等级确定为甲级。

确定勘察工作的主要依据有:

①某机场《建设工程勘察合同》。

②《某机场工程技术勘测阶段勘测要求》。

③《军用机场勘测规范》(GJB 2263—1995)。

④《岩土工程勘察规范》（GB 50021—1994）。

⑤《土工试验标准》（GBJ 128—1988）。

⑥《公路土工试验规程》（JTJ 051—1993）。

⑦《建筑地基基础设计规范》（GBJ 7—1989）。

⑧《建筑抗震设计规范》（GBJ 11—1989）。

（4）明确勘察中困难

①地质资料缺乏，仅有小比例尺的地质图和报告；无任何地形图，只有粗略的机场位置桩，机场位置不确定。

②第一次进入武陵山腹部工作，缺乏当地工作经验，存在语言障碍等问题。

③单位驻地与工地相距数千里，存在设备运输、人员交通、通信问题。

④室内试验问题。单位试验设备运输至工地需要 7 ~ 12 天，安装调试需 15 天，则野外有效工作时间不超过 20 天，不能完成试验任务；当地勘察单位缺乏机场特殊项目试验资质和实验能力，不能保证试验质量；土样需长途运输。

⑤时间问题。要求提交初步勘察成果时间为 25 天，提交详细勘察成果仅为 50 天，这可能仅是一组固结试验从采样到完成所需时间。其勘察项目、资料整理、编写报告完成困难大。

⑥原机场填方区（段）的填土性质变化大，密实度变化大，填土地基均匀性差，无规律可循，勘察难度大于机场扩展区。

（5）勘察方案确定

在明确了勘察等级、任务和困难之后，确定了以下勘察方案：

①根据专业，将勘察人员分为 8 组：水文地质工程地质测绘组、钻探组、测量组、野外试验组、室内试验组、后勤保障组、物探组和项目部。所有组协同作业，服从项目部统一指挥，平行作业。

②水文地质工程地质测绘组，轻装上阵，即刻进场作业，在勘察设备进场前务必提出布孔建议；除完成常规测绘外，还须完成建材调查和提出场区供水、排水建议；测绘任务（含资料整理）必须在钻探结束前一周完成。

③测量组与地质测绘组同时进场，首先完成机场定位，然后施放跑道轴线、勘探点和试验点，并随时对地质测绘组指定的地质点进行定点测量和复测已施工完成钻孔，同时进行 1：2000 地形图测量。

④进场 10 台 100 型、150 型钻机及相应配套设备，即刻启运。这些钻机主要完成控制孔施工、岩土样品采取、完成标贯、动探等试验。

⑤聘请当地钻机，即刻进场施工部分控制孔，了解场区地层情报况，调整布孔方案。在本单位钻机进场后主要完成一般孔施工。

⑥野外试验组，在地质测绘组指定地方与其他作业组同时工作。

⑦首先安排预定采样孔施工，土样大部运回单位，部分常规样品，请当地有资质，信誉好试验室协助分析。试验数据随时返回项目部。

⑧安全工程师驻场跟班监督钻探和现场试验，确保勘察安全；岩土工程师跟班编录，及时发现问题，随时调整钻孔，避免钻机来回搬运。

⑨物探组除完成勘察要求中规定任务外，还需要完成地质测绘组和钻探组提出的疑问探

测。物探解译最终成果报告初稿必须在钻探结束后一天完成。

⑩各作业组资料必须在当日晚整理完毕,次日呈交项目部。

⑪聘请当地有经验岩土工程师、地质工程师、钻探工程师、物探工程师进场指导工作。

⑫后勤组保障运输、食宿等后勤工作。

⑬项目部随时解决各组作业中出现的问题。

⑭依据机场工程的特点,勘察工作重点确定在查明填方段地基的岩土性质、分布、厚度、物理力学参数和高填方边坡稳定评价;自然边坡的稳定性调查、分析;断层稳定性分析;老填土的厚度、承载力确定和地基均匀性评价等方面。

⑮督促建设单位保障无一影响勘察施工的情况发生,尤其是青苗赔偿、林木砍伐问题。

2)管理

按照拟定勘察方案,各作业组展开工作后,管理工作就尤为重要。管理包括人员管理、技术管理和设备管理。

(1)技术人员管理具体由各组专业负责人负责,后勤人员管理由后勤负责人负责,分别具有调配、奖励、处分本专业组人员和后勤人员权利。

(2)技术管理由项目总工负责,相关专业技术管理由各专业负责人承担。项目负责人组织和参与填方地段,边坡地段,断层发育段等重点地段的测绘和钻探工作,重点把关,防止事故发生,并根据实际勘察状况随时调整勘察方案,调配勘察人员。

(3)设备由使用人管理,加强保养,确保设备正常。设备非正常损毁,由损毁人赔偿及造成相应的损失,追究行政责任。

(4)安全管理由安全工程师负责,严格执行安全操作规程,对不执行改进要求的本单位人员立即停止工作,遣返单位处理;外聘人员即刻解聘。

(5)责任到人,那个环节出了问题,就追查当事人责任。

3)现场科研

勘察中不断产生新问题。有的能很快解决,有的却须经过试验研究才能解决。在该机场勘察中首先遇到了红黏土原状土样失效问题。土样7~10天运至单位后发现,土样壁已产生了2~4cm的网状裂隙,土样严重破坏、土样失效。经过分析,对比试验,找出了土样失效的原因:红黏土土样采样后,其湿度、温度、压力等环境发生了变化,其中土样周围环境压力变低,湿度降低,温度升高(试验期间)。由于红黏土具有高含水量、高塑性特性,土样与外界环境差别大,因而极易失水收缩而产生裂隙,导致土样破坏。其中,环境湿度的变化是土样失效的主要因素,也是最容易控制的因素。针对上述特性,创造性地研制了红黏土原状土样埋藏、裹浆的保护方法[12]。实践证明,该方法简单、有效、方便、经济地解决了红黏土原状土样长期保护的问题。

4)资料整理及成果

当日资料必须当日整理,跟班编录工程师,须绘出当日终孔钻孔柱状图,测量组须测出当日完成钻孔的高程和坐标,项目部在次日须绘出已完剖面钻孔地质剖面图。物探工程师须结合地质资料对当日的物探成果作初步解释,室内室外试验必须送交当日成果。

在勘察工作过半后,各专业组开始草拟专业报告提纲,初步开始编写报告。在任务完成后三天提交初步成果。项目部则根据各专业的资料、数据作整体分析,获取初步结论,着手编写提纲和报告,在室内实验全部结束的第二天,即完成了报告的送审稿。

在预定工作时间内,完成了钻探孔(坑)564个,进尺10000余米。土、水常规试验285件(组),岩土特殊试验500余件(组)。料场调查9个,并提交了正式的勘察报告和图件。勘察精度和实验项目超出了勘察技术要求。目前该机场已建成飞行,未发现任何勘察问题,受到了建设单位和设计单位好评。

5)勘察中存在的问题

此次勘察由于时间紧等原因,要求在无任何比例地形图的条件下,展开勘察工作,并且勘察要求中不作净空区工程地质测绘和钻探,因此造成了缺乏对机场岩土工程条件较高精度的区域性认识;缺乏净空区土石比的准确计算,以致难以用于施工招投标。施工期间,又不得不作净空区勘察,客观上对机场建设造成了不良影响。

对地下水缺乏季节性动态观测,对机场供水设计造成一定困难。

整个勘察期间始终处于赶工状态,缺乏必要的前期资料和勘察中资料消化分析,工作盲目性较大,方案、人员调整次数多,容易造成事故、窝工、人员的不满情绪等问题。

第9章 改扩建机场勘察

我国已建机场几乎都进行了不同程度改扩建,并且80%以上为不停航勘察与施工。改扩建机场勘察方法与内容与新建机场相同,但由于是在原址和原有规模上改建和扩建,具备较为丰富的建设经验和一定的建设资料,岩土工程问题明确,勘察针对性强,交通、生活条件好。但受已有建筑、管线影响明显,受飞行影响突出,相对新建机场建设,改扩建机场与当地老乡的矛盾更加尖锐,某些部位不得不夜晚勘察,勘察设备搬动频繁,人员进出勘察场地管理严格,勘察工作量少而成本高,勘察效率相对低。由于存在上述问题,应重视改扩建机场勘察,加强安全管理,针对性地编制勘察方案,并特别注意前期勘察、建设经验调查、地基均匀性评价、管线探测、安全管理。

9.1 改扩建机场勘察应重点注意的问题

9.1.1 机场建设经验调查

机场一般属于国家重大型工程,工程量大,投资巨大。旧机场在勘察、施工等建设过程中,积累了不少成功的经验,也走过一些弯路。旧机场勘察调查可分为两部分:一是调查、收集相关的资料;二是现场调查。

20世纪90年代以前所建的机场一般难以收集到现成的资料,可访问当时机场建设者,通常可获得当时建设的大致情况。HP机场为高高原机场,建于20世纪70年代,跑道长5000m,目前跑道长近5001m,伸长近1m。道面的破坏类型主要是角隅断裂、拉张裂缝。据当地居民和建设者反映,机场道槽区地基全为砂卵石,厚度大于4.0m,且经碾压。冬季机场供水井地下水埋深大于6.0m。综合分析认为砂卵石承载力高,变形模量大,地下水埋深大,不存在膨胀土、冻融等灾害问题。此现象主要是测量误差和道面冻胀引起,非地基原因。所以工程地质勘察仅作少量的常规工作,就满足了勘察要求,节约了大量的人力和物力。

20世纪90年代以后建设机场,一般都严格按国家的规范标准建设,图纸资料归档完整,通常可收集到完整的资料,并且建设者大多还在工作岗位,易于了解情况。西南JB机场扩建中,在认真收集和分析了原有的资料和现场调查的基础上,确认场区无重大的工程地质问题,工作的重点在原飞行区的端安全道部位土层分布和物理力学参数获取方面。据此合理地布置了勘察工作,指派技术骨干跟班蹲点,确保重点,其他部位统筹安排。结果表明,不仅能在短时间内保质按时地完成了近乎苛刻的勘察任务,而且还节约了大量的经费。

9.1.2　20世纪80年代前机场填方不均匀性问题

在20世纪80年代前,我国由于受当时的施工机械、检测设备、填筑方法、施工时间等条件限制所建的一些填方机场同一层填土密实度变化大、填料不均匀、压实度小且差异性大,填土地基不同程度地出现了不均匀沉降。即使满足了当时的飞行技术要求,也不满足目前飞行要求,勘察应特别注意这一特点。西南的TR机场为20世纪60年代末,70年代初基干民兵所建的泥结碎石道面机场。填筑方法为人工夯击,未留下任何施工资料。虽经历了30余年的沉降,勘察中仍发现道槽部位土基强度仍不满足现行规范的要求,并且均匀性极差,红黏土、粉质黏土、淤泥、碎石等填料无序堆积,无任何规律可循,钻孔(间距<50m)中地层不均匀系数0.85,力学参数的不均匀系数达0.7以上,属于典型的不均匀地基。

对人工填土不均匀性的勘察,目前的物探还未有很有效的方法。西南地区机场勘察经验表明,此类地基若填料为黏性土、粉土、砂土时,采用标贯、轻型动力触探效果较好;若填料为碎石土时,动力触探则为最有效、快速、经济的方法。

9.1.3　20世纪80年代至2000年前后机场填方局部不均匀性问题

我国机场飞行区改扩建一般为道面加厚、跑道的延长和停机坪扩建。跑道的延长必然通过原跑道的端安全区。跑道道面部位(道槽区)地基和端安全区地基的强度和变形要求是不一样的。20世纪80年代至2000年前后我国场道标准中要求,道槽区地基均匀,变形模量要求大于25MPa,对端安全区则无明确的规定,只要求稳定即可。所以在以往的勘察和施工中对端安全区、原停机坪保护区填方地基的工作相对都比较弱,原地面地基处理强度低,填料要求低,级配也差,不均匀填筑,往往属不均匀地基,一般都满足不了道槽区地基强度和变形要求,留下的资料也不多。为此应把端安全区、原停机坪保护区作为勘察重点,查明其地层分布,强度和变形特征,做出地基评价,提出合理的地基处理措施建议。

9.1.4　管线探测

旧机场在改扩建以前,埋设了许多的电缆、光缆、输油管线、水管线。这些管线往往无明显的标记和准确的地下线路布置图,在旧军用机场中尤为突出。然而这些管线,尤其是电缆、光缆非常重要,是保障飞行的必备设施,若被钻探击断,就会造成巨大的损失,边疆的军用机场还会影响到国防航空问题。西南的TPS机场曾因钻探击断通信光缆而停航半月余,损失巨大;四川的NC机场改扩建将高压电线钻探击断,险酿重大安全施工;贵州的LDB机场将油管线钻探击断,造成停飞数小时,损失较大,影响很坏。

旧机场金属电缆、光缆勘察可采用物探的方法,常用设备为各式的管线探测仪。电缆、光缆勘察采用从"已知到未知"方法效果较好,因为目前在用的电缆、光缆必然有已知接口,沿线追踪,容易查明线路分布情况。在GA机场、HP机场、YL机场、LL机场、JB机场、SL机场等采用从"已知到未知"方法和物探手段勘察电缆、光缆分布,施工验证基本正确。另外,在孔位处人工开挖探井至管线埋藏深度以下,判明有无管线后,再埋套管钻探的方法,也是避免误钻管线的有效方法。

9.1.5 施工中注意避让飞机问题

大部分旧机场改扩建时,飞机不停航,如成都双流国际机场、重庆江北机场、拉萨贡嘎机场等,勘察中需避让飞机,尤其是钻机塔架。勘察前应与机场的指挥塔台等联系,确定机场进出场时间。勘察应安排在2h以上飞行间歇。在飞行时间中,飞行区围界范围内,按飞行管理要求是严禁有任何非机场工作人员和非飞行设备。勘察中要管理好人员,未经允许不得擅自越过圈定区域。钻机塔架顶端须作明显的标志,如红旗等,人员需戴红色安全帽,严禁触摸机场设备。

特别注意,对于临时进场的飞机,往往是迷航或出故障需迫降飞机,个别时候机场指挥塔台来不及通知人员和设备出场。这个时候,必须自主地无条件地快速推倒塔架和钻机,并立即清理出跑道,人员撤离跑道并卧倒。

9.2 案　例

9.2.1 工程及勘察概况

西南 LZ 机场跑道长 2800m,飞行区等级 4E,勘察期间正常飞行。改扩建内容包括跑道整体盖被、跑道和滑行道延长工期的 600m、端保险道延长 300m、新建联络道 3 条、机坪 30000m²、新建塔台、工作区、生活区等。由于各种原因前期建设资料不全,尤其是勘察资料几乎没有,但勘察工期要求很紧,约为常规勘察工期的 60%,且勘察时段内还包括春节,勘察人员思想波动大,安全压力大。同时,扩建机坪、新建塔台、工作区、生活区等未完全确定,还需待勘察资料提交后优化,即勘察范围可能增大,工作量可能增加。

在认真分析了上述情况后,采取现状调查→编制勘察方案→地质调查→同步实施新建区先初勘,再详勘;改建区直接详勘的方案→勘察全过程中与设计人员建立沟通机制,实行时标网络计划和信息化的勘察方法。

时标网络计划和信息化勘察是本机场本次改扩建勘察的主要特点,不仅在规定工期内完成了勘察任务,而且还配合设计人员完成了设计工作。时标网络计划指在方案编制过程中将勘察工作进行分解,分析每个工作或环节的影响因素和工期,绘制时间、工作或环节的网络图,找出影响工期的关键路线,着力解决关键路线上控制工期的工作。信息化勘察包括两个方面:一是根据现场勘察情况不断调整和优化勘察方案,如地质情况、气候、占地、钻探用水等;二是将现场地质情况及时与建设单位、设计人员沟通与交流,提出建议,并根据设计方案的变更,及时调整、优化勘察方案。采用时标网络计划和信息化勘察方法组织勘察就是根据现场反馈的信息和设计人员、建设单位新要求,及时调整勘察方案、内容、手段和部位,增减勘察力量,着力解决时标网络计划中关键路线上控制工期的关键工作,确保工期和质量。

采用了上述方法,在确保勘察质量的前提下,此次勘察工期提前 15%。

9.2.2 机场现状调查

现状调查以经验丰富的管理及技术人员为主,调查人员是勘察方案编制的核心成员。现场调查重点调查机场工程存在的问题、管线分布、征地、青苗赔偿等。

1) 存在问题调查

重点调查前期机场建设,包括勘察、设计、施工和维护等工程本身存在问题,以及机场营运、周边环境对此次勘察的不良影响。通过调查发现:

图9-1 原工作区道路塌陷

(1) 该机场前期资料管理欠完善,勘察资料几乎没有。

(2) 新建项目位置和结构未完全确定,勘察目的性、针对性不强。

(3) 道面板局部存在错台等现象。

(4) 土面区、场区道路发生过多次塌陷,如图9-1所示。

(5) 边坡,尤其是高填方边坡存在局部过大变形和垮塌。

(6) 原端安全区、土面区填料、压实方式和质量不清楚。

(7) 原工作区、生活区的房屋多处开裂、漏水。

(8) 钻探用水、勘察人员住宿、生活,机场方面不能提供保障。

(9) 征地工作还未开始,且机场方面与当地老乡关系紧张,勘察占地协调难度大。

2) 管线调查

竣工图纸不全,图纸及现场管线标识不清或错误,即使在现场找到了部分管线的井、箱,机场基建部门也不能完全分清管线的走向、路线,判断不出是否在使用或报废。机场勘察受管线影响很大,如物探受电磁影响、钻探受到地埋高压电线、输油管等威胁,同时钻探钻断管线将影响机场正常营运。

9.2.3 编制勘察方案

明确了本次勘察面临的问题和重点,组织现场调查人员和各专业负责人编写勘察方案,重点内容如下:

(1) 成立专门协调小组,由项目负责人直接领导,负责与建设单位、当地村组、农户协调,并先期赶赴工地,配合机场方面协调青苗赔偿资金,及时赔付到位,避免或减小农户阻拦勘察进场。

(2) 在勘察项目部内成立水文地质工程地质组、测量组、物探组、钻探组、现场试验组、室内试验组、后期保障组,由技术负责人负责安排各组具体工作、检查工作进程和质量;明确各组负责人及其责任和权利。

(3) 相关专业编制各自勘察方案,明确组成人员、工期、设备和所需解决的问题。

(4) 由技术负责人在分析相关专业勘察方案的基础上,编制总的勘察方案,编制时标网络计划,找出关键路线,确定关键工作及制约因素。此次勘察的关键路线是水文地质工程地质测绘→物探→钻探→室内试验,关键工作是钻探。钻探的影响因素是管线、农户阻拦、钻探用水、搬运。

(5)以水文地质工程地质组为牵头小组,负责整个勘察工作技术协调,并对项目技术负责人负责。该组主要工作包括水文地质工程地质测绘、整体技术方案编制、勘探点线布置和调整、试验项目和采样点位设计、钻孔编录、地质图件的编制、地质条件分析和综合评价、勘察报告编制、与建设单位、设计单位的技术协调、后期验槽等服务。

(6)将此次勘察范围分为新建区和改建区两部分。新建区包括新建机坪、塔台、工作区、生活区等,由于建设方案未完全确定,勘察分初勘和详勘两个阶段,初勘在水文地质工程地质测绘基础上适当扩大范围,为设计提供比选的地质依据;详勘待建设方案确定后再进行。改建区包括跑道、滑行道和端保险道延长区域和新建联络道,这些区域位置确定,直接进行详勘。

9.2.4 协调工作

先期进场的协调小组,通过与建设单位、村组协调,初步与村组和农户达成了关于占地、青苗赔偿、道路和钻探用水的意见。但也提出了下列苛刻的要求和条件:

(1)民工必须优先考虑当地人,工作时间不超过 8h,日工资为当地工资的 1.2 倍,每周结清。

(2)钻探用水必须从当地的沟、渠、塘抽取,按 1 元/t 付费。

(3)损毁的青苗、林木按当地市场价格赔偿,出场前必须结清。

(4)勘察人员住宿必须向当地农户租赁,费用不低于市场价。

考虑到工期、安全问题,项目部全部同意了上述要求,但实施过程中农户又提出了许多其他要求,通过协调,在不十分过分的条件下,均予以了答应。在最终结算费用时,农户多未收取过分要求部分的费用,原来是担心我们不讲诚信,克扣费用。再次提醒勘察单位和人员,野外工作一定要讲诚信,说到做到,即使勘察项目亏本也要全额支付老乡费用。

9.2.5 水文地质工程地质测绘

水文地质工程地质测绘是整个勘察工作基础,此次地质测绘工作派出 4 个测绘小组,每组3 人,全部由工程师组成。1 个测绘小组负责区域测绘,1 个小组负责改建区域测绘,1 个小组负责新建区域测绘,另一个小组负责汇总和分析水文地质工程地质条件,布置勘探点线,设计试验项目和采样点位。

通过水文地质工程地质测绘,获得了如下成果:

(1)远场区新构造活动较弱,近场区无大型断裂通过和活动痕迹,场区内无大断裂通过,工程区场地整体较稳定。

(2)场区主要地貌类型为岩溶地貌及人工堆积地貌。岩溶地貌包括溶丘、溶蚀洼地、漏斗、石芽、溶脊和溶槽等,如图 9-2 所示。

(3)场区主要地层为三叠系下统安顺组大坝段(T_1a^4)中厚层白云岩、灰岩、第四系残坡积软 ~ 硬塑红黏土和人工填土层。

(4)场区地下水类型主要为白云岩、灰岩裂隙水、岩溶水,埋深 1 ~ 18m,变幅小于 5m。受大气降水和沟塘水补给,向本次飞行区延长方向径流,并在拟建边坡位置出露、排泄。地下水对工程建设影响明显。

(5)场区主要的工程地质问题:红黏土问题、岩溶稳定性问题、土洞塌陷问题、地基不均匀性问题、高填方边坡稳定性问题、地下水对边坡浸泡软化、潜蚀等。

（6）进行了工程地质分区，针对各区存在的工程地质问题，结合新建区、改建区具体情况布置物探、钻探、试验等勘察工作。

图9-2 新建区岩溶地貌

9.2.6 改建区勘察

改建区包括跑道、滑行道和端保险道延长区域和新建联络道，位置确定，直接进行详勘。

1）原跑道端安全区、土面区勘察

（1）勘察重点及方法确定

原跑道端安全区、土面区为填方区，填料性质、厚度不详，存在填方边坡局部变形过大、坡脚局部垮塌等问题。考虑到填方已有10年，填筑体沉降已基本完成，勘察重点确定为查明填筑体厚度、填料的类别、均匀性，以及地基的承载力和变形模量，边坡局部过大变形和垮塌的原因。

①物探。

沿跑道方向布置3条、滑行道布置2条人工跑极的高密度电测深线，重点查明填筑体厚度。

②钻探。

a.沿跑道轴线和滑行道轴线、新建联络道各布置1条钻探线，钻孔间距30~50m，深度进入强—中风化基岩3~5m。

b.在填方边坡局部变形过大、局部垮塌部分布置2~3个钻孔，深度进入强—中风化基岩3~5m。

③现场试验。

a.载荷试验。跑道端安全区布置3组，在滑行道延长区布置2组、新建联络道各布置1组。开挖至道面设计底部高程后进行。

b.N_{120}动探试验。跑道端安全区布置5点，在滑行道延长区布置3点，新建联络道各布置1点，测试深度至基岩面或无法进行。

c.波速测试。跑道端安全区布置3点，在滑行道延长区布置2点，新建联络道各布置1点，深度进入基岩5m。

④颗分试验。

采用挖机在跑道端安全区、滑行道延长区分别采取2组颗分试样，运出场外进行大型颗分试验。

除颗分试验外，所有工作在停航后的夜间进行。

（2）勘察成果

通过上述工作获得如下成果：

①填筑体厚度 8~24m，填料以白云岩、灰岩为主，夹透镜状红黏土、草皮土。填料级配不良，一般粒径 0.15~0.80m，最大粒径 1.2m。

②填筑体自重固结已完成，中下部波速、动探击数大于上部，中下部在上部荷载作用下固结较好，密实度较高。上部承载力 300~520kPa，变形模量 15~45MPa，地基不均匀，不满足场道地基要求。

③填方边坡局部变形过大、局部垮塌是由于边坡夹透镜状红黏土、草皮土，且未压实，加之排水不良引起。

④建议：清除飞行区延长部分的草皮后，进行 3000kN·m 强夯，回填级配细碎石，可满足场道地基均匀性要求；填方边坡局部变形过大、局部垮塌区由于扩建后位于填筑体内部，在填筑体接坡时将被挖出，不作处理。

2）新征地勘察

新征地勘察位于围界外，勘察工作安排另一作业组在日间进行。按《民用机场勘测规范》（MH/T 5025—2011）和本书第 18、19 章要求布置，重点查明道槽区第四系覆盖层厚度、岩溶洞穴稳定性和边坡区水文地质条件、岩土的抗剪参数。

采用勘察方法为高密度电测深法、钻探、现场剪切试验、室内常规和直接剪切、三轴剪切试验、抽水试验、地下水位长期观测。

通过勘察获得了如下成果：

（1）查明了覆盖层分布、厚度、状态，变形与抗剪参数，其中边坡稳定影响区土层厚度 1.2~4.5m，状态以软塑~可塑为主，内摩擦角 φ 值小于 7°。

（2）查明了 1 个位于道槽区的顶板埋深 2.5m，跨度 3.3m 的溶洞，并评价了其稳定性和对工程影响。

（3）查明了填方边坡稳定影响区位于岩溶地下水的排泄区，地下水对边坡稳定性影响明显。

（4）建议：清除边坡稳定影响区土层，换填级配碎石，并与外场排水沟有效连接；对所发现溶洞清爆回填级配碎石；道槽区原场地地基强夯置换处理，其他区域原场地地基除清表外，可不处理。

9.2.7　新建区勘察

新建区包括新建机坪、塔台、工作区、生活区等，由于建设方案未完全确定，经与建设单位协商，勘察分初勘和详勘两部分。初勘工作在所有可能建设区域布置，为设计提供比选的地质依据。

1）初勘

可能建设的区域分为两个部分：一是前期建设整平区；二是原始地貌区（图 9-2）。

（1）前期建设整平区

前期建设整平区中管线密布，且这些管线将在建设前全部报废、停用，管线勘测意义不大。勘察中只要不对其损伤，影响机场营运即可。

①根据地质测绘成果和针对管线使用情况，制订如下初勘方案：

a. 以高密度电法物探和地质雷达探测为主,钻探、探井验证方法。

b. 高密度电法物探勘探线布置在填方区域,查明填筑体厚度、分布,以及岩溶发育状况;地质雷达勘探线分布在挖方区,重点查明岩溶洞穴发育状况。物探线密度20~30m。

c. 钻探和探井验证。选取典型物探剖面进行验证。填方区域钻探前先人工挖探井,深度1.5m以上,然后埋管进行钻探。探井在1.5m深度内人工挖,1.5m深度后可采用机械开挖。

d. 现场试验。选取典型代表性钻孔取样进行室内常规试验和现场动探试验,获取初步的岩土物理力学参数。

②通过上述工作,获得了如下的初步成果:

a. 拟布置工作区的填方区西北角,填料成分复杂,边坡水平位移明显,在施工和建筑荷载作用下存在发生垮塌可能,建议不布置建筑,覆土隔水、绿化。

b. 拟布置工作区的中部、北部,生活区填方部分填料以块碎石为主,力学性质大于250kPa,但级配差,地基不均匀;挖方地基总体较好,但检修车间中部存在3个洞径2~4m,顶板厚度1.5~3.5m的溶洞,稳定性不满足使用要求。

c. 拟建机坪区填方部分填料以块碎石为主,力学性质大于300kPa,但级配差,地基不均匀;挖方区未发现溶洞,地基为中风化白云岩。

③建议如下:

a. 优化工作区位置,避开填方区西北角欠稳定区;单栋建筑尽可能布置在填方或挖方地基上,避免同一建筑跨越挖方和填方。

b. 检修车间位置建议不挪动,其中部溶洞可通过梁板跨越处理。

c. 拟建机坪位置不挪动,通过搭接、强夯处理、换填等处理地基不均匀性。

(2)原始地貌区

原始地貌区涉及部分新建机坪区、工作区。该区内分布有一条国防电缆、两条高压线和一条输油管线。这些管线及其重要,但在区内均无标志,对机场勘察提出了严格要求。

①管线探测

通过调查在附近区域找到了上述管线的标志,采用"从已知到未知的"方法,利用管线探测仪探测原始地貌区管线,并采用人工方法开挖探井对管线位置进行验证。

②岩溶与土洞探测

按间距30~50m布置高密度电测深物探线,重点布置在土洞塌陷区部位、综合分析确定的岩溶中强发育区,并在这些部位选取3个钻孔进行验证,同时采取土样进行常规试验。

③通过上述工作,获得了如下的初步成果:

a. 岩溶中强发育区位于洼地和漏斗中,中强发育区溶蚀破碎带发育,但在30m勘察深度内未见直径大于4m溶洞发育。

b. 土洞沿溶蚀破碎带发育,塌陷深度2~3m,略小于覆盖层厚度,如图9-3所示。

c. 场地基本稳定,清除洼地、漏斗中溶蚀破碎

图9-3　溶蚀破碎带上土洞塌陷

带上覆盖层后,不会发生塌陷,可作为建设场地,但房建区宜避开溶蚀破碎带。

2)详勘

建设单位和设计人员采纳了勘察人员提出的建议,要求编写初勘报告的同时展开详细勘察,施行一次性勘察。详勘过程中调动已完成改建区勘察任务的人员和设备加入到新建区勘察中,并尽可能地安排到同一栋建筑区,以单体建筑勘察报告形式提交中间勘察报告。

(1)前期建设整平区

①工作区、生活区

工作区、生活区按《岩土工程勘察规范》(GB 50021—2001)布置钻孔、地震动参数测试和采样试验,并满足设计提出的其他要求。

②机坪区

a.以 20~30m 间距布置高密度电测深物探线、地震浅层反射物探线,查明填筑体分布、厚度。

b.选取典型的物探剖面,布置 5 个验证钻探,并根据验证成果修正物探剖面,生成物探钻探综合地质剖面。

c.填方区布置 3 个载荷试验点,获取填筑体承载力和变形模量。

d.布置 6 个 N_{120} 动探孔,查明深度方向上密实度变化规律。

(2)原始地貌区

①工作区、生活区

工作区、生活区按《岩土工程勘察规范》(GB 5001—2001)布置钻孔、地震动参数测试和采样试验。一般孔深度进入稳定的中风化层不小于 3m,控制孔进入稳定中风化层不小于 5m。

②机坪区

a.以 15~20m 间距布置高密度电测深物探线。

b.在物探解译的洞穴分布区选择代表性位置布置验证钻孔,并采取土样做高压固结试验。对区内物探解译的洞径最大的溶洞(洞径为 3.5m),中心布置 1 孔,长、短轴方向分别布置两孔。

③通过上述工作,获得了如下的主要成果:

a.查明了位于前期建设整平区、原始地貌区覆盖层分布、厚度和岩溶发育规模、形态、充填情况。

b.物探解译的洞径包括溶洞围岩应力松弛区、裂隙密集发育区范围,该区溶洞实际最大洞径为 2.0m,经稳定性计算,在填方和飞机荷载作用下稳定,可不做处理。

c.查明了溶蚀破碎带分布、土洞塌陷规律,建议将机坪区、房建区破碎带上土层清除并换填级配碎石;房建区在上部存在地坪、道路等隔水条件时也可采用强夯置换方法。

d.当建筑物不可回避地布置在溶蚀破碎带上时,应将破碎带上土层清除干净,回填级配碎石并强夯密实,且宜根据建筑物结构形式和荷载采用筏形基础、肋形基础或柱下条形基础。

9.2.8　阶段勘察文件汇总与总勘察报告编制

由于此次勘察采用时标网络计划和信息化勘察方法,勘察全过程不断与建设单位、设计人员进行沟通和交流,野外工作结束时,已多次向设计人员提交了中间资料,包含前期建设存在的工程问题分析、拟建物平面布置建议、综合工程地质图、剖面图、岩土参数、工程地质问题分析与评价和地基处理建议等,故建设单位和设计人员已不再催交勘察资料,可以从容地进行资料汇总和分析,编制勘察总报告。

项目负责人组织项目技术负责人、各专业负责人和工程师,在勘察现场汇总地质、物探、试验等专业不同阶段的成果资料,进行系统分析、编制综合图件、勘察报告,并将综合分析中新的认识,及时反馈给建设单位、设计人员。勘察主要技术人员撤场时,完成了勘察报告所有组成部分的正式电子文件,并向建设单位正式提交。

第10章 机场土面区工程勘察

近年来,多个机场在建设或运营中,其土面区出现了塌陷、开裂、位移等不良现象,影响了机场建设或运营。这些不良现象出现,大多与土面区未做勘察或勘察深度不够有关,本章结合工程案例分析出现上述现象的原因,分析和讨论土面区勘察范围、内容、手段、精度、计费等[15]。

10.1 案例分析

10.1.1 案例1

1）工程概况

LGH 机场,规模4C,跑道长3400m,跑道中心点高程3282m。道槽区、航站区在地貌上多属夷平面,地势相对较低和平坦,为主要低填方区,填方高度一般2~8m。土面区和端安全区多为高填方区,最大填方高度80m。

2009 年详勘结束,2012 年开工建设,2015 年4月进行了土石方工程验收。2015 年8月下旬发生4处多个土洞塌陷,如图10-1 所示。

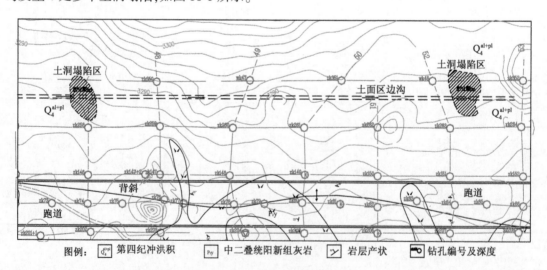

图10-1 场区综合工程地质图(局部)

2）地质概况

场区分布于新村断层和元宝山断层之间,近跑道轴线发育一北东向宽缓背斜。场区裂隙发育,岩体破碎,共发育两组优势裂隙。地层主要为第四系(Q_4)黏性土和下伏的二叠统阳新组(P_2y)灰岩地层。黏性土呈软塑、可塑态。软塑态厚$0.50 \sim 13.5$ m,平均厚3.0m。可塑态厚$0.50 \sim 23.9$m,平均厚4.0m。

除粉质黏土中局部的砂、砾石、碎石夹层或透镜体中含上层滞水外,钻孔在40m深度内均未见地下水,场区水文地质条件简单。上层滞水主要接受大气降水补给,通过大气蒸发或向地下渗流排泄。

3)塌陷情况

2015年8月下旬在土面区发生4处多个土洞塌陷,其中3处在排水沟处,1处在低洼处,如图10-2、图10-3所示。该次塌陷造成即将举行的行业竣工验收不得不推迟。

a)　　　　　b)

图10-2　排水沟处土洞塌陷

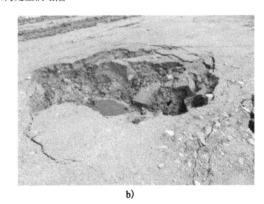

a)　　　　　b)

图10-3　低洼处土洞塌陷

4)塌陷区勘察情况

详细勘察于2009年完成,当时民航还未有勘察规范,勘察要求未对该区做要求。勘察单位根据机场工程勘察经验和场区地质情况在塌陷区周边布置了钻孔,钻孔间距100~200m。钻孔深度进入基岩3~5m。

5)塌陷原因分析

塌陷区位于挖方区,挖方后残留土层厚度3~6m。塌陷后经开挖验证,确认为土洞塌陷。土洞形成条件及原因:

(1)场区及周边构造发育,岩体破碎。溶芽、溶槽、溶洞及溶蚀破碎带发育。在溶蚀破碎带上小溶洞、溶隙、裂隙发育,具备土颗粒运移、存储的空间。

（2）场区土层土颗粒较粗,孔隙比大,渗透性好,地表水入渗性好,这与其他冲洪积成因黏性土中土洞成因类似[16、17]。

（3）降雨或冰雪融化后,地表水入渗,水在土体中运移、浸泡、软化、分解、溶解土体,并将细颗粒带走。随着时间推移,土体变得松散,逐步形成空隙,进而发展为土洞。当顶板强度不足以抵抗重力时,发生塌陷。在排水沟渗漏段、地势低洼的溶蚀破碎带,汇水量大,渗透量大,特别容易发生土洞和塌陷。

6）讨论

塌陷发生在雨后,位置是在排水沟渗漏段和低洼地段,即在溶蚀破碎带上的地表水汇水渗漏区段。但该区是土面区的挖方区,详勘要求和现行的《民用机场勘测规范》(MH/T 5025—2011)均未做出明确勘察要求,挖方后也未要求作施工勘察。规范、设计未作明确勘察要求、排水沟质量、场地平整程度、相关方面未引起足够重视是本次塌陷的外在原因,降水是诱因。

10.1.2　案例2

1）工程概况

NC 机场规模4C,原跑道长2600m,新建一条跑道和联络道。新跑道长2800m,原跑道改做滑行道。机场位于红层丘陵山区,最大填方高度35m。

2）地质概况

场区地貌类型为构造剥蚀丘陵,谷底与山顶最大高差55m。地层为第四系软—硬塑粉质黏土、稍密—中密砂卵石、粉细砂,以及侏罗系全—中风化泥岩、粉砂岩、砂岩。沟谷中的粉质黏土以软塑为主,厚度0.5～10.2m,砂卵石、粉细砂局部分布。

地下水类型为第四系孔隙水和基岩裂隙水。孔隙水主要赋存在沟谷中砂卵石、粉细砂及含碎石的粉质黏土中,含碎石的粉质黏土渗透系数 $n \times 10^{-5} \sim n \times 10^{-3}$ cm/s。裂隙水赋存在浅层的基岩风化裂隙中,渗透系数 $n \times 10^{-4} \sim n \times 10^{-2}$ cm/s。

3）工程问题

（1）排水问题

设计采用水泥涵管排泄原飞行区盲沟地下水,水量 60～100m³/d。但是在开挖沟谷土基、埋设涵管的过程中发生涵管不均匀沉陷、涵管连接处脱落,甚至破坏。补充勘察发现沉陷原因是沟谷中粉质黏土分布厚薄不均,软塑—可塑交叉分布。不得不外购碎石,改用碎石盲沟,增加了大量费用和延长了工期。

（2）沉陷问题

由于抢工期和其他原因,沟谷中土面区软弱土未清除干净,施工中大量的黏性土混入盲沟中,加之外购的河卵石中含有大量的泥质物质,导致盲沟导水性能低。填方后半年,发现土面区与道槽区接触部位发生沉陷,如图10-4所示。经勘察、研究为盲沟排水性能低,土面区与道槽区接触部位地下水位上升、浸泡软化泥岩、全强风化的砂岩填筑体,造成接触部位沉陷,如图10-5所示。

（3）边坡垮塌问题

端安全区位于另一条沟谷,填方高度17m。由于沟谷纵剖面的基岩面较陡(23°)、软弱土未清除,土面区填筑体下滑推力较大,2015年8月在一场暴雨后土面区填筑体推动边坡外移,造成边坡垮塌。

4）讨论

勘察单位根据水文地质工程地质测绘成果及机场工程勘察经验,编写勘察方案。方案中土面区的沟谷布置钻孔,目的是查明第四系地层和地下水,为地基处理和原场地地基、填筑体内部排水提供准确地质资料。但勘察方案审查时,建设单位、造价控制单位和勘察方面专家将土面区的钻孔全部取消,理由是现行的《民用机场勘测规范》(MH/T 5025—2011)对土面区未作勘察要求。

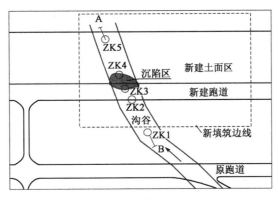

图 10-4　沉陷区平面图

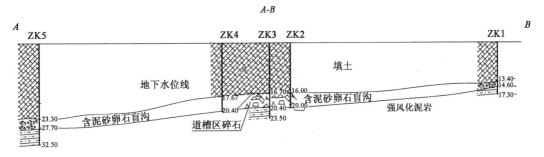

图 10-5　沉陷区剖面图

经不完全统计,该机场设计方案变更增加费用以及出现问题后处理所花费用累计数千万元,拖延工期 5 个月以上,影响飞行长达 6 个月。上述损失与区区数十万的勘察费相比,真是得不偿失。

10.1.3　案例3

1）工程概况

MT 机场规模 4C,跑道长 2800m,土石方量约 2700 万 m³,最大填方高度 75m。

2）地质概况

跑道位于一区域不对称背斜的核部,土面区位于背斜的两翼。场区地层表层为厚 0.5～8m 的可塑—硬塑黏性土层,下部为寒武系薄—中厚层状白云岩,岩体较破碎—破碎。地表调查斜坡现状稳定。坡体钻孔中偶见基岩裂隙水,坡脚沟谷中钻孔揭露承压水。

3）勘察概况

勘察单位按西南地区勘察经验和场区地质调查情况编制勘察方案。建设单位组织审查，专家根据规范将土面区钻孔全部取消，道槽挖方区仅做填料勘察，勘察深度按基岩面控制。在勘察单位力争前提下，同意根据道槽区和边坡区勘察情况，在土面区适当增加钻孔，但必须报建设单位批准，以控制勘察费用。

勘察单位根据丰富山区机场工程勘察经验和对建设单位负责任态度，在不增加任何勘察费用前提下，在土面区平行跑道增加 3 排钻孔，以查明土面区工程地质条件，尤其是斜坡稳定性问题。

结果发现，在飞行区中东部发育平行跑道长约 1200m，平均厚度 12m 的 5 个潜在不稳定大型斜坡，如图 10-6 所示。潜在滑动面厚约 5～12cm，主要物质为软—可塑黏性物质，含次圆、次棱角状白云岩颗粒，擦痕明显，如图 10-7 所示。该潜在滑动面经分析由背斜形成时造成层间滑脱形成。

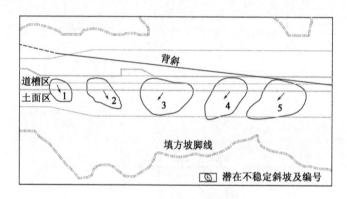

图 10-6　潜在滑坡群分布图

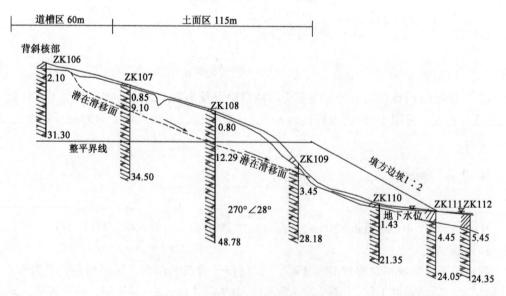

图 10-7　潜在不稳定性斜坡代表性剖面

经计算这5个坡体天然状态处于临界稳定状态,但在填筑体荷载作用下处于不稳定状态。随即建议建设单位作专项勘察,证明了详勘单位成果正确。设计随之修改了地基处理方案,避免了一起重大工程事故。

4)讨论

从图10-7上可清楚地发现潜在不稳定性斜坡的滑动面发育在基岩中,表层被黏性土覆盖,地质测绘无法发现。尽管潜在滑动面部分在道槽区,但被黏性土覆盖。我国机场建设现状是勘察单位对填方区进行详细验槽,挖方区只有在岩性、土石比与勘察资料不一致时才进行详细验槽,即挖方区潜在滑动面在大面积施工中很难被发现。即使挖方过程中发现潜在滑动面,但机场填方区施工是从下部往上施工,当发现滑动面时,下部地基处理、填方施工往往已完毕,再做设计变更已非常困难,费用增加很大,工期拖延也很长。

10.1.4 案例4

1)工程概况

SLF机场建设规模4C,跑道长2600m,最大填方高度119m,最大填方厚度71m。

2)地质概况

主要地层为三叠系下统嘉陵江组(T_1j)灰岩、泥灰岩和白云岩,薄—中厚层状,强—中风化,岩体较破碎—较完整。斜边坡坡度30°~40°,岩层倾角25°~45°,倾向坡面,填方坡脚线外浅层基岩临空,如图10-8所示。

3)勘察存在问题

作者在审查勘察报告时发现,土面区未布置钻孔,也未说明是否有软弱夹层。报告中稳定性计算是按完整基岩、无软弱夹层建模,也未考虑浅层基岩悬空状态,得出的结论是在填方最大厚度60余米的荷载下,边坡稳定。按《民用机场岩土工程设计规范》(MH/T 5027—2013)和工程经验,斜坡上填方时开挖台阶。台阶开挖后将形成临空面,如果存在软弱结构面,在填筑荷载作用下,可能发生滑移,造成重大工程事故。现场调查发现正在修建的进场公路发生了多起基岩顺层滑坡,如图10-9所示。理论分析和工程实践证明该机场在填方荷载作用下,发生原场地基岩顺层滑坡可能性很多,随即建议建设单位做了补充勘察,揭露了软弱夹层,设计

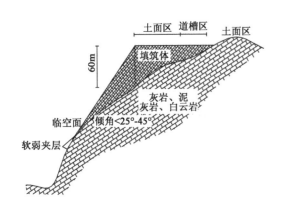

图10-8　SLF机场地质及填筑剖面图

图10-9　进场公路顺层滑坡

也做了相应变更,避免了一起重大工程事故。

上述案例说明,填方机场土面区勘察不容忽略。

10.2 勘察范围、方法与精度

10.2.1 土面区勘察范围确定

《民用机场勘测规范》(MH/T 5025—2011)(以下简称《勘测规范》)第6章初步勘察中对土面区勘探点(线)未作要求,第7章详细勘察中对土面区的勘探要求为"可根据地形地貌条件适当布置一些勘探点",但在实践中常被忽略或不被认可,仅按第6、7章规定进行计量和造价控制,造成勘察范围、深度不足,留下安全隐患,甚至重大事故。其实该规范对土面区的勘察作了明确要求,规定如下:

(1)在《勘测规范》第8章特殊性岩土勘察中要求查明各类特殊性岩土的分布范围、厚度和特殊性质。其特殊性岩土分布范围当然包括土面区,即特殊性岩土勘察包括土面区。

(2)在《勘测规范》第9章特殊性地质条件勘察中,①9.2节"岩溶勘察"9.2.3条"详细勘察应详细查明工程范围内填方区……",显然岩溶地区机场土面区的填方区应做勘察;但挖方区除道槽区和其他重要功能区外未作规定是否需要勘察,稍显不足。②9.3节"滑坡勘察"的9.3.1条和9.6节"泥石流勘察"的9.6.1条则明确规定"勘察范围包括场地或其附近",当然包括土面区。③9.7节"采空区勘察"的9.7.1条"机场内有采空区时,应进行采空区勘察。"很明确包括土面区。

(3)在《勘测规范》第10章其他专项勘察中10.1.3条"查明地表土分布、厚度……",10.1.1条"场地设计高程……以上",显然是包括土面区。

(4)从上面规定,可以看出《勘测规范》第8、9、10章是对第5、6、7章的补充和深化,即当拟建机场场地内存在特殊性岩土、特殊地质条件和挖填方工程时,勘察工作包括土面区。

(5)当存在特殊岩土和特殊地质条件时,从安全角度出发,现行《勘测规范》中"其他重要功能区"应包含管涵、隧道穿越区、排水设施等区段。

10.2.2 填方边坡稳定影响区勘察范围确定

现行的《勘测规范》、《民用机场岩土工程设计规范》(MH/T 5027—2013)对高填方边坡影响范围定义为"对高填方边坡的稳定性有影响的区域"。《勘测规范》第10.4.1规定"对高填方边坡工程,应对边坡稳定影响区进行专门勘察"。对一般边坡区,特别是填方高度较大而又未达到填方高度20m区域,如16m,勘察规范则没有规定。所以现实机场建设中依据现行《勘测规范》,勘察工程量计算和造价预算中土面区和填方低于20m的边坡区未计入勘察工作量和费用。

笔者认为上述是对《勘测规范》狭义理解,也是广大非专业人员和缺乏机场工程勘察经验的技术人员对填方边坡影响范围的曲解。但这种曲解对机场工程勘察质量影响很大,特别是当建设和造价单位这样理解时。

《民用机场岩土工程设计规范》(MH/T 5027—2013)中第3.05条规定填方边坡影响区应

根据填方高度和天然地基的实际条件,通过具体分析确定。勘察阶段填方高度是暂定的,地质条件是不清楚的,至少土面区是不清楚或具体的,无法根据天然地基的实际条件,通过具体分析确定边坡影响范围。但暗示了所有填方边坡要进行设计,也就需要填方区地质资料和岩土参数,故应对所有填方边坡区进行勘察。

笔者根据30余个高填方机场工程勘察经验认为勘察阶段"填方边坡影响范围"不仅指高填方边坡,还应包括一般边坡,且在勘察阶段还宜根据地质条件在填方坡脚线外 30～50m 布置 1～2 排勘探点,便于优化边坡设计,也可避免勘察二次进场。因为土面区沟谷中地下水、软弱土、外倾的基岩面、斜坡上土层、基岩裂隙、软弱夹层、岩层倾角等均有可能影响填方边坡的稳定性,如案例2和案例3。所以控制勘察造价时,对土面区和一般填方区不布置勘察工作和不计费是不恰当的。

当然这里强调土面区也应进行勘察,并不是要求所有土面区要按照道槽区要求勘察,而应据水文地质工程测绘成果和地方经验划分土面内的重点勘察区和一般勘察区。重点勘察区至少应包括沟谷区、斜坡上软弱土分布区、顺层斜坡、土洞易发和高发区和其他对机场建设安全有影响的区域。重点勘察区应按照《勘测规范》中特殊土或特殊地质条件的相关规定进行勘察。一般区在地貌单元的交集部位、工程地质单元代表性地段布置少量勘探点即可。

10.2.3　土面区勘察精度与方法

土面区勘察的精度应满足岩土工程分析和地基处理需要,勘察方法与手段可参照涉及问题的相关规范和手册进行。当按相关规范和手册仍不能查明其岩土工程条件时,应进行专项勘察和研究。

10.3　机场工程勘察收费讨论

10.3.1　勘察收费现状和存在问题

目前机场工程勘察计费主要是按勘察工作量,其次是按工程投资。勘察工作量计费一般执行国家2002年的《工程勘察设计收费标准》(国家发展计划委员会、建设部),并下浮一定比例。计费中最大费用是钻探,也是勘察单位最大利润项目。最小收费是水文地质工程地质测绘和现场试验,也是勘察单位利润最小,甚至亏损项目;其次是试验项目,如按国家标准采样、试验,勘察单位难以产生效益。

国家2002年的《工程勘察设计收费标准》无机场工程勘察收费内容,实践中是参照房建工程勘察收费。机场工程勘察有其特殊性,其要求和难度往往高于房建工程,按房建工程勘察收费,一般难以做到精细勘察,遗留给设计和施工的问题较多,设计变更多,安全隐患多。

10.3.2　计费单价调整建议

1)水文地质工程地质测绘

水文地质工程地质测绘是机场工程勘察首要的、最基本的方法,它是评价场址适宜性、制订正确勘察方案的主要依据,避免勘察事故,提高勘察效率和勘察效益的重要途径和手段[5]。

在地质测绘阶段,勘察单位需投入很多工程师、包括众多的高级技术人员,人工成本很高,但水文地质工程地质测绘项目收费低,所以一般勘察单位不愿投入足够的工程技术人员。经验和实力缺乏单位,更是如此。建设单位和某些相关单位往往具有"地质勘察就是打钻"错误认识,勘察计费通常按钻探进尺,甚至按每孔多少钱计费,将工程地质勘察错误地当成了劳务而不是技术服务。所以建议调高机场工程勘察中水文地质工程地质测绘收费,鼓励勘察单位技术人员投入,提高勘察质量和效率。

2)岩土工程试验

岩土工程分析最基本的要素之一是岩土参数,其可靠性和精度,直接影响岩土工程分析准确性、可靠性,进而影响投资和工期。但实践中部分勘察单位不重视岩土参数试验和分析,尤其是现场试验,导致重大工程事故。如四川西部 PZH 机场高填方边坡大面积失稳的主要原因之一就是其原地面地基直剪试验的剪切面不在潜在滑动面上,而在其潜在滑体附近良好土体上,获取抗剪参数偏大,进而引起边坡稳定性计算的稳定系数过高,造成原地面地基边坡未处理或处理不当而发生重大事故。东南地区 NT 机场地基处理方案审查时,专家发现勘察单位提供的岩土参数与经验值差异很大,尤其是软弱夹层的抗剪参数。经质询,其原因:一是试验项目费用太低,按标准采样、试验要亏损;二是钻探按进尺计价,单价过低,无法按规范要求钻探、取芯,只能降低钻探质量,提高钻探速度,创造效益;三是缺乏机场知识,将机场工程勘察视同为普通道路、房屋勘察。该机场后经专项勘察,修正了原勘察单位提供的重要地质剖面和岩土参数,避免了两处填方滑移和一处道槽区沉陷。所以适当提高岩土工程试验费用对提高机场工程勘察精度,保障机场安全具有重要意义。

10.4 结论与建议

(1)当场地内存在特殊性岩土、特殊地质条件和挖填方工程时,应按规范要求进行土面区岩土工程勘察。

(2)岩溶与土洞等特殊地质条件强烈发育区的挖方区修建排水系统、道路等时应视为重要功能区,进行岩土工程勘察。

(3)勘察阶段填方边坡影响区应包括土面区在内的整个工程填方边坡区,并应根据水文地质工程地质测绘成果和地方经验划分土面区的重点勘察区和一般勘察区。

(4)根据机场工程勘察特殊性适当调整地质测绘、试验等项目费用。

第11章 天然建筑材料勘察

天然建筑材料通常指机场附近的地方产的机场建设所需的天然材料,包括条石、块碎石、砂砾石、砂、土料等。机场天然建筑材料的勘察可分为三个部分:野外调查、室内试验和资料的整理及评价。

11.1 野外调查

11.1.1 调查的内容

1)条石料场

初步鉴定岩石的种类、矿物成分、产状、胶结物、胶结程度、风化程度;查明岩体节理、破碎程度、有无软弱夹层,开采的难易;初步确定可供开采的品种、储量估算。

2)碎石料场

碎石的调查包括卵石、漂石、砾石、人工碎石。调查工作应查明料场的位置、分布特点、埋藏条件、岩石类型、形状、颗粒级配、岩石风化程度,初步判断岩石的强度和矿物成分,评价开采条件、估算储量。

3)砂料场

初步判断砂类型、组成成分、颗粒形状、级配、估算储量。

4)土料场

初步鉴定土类型,查明开采的范围和占地情况。

11.1.2 调查的方法

调查的方法有访问、坑探、槽探、钻探、取样试验等,其中以探井为主,辅以钻探。勘探线间距宜按 50~150m,每个产地不宜少于 2 条。每条勘探线上勘探点不宜少于 2~3 个,勘探深度应穿透有用层。通过现场调查,应查明料场的范围、材料的厚度及变化情况;水文地质条件;剥土厚度、性质、产状、质量及开采条件;储量及类别。

采取试样的勘探点数,不宜少于勘探点总数的1/2。砂、土、卵石、碎石的采样宜采用刻槽取样法。

11.2 室内试验及质量评价

室内试验的项目因材料性质差异而有所不同。

11.2.1 土料

土料试验包括常规试验、膨胀性试验、重型击实试验、易溶盐试验、腐蚀性试验、有机质含量试验、颗分试验等。

常规试验的项目主要是密度、含水率、液性指数测试,鉴定土的类型。

膨胀性试验目的是鉴定土是否具有膨胀性,在各种压力下的胀缩特性,测试的指标主要有自由膨胀率、膨胀含水率、在设定压力下的膨胀率、收缩率、体缩率等,进而根据这些指标判定该类土是否适合填筑等。一般来说,膨胀土未经改良不宜作为填筑料,尤其是道槽区顶面的填料。

重型击实试验为土料最重要的试验,它是填土施工的控制指标。重型击实试验测试的指标有最佳含水率和最大干密度。击实试验应提供击实曲线。

易溶盐、腐蚀性试验通常是用来判定土的腐蚀性,测试的项目有 pH、$K^+ + Na^+$、NH_4^+、Mg^{2+}、Ca^{2+}、Cl^-、SO_4^{2-}、HCO_3^-、CO_3^{2-}、OH^-、NO_3^-、总含盐量。

有机质试验测试土中有机质的含量,常用百分率表示。测试的目的是判断有机质腐烂后对填筑地基的影响。《民航机场场道工程施工技术要求》规定,凡淤泥、过湿土壤及含有机质的垃圾土一律不得使用。大于 10cm 的土块必须打碎。

11.2.2 砂料

1)定义

(1)天然砂:自然生成的,经人工开采和筛分的粒径小于 4.75mm 的岩石颗粒,包括河砂、湖砂、山砂和淡化海砂,但不包括软质、风化岩石的颗粒。

(2)人工砂:经除土处理的机制砂、混合砂的统称。

①机制砂:经除土处理,由机械破碎、筛分制成的粒径小于 4.75mm 的岩石、矿山尾矿或工业废渣颗粒,但不包括软质、风化的颗粒。

②混合砂:由机制砂和天然砂混合制成的砂。

(3)含泥量:天然砂中粒径小于 75μm 的颗粒含量。

(4)泥块含量:砂中原粒径大于 1.18mm,经水浸洗、手捏后小于 600μm 的颗粒含量。

(5)石粉含量:人工砂中粒径小于 75μm 的颗粒含量。

(6)细度模数:衡量砂粗细度的指标。

细度模数:

$$M_x = \frac{(A_2 + A_3 + A_4 + A_5 + A_6) - 5A_1}{100 - A_1} \tag{11-1}$$

式中:A_1、A_2、A_3、A_4、A_5、A_6——分别为 4.75、2.36、1.18、0.60、0.30、0.15mm 各筛上的累计筛余百分率。

按细度模数(M_x)则可分为粗砂($3.1 \leqslant M_x \leqslant 3.7$)、中砂($2.3 \leqslant M_x \leqslant 3.0$)、细砂($2.2 \leqslant M_x \leqslant 1.6$)、特细砂($0.7 \leqslant M_x \leqslant 1.5$)。

（7）坚固性：砂在自然风化和其他外界物理化学因素作用下抵抗破裂的能力。

（8）轻物质：表观密度小于$2.0g/cm^3$的物质。

（9）碱集料反应：指水泥、外加剂等混凝土组成物及环境中的碱与集料中碱活性矿物在潮湿环境下缓慢发生并导致混凝土开裂破坏的膨胀反应。

（10）亚甲篮MB值：用于判定人工砂中粒径小于$75\mu m$的颗粒吸附性能指标。

砂按技术要求，分为Ⅰ类、Ⅱ类、Ⅲ类。Ⅰ类宜用于强度等级大于C60的混凝土，Ⅱ类宜用于强度等级C30～C60及抗冻、抗渗或其他要求的混凝土，Ⅲ类宜用于强度等级小于C30混凝土和建筑砂浆。

2）试验项目

天然砂的分析包括颗粒分析、含泥量、泥块含量、云母含量、有机质含量、硫化物及硫酸盐含量、碱集料反应、坚固性、压碎指标、表观密度、松散密度和空隙率等。人工砂分析除上述之外，一般还要分析原岩的化学成分，测试石粉含量，必要时做成砂试验，判断粉碎岩石的成砂率。

3）质量要求

混凝土用砂应满足以下要求[18]：

（1）满足表11-1、表11-2要求。

混凝土用砂技术标准　　　　　　　　　　　　表11-1

项目			Ⅰ类	Ⅱ类	Ⅲ类
天然砂	含泥量（按质量计）（%）		≤1.0	≤3.0	≤5.0
	泥块含量（按质量计）（%）		0	≤1.0	≤2.0
人工砂	亚甲篮试验	MB值	≤0.5	≤1.0	≤1.4或合格
		MB值≤1.40或快速法试验合格　石粉含量（按质量计）（%）	≤10	≤10	≤10
		泥块含量（按质量计）（%）	0	≤1.0	≤2.0
		MB值>1.40或快速法试验不合格　石粉含量（按质量计）（%）	≤1.0	≤3.0	≤5.0
		泥块含量（按质量计）（%）	0	≤1.0	≤2.0
有害物质	有机物（比色法）		合格		
	云母含量（按质量计）（%）		≤1.0	≤2.0	≤2.0
	轻物质含量（按质量计）（%）		≤1.0	≤1.0	≤1.0
	硫化物及硫酸盐（按SO_3质量计）（%）		≤0.5	≤0.5	≤0.5
	氯化物（以氯离子质量计）（%）		≤0.01	≤0.02	≤0.06
	贝壳（按质量计）（%）		≤3.0	≤5.0	≤8.0
砂坚固性（质量损失）（%）			≤8	≤8	≤10
机制砂压碎指标值（单级最大压碎指标）（%）			≤20	≤25	≤30
表观密度（kg/m³）			≥2500		
松散堆积密度（kg/m³）			≥1400		
空隙率（%）			≤44		

砂颗粒级配要求 表11-2

砂的类别		天 然 砂			机 制 砂		
累计筛余(%)　　　级配区　方筛孔尺寸(mm)		1区	2区	3区	1区	2区	3区
砂颗粒级配	9.5	0	0	0	0	0	0
	4.75	10~0	10~0	10~0	10~0	10~0	10~0
	2.36	35~5	25~0	15~0	35~5	25~0	15~0
	1.18	65~35	50~10	25~0	65~35	50~10	25~0
	0.60	85~71	70~41	40~16	85~71	70~41	40~16
	0.30	95~80	92~70	85~55	95~80	92~70	85~55
	0.15	100~90	100~90	100~90	97~85	94~80	94~75
细度模数	粗砂	3.7~3.1					
	中砂	3.0~2.3					
	细砂	2.2~1.6					
	特细砂	1.5~0.7					

(2)经碱集料反应后,由砂制备的试件无裂缝、酥裂、胶体外溢等现象,在规定的试验龄期的膨胀率应小于0.1%。

4)最少采样量

砂每一项试验最少采样量见表11-3,机场工程勘察通常要求完成以下所有试验项目,每一样品累计采样量不应低于130kg。

每一试验项目所需砂的最少采样量 表11-3

试 验 项 目		最少采样量(kg)
颗粒级配		4.4
含泥量		4.4
有机质含量		2.0
云母含量		0.6
轻物质含量		3.2
氯化物含量		4.4
坚固性	天然砂	8.0
	人工砂	20.0
硫化物及硫酸盐含量		0.6
石粉含量		6.0
泥块含量		20.0
表观密度		2.6
堆积密度与空隙率		5.0
碱集料反应		20.0

试 验 项 目	最少采样量(kg)
贝壳含量	9.6
放射性	6.0
饱和面干吸水率	4.4

5)民用机场道面混凝土对细集料要求

(1)料源要求

《民用机场飞行区水泥混凝土道面面层施工技术规范》[19](MH 5006—2015)规定机场道面混凝土细集料可采用天然河砂、海砂、山砂,但应优先采用河砂。经设计单位同意也可采用人工机制砂。

(2)颗粒粗细和级配要求

砂的粗细度按细度模数 M_x 分为:粗砂 $M_x=3.1\sim3.7$,中砂 $M_x=2.3\sim3.0$,细砂 $M_x=1.6\sim2.2$。机场道面混凝土细集料宜采用细度模数为 2.60~3.20 的天然中粗砂,同一配合比用砂的细度模数变化范围不应超过0.3,并满足表11-4、表11-5 要求[19]。

道面混凝土用天然砂级配要求 表11-4

砂分级	细度模数	方孔筛尺寸(mm)							
		9.5	4.75	2.36	1.18	0.60	0.30	0.15	0.075
		累计筛余(以质量计)(%)							
粗砂	3.1~3.7	0	0~10	5~35	35~65	70~85	80~95	90~100	95~100
中砂	2.3~3.0	0	0~10	0~25	10~50	40~70	70~92	90~100	95~100

道面混凝土用机制砂级配要求 表11-5

砂分级	细度模数	方孔筛尺寸(mm)						
		9.5	4.75	2.36	1.18	0.60	0.30	0.15
		累计筛余(以质量计)(%)						
粗砂	2.8~3.9	0	0~10	5~50	35~70	70~85	80~95	90~100
中砂	2.3~3.1	0	0~10	5~20	15~50	40~70	80~90	90~100

近十年工程实践证明,人工机制砂质量控制难度大,尤其在级配配制方面。同时存在制砂费用高、环境污染大、道面刻槽和拉毛难度大等。所以,机场道面混凝土细集料一般采用河砂。西南地区许多地方缺少满足颗粒粗细和级配的河砂,如贵州的龙洞堡机场、毕节机场、黄平机场,重庆的江北机场、万州机场,四川的泸州云龙机场、宜宾机场等,多从洞庭湖、北海等地采购。

(3)硫化物和硫酸盐含量要求

机场道面混凝土硫化物和硫酸盐含量(折算为 SO_3) ≤0.5%。

(4)坚固性要求

坚固性用硫酸钠溶液检验,试样经 5 次循环后质量损失率 <8.0%。

(5)云母与轻物质要求

机场道面混凝土细集料中云母与轻物质含量(按重量比计%) ≤1.0%。

（6）有机物质含量要求

采用比色法对用于机场道面混凝土细集料中有机物质含量进行分析，其颜色不应深于标准溶液颜色。

（7）泥土杂物含量

机场道面混凝土细集料泥土杂物含量采用冲洗法分析，要求含泥量≤2.0%，泥块含量≤0.5%。

（8）碱活性要求

机场道面混凝土道面面层用砂，应采用化学法和砂浆长度法进行碱活性检验，当判断有潜在危害时，应采取有效处理措施。

（9）物理指标要求

表观密度≥2500kg/m³，松散堆积密度≥1400kg/m³，空隙率≤45%。

（10）机制砂要求

机制砂母岩抗压强度≥60.0MPa，母岩磨光值≥35.0，单粒级最大压碎值≤25.0%，石粉含量≤7%，MB值≤1.4，吸水率≤2.0。

（11）其他要求

机场道面混凝土细集料中不得混有石灰、煤渣、草根、泥团块、贝壳等其他杂物。

11.2.3 碎石料

1）定义

碎石料包括天然卵石和人工碎石。

（1）卵石：由自然风化、水流搬运和分选、堆积形成的、粒径>4.75mm的岩石颗粒。

（2）碎石：天然岩石、卵石或矿山废石经机械破碎、筛分制成的，粒径>4.75mm的岩石颗粒。

（3）针片状颗粒：卵石或碎石颗粒的长度大于该颗粒所属相应粒径的平均粒径2.4倍为针状颗粒；厚度小于平均粒径0.4倍者为片状颗粒（平均粒径指该粒级上、下限粒径的平均值）。

（4）含泥量：卵石、碎石中<75μm的颗粒。

（5）泥块含量：卵石、碎石中原粒径<4.75mm，经水浸洗、手捏后<2.36mm的颗粒含量。

（6）坚固性：卵石、碎石在自然风化和其他外界物理化学因素作用下抵抗破裂的能力。

（7）碱集料反应：水泥、外加剂等混凝土构成物及环境中的碱与集料中碱活性矿物在潮湿环境下缓慢发生并导致混凝土开裂破坏的膨胀反应。

（8）分类与规格。

按卵石、碎石粒径尺寸分为单粒粒级和连续粒级。也可以根据不同需要采用不同单粒级卵石、碎石混合成特殊粒级的卵石、碎石。

按卵石、碎石技术要求，分为Ⅰ类、Ⅱ类、Ⅲ类。Ⅰ类宜用于强度等级大于C60的混凝土，Ⅱ类宜用于强度等级C30～C60及抗冻、抗渗或其他要求的混凝土，Ⅲ类宜用于强度等级小于C30混凝土。

2）试验项目

碎石分析项目包括颗粒分析、含泥量、云母含量、有机质含量、针片状颗粒含量测定、蛋白石、玉髓、鳞石英等二氧化硅成分检验、表观密度和堆积密度、空隙率、集料反应测试等。

3）质量要求

碎石、卵石质量应满足[20]：

（1）颗粒级配、含泥量和泥块含量、针片状颗粒含量、有害物质、坚固性的技术要求，如表11-6～表11-8所示。

碎石和卵石的颗粒级配范围　表11-6

	粒径（mm）	累计筛余（按质量计）（%）										
		筛孔尺寸（方孔筛）（mm）										
		2.36	4.75	9.50	16.0	19.0	26.5	31.5	37.5	53.0	63.0	75.0	90
级配	5~16	95~100	85~100	30~60	0~10	0							
	5~20	95~100	90~100	40~80	—	0~10	0						
	5~25	95~100	90~100	—	30~70	—	0~5	0					
	5~31.5	95~100	90~100	70~90	—	15~45	—	0~5	0				
	5~40	–	95~100	70~90	—	30~65	—	—	0~5	0			
单粒粒级	5~10	95~100	80~100	0~15	0								
	5~16		95~100	80~100	0~15								
	10~20		95~100	95~100		0~15	0						
	16~25			95~100	55~70	25~40	0~10						
	16~31.5		95~100		85~100			0~10	0				
	20~40			95~100		80~100			0~10	0			
	40~80					95~100			70~100		30~60	0~10	0

碎石和卵石中针片状颗粒、含泥量和有害物质要求　表11-7

项　　目	Ⅰ类	Ⅱ类	Ⅲ类
针片状颗粒（按质量计）（%）	≤5	≤10	≤15
含泥量（按质量计）（%）	≤0.5	≤1.0	≤1.5
泥块含量（按质量计）（%）	0	≤0.2	≤0.5
硫化物及硫酸盐含量（折算为SO_3，按质量计）（%）	≤0.5	≤1.0	≤1.0
有机质含量	合格	合格	合格

碎石和卵石的坚固性指标值　表11-8

项　　目	在硫酸钠溶液中循环次数	循环后质量损失
Ⅰ类	5	≤5%
Ⅱ类	5	≤8%
Ⅲ类	5	≤12%

（2）碎石、卵石的强度要求。包括岩石的饱和抗压强度和压碎指标。

碎石、卵石块体饱和抗压强度：火成岩≥80MPa，变质岩≥60MPa，沉积岩≥30MPa。

压碎指标指碎石、卵石抵抗外力破坏的能力，通过压碎性试验求得。试验时筛取风干的粒径在9.5~19.0mm的颗粒约3kg装入压力机中，按1kN/s的速度均匀加荷至200kN，并稳荷5s后卸荷。倒出压力机中试样，用孔径2.36mm的筛筛除被压碎的细粒，称出留在筛上的试样质量，压碎指标表达式：

$$Q_c = \frac{G_1 - G_2}{G_1} \times 100$$

式中：Q_c——压碎指标(%)；

    G_1——试样的质量(g)；

    G_2——压碎试验后筛余的试样质量(g)。

《建设用卵石、碎石》(GB/T 14685—2011)对卵石、碎石压碎指标要求见表11-9。

碎石和卵石的压碎性指标　　　　　　　　　　　　　表11-9

项目 指标	Ⅰ类	Ⅱ类	Ⅲ类
碎石压碎指标(%)	≤10	≤20	≤30
卵石压碎指标(%)	≤12	≤14	≤16

(3)表观密度、空隙率应符合如下规定：卵石、碎石表观密度大于2.6g/cm^3，连续级配松散堆积空隙率满足表11-10要求。

连续级配松散堆积空隙率　　　　　　　　　　　　　表11-10

类　别	Ⅰ类	Ⅱ类	Ⅲ类
空隙率(%)	≤43	≤45	≤47

(4)碱集料反应。经碱集料反应后，由卵石、碎石制备的试件无裂缝、酥裂、胶体外溢等现象，在规定的试验龄期的膨胀率应小于0.1%。

(5)吸水率。吸水率应符合表11-11要求。

吸　水　率　　　　　　　　　　　　　　　　　　　表11-11

类　别	Ⅰ类	Ⅱ类	Ⅲ类
吸水率(%)	≤1.0	≤2.0	≤2.0

4)最少采样量

碎石和卵石最少采样量见表11-12。

建筑用砂试验项目所需最少采样量(kg)　　　　　　　表11-12

最大粒径(mm) 试验项目	9.5	16.0	19.0	26.5	31.5	37.5	63.0	75.0
颗粒级配	9.5	16.0	19.0	25.0	31.5	37.5	63.0	80.0
含泥量	8.0	8.0	24.0	24.0	40.0	40.0	80.0	80.0
泥块含量	8.0	8.0	24.0	24.0	40.0	40.0	80.0	80.0
针片状颗粒含量	1.2	4.0	8.0	12.0	20.0	40.0	40.0	40.0

续上表

试验项目 \ 最大粒径（mm）	9.5	16.0	19.0	26.5	31.5	37.5	63.0	75.0
表观密度	8.0	8.0	8.0	8.0	12.0	16.0	24.0	24.0
堆积密度与空隙率	40.0	40.0	40.0	40.0	80.0	80.0	120.0	120.0
碱集料反应	20.0	20.0	20.0	20.0	20.0	20.0	20.0	20.0
吸水率	2.0	4.0	8.0	12.0	20.0	40.0	40.0	40.0
有机物含量、硫化物含量、坚固性	按试验要求的粒径和数量取样							
压碎性指标								
岩石抗压强度	随机选取完整石块锯切或钻取成试验用样品							

5）民用机场道面混凝土对粗集料要求[19]

（1）粒径及级配要求

用于机场道面混凝土的粗集料最大粒径不超过40mm，并满足表11-13要求。

道面混凝土粗集料级配要求　　　　　　　表11-13

级配类型	粒径	方孔筛尺寸（mm）							
		2.36	4.75	9.50	16.0	19.0	26.5	31.5	37.5
		累计筛余（以质量计）（%）							
合成级配	4.75～16	95～100	85～100	40～60	0～10				
	4.75～19	95～100	85～95	60～75	30～45	0～5	0		
	4.75～26.5	95～100	90～100	70～90	50～70	25～40	0～5	0	
	4.75～31.5	95～100	90～100	75～90	60～75	40～60	20～35	0～5	0
单粒级	4.75～9.5	95～100	80～100	0～15	0				
	9.5～16		95～100	80～100	0～15	0			
	9.5～19		95～100	85～100	40～60	0～15	0		
	16～26.5			95～100	55～70	25～40	0～10	0	
	16～31.5			95～100	85～100	55～70	25～40	0～10	0

（2）料源要求

机场道面混凝土的粗集料应采用岩石破碎形成的坚硬、耐久、耐磨、洁净的碎石。若当地无碎石，可采用机轧砾石，不得采用天然砾石。机轧砾石应用粒径100mm以上砾石材料进行破碎，破碎后粒形成棱形，每块石料应至少有两个破碎面。我国采用机轧砾石的机场有绵阳机场、林芝机场等。

（3）碱活性要求

机场道面混凝土的粗集料严禁选用含有非晶质活性二氧化硅的岩石作粗集料。

活性二氧化硅可与水泥中碱性氧化物水解后形成的氢氧化钠和氢氧化钾起化学反应,在骨料表面生成了复杂的碱—硅酸凝胶。当凝胶吸水不断膨胀时,会把水泥石胀裂,造成混凝土道面开裂,甚至破坏。

活性氧化硅的矿物形式有蛋白石、玉髓、方石英和鳞石英等,含有活性氧化硅的岩石有硅镁石灰岩、流纹岩、安山岩和凝灰岩等。

蛋白石是天然的硬化的二氧化硅胶凝体,是一种含水的非晶质的二氧化硅($SiO_2 \cdot nH_2O$),含5%~10%的水分。随着水分流失,逐渐变干并出现裂缝。

玉髓是SiO_2的隐晶质体,形成于低温和低压条件下,出现在喷出岩的空洞、热液脉、温泉沉积物、碎屑沉积物及风化壳中。有条带状构造的隐晶质石英就是玛瑙,没有条带状构造、颜色均一的隐晶质石英就是玉髓。

石英分四大类:石英、鳞石英、方石英及熔融石英。它们都是硅氧矿物,是一种化学成分(SiO_2)相同,晶体结构不同的同质多象现象。鳞石英、方石英及熔融石英具有碱活性而石英没有。

硅镁石灰岩即地质学中白云质灰岩、灰质白云岩、白云岩、含燧石灰岩、含燧石白云岩等,由于含活性二氧化硅而具有碱活性。

(4)红白皮要求

红白皮指颗粒中有一个及一个以上有水锈的天然裂隙面。生产中一般指水锈石子和软弱岩石颗粒。软弱岩石颗粒包括风化程度较高的岩石颗粒和质地软弱岩石颗粒。风化程度较高的岩石颗粒岩石强度低,难以满足规范规定强度要求,如强风化灰岩、砂岩和部分中风化砂岩、花岗岩等。某些岩石由于风化程度较高,出现矿物成分变化和晶体结构变化而具有碱活性。质地软弱岩石颗粒指岩石质地本身软弱,即使在未风化状态下也不能满足规范规定强度要求。料场中最常见的软弱岩石颗粒为方解石。方解石是一种碳酸钙矿物($CaCO_3$),莫氏硬度3度,一般多为白色或无色,但因含有不同杂质而呈不同颜色,如含铁锰时为浅黄、浅红、褐黑等等。自然界中由于地下水活动,碳酸钙在岩石的裂隙中沉淀,形成方解石脉而形成红白皮。

机场混凝土道面粗集料红白皮含量≤10.0%。

(5)石料强度要求

机场道面混凝土的粗集料抗压强度:岩浆岩≥100MPa,变质岩≥80MPa,沉积岩≥60MPa。

(6)压碎值指标要求

机场道面混凝土的粗集料压碎指标值≤21%。

(7)坚固性

机场道面混凝土的粗集料坚固性要求:年最低月平均气温≥0℃时,≤5.0%;年最低月平均气温<0℃时,≤3.0%。

(8)硫化物和硫酸盐含量要求

机场道面混凝土粗集料硫化物和硫酸盐含量(折算为SO_3)≤1.0%。

(9)泥土杂物含量

机场道面混凝土粗集料泥土含量采用冲洗法试验,含泥量≤0.5%,泥块含量≤0.2%;料针片状颗粒含量≤12.0%;有机物含量合格。

(10)物理指标要求

机场道面混凝土粗集料物理指标要求:吸水率≤2.0%,表观密度≥2500kg/m³,松散堆积密度≥1350kg/m³,空隙率≤45%。

(11)洛杉矶磨耗值

机场道面混凝土碎石集料洛杉矶磨耗损失要求≤30%。

(12)机场沥青道面面层用碎石

对沥青道面面层用碎石,还应增加洛杉矶磨耗损失、与沥青的粘附性、磨光值等试验。

(13)机场道面工程中常用碎石岩性

机场道面工程中常用碎石的岩性为灰岩、玄武岩、花岗岩和砂岩。当地无可开采的碎石料场时,可采用机扎砾石。砾石多采于现代河床,也有采于阶地。自然堆积的松散卵砾石地层,岩性复杂,大小混杂,并混有大量杂质,应进行洗选,然后才能被破碎。

11.2.4　条石料

条石料试验包括抗压强度、抗剪强度、抗拉强度、抗折强度的试验,试验方法按岩石试验方法标准。

条石料质量要求由设计人员根据需要提出。

条石料的采样方法和采样量可按《岩土工程勘察规范》(GB 50021—2001)执行,一般来说,每种条石的采样不宜少于6组。

11.3　可开采储量确定

根据室内试验的成果判断样品是否满足机场建设要求。若满足要求则结合野外圈定的界线、厚度、分布,计算可开采储量。

储量的计算一般有下列的3种简单算法:

1)平均厚度法

此法用于地形平缓,有用层厚度较稳定的情况下。计算方法是将计算范围内的总面积乘以该面积内有用层的平均厚度,其结果就是该范围的储量。

2)平行断面法

当勘探线平行布置时,先计算两条剖面上的有用层两断面面积平均值,再乘以两断面间的平均距离,即为两断面间的分段储量,然后,总和各分段储量即为总储量。

3)三角形法

当勘探网布置不规则时常用此法。三角形法是将勘探点联成三角网,各三角形的面积乘以3顶点的平均厚度值,就得出三角形中的储量,总和各三角形的储量即为总储量。

当条件具备时,可采用土石方软件进行计算。

11.4　应提交的资料

　　天然建筑材料勘察所提供的资料可以建筑材料勘察报告形式单独提交,也可作为《机场工程勘察报告》其中的一章来提交。无论以哪一种形式,建材调查包含下列内容:

　　(1)材料的类型、质量、可开采储量、产地、开采运输条件、价格。

　　(2)材料供应示意图。

　　(3)建筑材料统计表。

　　(4)勘探及试验成果表。

第12章　机场主要的工程地质问题

机场建设包括场道工程、建筑工程、隧道或洞室工程、供油工程、排水工程等,并且场地大,分布广,在长度和平面上跨越的地质和工程地质单元多,牵涉到几乎所有岩土工程问题。如东南沿海地区济南、福州、连云港、上海浦东、宁波、温州、深圳等城市机场的工程地质问题是高含水率、高孔隙比和高流塑性的软土问题;西南地区的四川、贵州、广西、重庆、云南等省市机场主要工程地质问题是区域稳定性、斜坡稳定性、高填方边坡稳定性问题、岩溶、软弱土、膨胀土、液化土、季节性冻土等问题,为全国机场工程地质条件最复杂、工程地质问题最多的地区,某些机场就汇集了上述几乎所有的工程地质问题;西北地区的陕西、甘肃、青海、新疆等省市机场的主要工程地质问题是斜坡稳定性、黄土的自重湿陷性、盐渍土、季节性冻土等问题;北方地区的黑龙江、辽宁、吉林等省市机场的主要工程地质问题是季节性冻土和永冻土问题。总的概括起来可分为两类问题:一是场地稳定性问题;二是特殊性岩土问题。

12.1　场地的稳定性问题

12.1.1　活断层

第四纪以来仍在活动的断层或第四纪期间新产生的断层,通常称为活动性断层。根据机场特点和使用年限,机场工程重点研究全新活动断层,即在一万年内有过地震活动或近期正在活动,在今后一百年可能继续活动的断层。活动断层在地震地质学上也称为活动断裂。全新活动断层对机场建设影响很大,一般情况下严禁全新活动断层穿越建设工程区。选址阶段全新活动断层对场址确定具有一票否决权,所以当拟选场地处于地震烈度Ⅷ度以上地区,尤其是Ⅸ度以上地区时,断层活动性可能较大,要通过仔细的地震地质工作,查明场区的构造及活动情况,选出相对稳定区,即"安全岛"。

西南地区地质构造复杂,地震烈度高,不少机场受到活动断裂影响,需要进行仔细勘察和研究工作,判明活动断裂性质、位置、活动性和对机场建设影响。

1)CS机场

CS机场构造复杂,尽管场区发育多条穿过航站楼和东西两个主跑道的非活动断层,但距活动性的小江断裂9km,满足机场建设要求。

2)LC机场

LC机场周边活动断裂发育,但由于场址位于孟连—澜沧断裂、回龙大寨断层、南畔断层以及近场区北东向断裂构成的相对稳定的菱形断块内,场址稳定。

3)KD机场

KD 机场位于鲜水河活动断裂带的南东段,地震烈度Ⅸ度,曾在 1995 年发生过 7.5 级地震。但通过仔细的地震地质和工程地质工作,选出了一块长约 15km,宽约 5km,距折多塘活动支断层仅 1.4 ~ 1.6km 的相对稳定年限约 300 年的断块上,满足机场 50 年使用期的要求。该机场建成使用 10 余年,经受了近邻"5·12"汶川地震、"4·12"芦山地震考验,机场场地稳定。

4)GZ 机场

GZ 机场位于鲜水河活动断裂中段的西侧,活动支断层 F_3 从其侧通过,但其建设工程区内仅有 6 条非活动的小型断层分布,属于相对稳定"安全岛",满足机场建设要求。

5)ZT 迁建机场

ZT 地区地形地貌复杂,构造发育,ZT 机场迁建选址过程中,有 5 个地形较好、土石方量较小、交通方便的场址由于活动断裂穿越而被否定。

12.1.2 斜(边)坡的稳定性问题

斜(边)坡的稳定性问题在几乎所有的丘陵、山区机场建设中都遇到,主要类型有崩塌、滑坡、泥石流。

1)崩塌

崩塌是指陡坡上的岩体在重力或其他作用力作用下,突然向下崩落的现象。崩落的岩体顺坡向猛烈地翻滚、跳跃、相互撞击,最后堆于坡脚。崩塌形成主要受地形条件、岩性条件、构造条件、降水和人为活动影响。

机场建设中遇到崩塌情形主要在机场建设过程中,由自然营力和不合理的爆破、施工工艺造成,机场建成后很少发生崩塌现象。由于崩塌发生的突然性,容易造成机场建设过程中人员伤亡和设备损毁。

2)滑坡

斜坡上大量土体或岩体在重力作用下,沿一定的滑动面(或带)整体向下滑动的现象称为滑坡。滑坡是斜坡失稳的主要形式之一,基本条件是临空面和滑动面。滑坡是机场主要工程问题之一,我国的丘陵和山区机场或多或少存在滑坡问题,有的是机场建设前发生的,有的是机场建设中诱发的,有的是机场建设后发生的。滑坡规模有大有小,大型滑坡可达数万立方米以上,小型滑坡仅有数十立方米。

滑坡对机场建设影响最大的是攀枝花机场[48],由于勘察不清、地基处理不当,造成了数亿元损失和恶劣的社会影响。另外,LPS 机场、DL 机场、RH 机场、WN 机场、LN 机场等也受到滑坡影响,虽然勘察清楚,地基处理恰当,地基稳定,但费用较高,工期较长。

12.1.3 泥石流

泥石流是山区特有的一种自然地质现象。它是由于降水(暴雨、融雪、冰川)而形成的一种挟带大量泥沙、石块等物质的特殊洪流,具有强大的破坏力。如果勘察未查明泥石流形成条件、规模和发生频率,对机场危害巨大。GA 机场、ML 机场、AL 机场、LPS 机场、内蒙古某军用机场等曾不同程度地受到了泥石流的威胁,但由于处理恰当,未形成灾害。

12.1.4 岩溶

岩溶(又称喀斯特)是指可溶性岩层,如碳酸盐类(石灰岩、白云岩)、硫酸盐类岩层和卤素类岩层(岩盐)等受水的化学和物理作用产生沟槽、裂隙和空洞,以及由于空洞顶板塌落使地表产生陷穴、洼地等现象和作用的总称。西南地区的广西、重庆、川南、贵州、云南等地机场普遍存在岩溶问题,如南宁机场、龙洞堡机场、黔江机场、巫山机场、武隆机场、昆明长水机场、沧源机场、兴义机场、毕节、仁怀机场、大理机场等。

岩溶对机场建设的危害主要体现在:

(1)位于岩溶顶板上的地基及其附属物发生坍陷、下沉或开裂。

(2)由于地下岩溶水的活动,或因地面水消水洞穴被阻塞,导致地基底部冒水,浸泡软化地基,造成不均匀沉降、边坡变形过大等。

(3)在飞机等荷载作用下,道面发生开裂、错台、塌陷,影响飞行安全。

12.1.5 采空区

采空区的不良影响主要表现在地下矿层采空后,矿层上部的岩土层失去支撑,平衡条件被破坏,随之产生弯曲、塌落,以致发展到使地表下沉变形,进而使地表上的各种建筑物遭到不同程度破坏。机场由于极高的变形要求,一般条件下不允许跑道建在大面积的采空区上,但小范围的采空区很难避免。当大面积采空区不可避免时,应进行专项勘察与研究。

机场勘察史上对采空区勘察的经验和教训都很深刻。NJ 机场、LPS 机场、烟台蓬莱机场[21]等采取合理的勘察,准确地查出了采空区的位置、坍塌物的物理力学性质,准确地进行了评价,提出了合理的建议,避免了机场建设灾害发生;NZ 机场于 20 世纪 80 年代末开始勘察,地层为嘉陵江Ⅱ、Ⅲ阶地上的粉质黏土和砂卵石层。古时候,在砂卵石层采金留下了老金洞。由于年代久远,洞坍塌、覆盖,尤其是洞口被覆盖,生长了植被,勘察时未引起足够重视,虽然采用了钻探、电法物探、地质雷达等,还是未查清老金洞的分布、数量、延伸长度、坍塌规律,在机场施工过程中,造成采空区在雨水的浸泡作用下大面积塌陷,造成直接经济损失数千万元,拖延工期数年,引发多种其他连带问题,直到目前该机场仍未建成。

12.1.6 粉土、砂土的液化问题

饱水的粉土、砂土在地震和动力荷载等作用下而丧失抗剪强度,土颗粒处于悬浮状态,地基失效的现象,称为液化。粉土、砂土的液化问题是全国机场普遍遇到的问题,沿海机场、河谷机场、平原机场尤为突出,如 PD 机场、CMD 机场、SZ 机场、CL 机场、LT 机场(长江Ⅰ级阶地)、GA、ML 机场(雅鲁藏布江漫滩、Ⅰ、Ⅱ级阶地)、SL 机场、TPS 机场、PS 机场(成都平原)等。另外在山区机场的沟谷中沉积的粉土和砂土也有不同程度的液化问题,如四川的 YD 机场、YB 机场。液化对机场的危害,主要表现在粉土、砂土液化后地基承载力丧失,道面沉陷和破坏。

近十年我国发生了汶川地震、攀枝花地震、玉树地震、芦山地震、雅江地震等,地震之后,对 SL 机场、QL 机场、PS 机场、MY 机场、JH 机场、KD 机场、YD 机场、YS 机场、PZH 机场、LJ 机场进行调查,未发现砂土液化影响机场正常使用,表明上述机场建设中饱水粉土、砂土地基处理效果良好。

粉土、砂土液化不仅在地震作用下液化,工程施工、振动荷载也可能造成液化。GA 机场老跑道地基为粉土、砂土,道面下垫层为砂砾石层。2000 年前起降飞机少,多次道面检测均未发现有脱空现象。2000 年后道面检测发现严重脱空,经研究发现脱空的主要原因为道面下粉

土、砂土在飞机作用下发生液化后流失;YB 机场、BZ 机场等沟谷中沉积了松散~稍密的饱水粉土、砂土,在冲击碾压、强夯振动作用下多发生液化,全部采用换填处理。

12.2　特殊性岩土

12.2.1　软土

软土一般指淤泥与淤泥质土,是静水环境或缓慢水流中以黏粒为主的近代沉积,它往往与泥炭或粉砂交互沉积。软土的主要特点是孔隙比大,含水率高、渗透性差,压缩性高、强度低,呈流塑状态;含水率一般大于液限,孔隙比大于 1.0,渗透系数 $k < 10^{-6}\,\text{cm/s}$,压缩模量 $E_\text{s} < 4\text{MPa}$,不排水强度 $C_\text{u} < 25\text{kPa}$,静力触探比贯入阻力 $P_\text{s} < 700\text{kPa}$,不满足场道地基强度和变形要求。

12.2.2　膨胀性岩土

膨胀土主要由亲水性强的蒙脱石与伊利石组成,具有显著的吸水膨胀,失水收缩变形的特性。一般具有如下的特征:

（1）在自然条件下,多呈硬塑或坚硬状态,裂隙较发育,隙面光滑。

（2）多处于二级及二级以上的阶地、山地丘陵和盆地边缘,地形坡度平缓,一般无明显的自然陡坎。

（3）具有吸水膨胀、失水收缩及反复变形的特征。

我国在膨胀土地区建设的机场有 MZ 机场、HE 机场、PZA 机场、LL 机场、LDB 机场、FH 机场、XY 机场、WS 机场、MY 机场、FHS 机场、PZH 机场、合肥新桥机场[22、23]、三峡宜昌机场[24]、空军汉口机场[25]、安康机场[26]、西双版纳机场等。膨胀性岩土对机场危害主要表现在膨胀性岩土胀缩造成道面开裂、错台、脱空、边坡坡面塌落、坡体失稳等事故。因此,机场建设中对膨胀土特别关注,其处理方法一般可分为三种:一是消除膨胀性:如换填、添加生石灰和水泥改良;二是通过防水或减小含水率,抑制膨胀性,如灰土垫层、非膨胀土和土工材料覆盖和隔离;三是抑制膨胀量,如填筑在非浸水区底部,上部填筑非膨胀土。

图 12-1　PZA 机场膨胀土引起的道面错台

对道槽区膨胀性岩土处理容易忽略的是对道槽挖方区及原地面接近道面设计高程的道槽区两侧膨胀土的处理。PZA 机场主要地层为具膨胀性的全强风化的火山灰沉积岩、沉凝灰质角砾岩、含砾黏土岩、火山喷发岩、流纹质凝灰岩、火山喷发岩、流纹质集块岩。建成 3 年后在上述区域发现道面发生严重的鼓胀变形,影响飞行安全,多次处理效果均不理想,如图 12-1 所示。作者分析其原因:一是跑道道面两侧岩土体与土面区岩土体相连,通过岩土裂隙、孔隙与大气相连,随气候变化,道面下膨胀岩土含水率发生变化,引起道面膨胀岩土发生胀缩,道肩附近膨胀变形尤为明显;二是道面两侧的膨胀岩土发生膨胀与收缩,挤压和牵引道面下膨胀岩土发生变形;三是道面下膨胀岩土变形引起道面、水稳层变形、开裂,道面下膨胀岩土与大气交换通道连通,雨水渗入,膨胀进一步加剧。

12.2.3　红黏土

红黏土系指碳酸盐岩出露区的岩石,经红土化作用形成的棕红、褐黄等色的高塑性黏土。经再搬运后仍保留红黏土的基本特征,液限大于 45 小于 50 的土,称为次生红黏土。红黏土最基本特性:

(1)液限大于 50,上硬下软,上部坚硬、硬塑状态,厚度一般大于 5m;中部可塑状态,多分布于接近基岩处;基岩凹槽处多为软塑、流塑状态。

(2)土的天然含水率一般为 30%~60%、孔隙比一般为 1.1~1.7、饱和度一般大于 95%。

(3)红黏土具有低膨胀,强收缩的特性。坚硬和硬塑的红黏土由于收缩作用形成了大量的裂隙,深度最大可达 6m 以上。裂隙面多光滑,局部擦痕、有的被铁锰质侵染。裂隙面的发展速度极快,在干旱条件下,新开挖的边坡数日内便可被收缩裂隙切割得支离破碎,地表水易浸入,土的抗剪强度降低,常造成边坡的变形和破坏,如图 12-2 所示。

(4)红黏土的透水性微弱,其中的地下水多为裂隙性潜水和上层滞水,一般不具水力联系。它的补给主要来源是大气降水。

红黏土对机场建设的危害主要是胀缩造成边坡变形和失稳,斜坡凹槽处软塑、流塑的红黏土易造成填土的滑移,分布不均匀而引起的地基不均匀变形、红黏土土洞坍塌而造成填土和建筑物的下陷或倒塌,如图 12-3 所示。

图 12-2　CS 机场红黏土边坡裂隙

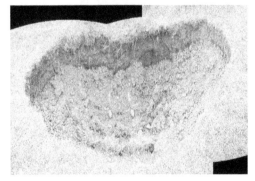

图 12-3　CS 机场红黏土土洞塌陷

12.2.4　填土

填土系指由人类活动而堆积的土。按填土的物质组成和堆积方式可分为素填土、杂填土和冲填土。素填土由碎石、砂或粉土、黏性土等一种或几种材料组成的填土,其中不含杂质或含杂质很少。按主要的物质分为碎石填土、砂性填土、粉性填土、黏性填土。杂填土是指含有大量建筑垃圾、工业废料或生活垃圾等杂物的填土,按其物质成分可分为建筑垃圾土、工业废料土、生活垃圾土。冲填土是指由水力冲填泥砂形成的填土,在沿海地区多见。经分层压实的填土称为压实填土。

填土对机场建设影响主要是地基不均匀问题和边坡稳定性问题。机场建设中遇到的填土往往是前期机场建设或其他工程建设的弃土,属于无组织填土,存在的显著问题:一是原场地地基未作处理,填土下存在软弱下卧层、地下水排泄不畅等问题,填土地基边坡稳定性程度不满足机场建设要求;二是填土本身土石混杂,甚至还有建筑、生活等垃圾,均匀性差;三是老机场要求低,填土压实不均匀,尤其是20世纪80年代以前的机场,如TR机场复航勘察中发现原主跑道区局部承载力大于400kPa,变形模量达30MPa以上,而其附近不到10m处,承载力不

图12-4 抛填土下伏含有机质粉土

足100kPa,变形模量小于10MPa,达不到现代机场变形模量大于25MPa和地基均匀性的要求。

又如高高原BD机场,20世纪90年代一期扩建时将大量的弃土抛填于目前二期扩建的跑道道槽区,碎石土、粉土、黏性土混杂堆积,厚薄不均,且在抛填土下还分布有0.3~4.0m原场地地基浅表腐殖土和含有机质粉土,如图12-4所示。同时,抛填土边坡区局部发生滑动,且坡脚有地下水渗出,冬季冻结,夏季融化,反复冻融,进一步加剧抛填土边坡滑移,如图12-5、图12-6所示。

图12-5 填土边坡滑塌

图12-6 填土边坡渗水

12.2.5 湿陷性土

湿陷性土指天然土层在一定的压力下(含自重压力)浸水产生较大附加湿陷变形的土。湿陷性土除常见的湿陷性黄土外,在干旱、半干旱的地区,尤其是山前洪坡积扇(裙)中可能遇到湿陷性的碎石类土、湿陷性砂土等。

湿陷性土对机场的危害主要在一定压力下,受水浸湿后,发生土体结构的迅速破坏而发生显著的下沉,进而造成道面的破坏,其中以黄土湿陷性危害最常见。对湿陷性黄土的处理,20世纪80年代以前主要是采用严格的防水措施,而不作处理,80年代以后多采用防水与地基处理相结合的方法,并以地基处理为主。地基处理方法有垫层法、灰土挤密桩法和强夯法。其中强夯法处理湿陷性黄土效果好、价格低、设备简单、施工方便、处理深度大,可达4~9m,如咸阳机场[27]、西宁机场[28]、兰州机场[29]、吕梁机场、延安机场。

湿陷性土地区的机场勘察应按国家、地方相关规范,并结合当地工程勘察经验进行,重点查明土体的湿陷类型、等级、湿陷变形量,评价湿陷对场道工程和边坡工程的不良影响。

12.2.6 冻土

冻土是指温度等于或低于0℃,且含有冰的各类土。按冻结时间可分为季节性冻土和多年冻土。季节性冻土是受季节性的影响,冬季冻结,夏季全部融化,受周期性冻结融化的土;多年冻土指含有固态水,且冻结状态持续两年或两年以上的土。与机场建设密切相关的是季节性冻土,季节性冻土在我国华北、西北、东北、西南和西藏地区均有分布。

1)季节性冻土对机场的主要危害

(1)冻胀使机场道面隆起,引起道面板错台,最严重的可达几十厘米,有时还使道面结构破坏,如企口断裂、脱落。

(2)春季来临,冻土溶化时,土体收缩,导致道面脱空。

(3)填方边坡区反复冻融造成坡面及维护结构破坏,如KD机场高填方边坡格构破坏,如图12-7、图12-8。

图12-7 季节性冻土造成格构破坏

图12-8 冻融造成AL机场围栏倾斜和开裂

(4)土体冻胀使排水涵洞出口破坏。

2)多年冻土案例

我国在多年冻土地区建设的代表性机场是东北已建MH机场和在建MG机场。目前为止,民航部门还没有一套比较成熟的多年冻土处理办法,处于探索阶段。

MH机场于2006年开工建设,2008年正式通航。主要的地层为腐殖土、粉质黏土、角砾、碎石、全强风化流纹质熔结凝灰岩和凝灰质砂岩。季节性标准冻深3.0m,一期建设时多年冻土呈整体构造,上限一般小于6m,采用破坏多年冻土原则进行设计,最大冻土处理深度超过8m,目前使用状况基本良好。近期二期扩建勘察发现,被一期建设揭露和破坏腐殖土的区域,呈整体构造的多年冻土已经退化为岛状,二期扩建只有采用允许多年冻土融化的原则进行设计。

在建的MG机场地处蒙古高原大陆性季风气候区,一年四季常受西伯利亚寒流侵袭。年平均气温为-5.6℃,极端最高气温为34.1℃,极端最低气温为-45.7℃。主要地层为腐殖土、杂填土、圆砾、残积的含粉质黏土砾砂、全强风化岩,如图12-9所示。

季节性冻土标准冻深为 3.3m,最大季节冻深 3.50m。腐殖土、杂填土具有冻胀性,冻胀率 $\eta = 5\%$。圆砾具有冻胀性,冻胀率 $\eta = 4.5\%$;多年冻土呈整体构造,上限为 $7.00 \sim 11.20$m,下限为 $12.0 \sim 15.6$m,季节性冻土与多年冻土间约有 3.5m 的融土层,属岛状融区非衔接性、塑性多年冻土,多冰冻土—富冰冻土,以及高温不稳定冻土。

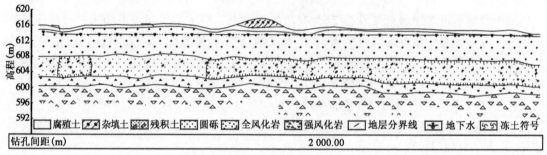

图 12-9　代表性地质剖面

结合当地公路、铁路和 MH 机场建设经验、当地的建材情况,根据场地地层、机场特点,采用如下的地基处理方案:

(1)将设计高程较原地面抬高 1m。

(2)道槽区:清除腐殖土、杂填土后,采用 3000kN.m 碎石垫层强夯圆砾层,并整平至设计道面下 50cm。

(3)铺设 50cm 厚煤渣,碾压至要求密实度,作为保温层,防止多年冻土上限下移。

(4)土面区直接在腐殖土和杂填土上填方,种植草皮,利用腐殖土保温性能维持多年冻土上限稳定。

3)冻土地区机场勘察重点

通过上述分析和案例,机场工程应按《冻土工程地质勘察规范》(GB 50324—2014)、《民用机场勘测规范》(MH/T 5025—2011)对场区冻土进行勘察,重点查明冻土分布范围、类型、最大冻深、标准冻深,分析土体冻结、融化过程中的冻胀、融沉情况和水稳性能,评价冻融引发的不良地质现象与机场建设的相互影响及危害程度,提出合理的防治措施建议。

12.2.7　风化岩及残积土

风化岩是指岩石在风化营力等作用下,使其结构、成分、性质等产生不同程度变异的岩石。岩石已完全风化成土而未经搬运的为残积土。二者的区别主要在于风化岩保持原岩结构与构造,而残积土则是岩石已全部风化,矿物晶体、结构、构造不易识别,风化成碎屑状的松散体。

(1)风化岩和残积土往往具有一定的膨胀性、软化性、崩解性,常为软弱结构面。它对机场建设的不利影响主要表现在:

①开挖暴露后,遇水软化、崩解,承载力急剧降低,抗剪强度变小,造成岩土体失稳,红层地区特别明显。

②力学性质差,常为软弱结构面,尤其是在倾斜岩层的斜坡地带,土方填筑后易造成顺坡向的滑移,对机场稳定有重大的影响。

③厚度、承载力、变形模量变化大,为不均匀地基,易造成道基的不均匀沉降。

西南 PZH 机场由于在勘察中未查明泥岩强风化层上约5cm厚的一层灰白色黏土、粉质黏土和其上活动的地下水,造成填方后土体沿其滑移,后缘土体拉开裂缝最大达30cm,前缘鼓胀高达50cm,形成大面积的地基失稳,造成直接经济损失数千万元,拖延时间一年以上。而在万州机场、荔波机场、六盘水机场、威宁机场、仁怀机场、巴中机场等,特别注意了风化岩及残积土的勘察研究,尤其是夹于顺坡向倾斜岩层中强风化层、泥化层的性质研究,提出了合理的建议,有效地避免了重大工程事故的发生。

(2)鉴于机场勘察中风化岩与残积土的经验和教训,机场勘察中应重点查明:

①不同风化程度风化带的埋深及各带的厚度。

②风化的均匀性和连续性;有无侵入的岩体、岩脉、断裂构造及其破碎带和其他软弱夹层。

③残积土中风化残体的分布范围、大小、与土的接触形式。

④各风化带中节理、裂隙的发育情况及其产状。

⑤风化带开挖暴露后的抗风化能力。

⑥残积土与风化岩是否具有膨胀性及湿陷性。

⑦地下水的赋存和活动规律。

⑧风化岩和残积土在天然和饱水状态下的抗剪性能。

12.2.8　盐渍岩土

盐渍岩土是指含有较多易溶盐类的岩土。对易溶盐含量大于0.3%,且具有吸湿、松胀等特性的土称盐渍土;对含有较多的石膏、芒硝、岩盐等硫酸盐或氯化物的岩层,则称盐渍岩。

盐渍土的类型按分布区域分:海盐渍土、内陆盐渍土、冲积平原盐渍土。按岩类性质分:氯盐类、硫酸盐类和碳酸盐类。按含盐量分:弱盐渍土、中盐渍土、强盐渍土和超强盐渍土。

盐渍土对机场的破坏主要表现在:

(1)腐蚀性:对道面混凝土、钢材、木材、砖等具有不同的腐蚀性,如氯化盐含量 >4% 时将产生腐蚀性;

(2)具有膨胀性和湿陷性,降低土的强度,损坏机场道面。硫酸盐渍岩土中 Na_2SO_4 含量较多,当温度降至32.4℃以下时,吸数十个分子的结晶水,使体积增大,失水时体积减小,如此循环作用,从而使土变松,一般出现在地表下 0.3m 左右。碳酸盐渍土,由于土中存在大量的吸附 Na^+ 遇水时即发生强烈的膨胀作用,使土的透水性减弱,密度减小,导致地基稳定性及强度降低,进而引起道面破坏、边坡滑塌等。我国多个机场面临盐渍土问题,如敦煌机场、阿里机场、那曲机场等,其中盐渍土病害最严重的是敦煌机场。

敦煌机场始建于1980年,1984年开始出现道面的鼓胀变形破坏,到1991年破坏面积即发展到4000m²,最大鼓胀高度25cm。场区地层由角砾、粉细砂、粉土等组成,3m 以上层理紊乱交错,角砾分选性差,土层不均匀,有的地段含角砾较多,有的地段含粉质黏土较多。在地表下粉土层的顶部和砂砾层底部聚集有芒硝、石膏层,厚度随粉土层厚度大小变化,多在 10m 以内,属硫酸盐渍土。易溶盐具有平面分布的不连续性、不均匀性和垂直分布的特点,3m 深度内易溶盐平均含量达0.75%,局部地方高达3.1%,属中等 ~ 高度盐渍化的盐渍场地。地下水为赋存在砂砾石中的孔隙潜水,埋深14m。破坏主要发生于地温明显回升、日夜温差大的冬末春初和降水较集中的 7、8 月份。无论是冬季还是春季,0.3m 以下地温都低于32.4℃,具备产生

民用机场工程勘察

盐胀的条件。每年冬季,为水聚集时期,地下水以水汽形式不断从深处向上层输送,由于跑道层面的覆盖作用,水气不能有效蒸发,在道面下冰冻层中结成冰。春季升温时,土中冰不断融化成水,即被无水芒硝吸收结晶成芒硝晶体,使土体体积迅速膨胀,道面鼓胀开裂;道面鼓起开裂也使土中水分逐渐蒸发消失,地温又普遍升高,大部分芒硝晶体又变为无水芒硝,土体收缩而稳定。到了雨季,降水通过道面的裂缝和接缝处,进入土体使无水芒硝再次和水分子结合成芒硝晶体,使土体再次膨胀。以后随着水分的蒸发也会慢慢地缓解趋于稳定。每年周而复始地重复上述过程,使道面基层及土基不断地膨胀、收缩,造成道面结构的破坏开裂,直至道面整体破坏。在研究道面破坏机理的基础上,针对性地采用了地基换填,并结合隔层或透气来控制土基盐胀程度的治理措施,获得了良好的效果。

在盐渍土分布区,机场工程勘察应在常规勘察的基础上,增加土体的易溶盐和腐蚀性试验、毛细水上升高度试验、湿陷性和膨胀性试验、水化试验、原位浸水载荷试验等,查明盐渍土的分布范围、形成条件、含盐类型、含盐程度、溶蚀洞隙发育程度、空间分布状况和工程特性,并结合场区气象、地表水、地下水条件,进行场区土体溶陷、盐胀、腐蚀性和场地适宜性评价,提出地基处理建议。

12.2.9 冰碛土

冰碛土是由冰川作用堆积而成的土,一般为冰川堆积的块石、碎石、角砾、砂和少量的粉土和黏性土组成。冰碛层分布区海拔一般在 3500m 以上,工程建设少,冰碛层研究程度低,工程经验缺乏。结合我国在冰碛层上修建的 KD 机场、YD 机场,作者经过系统研究[31-37],得出冰碛层具有如下特性:

(1)台丘陵脊区冰碛层颗粒粗,一般具有超固结特征,结构强度高,压缩性低、承载力高;沟谷区冰碛层以砂土、粉土为主,颗粒细、多松散,压缩性高、承载力低,多具有液化特性。

(2)颗粒级配差,分布不均匀,层位变化大,属典型的不均匀地基。

(3)水文地质条件复杂,具有含水层厚薄不均,渗透系数变化大,潜水、承压水交错分布的特点。

(4)原场地冰碛层在地下水长期作用下会发生渗透变形破坏,但工程使用期内(50 年)不会发生原地面的渗透变形;在工程作用下,冰碛层结构破坏,渗透性加强,短期内可发生渗透破坏。

(5)细粒为主的冰碛层结构破坏后,在水的浸泡作用下,承载力、抗剪性能等迅速衰减,甚至丧失。

12.2.10 混合土

混合土主要由级配分布不连续的黏粒、粉粒和碎石粒(砾粒)组成的土,成因复杂,一般有冲积、洪积、坡积、冰碛、崩塌堆积、滑坡堆积、泥石流堆积等。混合土的性质主要决定于土中的粗、细粒含量的比例,粗粒的大小及其相互接触关系以及细粒土的状态。混合土最大的工程特性是不均匀性,有时还具有膨胀性和湿陷性等。

我国机场建设中混合土的成因多种多样:崩塌成因有 WZ 机场、PB 机场、LPS 水机场、BZ 机场、DZ 机场、YL 机场、YB 机场等;滑坡成因有 LPS 机场、PZH 机场、WN 机场等;泥石流成因

136

机场有 BD 机场[38]、ML 机场;冰碛成因有 YD 机场、KD 机场。

混合土对机场建设不良影响主要有:

(1)土石混杂,在平面上和垂直方向上分布无规律,均匀性差,不满足机场建设地基均匀性要求。

(2)混合土下常分布有软弱土、地下水条件复杂,稳定性条件差。大部分机场需要开挖混合土,处理其下软弱地基,工期长,费用高。

(3)勘探难度大,易发生勘探事故。

第13章　机场工程勘察中内业工作

机场工程勘察中内业工作包括收集资料整理、分类和分析、原始数据录入、岩土工程数据统计与取值、图件绘制、天然地基分析与评价、地基处理分析与评价、边坡稳定性分析、特殊地质条件分析与评价、特殊性岩土分析与评价、天然建筑材料分析与评价、洪水分析与评价、报告编制、审核与审定等。

13.1　资料与录入

13.1.1　收集资料整理、分类和分析

将收集的资料进行整理、分类，了解机场建设场地的地层、构造、地形地貌、气象特征及存在的主要工程地质问题，并结合机场建设的特点进行分析，制定踏勘方案。

13.1.2　原始数据录入

原始数据录入指将野外测绘采集、测量、钻孔编录、现场试验、物探、室内试验等数据录入计算机。原始数据录入应规范、及时，并注意下列要点：

(1)由相关专业人员录入。

(2)录入前应仔细校核原始数据，确保数据真实。

(3)分类录入，正确换算原始数据单位与录入数据单位。

(4)录入后应仔细检查录入数据是否正确。

(5)录入完成后应及时在移动硬盘或其他计算机备份。

13.2　岩土物理力学指标统计与取值

13.2.1　统计要求

机场工程勘察岩土物理力学指标应按工程地质分区或亚区和层位分别进行统计，并满足《岩土工程勘察规范》(GB 50021—2001)、《岩土工程勘察报告编制标准》(DB21/T 1214—2005)[39]、《建筑工程勘察文件编制深度规定》(建质〔2003〕114 号)[40]等要求。

13.2.2　统计指标

机场工程勘察需要统计的岩土指标包括：岩土的天然密度、天然含水率；粉土和黏性土的

孔隙比;黏性土的液限、塑限、塑性指数和液性指数;岩土的压缩性、抗剪强度等力学特征指标;岩石的吸水率、单轴抗压强度指标;特殊性岩土的各种特征指标;标准贯入试验和圆锥动力触探试验锤击数;静力触探锥尖阻力、侧壁摩阻力和比贯入阻力;现场与室内 CBR 值;地基反应模量;其他原位测试指标;挖方区作为料源的岩土击实性指标(最大干密度、最佳含水率)。

13.2.3　统计的项目

机场工程勘察岩土指标统计的项目包括:统计数量、最大值、最小值、平均值、标准差、变异系数、修正系数、标准值。

1)道槽影响区

道槽影响区着重统计岩土的压缩模量、变形模量等变形指标。统计的变形指标对应的压力,应与填土与道面结构荷载作用下对应的压力相当。

2)边坡稳定影响区

边坡稳定影响区着重统计岩土的 c、φ 值等抗剪强度指标。统计的剪切指标对应的压力,应与填土与原场地岩土自重荷载作用下对应的压力相当。

3)修正系数

在进行数据修正时,修正系数计算公式[8]:

$$\gamma_s = 1 \pm \left\{ \left(\frac{1.704}{\sqrt{n}} + \frac{4.678}{n^2} \right) \right\} \delta \qquad (13\text{-}1)$$

式中:γ_s——统计修正系数;

　　n——岩土参数统计个数;

　　δ——岩土参数的变异系数。

式中正负号,应按不利组合考虑,一般情况下,岩土指标修正系数计算中正负号取值见表13-1。由于岩土性质地域性很强,岩土参数修正系数计算中正负号应结合指标变异性、统计个数、工程经验适当修正。

机场工程勘察岩土指标统计中修正系数计算中正负号取值　　表 13-1

岩 土 指 标		+、−取值	理　　由
土体	含水率	+	土样从地下取出后一般是失水过程
	密度	−	按照不利组合考虑;土体从地下取出后围压消失
	比重	不修正	黏性土的比重是一个相对稳定的数值,一般为 2.70 ~ 2.75
	饱和度	+	土样从地下取出后一般是失水过程
	孔隙比	+	按照不利组合考虑;取土器取土样过程对土体是一个压缩的过程
	液限	−	按照不利组合考虑的,使土体含水率在低于试验平均值的状态下即丧失了抗剪强度
	塑限	−	按照不利组合考虑的,使土体含水率在低于试验平均值的状态下即可进入可塑状态
	塑性指数	不修正	塑性指数 = 塑限 − 液限。塑性指数代表了土体的粗细程度
	液性指数	+	按照不利组合考虑,液性指数越大土体越软;土体从地下取出后是一个失水过程

岩土指标		+、-取值	理　由
土体	收缩系数	+	按照不利组合考虑,土体收缩系数越大,其失水后收缩变形量越大
	膨胀率	+	按照不利组合考虑,土体膨胀率越大,其吸水水后膨胀变形量越大
	渗透系数	根据需要	根据需要按照不利组合考虑
	压缩系数	+	按照不利组合考虑,压缩系数越大,在一定压力差下的压缩变形量越大
	压缩模量	-	按照不利组合考虑,压缩模量小,在一定压力差下的压缩变形量越大
	固结系数		固结系数代表了土体固结速率的快慢
	抗剪强度	-	按照不利组合考虑
岩石	含水率	+	岩样从地下取出后一般是失水过程
	密度	-	按照不利组合考虑
	软化系数	+	饱和单轴抗压强度与烘干状态单轴抗压强度比值;按照不利组合考虑
	弹性模量	-	按照不利组合考虑
	泊松比	+	法向应变与轴向应变之比;按照不利组合考虑
	弹性波速	-	弹性波速代表了岩石的致密完整程度,弹性波速越大,岩块越完整致密,按照不利组合考虑
	耐崩解指数	-	耐崩解指数越小,崩解后质量损失越大,按照不利组合考虑
	抗压强度	-	按照不利组合考虑
	抗拉强度	-	按照不利组合考虑
	抗剪断强度	-	按照不利组合考虑
	渗透系数	根据需要	根据需要按照不利组合考虑

4)指标取值

(1)对不同试验方法得出的室内试验指标、现场原位测试指标进行综合对比分析,对异常数据进行鉴别、取舍,提出相应的标准值。当边坡稳定影响区存在软弱土层时,应分别统计分析不同试验方法和不同试验条件下的抗剪强度指标。

(2)岩土工程分析与评价时所选用的参数值,应与相应的原位测试成果或原型观测反分析成果比较,经修正后确定,并结合当地工程经验综合取值。

13.3　天然地基分析与评价

天然地基分析与评价应综合分析,内容包括:场地和地基的稳定性;地基土的均匀性;地基土强度及变形指标特征值建议值。

13.3.1　天然地基均匀性评价

1)地基土均匀性评价考虑因素

地基土的均匀性评价,应综合分析如下因素后进行判定:

(1)主要地基岩土层跨越的地貌单元或工程地质单元。

（2）主要压缩土层厚度变化情况。

（3）各钻孔地基沉降计算深度范围内压缩模量当量值的比值。

2）评价方法

飞行区地基均匀性评价是按两个或多个钻孔间设计道面高程下地基沉降弯沉盆水平距离为 50m 的沉降差异性来描述，一般用百分比表示。当 50m 距离内沉降不均匀，且有较深的沉降槽时，应以沉降槽内最大沉降和沉降槽外最大沉降来计算不均匀沉降。

13.3.2　地基变形计算方法

1）分层总和法

地基均匀性评价应选择纵向、垂向剖面计算进行沉降计算，并计算两个钻孔之间不均匀沉降。天然地基的沉降计算可采用分层总和法，其计算式见式 13-2，沉降计算的附加荷载可按填土荷载 + 道面结构荷载考虑。

$$s = \psi_s s' \tag{13-2}$$

$$s' = \sum_{i=1}^{n} \frac{e_{1i} - e_{2i}}{1 + e_{1i}} H_i \tag{13-3}$$

以上二式中：s——地基最终总沉降量（mm）；

s'——按分层总和法计算得到的地基沉降量（mm）；

ψ_s——修正系数，应根据沉降观测资料或当地经验确定；当无观测资料或当地经验时，可根据地基土的特点分析确定；

n——计算深度范围内所划分的土层数；

H_i——第 i 分层土的厚度（mm）；

e_{1i}——第 i 分层土压缩曲线上对应于该层上下层面自重应力平均值的孔隙比；

e_{2i}——第 i 分层土压缩曲线上对应于该层上下层面自重应力与附加应力之和平均值的孔隙比。

2）超固结土沉降计算

超固结土沉降主固结沉降计算应当考虑应力历史对地基变形的影响时，并按式（13-4）~式（13-6）计算。

$$s' = s_m + s_n \tag{13-4}$$

$$s_m = \sum_{i=1}^{m} \frac{H_i}{1 + e_{0i}} \left[C_{si} \lg \left(\frac{p_{ci}}{p_{1i}} \right) + C_{ci} \lg \left(\frac{p_{1i} + \Delta p_i}{p_{ci}} \right) \right] \tag{13-5}$$

$$s_n = \sum_{j=1}^{n} \frac{H_j}{1 + e_{0j}} \left[C_{sj} \lg \left(\frac{p_{1j} + \Delta p_j}{p_{1j}} \right) \right] \tag{13-6}$$

以上三式中：s_m——有效应力增量与自重应力之和大于先期固结压力的各分层总沉降量（mm）；

s_n——有效应力增量与自重应力之和不大于先期固结压力的各分层总沉降量（mm）；

m——有效应力增量与自重应力之和大于先期固结压力的分层数；

n——有效应力增量与自重应力之和不大于先期固结压力的分层数；

H_i、H_j——分别为第 i 和第 j 分层土的厚度（mm）；

e_{0i}、e_{0j}——分别为第 i 和第 j 分层土的初始孔隙比；

C_{si}、C_{sj}——分别为第 i 和第 j 分层土的回弹指数；

C_{ci}——第 i 分层土的压缩指数；

p_{1i}、p_{1j}——分别为第 i 和第 j 分层土的自重应力（kPa）；

p_{ci}——第 i 分层土的先期固结压力（kPa）；

Δp_i、Δp_j——分别为第 i 和第 j 分层土的有效应力增量（kPa）。

3）欠固结土沉降计算

欠固结土沉降主固结沉降计算应当考虑应力历史对地基变形的影响时，并按式（13-7）计算。

$$s' = \sum_{i=1}^{n} \frac{H_i}{1 + e_{0i}} \left[C_{ci} \lg \left(\frac{p_{1i} + \Delta p_i}{p_{ci}} \right) \right] \tag{13-7}$$

式中：n——土的分层数；

其他符号含义同上。

4）计算深度

对于软土地基，地基变形计算深度可取至下伏岩层、坚硬黏土层或密实砂卵石层顶面；对于非软土地基，地基变形计算深度可按照附加应力沿深度不衰减的条件，取至附加应力等于上覆土层自重应力 10% 的深度。

5）工后沉降计算

对于饱和黏性土地基的工后沉降计算，可根据施工完成时地基土的固结度推算。对于非饱和土及其他情况下地基的工后沉降计算，可根据当地经验估算，无地区经验时宜进行专项研究。

13.3.3 评价标准

飞行区地基均匀性评价是按地基沉降弯沉盆水平距离为 50m 的工后差异性沉降来判定的，并满足表 13-2 标准。

飞行区地基均匀性标准 表 13-2

场地分区		工后差异沉降（‰）
飞行区道面影响区	跑道	沿纵向 1.0 ~ 1.5
	滑行道	沿纵向 1.5 ~ 2.0
	机坪	沿排水方向 1.5 ~ 2.0

13.4 填方边坡稳定性评价

对填方边坡稳定影响区，应根据初步确定的边坡填方设计高程进行不同条件下的边坡稳定分析，评价勘察范围内地基是否满足边坡稳定分析要求，同时复核边坡勘察中抗剪强度参数建议值的合理性，进而提出有关边坡坡度设计的建议。

13.4.1 参数选取

填方边坡稳定性计算采取的抗剪参数一般情况下宜采用三轴不排水剪切试验或直接剪切快剪试验成果;可能被地下水浸没部分采用饱水试件进行试验。考虑我国目前施工管理水平、施工工艺、施工人员素质,以及机场建设施工速度,填方边坡稳定性计算宜采用三轴不固结不排水剪(UU)参数,分析最不利施工条件下填方边坡稳定性。

13.4.2 计算方法

1)滑动面选择

当原地基比较均匀或为软土地基时,宜采用圆弧滑裂面;当边坡稳定影响区原地基存在高程变化较大的相对软弱层时,宜采用折线滑裂面,如山区高填方地基稳定性计算时应有沿指定软弱基覆界面潜在滑动面的计算。

2)计算工况及方法

(1)填方边坡稳定性分析应分正常条件、暴雨或连续降雨条件、地震条件等工况进行填筑体稳定性、填筑体与地基整体稳定性计算。计算方法宜采用简化 Bishop 法、不平衡推力法和数值分析方法,地质条件复杂时还应采用三维分析方法。

(2)土质边坡或破碎岩质边坡的稳定性分析,可采用简化 Bishop 法。

(3)当边坡坡体可能沿斜坡地基或岩体结构面发生平面滑动时,可采用平面滑动法。

(4)当边坡坡体可能沿斜坡地基或软弱结构面及其组合等折线型滑动面滑动时,可采用不平衡推力法。

(5)当边坡可能存在多个滑动面时,应对各个可能的滑动面进行稳定性计算。

(6)当滑动面上岩土体性质及地质条件有明显变化时,应根据实际条件分段选取强度参数。

(7)当边坡内存在地下水渗流作用时,稳定性计算应考虑渗流的影响。

(8)进行地震工况边坡稳定性分析可采用拟静力法计算分析水平地震加速度对边坡稳定的影响。

3)稳定性评价

将计算的边坡稳定性系数与表 13-3[9]对比,判断边坡稳定性,并针对性提出地基处理方案,分析有关的工程环境问题。

民用机场填方边坡稳定安全系数 表 13-3

分析项目	计算方法	计算工况	稳定安全系数
填筑体稳定性	简化 Bishop、数值分析法	正常条件下	1.30 ~ 1.35
		暴雨或连续降雨条件下	1.10 ~ 1.20
		地震条件下	1.02 ~ 1.20
填筑体与地基整体稳定性	简化 Bishop、数值分析法	正常条件下,地基土固结度为1	1.35 ~ 1.40
		正常条件下,地基土按实际固结度	1.30 ~ 1.35
		暴雨或连续降雨条件下	1.10 ~ 1.20
		地震条件下	1.02 ~ 1.05

续上表

分 析 项 目	计 算 方 法	计 算 工 况	稳定安全系数
填筑体与地基整体稳定性 （若沿已知层面滑动）	不平衡推力法、 数值分析法	正常条件下	1.25 ~ 1.30
		暴雨或连续降雨条件下	1.10 ~ 1.20
		地震条件下	1.02 ~ 1.05

13.5 地基处理分析与评价

（1）当道槽影响区天然地基沉降量较大或地基土强度较低时，进行地基处理分析与评价，提出地基处理建议方案，复核岩土参数建议值的可靠性和合理性。

（2）对特殊土地基进行各种处理方法的适用性对比分析，初步从施工可行性、技术可靠性和经济合理性等方面进行评价，提出建议方法。

（3）当边坡稳定影响区地基土比较软弱或边坡高度较大、放坡条件不利时，从合理提高地基土的综合抗剪强度出发进行地基处理分析。对软土地基应分析其固结排水的强度增长特性；顺坡填筑的高填方边坡，当建议采用高挡墙或加筋陡坡时，应对高挡墙或加筋陡坡下地基承载力和抗剪强度参数进行分析与评价。

（4）针对可能采用的地基处理方案，提供地基处理设计和施工所需的岩土特性参数，提出建议参数和注意事项，分析有关的工程环境问题。

水文地质条件评价、斜坡稳定性评价、岩溶稳定性评价、高填方边坡稳定性评价、采空区稳定性评价、填料评价等详见第3篇；特殊岩土评价详见第12章；勘察报告内容详见第5~7章。

13.6 内业工作常见问题

机场工程勘察内业工作常见问题见表13-4~表13-6。

文字报告中常见问题 表13-4

序号	错误位置	常 见 问 题
1	封面	报告封面无手签或手签不全； 无勘探单位资质等级和编号； 未附勘察资质证书
2	前言	引用过期标准； 引用标准不合适
		无任务书，无勘察技术要求
		场地、地基复杂程度划分错误
		勘察等级判断错误
		未将勘察方法、手段说清楚； 未说明勘察工作布置方法、原则及具体的勘探点线布置，尤其是勘察方案变更原因和工作量
		勘察完成的工作量统计错误

续上表

序号	错误位置	常 见 问 题
3	场地工程地质条件	地形地貌:地貌成因类型划分错误、未描述微地貌特征
		地质构造:未描述第四系新构造特征和评价断裂构造活动性
		地层: 未描述地层变化特征; 未描述厚度特征; 未描述时代成因; 未标注地层编号或与剖面图、柱状图不一致; 未描述风化程度与岩层产状
		水文地质条件: 未提供年水位变化幅度; 未提供抗浮设防和防渗水位; 未描述和分析地下水类型、埋藏条件、补、径、排条件
		主要的工程地质问题:判断错误或分析深度不足
4	岩土体物理力学特征及参数取值	试验及取值方法: 未介绍试验及取值方法; 地基土参数统计时未说明取舍标准
		室内试验: 试验样品未按统计个数、最大值、最小值、平均值、标准差、变异系数、标准值提供统计表格; 不满足连续取样要求;统计样品数不满足最低6个要求; 样品统计变异系数过大; 大面积填土地段的试验压力没有加上回填土的自重压力; 粉土依据不足,未做颗分; 取土孔数不满足要求
		现场试验: 试验完成数量不满足规范要求; 标贯不满足连续试验要求
5	岩土工程分析与评价	地震效应评价: 未提供场地类别和建筑抗震地段划分; 建筑抗震地段划分不正确; 对高差较大的场地(含半挖半填岩土地基)按整个场地划分,过于笼统; 当有两种及以上场地类别时,未在平面图中区分
		场地稳定性及适宜性评价: 缺构造稳定性评价(新构造运动)或分析不深入; 未描述断层位置与建筑物距离
		环境工程地质评价:未进行或评价深度不足或分析、评价不全面
		液化评价: 进行液化评价的勘探点不足3个或 N 值频率不足6个; 进行液化评价的勘探点深度不足; 未提供或进行黏粒含量试验

序号	错误位置	常见问题
5	岩土工程分析与评价	岩土工程特性指标建议值： 建议指标未综合各种试验取值和结合当地建议经验、详勘报告仅提供承载力的区间值； 未计算岩石抗压强度标准值及岩基承载力特征值； 物理力学指标统计值与承载力特征值矛盾； 地基承载力修正值错误； 未提供抗剪参数建议值； 未提供密度、压缩模量等必须岩土参数
		地基与基础评价及建议： 场地地基的均匀性未按整平后高程进行； 未作特殊土评价； 地基处理方案罗列了多种，但没有倾向性意见
6	结论与建议	结论： 对场地稳定性和适宜性未作明确结论； 地下水对工程影响未作明确结论； 对环境地质与机场建设相互作用未作明确结论； 不良地质作用对机场建设影响未作明确结论
		建议： 未按工程地质分区或亚区提出岩土物理力学建议值； 未提出具体的可行的地基处理方案

图件中常见问题　　　　　　　　　　　　　　　　　　　　表 13-5

序号	错误位置	常见问题
1	图签	责任人签字不全或采用电子签名；未加盖出图章和注册章
2	平面图	仅有勘探点、孔深，无高程和水位； 平面图上的孔深、高程、水位与剖面图、柱状图不符； 无方向、比例尺和图名； 无界桩点或坐标控制点；未在平面图上标注地层代号、地貌单元； 当有不同的场地类别时，无划分界线； 缺地形图或地面整平高程； 缺工程地质单元划分线；未画地表水分水岭； 未标注地下水流向、单元界线； 未准确划分不良地质作用和特殊土界线； 产状标注不准确； 地质符号不正确或不规范； 未将物探成果反映到平面图中；图例缺少或不规范； 字、线互压
3	剖面图	连线不清楚、连线方向错误或重点不突出； 无剖面方向； 未标注地下水位和勘探点间地下水位连线不正确； 未标注采样、标贯位置、深度； 未标注岩层产状或标注不正确； 断层、褶皱等构造在剖面图上画法不正确；

序号	错误位置	常见问题
3	剖面图	不同勘探间基岩层产状变化时在剖面上处理不正确； 用于边坡稳定性计算的剖面的水平和垂直比例尺不一致； 不良地质作用在剖面图上位置、界线和画法，尤其是滑动面或潜在滑动面画法不正确； 未将物探成果反映到剖面图中； 图例缺少或不规范； 字、线互压
4	柱状图	未标注地下水位； 缺采取率和 RQD 值；岩层倾斜； 描述的土层塑性状态与勘察报告、试验报告中描述的不一致； 字、线互压

附件中常见问题 表 13-6

序号	错误位置	常见问题
1	试验报告	缺室内试验报告或试验报告未打印； 缺试验人、审核人签字和试验员培训合格证
2	波速测试报告	缺失
3	勘察要求或任务书	缺失
4	现场试验图表	缺失
5	勘探点数据一览表	内容应未完全包括钻孔类型、孔深、单孔取样内容及数量、单孔标贯数量、坐标值、地下水位标高等基本信息
6	提供勘察纲要	缺失
7	项目负责人和现场人员合影照	缺失
8	代表性钻孔岩性照片	缺失或不全
9	现场司钻员、描述员姓名、合格证号码	缺失

第3篇

机场工程专项勘察

针对机场场址确定、机场建设和运营安全、制约机场建设投资和工期的关键性工程地质或岩土工程问题中的某项或几项而进行深入细致调查、勘探、试验、监测、分析与研究的专门工作称为专项勘察。包括水文地质专项勘察、断裂活动性专项勘察、斜(边)坡稳定性专项勘察、岩溶与土洞专项勘察、采空区专项勘察、高填方边坡稳定性专项勘察、软弱土专项勘察、膨胀土专项勘察、黄土专项勘察、冻土专项勘察、盐渍土专项勘察、填料专项勘察等。

专项勘察可贯穿整个机场建设，也可在某一阶段进行，应针对具体场地条件和机场建设要求选择确定。

第14章　水文地质勘察

近20年来,地下水对机场工程建设影响越来越明显,造成了道面沉陷、腐蚀、脱空、高填方边坡垮塌,以及场地和周边滑坡、泥石流、塌陷、水井干枯等重大工程及环境问题,造成了重大经济损失和不良社会影响。

机场建设经验与教训表明,水文地质条件复杂,对机场建设可能造成重大不良影响时应进行专项水文地质勘察,深入调查和分析场地水文地质条件,研究地下水、机场建设和环境间的相互影响,提出地下水防治、地基处理和地质环境保护措施建议,可有效防治地下水对机场建设工程不良影响。专门水文地质勘察属水文地质专项勘察范畴,应在初勘或详勘后进行,勘察过程包括初勘或详勘后至开工阶段、原地基处理、填筑体施工和竣工后四个阶段,勘察内容包括水文地质调查、水文地质试验、水文地质评价、地下水防治和地基处理建议等专项工作。

14.1　河谷地区机场专门水文地质勘察

宽阔的河谷地带地势平坦,净空良好,土石方量少,取水方便,机场建设条件好,我国在河谷地带建有拉萨贡嘎机场、日喀则机场、邦达机场、林芝机场、阿里机场、达州机场、泸州蓝田机场、宜宾机场、宁夏河东机场等。河谷地区地下水丰富,水位埋藏浅,对机场建设不良影响明显,如浸泡软化地基、引起砂土液化、盐渍化地基、冻融等,所以河谷机场工程建设须重视水文地质勘察,当发现地下水对工程有较大影响时应进行专项勘察。

14.1.1　勘察方法、范围与内容

1)勘察方法

河谷地区机场工程勘察中专门水文地质勘察应在初勘或详勘基础上进行,其方法主要为水文地质测绘和试验。

2)勘察范围、内容

(1)水文地质测绘

水文地质测绘范围不应小于场地所在的水文地质单元,其测绘内容应包括:

①泉点位置、类型、流量、水温,补给、径流和排泄的途径;

②地下水水位及动态变化特征;

③场区及周边抽水井位置、深度、井径、出水量、水质,以及抽水引起的次生地质灾害等;

④地下水径流引起的渗透变形的类型、范围、规模,如BD机场东侧山区地表水在场区附近入渗到地下,并穿越场区引起局部的渗透破坏;

⑤地下水位升降引起的盐渍土分布范围、类型,如 AL 机场、NQ 机场地下水升降引起浅层土盐渍化。

(2)水文地质试验

水文地质现场试验一般在场地内进行,特殊情况下可采取土样在室内模拟现场进行,其试验内容至少应包括:

①按划分的水文地质单元或亚区补充完善抽水试验,获取准确的渗透系数、单井出水量等水文地质参数;

②查明含水层、隔水层的性质、埋藏条件,地下水的类型、流向、水位及其变化幅度,以及每层水之间的水力联系;

③模拟和分析地下水上升或下降条件下地基性状的变化及其对机场建设影响;

④模拟外围地下水环境变化条件下,场地地基的变化对机场建设影响;

⑤模拟和评价机场建设对地下水环境影响;

⑥模拟在飞机荷载作用下场道地基性状变化特征。

14.1.2 案例

1)工程概况

GA 机场为高高原河谷机场,位于河床一级阶地和高漫滩上。在 1990 年、2004 年、2010 年分别进行了扩建。该机场拥有一条跑道,两条滑行道,长 4000m,飞行区等级 4E。近年来,航空业务量增长迅速,2005 年以来连续三年航空业务量增长在 10% 以上,飞机的起降架次更是以年均 20% 左右的速度递增。2000 年初发现道面脱空,2006 年、2009 年分别进行了道面检测,发现脱空呈加速发展,断板、角裂现象越来越严重,对道面安全使用造成严重威胁,道面寿命缩短。2010 年 9 月,在详细勘察的基础上进行了专门水文地质勘察,查明场区的水文地质条件,并进行了道面脱空的定性、定量分析,查明了道面脱空的真正原因,提出了处理措施建议,处理至今已 5 年,未发现新的脱空现象,效果良好。

2)工程地质概况

(1)地层

在钻孔揭露深度内,场地分布的地层由第四系全新统冲洪积成因(Q_4^{al+pl})的粉土、砂土及砂卵石层等构成。

①粉土:青灰等色,稍密。该层普遍含黏粒约 5% ~20% 不等,局部夹粉质黏土薄层,二者呈渐变过渡关系。该层在场地中广泛分布,揭见厚度一般为 0.8 ~3.2m。

②粉细砂:湿或饱和,稍密。以夹层或呈透镜体分布于砂卵石层与粉土层之间,层厚 0.5 ~0.9m,分布范围较广,但极不均匀。

③细砂:稍密 ~松散,饱和。主要成分为石英长石,含少量云母片,颗粒级配较好。厚度 0.5 ~0.9m。

④卵石:湿 ~饱和,稍密 ~中密,以稍密为主。呈次圆 ~圆状,微风化;粒径一般 2 ~5cm,最大 <10cm;卵石间以中—粗砂和砾砂为主充填,未揭穿。

(2)地下水

场区内含水层主要为砂卵石层,赋存孔隙潜水或微承压水,主要由大气降水、场区南西侧方向的地下及地表径流补给;平水期初见水位一般1.7m,稳定水位一般1.65m。丰水季节,地下水位上升,一般地下水位1.0m,局部水位小于0.5m,甚至接近道面。砂卵石层的渗透系数为0.174cm/s。单井出水量大于2000t/d。

3)道面结构及脱空情况

(1)道面结构

跑道道面的结构形式为两端各500m:34cm C50水泥混凝土道面+20cmC8混凝土+28cm级配砂砾+压实土基($K\geqslant0.98$);跑道中部:32cm C50水泥混凝土道面+20cm C8混凝土+28cm级配砂砾+压实土基($K\geqslant0.98$)。

联络道道面结构形式为,B、E联络道:24cm C50水泥混凝土道面+20cm C8混凝土+28cm级配砂砾+压实土基($K\geqslant0.98$);C联络道:32cm C50水泥混凝土道面+20cmC8混凝土+28cm级配砂砾+压实土基($K\geqslant0.98$)。

(2)脱空情况

滑行道、三条联络道道面基本不存在脱空情况,跑道垂向脱空位置经钻探、波速测试、渗水等试验,确认位于C8混凝土以下。中度脱空占46%,严重脱空占44%。东半部分较西半部分严重。脱空主要发生在道面下1m深度内。

4)定性分析

滑行道和联络道未发现脱空现象,跑道脱空现象中度—严重,说明道面脱空与飞机的起飞、着落有关。滑行道和联络道上飞机匀速缓慢行驶,可视为静荷载,是道面承受的最大垂向荷载;飞机起飞、着落是加速或减速运行,是动荷载,道面承受垂向压力较滑行道和联络道小。起飞、着落是瞬时荷载,冲击力大,但作用时间短。冲击功(F_t)对道面产生振动荷载,并向下传播。

对比滑行道和联络道无脱空现象,可定性判断跑道脱空是由于饱水的砂砾石层和粉土层在飞机反复的冲击荷载作用下,孔隙水压力频繁增大和减小,地下水位反复升降,渗流作用带走细粒物质而使道面脱空。近年来重型飞机频繁起降,振动荷载作用加剧,使砂土发生液化,潜蚀作用进一步增强,脱空速度加大。

5)定量分析

(1)颗粒分析

采取大量道面下基层的级配砂砾和粉土作颗分试验,图14-1和图14-2是两种代表性的颗分曲线。

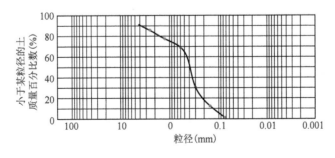

图14-1 砂砾基层颗分曲线

两种曲线不均匀系数小于5,曲率系数大于1,表明基层砂砾和粉土总体上级配较差。

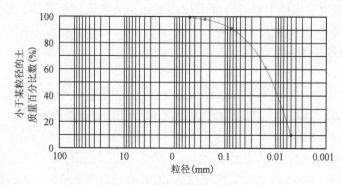

图14-2　基层下粉土颗分曲线

(2)渗流分析

采取12件原状样品作室内渗透试验,其中7件样品保存完好。同时在原状样品采取处采扰动样作重型击实试验,并制备压实度0.98样品作渗透试验,其结果见表14-1。

渗透试验成果表
表14-1

试 样 编 号	渗透系数(cm/s)		
	击实前原状样	压实度0.98室内样品	压实度0.98现场样品
1	2.9×10^{-5}	7.60×10^{-6}	3.5×10^{-5}
2	3.2×10^{-5}	5.00×10^{-6}	4.2×10^{-6}
3	8.7×10^{-4}	4.20×10^{-6}	2.8×10^{-5}
4	2.8×10^{-3}	3.30×10^{-6}	4.9×10^{-5}
5	9.8×10^{-4}	4.5×10^{-6}	5.3×10^{-6}
6	2.9×10^{-5}	5.3×10^{-6}	7.1×10^{-6}
7	2.7×10^{-5}	2.8×10^{-6}	5.4×10^{-5}

从表中可以看出,样品在压实度0.98时,渗透性明显减小,减小量最大可达1000倍。在现场碾压后采取8个样品作室内渗透试验,其渗透系数在$n \times 10^{-5} \sim n \times 10^{-6}$。可以说在压实状态下,若没有振动等外界影响因素,土体渗透性很小,细粒物质运移的通道或途径不畅通,细粒物质流失量小,这也从另一个方面很好地解释在过去的30余年间,在航班量很小的条件下,未发现跑道脱空的原因。

(3)液化分析

对粉土地基碾压前后进行标贯试验,按《建筑抗震设计规范》(GB 50011—2010)计算液化指数,见表14-2。

粉土液化指数计算表
表14-2

孔　号	液 化 指 数	液 化 程 度
碾压前	4.1~10.1	轻微~中等
碾压后	2.6~5.6	轻微

从表14-2可以发现碾压后地基具有轻微液化的可能性。

据最新研究成果[42]砂砾土也具有液化的可能性,文中提出的液化判别公式:

$$N_{cr-120} = N_{0-120}[0.95 + 0.05(d_s - d_w)] + [1 + 0.5(p_5 - 50\%)]$$

式中：N_{cr-120}——临界动探击数；

　　　N_{0-120}——动探击数基准值，本工程取9（文献[42]研究成果）；

　　　d_s——砂砾土埋深，本工程取0.54m；

　　　d_w——地下水深度，本工程取0；

　　　p_5——大于5mm的颗粒含量。

当实测的N_{120}（每贯入30cm击数）小于N_{cr-120}，则砂砾土液化，否则不液化。

开挖道肩和钻切道面，进行N_{120}试验，试验完毕采取道面下砂砾石基层进行颗分试验，计算参数和结果如表14-3。

砂砾石液化计算指标　　　　　　　　　　　　　　表14-3

试验点编号	岩土名称	p_5（%）	N_{0-120}（击/30cm）	N_{cr-120}（击/30cm）	N_{120}（击/30cm）
1	中砂	14.2	9	1.1	1.0
2	圆砾	95.0	9	1.5	7.5
3	砾砂	25.0	9	1.1	4.5
4	砾砂	24.5	9	1.1	1.2
5	圆砾	82.0	9	1.4	8.5
6	圆砾	76.4	9	1.4	7.0

从表14-3中可见道面砂砾石基层1号、4号检测点在7度烈度条件，液化或接近液化，其他点不液化。但机场建成后未遭受过7度烈度及以上地震，不存在地震作用下的液化条件。

对比脱空分布区，1号、4号检测点脱空严重，在2000年初就发现脱空，随后加速发展；3号点为中度脱空，2、5、6号点脱空轻微。存在液化可能性的区域与脱空区基本一致，脱空的严重性与可能液化的严重程度也基本一致。这表明脱空区受到振动荷载后发生了液化，或至少加速了细粒物质运移。

（4）渗透破坏分析

根据《水利水电工程地质勘察规范》（GB 50287—1999）规定，土的渗透变形采用细粒含量和临界水力梯度法判定。

$$\text{临界水力梯度 } J_{cr} = \begin{cases} (G_s - 1)(1 - n) & \text{流土} \\ 2.2(G_s - 1)(1 - n)^2 \dfrac{d_5}{d_{20}} & \text{管涌} \end{cases}$$

$$\text{细粒含量 } P_c \begin{cases} \geqslant \dfrac{1}{4(1-n)} \times 100 & \text{流土} \\ < \dfrac{1}{4(1-n)} \times 100 & \text{管涌} \end{cases}$$

式中：J_{cr}——临界水力梯度；

　　　G_s——土粒比重；

　　　n——孔隙率；

　　　d_5，d_{20}——分别为颗粒级配曲线中含量为5%和20%的颗粒粒径；

　　　P_c——土的细颗粒百分含量，以小于粗细粒径的分界值d_f判定。对连续级配的土：

$$d_f = \sqrt{d_{70}d_{10}}$$

式中：d_{10}，d_{70}——分别为颗粒级配曲线中含量为10%和70%的颗粒粒径。

场区大量室内试验获取的代表性 $G_s = 2.70 \sim 2.8$，$n = 40\% \sim 45\%$。代入公式计算：

$$P_c = \frac{1}{4(1-n)} \times 100 = 41\% \sim 46\%$$

结合采样点的常规试验成果和颗分试验成果，计算细粒含量 P_c 和临界水力梯度 J_{cr}，其结果见表14-4。

渗透变形参数计算表　　　　　　　　　　　　　表14-4

土样编号	土粒粒径（mm）					细粒含量	临界水力
	d_5	d_{10}	d_{20}	d_{70}	d_f	P_c（%）	梯度 J_{cr}
1	0.07	0.14	0.22	0.63	0.30	30	0.42
2	0.095	0.15	0.21	0.45	0.26	25	0.61
3	0.15	0.28	0.46	1.19	0.58	35	0.44
4	0.15	0.23	0.35	1.12	0.51	31	0.58
5	0.09	0.14	0.22	0.60	0.29	45	0.55
6	0.0045	0.005	0.006	0.03	0.012	41	0.97
7	0.0046	0.005	0.007	0.028	0.012	38	0.88
8	0.0042	0.005	0.006	0.03	0.012	40	0.94
9	0.003	0.006	0.012	0.085	0.023	32	0.34
10	0.004	0.005	0.009	0.080	0.020	34	0.59
11	0.0045	0.005	0.022	0.025	0.010	45	0.99
12	0.0045	0.005	0.006	0.025	0.010	42	0.99

根据表14-4的计算结果和规范的判据，场区土层和砂砾基层发生流土可能性不大，但存在发生管涌的可能性。

经多年观测和计算，场区水力梯度 $J = 0.01 \sim 0.15$，远小于表中计算值，即在天然状态下，场区土体不会发生流土和管涌破坏，但现实中跑道脱空，水土流失客观存在。其原因可能为飞机局部荷载作用下，地下水压力升高，其局部水力梯度可能超过临界水力梯度而发生管涌。由于飞机起降速度快，作用时间短，管涌时间短，航班量小的情况下，管涌现象应不明显。但在频繁起降条件下，管涌可明显加强，这与2006年后道面脱空随航班量与飞机起飞质量增加而加速的情况一致。

（5）脱空速度与飞行关系

将2006年与2009年检测时道面的脱空情况进行比较，可发现脱空程度明显加重，中度脱空和严重脱空的测点均提高了40%以上，如表14-5所示。其次，脱空的范围明显增大，2006年检测时，仅在跑道北侧第二幅道面板的东半部分存在较严重的脱空情况，2009年检测中发现道面中度脱空以上的情况在跑道中心线两侧第一、二幅道面板，几乎全长范围内均有广泛的分布。

脱空程度对比表 表 14-5

检测时间	位置	中度脱空	严重脱空
2006 年	N2	27%	22%
	S1	12%	0
2009 年	N1	46%	26%
	S2	46%	44%

该机场始建于 1966 年,1990 年前每周 3~5 个航班,1990~1999 平均每天 2~3 个航班, 2000~2005 年每天 3~8 个航班,2005~2006 年连续两年航空业务量增长在 10% 以上,2007~ 2009 年航空业务量增长迅速,飞机的起降架次年平均增长率在 20% 左右,最多每天近 40 个航班;2000 年后 A330、A340 等 E 类飞机以 20% 的速度增长。

从上述资料分析可知,脱空速度与飞行频次和飞机起飞质量呈正比关系,随飞机起降次数和起飞质量增大而增大。

(6)综合分析

该机场道面脱空一是由于道面基层由砂砾石组成,浅层地基由粉土组成,地下水位高,基层和浅基通常饱水;二是在飞机动荷载作用下,砂砾石和粉土层受到反复挤压,孔隙水压力频繁增大和减小,引起地下水位反复升降,加快渗流速度,地下水带走细粒物质而使道面脱空。重型飞机的频繁起降,振动荷载作用加剧,可使砂土发生液化,渗流速度加快,潜蚀作用进一步增强,脱空速度加大,表明潜蚀或脱空速度与飞行频次和飞机起飞质量呈正比关系。道面下砂砾石基层、粉土层和地下水是该机场道面脱空的内在因素,飞机起降是该机场道面脱空外在诱因。

通过专门水文地质调查与研究,查明了该机场道面脱空原因,针对性地采取了灌浆处理, 获得了良好效果。

14.2 冰碛层地区机场专门水文地质勘察

冰碛层由冰川多次堆积而成,具有含水层厚薄不均,渗透性总体较差,渗透系数变化大, 潜水、承压水交错分布的特点,且在工程作用下,冰碛层结构极易破坏,渗透性加强,可发生渗透破坏,同时,其中河谷地区的砂土层具有中等液化,甚至严重液化可能性。冰碛层水文地质条件十分复杂,地下水不良工程效应突出,冰碛层分布区机场工程建设应进行专项水文地质勘察。

14.2.1 勘察方法、范围和内容

(1)勘察方法

冰碛层地区机场专门水文地质勘察的方法与河谷地区基本相同,但应针对冰碛层分布特征、结构特点、工程特性进行,包括水文地质测绘、钻探、抽水试验、渗透试验、标贯试验、现场大型颗分试验,室内颗分试验、固结试验、物理模拟试验、数值模拟计算等。

(2)勘察范围

冰碛层地区机场水文地质测绘范围应包括机场场地所涉及的所有水文地质单元,测绘重

点在拟建机场区及其影响范围;水文地质试验位置尽可能位于机场场区及工程影响区内。

(3)勘察内容

冰碛层分布区勘察内容与河谷地区机场相近,重点查明和研究:

①冰碛层的分布、结构、赋水性、渗透性等水文地质特征;

②冰碛层地下水类型、分布特征,补给、径流和排泄条件,动态变化规律;

③冰碛层地下水工程效应、处理措施;

④冰碛层填筑体渗透变形特征及工程防治措施。

14.2.2 案例

1)工程概况

YD机场位于川西高原山区,平均海拔高度4410m,工程面积约4.5km²,挖、填方量各约1000万m³,最大挖填高度40余米,工程投资约25亿。场区出露地层一是印支期花岗岩,二是冰碛层。在详勘阶段发现场区地下水丰富,水文地质条件复杂,随之展开专项水文地质勘察,调查与研究工作历时18个月。

2)水文地质条件

(1)地形地貌

场区区域上位于青藏高原东缘,横断山脉北段东侧。地貌类型主要有高原、山地及河谷平

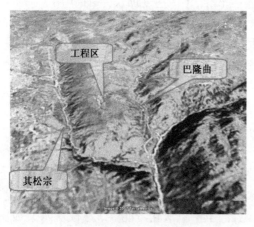

图14-3　YD机场卫星遥感图

坝地貌。工程区处于其松宗(西侧)与巴隆曲(东侧)所夹的走向南南东的河间地块上,如图14-3。山顶海拔4400~4500m,与两侧河流高差120~400m,西侧高差大,东侧高差小。山顶面波状起伏,高差20~30m,为冰川丘陵地貌;从南到北可以区分出近东西向展布的1号、3号、5号、7号、9号垄岗和2号、4号、6号、8号坳地,如图14-4所示。垄岗东西长800~1600m,宽可达600m;坳地呈鞍拔形,山梁顶部高,向东西两侧渐低,坳地内常有含巨大漂砾的厚度不等的底碛、其上有海子和沼泽地发育,受当地侵蚀基准面(巴隆曲)的影响,坳地的切割深度东侧大于西侧。

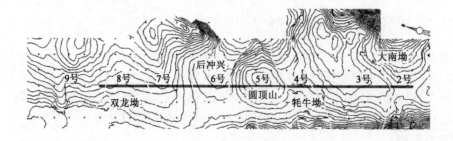

图14-4　YD机场场区地形地貌图

（2）气象、水文

场区属大陆性季风高原型气候，以阵性降水为主，历年年均降水量636mm，最多年降水量901.4mm，最少年降水量436mm。月平均地面最高温度19.0~46.1℃；月平均地面最低温度－14.3~7.6℃；月地面极端最高31.2~62.2℃；月地面极端最低－20.0~2.9℃。

场区处于其松宗和巴隆曲所夹持的近南北向河间地块，地表分水岭与地下分水岭基本一致。分水岭以东地表、地下水流向巴隆曲，以西流向其松宗，如图14-3。在场区的河间地块上由于受地表水侵蚀的影响自南至北分布有近东西向的大南坳、牦牛坳、后冲兴、双龙坳等4条横向沟谷，如图14-4，大气降水形成的地表径流，沿这些沟谷向东或向西流至巴隆曲或其宗松。

（3）地质构造

场区位于印支期花岗岩基之上，场区内无区域性活动断裂通过，仅有小断层穿越，为非活动性小断层，但发育有走向近东西向，近南北向及北北西向的三组贯通性良好的密集节理带。这些节理密集带为基岩裂隙地下水的入渗提供了极为有利的场所。

（4）含水岩组

根据出露岩性的空隙性质，可将场区含水岩组划分为第四系松散岩类孔隙含水层及印支期花岗岩基岩裂隙含水岩组。松散堆积物包括冰川和冰水堆积两类，共同的特点是：在水平和垂直方向分布厚度很不均匀，土层渗透性差异很大，压水、抽水试验获得的渗透系数0.01~3m/d。冰川堆积物主要分布在垄岗地区，厚度较薄，颗粒较粗，一般为2~5m；冰水堆积物相对较厚，主要分布在坳地，颗粒较细，大南坳钻孔揭露厚11m、后冲兴钻孔揭露厚普遍大于20m。裂隙含水岩组受岩石风化程度的控制，具各向异性特征，抽水试验获得的渗透系数0.02~6m/d。

在勘察中还发现，低洼部位受水长期浸泡的冰碛层渗透性高于位置较高的冰碛层。采样作颗分试验，长期受水浸泡区冰碛层黏粒含量低于高处非长期浸泡区冰碛层，见表14-6。主要原因可能是：

①冰碛层在水长期浸泡作用下，泥质胶结减弱，便于地下水入渗；

②低洼部位地下水长期缓慢渗透将其部分细粒物质带走而使其渗透性增强。

黏粒粒径组分在样品中的百分比　　　　　　　　　　表14-6

小于0.075mm黏粒径含量（%）	<10	10~20	20~30
长期受水浸泡冰碛砂层（%）	33.3	50.0	16.7
非浸泡区冰碛砂层（%）	3.8	18.8	77.4

（5）地下水类型

场区地下水类型包括松散层孔隙潜水和基岩裂隙水。基岩裂隙水包括基岩裂隙潜水、基岩裂隙承压水。裂隙潜水主要分布在垄岗地区，裂隙承压水主要分布在坳地，局部承压水位较高，如后冲兴钻孔揭露后，水位可达地表3m以上，高于基岩面10m以上。

（6）地下水的补给、径流与排泄

场区为其松宗（西侧）与巴隆曲河（东侧）的分水岭，地势高，场区地下水补给来源主要是大气降水，其次是冰雪融水。孔隙水主要沿冰碛砂层、块碎石层径流，基岩裂隙水主要沿构造裂隙渗流。在陡坎、斜坡地带以泉的形式出露，形成溢出带，地下水转化为地表水，如图14-5所示。

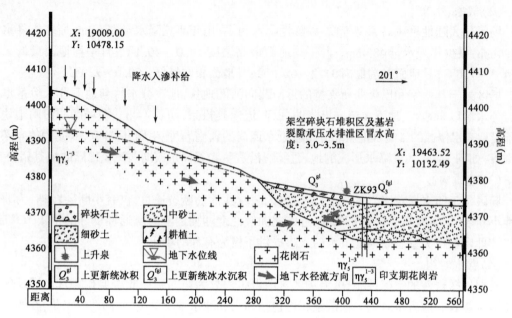

图 14-5　后冲兴水文地质剖面

（7）地下水动态特征

场区后冲兴一带地下水位较稳定，一般水位高程为 4379.3 ~ 4381.1m，埋深 0 ~ 1.0m。场区其他地区受大气降水影响，地下水位随降水而产生变化，埋深变化大，多数钻孔水位变化在 0.1 ~ 2.4m，最大水位变幅达到 3.7m。地下水水温 6 ~ 7℃。

3）地下水工程效应

（1）冰碛层结构特征

对大南坳、牦牛坳和后冲兴的地下水补给区、径流带和溢出带冰碛层进行取样和筛分，对填料区的冰碛土也进行取样和筛分，结果为级配不良的砂和砾，见表 14-7。在垄岗等地势较高部位的冰碛层还具有半胶结及超固结特性。

冰碛层颗分试验成果表

表 14-7

取 样 地 点	样 本 数	土 的 类 别	不均匀系数 C_u	曲率系数 C_c
大南坳补给区	6	级配不良砾，GP	5.0 ~ 6.6	0.64 ~ 0.94
大南坳径流区	7	级配不良砾和砂，GP、SP	8.0 ~ 9.6	0.40 ~ 0.85
大南坳排泄区	5	砂，SW	5.5 ~ 5.7	1.1 ~ 1.2
后冲兴补给区	6	级配不良砂，SP	3.5 ~ 5.2	0.9 ~ 1.1
后冲兴径流区	8	砂，SW 及级配不良砂，SP	3.6 ~ 5.6	0.7 ~ 1.1
后冲兴排泄区	8	级配不良砾，GP	5.5 ~ 6.8	0.55 ~ 0.70
牦牛坳补给区	3	砂，SW 及级配不良砂，SP	7.6 ~ 25.8	1.10 ~ 6.50
牦牛坳径流区	3	级配不良砂，SP	3.6 ~ 5.4	0.68 ~ 0.95
牦牛坳排泄区	3	级配不良砂，SP	3.9 ~ 5.3	0.70 ~ 0.97
冰碛土填料	12	级配不良砾，GP	5.5 ~ 10.5	0.50 ~ 0.90

（2）对冰碛层浸泡软化

由于冰碛层为级配不良的砂、砾，并具有半胶结（泥质胶结）及超固结特性，在干燥状态下，承载力可达500kPa以上，远大于一般的砂、砾石层，如图14-6所示。但在扰动和水浸泡条件下，结构迅速破坏，呈散粒状或泥状，如图14-7所示。探井、动探、标贯、载荷试验及波速测试表明，在地下水位以下，冰碛层动探、标贯击数、承载力、波速急剧降低，探井由难挖变为易挖。

图14-6　半胶结及超固结砂砾石探井　　　　图14-7　经水浸泡后变为泥泞路基的冰碛层

工程大规模施工后，植物土将被揭走，冰碛层被暴露和松动，地表水可渗性增加，冰碛层遇水结构破坏，在地表一定深度形成一软弱层。施工引起水文地质条件的改变可能造成局部地下水位升高，以及原干燥的冰碛层而含水，承载力降低，如图14-8所示。

（3）砂土液化

在场区地势低洼部位，地下水埋藏浅，冰碛砂土层分布面积较大。按《建筑抗震设计规范》（GB 50007—2010），对砂土液化可能性进行分析判断，结果如下：

①后冲兴33.%钻孔处为轻微液化，50%钻孔处为中等程度液化，16.7%钻孔处为严重液化，如图14-9所示。

 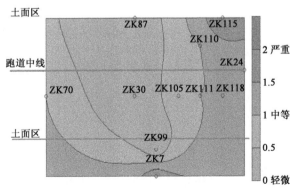

图14-8　土方开挖后，水文地质条件改变而　　　图14-9　后冲兴砂土液化程度分布图
　　　　使原干燥场地冰碛层含水

②牦牛坳液化程度为轻微。

③双龙坳液化程度为中等。

(4)渗透破坏

①场地冰碛土潜蚀调查

在场区冰碛层中发现了 100 余个潜蚀坑,物质组成、大小、形态、规模不一。经综合研究,这些潜蚀坑的物质组成、大小、形态、规模差异代表了潜蚀的不同发育阶段与程度,见表 14-8。

冰碛层潜蚀调查统计表   表 14-8

潜蚀发育阶段	潜蚀坑物质组成	描　述	占所调查坑的比例(%)	照　片
初始阶段	砂土	潜蚀程度较低,仅部分细颗粒被带走,形成的潜蚀坑一般数十厘米到几米,深度 2～30cm 为主。	16.5	
早期阶段	砂土和少量块石	潜蚀有了一定的发展,细颗粒大部分被带走,有少量的块石出露。潜蚀坑大小:一般数十厘米到 10m,深度 15～40cm 为主。	14.2	
中期阶段	块石和砂土	潜蚀进一步发展,细颗粒绝大部分被带走,块石占主要部分。潜蚀坑大小:一般数十厘米到几十米,深度 20～50cm 为主。	24.8	
晚期阶段	块石和极少量砂土	潜蚀程度很严重,细颗粒基本被带走完,潜蚀坑大小几米到几十米,深度一般超过 1m。	29.0	
终期阶段	块碎石(石河)	地下水的潜蚀达到了阶段性的平衡,不再继续发展。潜蚀坑往往呈带状,长几米到数几十米,深度一般超过 1m。	15.5	

②场地原地面冰碛土潜蚀分析

经统计和计算,勘察和调查期间潜蚀坑间的水力坡度为 0.055 ~ 0.162,大多为 0.08 ~ 0.15,小于规范规定的管涌发生的临界坡度。但与潜蚀坑表现出目前潜蚀还在进行这一现象是不相符的。可能的原因:一是现场潜蚀速度很慢,二是极端气候条件下水力坡度陡增形成。

据文献[33,36],场地内冰川在全新世以后消失,形成目前潜蚀现状是一漫长过程(当然不排除后期的加速发展),但据在此放牧的老牧民介绍,60 年来确实未见潜蚀坑的明显发展。按文献[33,37]中类似工程计算,50 年工程使用期内不会因潜蚀发生原地面沉降。

③冰碛土填筑体潜蚀物理模型模拟分析

冰碛土填筑体潜蚀采用室内物理模型模拟分析。以后冲兴作为工程原型,如图 14-10 所示。

模型大小:长、宽、高为 2.6m×0.8m×0.4m。

底边界:底面坡度按后冲兴地表坡度取 0.02,填筑体边坡按 1:2 放坡。

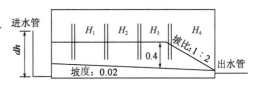

图 14-10 渗流试验模型

H_1、H_2、H_3、H_4-测压管;dh-进水口与出水口的水头差

填料:采用现场填料,压实度取 90%,最大干密度取 2.13g/cm³。

渗透试验结果见表 14-9。

渗 流 试 验 结 果 表 14-9

序　号	水头差 dh（m）	渗透途径 L（m）	水力坡度 J	过水断面 F（m²）	流量 Q（mL/s）	渗透系数 K（m/d）	出水口砂土
1	0.10	2.6	0.038	0.106	0.0620	1.33	未发现
2	0.20	2.6	0.077	0.121	0.1257	1.17	未发现
3	0.25	2.6	0.096	0.155	0.1677	0.97	有少量砂土
4	0.30	2.6	0.115	0.185	0.2559	1.04	有少量砂土
5	0.35	2.6	0.135	0.213	0.3726	1.12	有少量砂土

试验中,当 $dh = 0.25$m 时,观察到少量砂土随水流出,24h 流出的砂土经烘土后质量为 2.25g。定义潜蚀速率 δ 为单位立方的土体在地下水的作用下,一天发生潜蚀而被带走的土质量,经计算可得如下成果:

a. 潜蚀速率 $\delta = 4.4$g/(d·m³)。

b. 后冲兴编号为 H13 的潜蚀坑的尺寸为 4m×3m,深 0.75m,有 9m³ 土,潜蚀发生的水力坡度为 0.091,与 $dh = 0.25$m 的渗流试验的水力坡度较为接近。按试验中潜蚀发生的速率 δ,可估算出潜蚀坑形成时间约为 400 年,这与文献[34]中类似工程计算相近。

c. 潜蚀发生的临界水力坡度为 0.096。

④冰碛土填筑体渗透变形数值模拟

选取后冲兴 ZK101 ~ ZK107 剖面线,以跑道中心线为中点,道槽区宽度取 60m,土面区取 85m,道槽区放坡线取 1:0.75,土面区填方边坡取 1:2。道槽区填土压实度整体上按 93% 考虑,土面区填土压实度整体上按90%考虑,如图14-11所示。

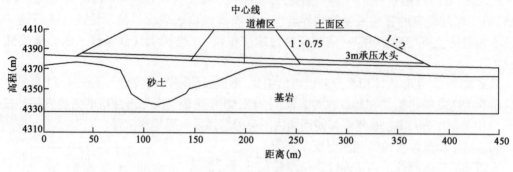

图14-11 工程模型

采用非饱和土固结计算软件进行模拟计算。

位移边界:两侧边取水平方向为零位移约束,底边界取水平和竖向为零位移约束。

水头边界:采用定水头边界,雨水入渗量按当地每月平均降雨量给定。

根据试验资料,并结合其他工程经验,参数选取见表14-10。

参 数 取 值

表14-10

材料名称	重度 γ (kN/m³)	渗透系数 k (m/d)	变形模量 E (MPa)	泊松比 μ	黏聚力 c(kPa)	内摩擦角 φ(°)
基岩	25.7	0.44		0.22		
砂土层	19.0	0.17	12	0.23	41	32
填筑体(90%)	19.3	2.72	12	0.25	30	38
填筑体(93%)	20.0	2.11	15	0.25	30	38

模拟结果表明:

a. 填筑体底部地基是饱和土固结,而填筑体则是非饱和土固结。

b. 基岩渗透性较好,基岩体内流速较大。在填筑体东侧坡脚处,流速也较大。位移最大部位是古河道深槽对应的区域,以及填筑体两侧的土面区。

c. 道槽区最大沉降量为0.8~1.0m,坡脚的最大水平位移为0.3~0.4m。

⑤填筑体的稳定性计算

采用④建立的模型,计算参数见表14-11。地下水按两种方式考虑:

计 算 参 数 取 值

表14-11

土 体	天然状态			饱水状态		
	黏聚力 C (kPa)	内摩擦角 φ (°)	重度 γ (kN/m³)	黏聚力 C (kPa)	内摩擦角 φ (°)	重度 γ (kN/m³)
道槽区	0	35	20.0	0	27	16.0
土面区	0	33	19.3	0	26	16.0
砂土层	41	32	18.0	39	25	19.0

a.不采取措施消除承压水头,由于后冲兴一带地下水局部具承压性,为便于分析计算,填筑体基底的承压水头统一取3m。

b.采取滤层消除承压水头。

计算结果表明:

a)有承压水头时,填筑体边坡整体稳定性在天然工况和工暴雨工况下,稳定性较好,但坡脚的稳定性较差。

b)消除承压水头后,填筑体边坡整体稳定性提高8%~14%,坡脚的稳定性提高幅度为32%~35%,即使在暴雨+地震工况下,坡脚的稳定性系数仍为1.033。边坡的稳定性较好。

4)结论与建议

(1)冰碛层水文地质条件复杂,具有含水层厚薄不均,渗透性总体较差,渗透系数变化大,潜水、承压水交错分布的特点。

(2)低洼部位的砂土层具有液化可能性,以轻微、中等液化为主,严重液化次之。

(3)现场地下水水力坡度小于规范规定的发生管涌的临界坡度,工程使用期内不会发生原地面的渗透破坏。但在工程作用下,冰碛土结构破坏,渗透性加强,可发生渗透破坏。

(4)渗流场中基岩及填筑体坡脚部位地下水流速相对较大,可引起填方坡脚渗透变形建议在冰碛层的坡脚部位设置反滤层。

(5)降低或消除承压水头,利于提高填筑体边坡整体和坡脚稳定性,建议采用强夯和碎石桩消除液化、降低或消除承压水头。

14.3　高填方机场水文地质勘察

高填方工程为大面积改造水文地质条件过程,近年来出现的高填方工程问题,几乎都与地下水有关,所以在建设过程中对水文地质进行调查与评价等专项工作具有重要意义。当水文地质条件复杂时,应在详勘后进行专门水文地质勘察,深入调查和分析场地水文地质条件,研究地下水、高填方工程和环境间的相互影响,提出地下水防治、地基处理和地质环境保护措施建议。勘察过程包括详勘后至开工阶段、原地基处理、填筑体施工和竣工后四个阶段,勘察内容包括水文地质调查、水文地质试验、水文地质评价、地下水防治和地基处理建议等专项工作。专门水文地质勘察属水文地质专项勘察范畴。

14.3.1　专门水文地质勘察

高填方机场专门水文地质勘察应符合下列要求:

(1)专门水文地质勘察工作应在详细勘察阶段水文地质工作基础上,针对所存在的岩土工程问题和可能发生的环境问题,编制勘察方案后进行。

(2)调查和观测内容应包括水位、水量、浑浊度、水温、水质、流向和流速。

(3)当填筑体厚度变化较大时,应增加不同压力下原地基土层渗透性试验。

(4)当场地条件及工期许可时,宜进行原地基处理后的抽水试验和处理后地基土在不同压力下的渗透试验。

(5)当地下水渗透对填筑体稳定性影响较大时,应进行填筑体不同压实度下室内与现场的渗透试验。

(6)宜进行室内物理模型试验和水文地质数值模拟试验。

(7)施工中如遇地下水水量突增或突减、水位突变、浑浊等异常现象,应进行应急调查和评价,提出应急处理措施建议。

(8)对地质条件复杂、土石方工程量大、工期长的高填方工程应按工程阶段分别评价地下水对高填方工程和周边环境影响。

(9)根据调查与评价结果,结合场地条件、施工技术水平和工程经验等,从水文地质角度,针对性地提出地下水防治措施以及地基处理措施建议。

14.3.2 原地基处理阶段水文地质勘察

在高填方原地基处理阶段,水文地质勘察应符合下列要求:

(1)对场区原有泉点、施工中揭露的泉点、填方关键地段中地下水、场区所在水文地质单元内主要泉点、民井、生产井以及盲沟出水点进行观测。

(2)调查主要内容为水位、水量、浑浊度。

(3)评价内容包括原地基处理对水文地质条件改变可能造成的次生地质灾害、对周边地下水环境和填筑体底部影响。

14.3.3 填筑施工阶段水文地质勘察

填筑体施工阶段水文地质勘察应符合下列要求:

(1)对场区所在水文地质单元内主要泉点、民井、生产井以及盲沟出水点继续观测。

(2)对填筑体内部地下水位、边坡出水点高程、出水量进行观测。

(3)对挖方区段的面积、揭露泉点、地层渗透性、降水或施工管道渗漏等进行调查和观测。

(4)评价内容应包括挖方和填筑施工而引起的水文地质条件改变对填方工程变形、地下水环境和周边地质环境影响。

14.3.4 竣工后水文地质勘察

竣工后水文地质勘察应符合下列要求:

(1)对填筑体施工阶段的观测点继续进行观测,对竣工后新出现的填筑体渗水点、建(构)筑物管道渗漏点进行观测。

(2)地下水观测时间应与变形观测时间协调一致。

(3)评价内容应包括地下水变化对填筑体变形、建(构)筑物稳定和周边环境的长期影响。

14.3.5 高填方机场地下水观测方法[43~50]

1)原场地地基地下水观测

在进行填筑之前,按相关规范和设计要求,对原场地地基进行处理,包括清除表层植物土、软弱土、换填、强夯、置换、碎石桩等。原场地地基处理后,原场地水文地质条件已改变,包括地下水补给、径流和排泄条件。如贵州某工程填方高度 100 余米,原场地地基处理前有泉点 10 余处,原场地处理后原泉点 70% 干枯,余下 30% 泉点泉流量发生了变化,其中 40% 流量降低,60% 增大 1 倍多。原场地处理过程中新增 20 余处泉点,流量均比地基处理前流量大,表明施工已改变了场地地下水条件,使补给增强,径流和排泄条件变好。

（1）观测点布置

观测点布置应包括:

①工程区内所有泉点和施工中揭露的泉点。

②工程区所在水文地质单元内主要泉点、民井、生产井等。

③原场地地基中未出露地下水,重点是沟谷和填方关键地段地下水。

④盲沟出水点。

原场地地基中未出露地下水观测点应控制整个填筑区地下水,可沿沟中心及两侧布置,一般间距 50～100m。

（2）观测内容与频率

观测内容主要包括水位、水量、浑浊度,其次为水温、水质、流向和流速。

目前我国施工一般是原场地处理与填筑体施工是连续的,几乎无间隙时间,所以原场地地基观测应与施工同步进行,施工间断期也应进行观测。施工期观测频次宜为 1 次/d。

如原场地地基处理采用了某些化学材料,如生石灰,应进行地下水水质观测。

（3）观测设备及方法

原场地地基处理对观测设备损伤很大,同时对地下水影响也很大,地下水位等难以精确测量,故工程区及附近不宜采用高精度设备,宜采用经久耐用的设备,如测盅、电接触悬锤式水尺等;工程区所在水文地质单元内主要民井、生产井等由于不在征地范围内,观测设备也应以经济、耐用设备为主,尤其是委托当地老乡测量时。

泉点和盲沟流量测定,可优先采用堰槽法、流速仪法,流量小时也可用桶量;盲沟施工后应在盲沟出水点结合排水工程设置永久性水量观测点,宜为混凝土矩形堰。长期观测的泉点也宜在合适地段设置永久性矩形堰。永久性矩形堰宜刻录高度或设置永久性水位观测设备。

（4）观测精度

工程区内原场地地基处理对地下水影响极大,水位误差宜为 ±5 cm;工程区外地下水受影响较小,水位误差宜为 ±2 cm。

2）填筑体施工期地下水观测

填筑体施工期地下水观测包括两个部分:一是原地面盲沟渗水和附近泉点,二是填筑体内部地下水。

（1）观测点布设

①布设原则

根据工程实践的经验与教训总结,填筑体内观测点布设宜遵循如下原则:

a. 平面上点、线和面相结合。

b. 垂向上与水平排水层、排水盲沟、粗细粒填料分层相对应。

c. 有利于填筑体变形研究和边坡防护。

d. 最大可能减小对施工和工程质量影响。

　　e. 一孔多用与一孔专用相结合。

　　②观测点布设

　　根据以上原则,填筑体地下水观测点宜满足以下要求:

　　a. 主测线分布在填方高度最大、最有可能发生滑移方向。由于这些位置往往是填筑体坡面方向开口的原沟谷中心,填筑体坡脚前方又无锁口的约束体,且通常分布有软弱土层、泉点,是地下水监测重点,所以地下水主监测线可按主沟方向布置,次观测线在沟中心两侧布置,点面结合,控制整个填筑体中地下水。同时应尽量满足与变形观测线一致,利于填筑体变形分析与预测。

　　b. 观测点的布设需要施工单位配合,不可避免地要影响施工,同时为保护观测设备,对观测点处的压实能量一般要小于其他部位,在填筑体中形成相对薄弱点。为最大可能减小对施工和工程质量影响:

　　a)当填筑体上有深层变形观测孔时,应充分利用变形观测孔,在孔内进行地下水观测,做到一孔多用,减少薄弱点,同时节约成本。

　　b)当采用钻孔成井同步观测地下水时,观测点宜布置在已完工的马道上。马道上钻孔、观测几乎对填筑体施工无影响,又可以使观测设备最大限度达到保护,尤其是块碎石强夯施工时。

　　c)布置在填筑体内水平排水层、排水盲沟中下部。因为:一是排水层、盲沟中地下水反映了其上填筑体某一深度的地下水情况,同时反映它们的堵塞情况和疏排能力,从技术上可行;二是施工单位为保护排水层、盲沟,其上一定厚度采用优料、低能量压实,对观测设备强度要求低;三是排水层、盲沟施工要求高、速度慢,便于观测设备埋设和保护。

　　c. 布置在粗细粒料分层时的细粒料的顶部。一般来说,细粒料填筑体的渗透性小于粗粒料,在细粒料填筑体的顶部,地下水往往富集,容易观测到地下水。同时,细粒料刚性和强度小于粗粒料,对监测设备保护有利。

　　d. 当填筑体边坡渗(冒)水时,还应在渗水点进行观测。

　　③布设密度

　　观测点布设密度与填料性质、填筑高度与面积、压实方式、质量和用途有关。填料性质越差、填筑高度与面积越大、压实度差、承载力和变形要求越高,观测点布设密度越大;反之,应减小。一般来说,平面上沟谷方向主测线上观测点宜按 100 ~ 200m 间距布设,其他部位宜按 300 ~ 500m 布设;垂向上观测点分布宜与马道、水平排水层和盲沟对应,间距 10 ~ 20m 为宜。

　　(2)设置观测孔(点)

　　①埋置压力式地下水位仪

　　填筑体施工过程中根据施工进度在排水层、盲沟中下部和粗细粒填料分层处埋设压力式地下水位仪,并将连接水位仪的电线引出坡面外。地下水位仪应放入包裹透水土工材料的多眼高强度的刚性材料盒内,如钻有数 10 个直径 1cm 孔眼的钢板盒。电线用钢管引出坡面外,钢管间宜用丝口连接。引出的电线应作防水、防破坏、防盗等处理。

　　②钻机成孔

　　当采用井(孔)内地下观测时,可采用钻机成孔,花管护壁。施工期的观测孔一般布置在马道上,钻机成孔尽可能采用无水钻进,如风动潜孔锤。风动潜孔锤一是钻进速度快,成本低;二是避免送水钻进浸泡软化孔壁而引起塌孔;三是避免送入的钻探用水、浆液滞留,影响填筑体内地下水观测。

考虑到目前的观测设备直径、体积和边坡稳定性要求,钻孔孔径以 108～150mm 为宜。护壁管材料以高强度 PVC 管为优。滤水管可采用铣缝式或圆孔式 PVC – U 管。

当黏性土细粒料、泥岩、页岩等软岩与砂、块碎石料分层填筑,需分段观测地下水时,应设置不同深度观测孔,并密封非观测段地下水。密封材料宜采用优质黏土球。不应采用大孔径的一孔多用分层方式观测填筑体中地下水,其主要原因为除施工难度大、成本高外,重要的是大孔径施工对填筑体稳定性有明显影响。

③修筑堰槽

填筑体边坡渗(冒)水点应结合边坡排水设置永久性混凝土矩形堰或三角堰。

(3)观测设备与方法

①电接触悬锤式水尺

电接触悬锤式水尺属人工观测设备,通常也叫水位测尺,适用于井孔中进行观测。市面上产品很多,质量差别较大,应选用高质量产品,准确度(刻度)至少能达到 ± 2 cm/100 m。

②水位仪

建设工程上常用的水位仪包括压力式地下水位仪和浮子式地下水位计,属自动化观测设备。

随填筑体施工过程埋入的压力式地下水位仪一般可选用单一的地下水位计。当可能受到污染或岩土与水作用可产生热或需要观测填筑体内温度,如冻土时,应选择多参数压力水位计,同时测量记录水位、水温、水质等参数。水文地质条件复杂地区,在水位计选型上宜考虑竣工后地下水的长期自动观测。

浮子式地下水位计结构简单、可靠,便于操作维护,一般可在 5～10cm 口径的测井中工作。经验表明,应尽可能选用带球钢丝绳、穿孔带作为悬索,且平衡锤不放入井中的浮子式地下水位计。

③测盅

测盅误差较大,除应急测量外,不应使用。

④量杯、直尺

边坡渗(冒)水点流量一般较小,可在堰槽中用直尺量取水的深度而换算成流量。水量很小时也可用量杯量取。

⑤观测方法

由于受施工影响明显,施工期地下水观测宜采用人工观测方法,不宜采用自动观测方法。

(4)观测内容与频率

①观测内容

大面积高填筑体地下水观测内容主要为水位、水量和浑浊度,其次为水温、流速、流向和水质监测。

②观测频率

观测频率应与填料性质、填筑高度、地下水复杂程度、工程重要性、当地气候、季节和变形观测时间相适应。一般来说,填料性质越差、填筑高度越大、地下水越复杂、工程越重要、当地气候复杂多变,填筑体地下水观测频率越高。一般来说北方地区枯水期 10~15d/次,丰水期 3~7d/次;南方地区枯水期 3~5d/次,丰水期 1~3d/次。观测次数不应低于变形观测,除变形观测同时应进行水位观测外,在变形观测间隙还应进行地下水观测。

(5)观测精度

施工期受各种因素影响大,加之发现问题可及时处理,观测精度可适当降低,水位误差 ±3cm 一般可满足工程需求。

3)竣工后地下水观测

竣工后地下水观测指土石方工程竣工后至营运期一段时间内观测。

(1)观测点布设

土石方工程竣工后,地下水监测点布设应充分应用原场地地基处理及填筑体施工阶段布置的观测点,根据土石方工程竣工后的地下水后评价成果,按变形分析、评价需要增设监测点和修复前期布置的失效观测点。

增设观测点主要布置在挖方后的原地面区、前期监测发现地下水异常或变形异常而需要加密观测区、前期受施工影响无法布置观测点区。如西南某机场在竣工后发现局部地下水升高,盲沟排水浑浊,增设观测点后发现是由于场区附近蓄水而造成,及时采取了截排措施,避免了填筑体的过大变形和失稳。

(2)增设观测点

挖方区增设观测点可用送水钻进和无水钻进方式,并根据岩土性质确定是否设置护壁管;填方区增设观测点应优先采用无水钻进,采用高强度的铣缝式或圆孔式 PVC-U 管。当需要观测填筑体内不同位置的地下水时应钻探不同深度钻孔,非观测段宜用黏土球密封。受填筑体稳定性制约,以及大口径钻探送水和密封材料影响,不应采用在大口径钻孔中同时观测不同深度的地下水方式。

钻孔口径宜为 108~150mm,不应大于 250mm。

(3)观测内容

观测内容与施工期一致,主要为水位、水量和浑浊度。观测范围包括前期所有监测点和土石方竣工后增设观测点。

(4)观测方法

土石方工程竣工后,地下水监测受施工影响很小,可采用人工观测或自动观测方法。由于目前自动观测设备费用较高,对于地质条件相对简单,工后沉降较小,营运期观测时间较短的工程,建议采用人工观测。

(5)观测时间与频率

土石方工程竣工至填筑体上建筑完工投入营运前应全程监测。投入营运后监测时间长短与变形监测反映的变形幅度有关,一般填筑体在变形稳定后半年至一年后,可停止监测。我国高填方机场变形稳定时间一般为投入营运后 1~3 年。

土石方工程竣工后,地下水监测频率可与变形监测一致,并随变形逐步稳定而逐渐增大两次观测的时间间隔。机场工程中地下水观测间隔时间一般为 1 次/d、1 次/3d、1 次/7d、1 次/10d、1 次/15d、1 次/月、1 次/3 月、1 次/6 月。

(6)观测精度

土石方竣工后,观测精度应满足《地下水监测规范》(SL 183—2005)[49]、《地下水监测站建设技术规范》(SL 360—2006)[50]要求,即水位监测误差应为 ± 0.02 m。

4)观测资料处理

观测资料处理应遵循随监测、随记载、随整理、随分析原则,实时提供地下水异常变化资料,每月提供月报材料,按工程形象进度提供阶段性资料,观测结束提供技术总结分析报告。

提交的任何资料均为地下水后评价和地基变形分析的主要依据,故需按地下水要素进行分析,判断和预测地下水对工程影响。

14.4　环评水文地质勘察

机场工程建设对环境影响很大,影响对象包括人、大气、地下水、地表水、植被、动物等,所以国家要求在机场可行性研究同时进行环境影响评价,包括大气环境评价、地表水环境评价、地下水环境评价、生态环境影响评价等。环境评价是否可行对机场建设上马快慢、是否上马具有一票否决权,机场建设应重视环境评价与保护。

环境水文地质条件是地下水环境影响评价的基础,也是地表水环境、生态环境评价的重要资料,机场工程勘察应重视环境水文地质调查与评价。

14.4.1　环境水文地质勘察依据

2011 年 6 月 1 日,国家环境保护部颁布的《环境影响评价技术导则 地下水环境》(HJ 610—2011)明确了地下水环境评价应进行环境水文地质勘察,为环境评价提供真实、可靠的基础资料。为此,贵州仁怀机场、威宁机场、黔北机场,四川的宜宾机场、巴中机场、达州机场、甘孜机场等新建、迁建机场进行了专项的环境水文地质勘察,为机场地下水环境评价提供了详细、可靠资料,促进了环境评价推进,为机场项目及时批复提供了可靠保证。

环境水文地质勘察与常规的机场水文地质勘察密切相关,但又不完全相同,其部分内容超越了《民用机场勘测规范》(MH/T 5025—2011)、《军用机场勘测规范》(GJB 2263A—2012)内容,一般情况下,建设单位应单独委托,作为环境水文地质勘察依据。

14.4.2　环境水文地质勘察时间、范围

环境水文地质勘察应紧密结合机场工程勘察进行,一般机场项目宜在初步勘察阶段开始,持续一个水文年度。水文地质条件复杂机场或机场建设可能对饮用水源、生态功能保护区产生影响时,宜在选址阶段在收集水文地质资料、现场踏勘的基础上,选择重要的泉、井、水体进行水量和水质监测,在场址批复后结合机场初步勘察进行系统勘察,持续时间 1~2 个水文年度。

勘察范围主要包括机场区内及机场周边外延 3000m 范围所在的地下水水文地质单元或地下水块段。

14.4.3　环境水文地质勘察等级

1）机场建设项目环境类别

《环境影响评价技术导则 地下水环境》(HJ 610—2016)中根据建设项目对地下水环境影响的特征,将建设项目分为以下三类:

Ⅰ类:指在项目建设、生产运行和服务期满后的各个过程中,可能造成地下水水质污染的建设项目;

Ⅱ类:指在项目建设、生产运行和服务期满后的各个过程中,可能引起地下水流场或地下水水位变化,并导致环境水文地质问题的建设项目;

Ⅲ类:指同时具备Ⅰ类和Ⅱ类建设项目环境影响特征的建设项目。

按上述分类,机场建设项目一般属Ⅰ类或Ⅱ类,个别属Ⅲ类。

2）环境水文地质勘察等级

环境水文地质勘察等级应与环境影响评价等级相一致,由环境影响评价工程师确定。西南地区机场建设项目环境水文地质勘察等级多为一级或二级。

14.4.4　环境水文地质勘察内容

1）水文地质调查

(1)查明调查范围内含水层类型、分布范围和补给、径流、排泄情况,以及含水层之间的水力联系。

(2)查明调查范围内各类泉的成因类型,出露位置、形成条件及泉水流量、水质、水温,开发利用情况。

(3)查明调查范围内集中供水水源地和水源井的分布情况(包括开采层的成井的密度、水井结构、深度以及开采历史)。

(4)查明调查范围内地下水和地表水的主要污染源,包括工业污染源和农业污染源(如畜禽养殖等)。

(5)在机场区内、外的调查范围内布设水文地质钻孔不低于7个(机场范围外不低于2个孔,调查任务完成后转为场区地下水长期观测孔),开展水文地质常规实验,包括水文观测(初见水位、稳定静水位)、抽水试验(用于测定渗透系数和涌水量等相关水文地质参数)。

2）地下水利用情况调查

(1)查明调查范围内居民点分布情况(包括居民点位置、农户数等)和居民饮用水取水情况(包括居民生活用水和畜禽用水),绘制居民点分布图、人口及家畜数量、居民地下水用水量等信息图件。

(2)查明机场周边主要地下水水源地水量、水质及地下水补给、径流、排泄状况。

3）岩溶调查

(1)调查内容包括岩溶分布范围、分布面积、岩溶形态与类型、规模,估算溶洞、落水洞等容积。

(2)查明调查范围内岩溶连通情况。

(3)查明调查范围内岩溶水分布情况,包括分布范围、水量,补给、径流、排泄情况。

（4）查明调查范围内岩溶塌陷情况,描述与地下水相关的塌陷发生的历史过程、密度、规模、分布及其与人类活动(如采矿、地下水开采等)时空变化的关系,并结合地质构造、岩溶发育等因素,阐明岩溶塌陷发生、发展规律及危害程度。

4）取样要求

不同类型含水层需取样进行水质分析,每类含水层取样不低于 7 组,按丰水期和枯水期分两次进行采样分析,具体要求如下:

（1）地下水监测井中水深小于 20m 时,取二个水质样品,取样点深度应分别在井水位以下 1.0m 之内和井水位以下井水深度约 3/4 处。

（2）地下水监测井中水深大于 20m 时,取三个水质样品,取样点深度应分别在井水位以下 1.0m 之内、井水位以下井水深度约 1/2 处和井水位以下井水深度约 3/4 处。

5）水质分析内容

水质分析内容应根据场地及周边环境条件确定,至少应包括下列项目: pH、总硬度、可溶性总固体、硫酸盐、氯化物、硝酸盐、亚硝酸盐、Fe^{3+}、Mn、Cu、Zn、Mo、Co、Hg、As、Se、Cr^{6+}、Pb、Ba、氨氮、氟化物、碘化物、氰化物、挥发性酚类、阴离子合成洗涤剂。

6）水位观测要求

至少应在丰水期和枯水期分别进行两次水位观测,在特大暴雨、持续降雨或干旱年份应加密观测。

水位观测宜采用测盅或电接触悬锤式水尺。

当场区及周边有地下水长期观测站时,应收集其观测资料。

14.4.5　成果报告要求

环境水文地质勘察报告应完整、清晰、美观,至少应包括下列内容:

（1）前言

①目的、依据、任务和要求。

②勘察方法、手段。

③取得的成果。

④工作量。

（2）自然地理及地质背景条件

①气象水文。

②地形地貌。

③区域地层岩性。

④地质构造。

⑤新构造运动及地震。

（3）水文地质条件

①区域水文地质概况。

②地下水类型及含水层岩组富水性。

③地下水系统补径排泄特征。

④地下水动态及水化学特征。

⑤调查区水文地质单元划分。

（4）岩溶水文地质

①岩溶发育特征。

②岩溶水赋存及富集。

③岩溶发育规律。

④岩溶水补、径、排特征。

⑤土洞塌陷特征。

（5）地下水资源利用及其污染源

①地下水资源利用情况。

②污染源类型及分布。

（6）结论及建议

（7）附件

①综合水文地质图。

②水文地质柱状图、剖面图。

③水质分析报告。

14.5 供水水文地质勘察

机场建设工程在施工期和营运期均需要大量水，包括生活饮用水、消防用水、降尘用水、施工用水、取暖用水（地暖）等。我国部分机场采用市政供水，部分远离市区机场由于输水管道过长、维护困难、费用过高而采用独立供水，如西南地区的大部分支线机场均采用了独立供水，如 YD、康定、红原、九黄、毕节、铜仁、林芝、日喀则、邦达、阿里、沧源、澜沧、泸沽湖等机场。

一般情况下，机场工程勘察可结合场地水文地质勘察而进行水源地调查，提出机场供水水源地建议即可。完全满足机场供水的水文地质勘察，建设单位应重新委托，勘察单位应按合同约定和《供水水文地质勘察规范》（GB 50027—2001）进行供水水文地质勘察。供水水文地质勘察单位可以是原机场工程勘察单位，也可以不是。

在机场工程勘察开始时，应向建设单位确定机场建设和营运是否采取市政供水，当采用市政供水时，可不进行水源地调查和供水水文地质勘察。

14.5.1 施工用水勘察

施工用水包括降尘用水、土石方工程用水、混凝土拌和用水等，可根据用途不同、道路状况、远近、费用，选择地表水供水或地下水供水。

1）水质要求

混凝土拌和用水要求较高，应按照《岩土工程勘察规范》（GB 50021—2001）采取水样，评价地下水对水泥混凝土、金属材料等的腐蚀性。

红层地区局部地带存在芒硝等物质，地下水腐蚀性高，应特别注意。

2）水量要求

在委托合同中应明确施工用水量,以及附近现有可利用的地表水、地下水井富余水量。施工用水量与现有可利用水量之差为勘察的目的水量。

3）报告要求

(1)比选及推荐水源的详细信息:可开采水量、水质、距离、费用以及存在问题;

(2)水源经济利用建议,如降尘、土石方施工采用就近塘水,混凝土拌和从水井取水等。

14.5.2　生活饮用水、消防用水勘察

支线机场生活饮用水、消防用水日存水量要求在 400m³/d 左右,重点在确保消防用水。在支线机场建有容量较大蓄水池条件下,水井的日供水量可适当降低。干线机场则根据设计预测的客流量、商业水量、消防用水量、绿化用水量等综合确定日用水量。

生活饮用水、消防用水勘察应严格按《供水水文地质勘察规范》(GB 50027—2001)进行,这里不赘述,但应注意机场建设、周边航空港建设对环境改变而导致的地下水可开采量减少或航空港经济区的取水对机场供水井的不良影响。

14.5.3　取暖用水(地暖)勘察

利用地热供暖已成为机场供暖的趋势,也是绿色环保的标志,目前林芝、拉萨、日喀则、邦达、YD、KD、泸沽湖、红原等机场采用地热供暖取得了较好效果。

1）温度要求

标准的水源热泵机组可利用的水体温度为 12 ~ 22℃,内陆地区地下水温一般在 14 ~ 18℃,完全满足机组运行;高原地区水温一般低于 12℃,对水源热泵机组的能效有一定的影响,但尚可运行,机组需特别处理;在某些机场附近存在温泉、热泉等地热资源,可开采作为机场供暖的热源。

2）水量要求

供暖开采的水量由设计人员根据地下水温度、供暖面积等确定。一般位于河谷、滨海、断裂带、裂隙水发育地带等地下水丰富的机场考虑采用地下水供暖,而在红层、岩溶地区的机场多不采用地下水供暖。

14.6　大面积高填方工程地下水后评价方法

14.6.1　地下水对填方工程本身的影响后评价

1）浸泡软化

浸泡软化是地下水对高填方最常见影响,包括对原场地地基和填筑体浸泡软化两个部分。主要表现在:

(1)填方前地面清表、台阶开挖后由于地面排水不完善,造成地表水大量入渗,软化土体或基岩结构面而滑坡。

(2)填方后由于填筑体表层封面效果差或水平排水不畅,大量地表水入渗,浸泡软化原场

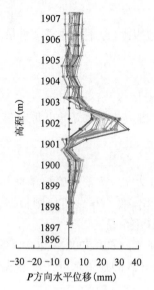

图 14-12　LPS 机场深部位移随时间变化曲线

地地基、填筑体而发生过大变形或失稳。

在填料为膨胀土或软质岩的填筑体中表现最为明显。LPS 机场填料为泥岩、碳质页岩和砂岩、灰岩,泥岩、碳质页岩约占填料的 40%。由于地表排水设施有效性差,大量降水渗入填筑体内,在泥岩、碳质页岩填料顶面形成了多层上层滞水,浸泡和软化泥岩、碳质页岩,填筑体在垂向和水平方向均发生了过大变形,形成潜在的软弱结构面,对填筑体安全造成潜在威胁,如图 14-12 所示。图 14-12 中在 1902m 高程附近填筑体发生了过大水平位移,检测与监测表明该高程附近填料为碳质页岩,上下为灰岩和砂岩,地下水在此高程上富集。再如川南某工程,填高 20~30m,填料为红层泥岩、粉砂质泥岩和砂岩,软质岩石含量约占 50%。由于表面封层和水平排水层效果差,大量降水入渗填筑体,软质岩石填料被浸泡软化,承载力和抗剪参数大幅度降低,工后沉降达 1m 余,局部边坡开裂,甚至垮塌,如图 14-13、图 14-14 所示。

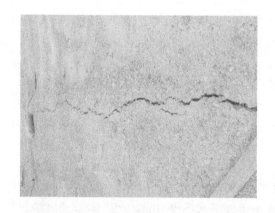

图 14-13　降水入渗后红层填筑体边坡顶部开裂

图 14-14　降水入渗后红层填筑体局部边坡垮塌

地下水对高填方浸泡软化评价重点是在研究填料工程特性基础上,结合当地气候条件、地面排水条件、填筑体内部排水条件、施工技术水平等,分析降水、地面管道渗漏、原场地地基地下水上升等对填料的膨胀、水化、崩解等不良作用,评价这些作用造成填筑体过大变形、失稳等的可能性和危害。

2)渗透变形

发生在高填方中渗透变形类型包括流土(砂)和管涌,多见于粉土、粉砂、细砂和砂卵石填料的大面积高填方中。成都平原某高路堤,高度 10.0~23.0m,路堤顶面宽度 18.0m,按 1∶1.75放坡。填料主要为级配不良的细砂、中砂、粗砂,其次为黏土质砂和粉质黏土,不均匀系数 2.3~12.1,曲率系数 0.20~0.95。连续 1 个余月的降雨之后,多处发生流土和管涌,在填筑体顶面出现多处沉陷或塌陷,坡体上发现多个孔洞和流出的粉土、粉砂和细砂等细粒物质。再如 KD 机场高填方工程,填高 45m,填料为冰碛土,主要由粉土、粉砂、中砂、角砾和

176

漂块石组成,级配不良。粉土、粉砂含量20%~30%。工程结束1年后,发生了多起填筑体边坡冒浑水现象。3年后该现象加剧,在持续4h的暴雨之后,在填筑体顶面连续2天冒浑水,水中发现粉粒、砂粒物质。3天后顶面出现多处孔洞和塌陷,坡面多处垮塌,如图14-15所示。

地下水对渗透变形影响评价应根据填料岩土特性质、粒组级配、压实度、孔隙率、渗透系数等,结合气候条件、地面排水设施,以及所监测的填筑体中水位和水力坡降,评价填筑体发生流土(砂)、管涌可能性,以及造成溜坍、滑坡和塌陷等危害程度。

3)动水压力

过高动水压力往往会造成边坡突发性的溜坍、溃堤,不仅影响填筑体本身安全,对其下游也存在严重威胁。NC机场填高26m,填料主要为砂卵石层。由于弃土在边坡的外侧堆填了高约20m,水平宽度5~30m的黏性土。在填方即将结束的夏季,连续三天的强降雨之后,填筑体突然往边坡方向垮塌。垮塌物呈泥石流形态冲向下游,摧毁了大量农田和房屋,沿途淤塞了沟谷和水利设施。事后调查表明,透水性差的黏性土包裹砂卵石填筑体,降水条件下在填筑体中形成了"地下水库",过高的地下水头压力超过了黏性土堆填体的抗剪能力而发生突发性溃堤。

ZY机场填筑体内部主要由白云岩碎石填筑,坡体部分由于铺设土工材料,以石渣夹黏性土填筑,尤其是坡面位置含细粒料较多。土方施工结束后遇连续强降雨,地表水大量渗入填筑体内。由于坡体、坡面渗透性较填筑体内部小很多,渗入填筑体内部的地表水量大于从填筑体内部排出水量,在填筑体内部形成"地下水库",在过高地下水动、静水压力和地表水坡面冲刷综合作用下,发生快速垮塌,如图14-16所示。

图14-15　KD机场填筑体顶面渗透破坏　　　　　图14-16　降水入渗和坡面冲刷综合作用引起边坡垮塌

动水压力对填筑体影响评价应根据所监测的填筑体中地下水位以及填料性质、护坡结构强度评价:

(1)动水压力对边坡及护坡结构所产生侧压力对边坡稳定性影响。

(2)高水压力对管涌、流土(砂)强度影响。

4)冻融

冻融一般发生在高原高寒地区。KD机场海拔4230m,由于填筑体水平排水层失效,致使填筑体内富集了大量的上层滞水,沿填筑体边坡长时间缓慢渗出。渗出的水及边坡体一定厚度内地下水在春、秋和冬季节结冰,在春、秋和夏季融化,反复冻融,造成了边坡及护坡结构破坏,如图 14-17 所示。

冻融破坏一般发生在盲沟出水位置、边坡渗水点和坡体冻深之内的上层滞水分布区。冻融对填方工程影响评价应根据气候条件、原场地地基、填筑体中地下水补给、径流、排泄条件以及分布位置,分析可能产生冻融位置和强度,评价冻融对边坡和结构物产生的危害。

5)土洞

填方工程引发了多起土洞塌陷,主要有四个方面原因:

(1)填方区在清表以后,土层暴露,渗透性增加,在降水和施工的不良排水条件下,地表水渗入地下,软化和潜蚀土体而形成土洞或加速原土洞发展而塌陷,如 LZ 机场在清表后遇降雨,沿溶蚀破碎带发生大面积土洞塌陷,如图 14-18。

图 14-17　冻融引起的高填方边坡破坏　　　　　图 14-18　清表后降水后发生土洞塌陷

(2)挖方区土层变薄,土洞顶板变薄,在降水入渗软化、潜蚀和车辆荷载作用下而塌陷。

(3)引起局部地下水位上升,浸泡、淘蚀土洞顶板,造成抗剪性能降低而塌陷。如 FH 机场填方后截断了地表水、地下水排泄沟谷,2001 年 7 月一场暴雨后填筑体上游沟谷水位较填方前上升了 3~5m,次日发生了 30 余处土洞塌陷。

(4)疏排地下水,真空吸蚀而塌陷。

土洞塌陷可造成填筑体局部塌陷以及失稳,进而影响上部建筑稳定与安全。工程区地下水对土洞稳定性评价重点是结合施工图、施工方案、施工单位实际的施工水平和管理能力以及气候条件,在地下水监测的基础上,分析施工以及填筑完成后地表水入渗、地下水水位的升降形成土洞的可能性,评价新形成土洞和原有土洞稳定性对填筑体稳定性影响。

6)综合评价

地下水对填方工程本身的影响往往是综合的,如前述的川西冰碛土填筑工程,其地下水对填筑体破坏作用包括浸泡软化、渗透变形、动水压力和冻融。地下水对填方工程本身影响评价重点是在认真分析前期勘察资料和填料特性基础上,结合施工图、施工方案、施工单位实际的施工水平和管理能力以及气候条件,根据地下水监测资料,分析施工以及填筑完成后地下水形成及变化规律,评价地下水对原场地地基、填筑体可能产生的浸泡软化、渗透变形、动水压力、冻融、潜蚀、真空吸蚀等的不良作用以及可能产生的过大沉降、溜坍、滑坡、塌陷等危害。

14.6.2 地下水对环境影响后评价

1）次生地质灾害

（1）土洞

当采用旋喷、CFG 桩等进行地基处理时，由于排泄途径被堵塞，可能造成地下水位抬高，浸泡软化填方区周边土洞顶板，降低其抗剪性能而发生塌陷。

施工过程中不断进行地下水的疏排、堵塞，加之降水、地面管道渗漏，常使地下水不断升降。地下水的反复升降，淘蚀填方区周边原土洞顶板，使之变薄和软化，抗剪强度降低而塌陷；同时，地下水的反复升降，在基岩与覆盖层界面易形成新的土洞，不断发展而塌陷。

施工中要进行地面排水和地下水的疏排，当这些水排往填方区周边低处的过程中不断渗入地下，源源不断地将细粒物质带走，逐步形成土洞而塌陷[43,52]。

地下水评价的重点是分析填方区周边土洞形成条件，根据地表水、地下水排放路线、区域和措施，并结合周边地下水位监测，分析土洞形成和塌陷可能性和区域，评价其对工程和人们生产、生活的影响。

（2）岩溶塌陷

岩溶地区高填方区多位于地势低洼的地下水排泄区，软弱土发育，需要进行地基处理。地基处理方法多为垫层强夯、碎石桩、换填，并辅以盲沟和管涵等排水措施。块碎石换填排水效果最好，但引发的环境工程问题也比较明显。

对岩溶区地下水后评价的重点是在工程区地下水监测基础上，根据出水量的突变（尤其是突增），结合前期勘察资料，分析突增水量的来源、径流途径，分析可能造成的岩溶塌陷等工程地质问题，评价岩溶塌陷对环境危害。

（3）滑坡

填方工程诱发的滑坡很多，多数与地下水有关。常见的是横跨沟谷的填筑体上游地下水位升高，浸泡软化土体和结构面而发生滑坡。地下水对滑坡影响评价应按《滑坡防治工程勘察规范》（DZ/T 0218—2006）[53]等相关规范进行。

（4）地面沉降

由于填方工程而引发的地面沉降报道很少。笔者在实践中曾遇到距离填方区约300m的半基岩半土层地基上的二层民房在原场地地基处理后开裂。经变形监测，民房所在土层地面沉降 3 ~ 5 cm，综合分析是原场地地基处理降水而引起地面沉降所致。

2）井、泉等流量、水质

填方工程对地下水环境影响主要表现为井、泉流量变化，其次是水质变化。填方工程原场地地基处理时往往需要对地下水进行疏排，增大了填方区地下水排泄量，其周边井水位、泉流量往往受到影响，多表现为井水位下降、泉流量减小。

当采用旋喷、CFG 桩等进行地基处理时，由于排泄途径被堵塞，可能会壅高地下水位，其上游井水位上升、泉流量增大，而下游井水位下降、泉流量减小，同时伴随水质变化，对人们的生产生活造成一定影响。

所以在水文地质调查的基础上，应对周边环境的井、泉等流量、水质进行评价，着重对人们的生产生活影响进行评价，评价方法可按《环境影响评价技术导则 地下水环境》（HJ 610—

179

2016)[51]等国家和地方环境影响评价规范。

14.6.3　评价阶段划分

地下水后评价宜按填方工程的形象进度进行划分,一般可分为原场地地基处理后评价、土石方工程结束后评价和工程竣工后评价三个阶段。对地质条件复杂、土石方工程量大、工期长的填方工程应在每个阶段基础上分亚阶段进行评价。工程竣工后评价结束后应对整个填方工程进行总体后评价。

第15章 斜坡稳定性勘察

受净空条件制约,同时为了节约耕地,保护环境,在山区、丘陵建设的机场越来越多,斜坡的稳定性问题日益突出。机场牵涉到斜坡稳定性问题包括滑坡、崩塌,其中以滑坡为主。滑坡类型既有岩质滑坡,也有土质滑坡;既有古滑坡,又有潜在不稳定斜坡;既有分布在道槽区滑坡,也有分布在土面区、航站区或其他区域不稳定斜坡。建设过程中受斜坡稳定性影响明显的机场有荔波机场、仁怀机场、六盘水机场、威宁机场、腾冲机场、大理机场、攀枝花机场、绵阳机场[54]、重庆江北机场[55]、吕梁机场[56,57]、西安咸阳机场、宜昌三峡机场[58]、深圳机场[59],武夷山机场[60]等。大部分机场通过专项勘察、施工勘察查明斜坡稳定性条件,进行了合理处理,机场建设和营运安全,但也有个别机场由于勘察缺陷,造成了重大损失,如攀枝花机场[61]。

15.1 勘察范围、时间

15.1.1 勘察范围

斜坡稳定性勘察范围应包括不稳定斜坡、潜在不稳定斜坡,以及对斜坡稳定性有影响的临近区域和斜坡发生移动后可能影响到的区域、施工活动可能引起场地外相临地段发生斜坡稳定性问题的区域。

斜坡发生移动后可能影响到的区域指斜坡移动后可能引发工程区外滑坡、崩塌、泥石流等地质灾害的区域,如攀枝花机场12号滑坡发生后诱发了其下部相邻的易家坪古滑坡复活[61,62],专项勘察时易家坪滑坡应作为专项勘察范围。

机场建设范围大,土石方工程施工振动大、对地表水和地下水补给、径流和排泄条件改变明显,已发生了多起机场建设引起场地外斜坡的稳定性问题,包括古滑坡复活、潜在不稳定斜坡的滑移、崩塌等,山区、丘陵地区深挖高填机场应重视机场建设临近场地斜坡稳定性勘察。

15.1.2 勘察时间

斜坡稳定性专项勘察一般在详细勘察之后进行,但对机场场址稳定性或场址确定有决定性影响和对机场建设投资、工期有重大影响的斜坡应在选址阶段或初勘之后进行。

15.2 勘 察 依 据

斜坡稳定性专项勘察主要依据:
(1)斜坡稳定性专项勘察技术要求。

（2）《民用机场勘测规范》（MH/T 5025—2011）。

（3）《滑坡防治工程勘查规范》（DZ/T 0218—2006）。

（4）当地的地质灾害相关勘察规范。

（5）斜坡治理工程的初步方案。

（6）前期勘察资料。

15.3 勘 察 方 法

斜坡稳定性专项勘察应以工程地质测绘、钻探、探井(槽)、室内外试验为主,物探为辅的方法。

15.3.1 工程地质测绘

工程地质测绘宜采用资料收集、遥感解译、无人机图片解译、三维激光扫描和现场调查相结合方法。

1）资料收集

资料收集内容包括:基础地质、工程地质、地下水、地表水、气象、地震、人类活动、斜坡变形和移动历史、当地斜坡变形监测、防治资料等。

2）遥感、无人机图片解译

收集近期场地卫星照片或进行无人机拍照,进行解译,比例尺 1:1000 ~ 1:5000。解译重点:斜坡范围、疑似滑坡和崩塌的轮廓、形态要素、泉点、地表水系、湿地分布和植被特征。

3）现场调查

现场调查应采用远景观测与场地测绘相结合方法。

（1）远景观测

远景观测指在斜坡外合适的位置观测,核实遥感、无人机图片解译疑似滑坡和崩塌的轮廓、形态要素或在地形图上勾绘疑似滑坡和崩塌的轮廓、形态要素,为场地内测绘提供指导。地形复杂,尤其是植被发育的斜坡远景观测十分重要,场地内很难发现大型滑坡或大型潜在不稳定的斜坡,如 LPS 机场包括中部大型滑坡在内 60% 以上的滑坡、MT 机场中部、西北部 6 个大型潜在不稳定斜坡、TC 机场中北部 2 个大型滑坡等均通过远景观测发现。

远景观测比例 1:1000 ~ 1:5000。

（2）场地内测绘

场地测绘应包含下列内容:

①地面坡度、高差、沟谷与平台、鼓丘与洼地、阶地与堆积体、临空面特征等宏观地貌特征;斜坡陡壁、台坎、反坡、鼓胀、裂缝等微地貌特征。

②地表水、地下水、泉和湿地等的分布。

③地层分布、产状、成因、风化程度、组合特征,尤其是软弱夹层等结构面特征。

④地质构造、岩体节理和裂隙发育状况和完整程度。

⑤各类植被分布,尤其是马刀树、醉汉林等分布及特征。

⑥场地内开挖坡脚、台阶、采矿、修渠、修路、弃渣、窑洞等位置、形态、规模、时间等人类活动。

⑦场地内民房、工程设施等的变形特征。

场地内测绘比例1:200~1:500,用于稳定性计算的地质剖面应实测,测绘比例1:100。

15.3.2 勘探

1)勘探线布置

勘探线布置应在地质测绘的基础上,根据斜坡特征,针对性布置,不宜采用等间距方格网式布置。

(1)沿滑坡主滑方向和潜在不稳定斜坡可能的滑动方向至少布置一条主勘探线,在主勘探线外布置纵向辅助勘探线;垂直主勘探线布置横勘探线,且宜重点布置在滑坡中部至前缘可能的剪出口之间。

(2)主勘探线与辅助勘探线间距30~50m,横勘探线间距40~80m。

(3)主要勘探点应布置勘探线上。主勘探线上勘探点间距30~50m,且不应少于3个;辅助勘探线上间距50~100m。

2)勘探方法

斜坡稳定性勘探应采用物探、钻探、探井(槽)相结合的方法,三者相互补充、相互验证。

(1)物探

应根据场地地质结构、地形与交通条件和当地勘察经验,选择电法为主的综合物探方法。物探线应与钻探勘探线重合。

(2)钻探

钻探应严格执行《建筑工程地质勘探与取样技术规程》(JGJ/T 87—2012),且主勘探线上钻孔还应符合下列要求:

①滑动面或潜在滑裂面(带)地下水位以上黏性土、粉土、人工填土和不易塌孔的砂土应干钻;地下水位以下的地层采用双管单动或三重管钻进。缩孔或塌孔时泥浆护壁或跟管钻进。

②滑动面或潜在滑裂面(带)及其上下5m,钻探回次进尺不得大于0.3m。

③钻孔终孔孔径不应小于91mm,孔斜偏差小于2%。

④采芯率应大于85%。

⑤准确测量初见水位、稳定水位。

(3)探井(槽)

矩形探井短边长度不宜小于1.5m,圆形探井直径不宜小于1.0m;探槽长度根据需要确定。探井、探槽深度应揭穿滑动面或潜在滑裂面进入稳定层0.3m或至不可挖为止。

3)勘探深度

勘探深度应穿过最下一层滑面,进入稳定层3~5m,拟布设抗滑桩或锚索部位的控制性钻孔深度应大于滑体厚度1/2,且不小于8m。

15.3.3 试验

1)室内试验

(1)采样要求

①在钻孔、探井(槽)中采取Ⅰ级原状土样进行滑带和滑体或潜在滑带和滑体岩土物理力学试验;当无法采取原状土样时,可采取保持天然含水量的扰动土进行重塑土试验。

②钻孔中采样应使用薄壁取土器,静力压入。土样直径不小于85cm,高度不小于150mm。

③探井(槽)中取样尺寸不小于200mm×200mm×200mm。

④每类岩土样品数不小于6组,并及时蜡封和妥善保存、运输。

(2)试验方法、项目

①对滑坡或潜在不稳定斜坡各类土层、全风化和强风化岩石、软弱结构面、潜在的滑裂面重点进行常规试验、直剪试验、反复慢剪试验和三轴剪切试验等。

②滑面(包括潜在滑面)土体抗剪强度试验类型应根据滑面土的性质和地下水的情况选择,当滑面清楚时可进行室内或现场滑面重合剪试验,当滑面不清楚而成带状分布时,滑带宜作重塑土或原状土反复剪试验,获得滑带土的残余抗剪强度指标。

③对有易溶或膨胀岩土分布的滑坡,应进行不少于3组滑带岩土易溶盐和膨胀性试验。

④物理力学试验指标包括天然重度、密度、土石比、孔隙比;天然含水率、饱和含水率、塑限、液限、颗粒级配、矿物成分及微观结构;压缩模量、c、φ 值和其他强度指标。

⑤每项岩土物理力学试验应不少于6组。

2)现场大剪试验

(1)对浅层滑坡或潜在不稳定斜坡中的软弱土层、软弱结构面、潜在的滑裂面应进行现场大型剪切试验。

(2)当滑带或潜在滑带中粗颗粒含量较高时,应进行现场大型剪切试验。

(3)剪切面积大于或等于2500cm^2,最小边长不应小于50cm,试体高度不宜小于25cm。

(4)试验中基座或滑床的长度和宽度应大于试样的长度和宽度的15cm,且试样的间距为边长2倍以上。

(5)试验的推力方向与滑体或潜在不稳定斜坡滑动方向一致,着力点与剪切面的距离,或剪切缝的宽度不宜大于剪切方向试体长度5%。

15.4　斜坡稳定性评价

15.4.1　参数取值

1)取值方法

斜坡现状稳定性评价中滑带或潜在滑面的岩土抗剪强度参数取值应结合斜坡变形滑动阶段、试验方法、工程类比、参数反演结果和当地经验综合确定。一般来讲,处于暂时稳定滑坡取滑带土峰值强度,变形滑动滑坡取滑带土残余强度,潜在不稳定斜坡取滑体土峰值强度。

2)经验参数

在机场及其他工斜坡程勘察及治理中,积累了较为丰富经验,表15-1为部分经验值。

岩土与结构面抗剪参数经验值

表 15-1

岩土或结构面名称	地区	黏聚力 c(kPa)	内摩擦角 φ(°)	文　献
马兰黄土	山西	30	23	
离石黄土	山西	49	24	吕梁机场
黄土滑坡滑带土	山西	0~18	15~29	

岩土或结构面名称		地区	黏聚力 c(kPa)	内摩擦角 φ(°)	文　献
坡残积碎石层	天然	贵州	20.0	22.0	六盘水机场
	饱水	贵州	16.0	20.0	
坡残积黏土层	天然	贵州	35.0	10.0	
	饱水	贵州	22.0	6.5	
强风化炭质泥岩	天然	贵州	50.0	14.0	
	饱水	贵州	31.0	11.5	
软塑红黏土	天然	贵州	25	5.0	仁怀机场
可塑红黏土	天然	贵州	34.5	10.4	
	饱水	贵州	27.8	7.8	
红黏土与白云岩的基覆界面	天然	贵州	17.5	9.2	
	饱水	贵州	30.0	12.2	
白云岩中软弱结构面	天然	贵州	34.5	10.4	
	饱水	贵州	27.8	7.8	
泥岩结构面		西南地区	55~80	20~30	
黏土岩结构面		西南地区	25~100	10~20	
页岩结构面		西南地区	45~100	20~30	
泥灰岩结构面		西南地区	65~200	20~40	
现代滑面		四川	15~18	5~6	攀枝花机场
古滑面		四川	20	7	
软弱结构面(粉质黏土与泥岩接触面)	天然状态	四川	30	10	
	浸水饱和状态	四川	18	6	
泥化结构面	纯泥型	西南地区	2~5	10~14	参考文献[63]
	泥夹碎屑型	西南地区	20~50	14~19	
	碎屑夹泥型	西南地区	50~100	19~22	
	岩块碎屑型	西南地区	100~250	22~29	
	闭合结构面	西南地区	50~100	22~35	

15.4.2　稳定性计算

斜坡稳定性计算应在斜坡岩土结构、滑动面形态或潜在滑动面类型、破坏模式、演化阶段、地形和场地环境条件等定性分析的基础上,选用圆弧滑动法、折线滑裂面、工程地质类比法、极限平衡法、三维数值法等。

(1)主勘探线地质剖面和其他用于稳定性计算的辅助勘探线地质剖面,应正确划分牵引段、主滑段和抗滑段。

(2)当滑动面为单一平面或圆弧形,可采用瑞典条分法进行稳定性评价和推力计算,用毕肖普等法进行校核。

（3）当滑面为折线时,可用传递系数法进行稳定性评价和推力计算,用詹布法等方法校核。

（4）对复杂场地除进行工程地质类比法、二维和三维极限平衡法分析外,尚宜进行三维数值法分析。

（5）有地下水作用时,应计入浮托力和水压力。

（6）当有地震作用、洪水冲刷和人类活动等影响因素时,斜坡稳定性计算应考虑这些因素的影响。

（7）当有局部滑动可能时,除验算整体稳定外,尚应验算局部稳定。

15.4.3 稳定性评价

在斜坡稳定性定性分析、定量计算、工程类比等基础上进行斜坡稳定性综合评价,评价内容包括:

①斜坡现状评价;

②填方荷载作用下斜坡稳定性评价;

③挖方区斜坡在挖方、道路修建切脚后稳定性评价。

斜坡稳定性评价标准:无填方荷载作用的斜坡稳定性标准执行《滑坡防治工程勘查规范》（DZ/T 0218—2006）;填方荷载作用下斜坡稳定性评价标准执行《民用机场岩土工程设计规范》（MH/T 5027—2013）表4.3.2中标准;挖方区斜坡在挖方、道路修建切脚后稳定性评价执行《建筑边坡工程技术规范》（GB 50330—2013）。

15.5 勘察报告

斜坡专项勘察报告应包括下列重点内容:

（1）斜坡的地貌、微地貌特征。

（2）斜坡地质结构、空间几何特征、滑带或潜在滑动面形态、规模、分布。

（3）地下水特征及对斜坡稳定性影响。

（4）斜坡变形特征、发展阶段及趋势。

（5）滑带或潜在滑动带岩土的物理力学性质,尤其是抗剪参数的试验及取值方法。

（6）斜坡稳定性计算方法。

（7）斜坡稳定性、建设场地适宜性评价。

（8）不稳定或潜在不稳定斜坡防治、监测方案的建议。

报告中应说明,勘察阶段提供的稳定系数和下滑推力可作为斜坡稳定性治理设计的参考,不能作为设计之依据。

15.6 案 例

15.6.1 CH机场斜坡稳定性专项勘察

1）概况

CH机场飞行区建设规模为4C,跑道长度为3000m,宽度为45m。工程区海拔高程在2358～

2520m,地形复杂,最大高差160余米;主要地层为第四系粉质黏土、黏土、淤泥以及碎石,下石炭统摆佐组(C_1b)、中石炭统黄龙群(C_2hn)、上石炭统马平群(C_3mp)、二叠系下统栖霞组(P_1q)的灰岩、白云岩,二叠系下统梁山组(P_1l)砂岩、炭质页岩和泥岩。场区共有14个斜坡处于不稳定或潜在不稳定状态,其中1号、2号、7号、9号、12号、13号斜坡位于高填方区,对机场建设影响明显,如图15-1所示。鉴于斜坡地质条件复杂性和工程的重要性,详勘报告和预可研、可研评审意见均建议对1号、2号、7号、9号、12号、13号斜坡进行专项斜坡勘察。

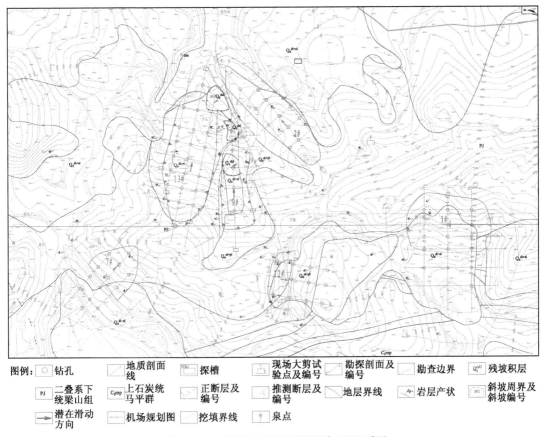

图例: ⊙ 钻孔　▭ 地质剖面线　▭ 探槽　▭ 现场大剪试验点及编号　◿ 勘探剖面及编号　╱ 勘查边界　Q^{edl} 残坡积层

　▭ P_1l 二叠系下统梁山组　▭ C_3mp 上石炭统马平群　╱ 正断层及编号　▭ 推测断层及编号　╱ 地层界线　⤡ 岩层产状　⬭ 斜坡周界及斜坡编号

　→ 潜在滑动方向　▭ 机场规划图　▭ 挖填界线　✦ 泉点

图15-1　CH机场潜在不稳定斜坡综合工程地质图

2)勘察方法

(1)工程地质测绘

工作方法以垂直地貌单元和构造线为原则,采用追索法和穿越法相结合,对地层、地貌、构造界线等定点进行详细工程地质测绘,同时还对泉点、水塘等进行调查访问。

(2)钻探

采用XY-100型钻机对土层钻探取芯,钻进时采用植物胶固芯护壁、单动双管、金刚石钻头回转钻进工艺进行全断面取芯,岩芯采取率达85%以上。勘探孔间距25～40m,控制性钻孔按进入潜在滑动面下5～8m控制,一般性钻孔按进入潜在滑动面下3～5m控制。

(3)坑槽探

采用人工开挖、掘进,平面不小于2.0m×3.0m。连续观察和描述滑体、滑带、滑床岩土组成与结构特征。

（4）室内试验

土样主要试验项目为常规和抗剪试验；岩样主要做抗压和抗剪试验。

3）斜坡稳定性分析

（1）定性分析

1号、7号、12号斜坡区地形呈上下陡中间缓折线型，岩性以薄–中层砂岩、页岩、泥岩为主，局部含软弱夹层，岩体裂隙较发育；地下水埋藏较深，沿着构造及层间裂隙径流，对岩体有一定潜蚀、溶蚀和软化作用；第四系覆盖层残坡积土厚度1~4.8m，是区内主要易滑地层，局部发育小型滑坡。1号、7号、12号斜坡区整体稳定，工程地质条件较好，但在填方作用下，可能沿基覆界面和页岩、泥岩滑动。

2号、9号、13号斜坡区地形为折线型，斜顺向~顺向坡，岩层倾角与斜坡坡度相差不大，不利于斜坡的整体稳定性；地下水较丰富，接受大气降雨补给，沿着基覆界面、基岩构造和层间裂隙径流，对岩（土）体有一定潜蚀和软化作用；第四系覆盖层残坡积土堆积厚度1~3m，整体现状稳定。9号、13号斜坡区目前整体处于基本稳定~欠稳定，工程地质条件较差，在填方作用下，沿基覆界面、页岩、泥岩滑动可能性大。

（2）定量计算

①计算参数取值

对潜在滑面（滑移面）强度参数采用室内试验、现场大剪试验、斜坡稳定性反演、工程类比等手段综合获取，见表15-2。

潜在滑移面（滑移面）力学性质指标综合取值表
表15-2

岩土参数 岩土类型	天然状态		饱水状态	
	黏聚力 c(kPa)	内摩擦角 φ(°)	黏聚力 c(kPa)	内摩擦角 φ(°)
机场填土	6.5	28.0	5.5	24.0
原地面黏土	33.5	11.0	21.1	9.0
基覆界面黏土	31.0	11.2	19.5	9.2
炭质页岩	28.0	15.0	20.0	9.5
泥岩	45.0	10.5	30	9.0
炭质泥岩	28.0	10.2	20	8.9
强风化泥岩	50	15.5	40	12.4
强风化页岩	48	16.0	32	10.0

②计算方法

斜坡稳定性计算采用二维、三维极限平衡法和三维有限元法，计算、模拟、分析原场地斜坡的稳定性和斜坡在其上高填方后填筑体、填筑体与斜坡整体稳定性。二维极限平衡法采用简化 Bishop 法和指定滑面的不平衡推力法，同时采用北京理正边坡软件和中仿科技边坡软件进行计算。有限元数值模拟采用 FLAC 3D 软件。

计算中假设填筑体总坡度1:2.2，单级坡度1:2，单级坡高10~12m，马道宽2m。填筑体与原地面开挖台阶接触，阶面：阶高=2:1。

③计算结果

代表性计算剖面、模拟成果如图15-2～图15-4所示,计算结果见表15-3。

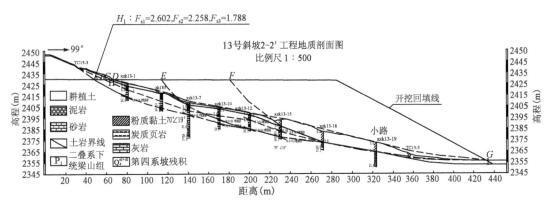

图15-2 13号斜坡代表性计算剖面图

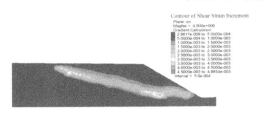

图15-3 13号斜坡填方后剪应变

图15-4 13号斜坡塑性区分布图

斜坡稳定性计算成果　　　　　　　　表15-3

项 目 编 号		1号斜坡			2号斜坡			7号斜坡		
		天然工况	暴雨工况	地震工况	天然工况	暴雨工况	地震工况	天然工况	暴雨工况	地震工况
原始斜坡	沿强风化砂岩界面	1.61	1.22	1.13	—	—	—	2.32	1.83	1.79
	沿基覆界面	1.82	1.23	1.40	—	—	—	2.50	1.82	1.62
	沿岩体软弱结构面	—	—	—	1.48	1.21	1.03	—	—	—
机场修建后高填方边坡	沿强风化砂岩界面	1.6	1.3	1.01	—	—	—	1.77	1.41	1.35
	沿基覆界面	1.84	1.33	1.11	1.01	0.8	0.78	1.43	1.02	1.07
	沿岩体软弱结构面	—	—	—	0.93	0.75	0.69	—	—	—
	沿原地面	—	—	—	1.11	0.78	0.74	1.73	1.18	1.3

项 目 编 号		9号斜坡			12号斜坡			13号斜坡		
		天然工况	暴雨工况	地震工况	天然工况	暴雨工况	地震工况	天然工况	暴雨工况	地震工况
原始斜坡	沿强风化砂岩界面	2.32	1.83	1.79	2.75	2.01	1.99	—	—	—
	沿基覆界面	2.50	1.82	1.62	2.42	1.58	1.98	1.91	1.33	1.32
	沿古滑面	1.38	1.03	1.01	—	—	—	1.55	1.00	1.09
	沿砂页岩交界面	—	—	—	—	—	—	1.59	1.03	1.13

项 目 编 号		9 号斜坡			12 号斜坡			13 号斜坡		
		天然 工况	暴雨 工况	地震 工况	天然 工况	暴雨 工况	地震 工况	天然 工况	暴雨 工况	地震 工况
机场 修建 后 高填 方边 坡	沿强风化砂岩界面	—	—	—	5.30	4.11	2.74	—	—	—
	沿基覆界面	0.94	0.71	0.76	4.38	3.32	2.13	1.03	0.81	0.73
	沿原地面	2.84	2.28	1.79	3.92	2.86	1.88	1.29	0.98	0.86
	沿古滑面	2.66	1.70	1.56	—	—	—	1.45	1.01	0.94
	沿砂页岩交界面	—	—	—	—	—	—	1.49	1.05	0.96

④稳定性分析

根据《民用机场岩土工程设计规范》(MH/T 5027—2013),结合当地工程经验,边坡稳定安全系数按表 15-4 取值。

边坡稳定安全系数取值   表 15-4

天 然 工 况	暴 雨 工 况	地 震 工 况
1.30	1.15	1.05

1 号斜坡填方前在天然工况、暴雨工况、地震工况下稳定,但填方后在地震工况下斜坡稳定性 1.01,不满足设计要求,控制性结构面为强风化砂岩。

2 号斜坡在天然工况、暴雨工况稳定,但地震工况下不满足设计要求,控制性结构面为岩体内软弱结构面;填方后三种工况均不满足设计要求,如不进行处理,在填方施工中将会发生滑动,控制性结构面为岩体内软弱结构面、原地面和基覆界面。

7 号斜坡在天然工况、暴雨工况、地震工况下稳定;填方后在暴雨工况下不稳定,控制性结构面为基覆界面。

9 号斜坡在天然工况稳定,暴雨工况、地震工况下不稳定,控制性结构面为古滑面;填方后三种工况均不满足设计要求,如不进行处理,在填方施工中将会发生滑动。控制性结构面为基覆界面。

12 号斜坡填方前、后在天然工况、暴雨工况、地震工况下稳定。

13 号斜坡在天然工况稳定、地震工况,暴雨工况下不稳定,控制性结构面为古滑面、砂页岩交界面;填方后三种工况均不满足设计要求,如不进行处理,在填方施工中将会发生滑动。控制性结构面为基覆界面、原地面、古滑面和砂页岩交界面。

4)斜坡处理方案建议

根据场地地形条件、填方高度和稳定性分析结果,提出了挖除浅层不稳定斜坡,回填级配碎石,以及充分利用地形和弃土条件,采用坡脚反压平台为主,局部布置抗滑桩的处理方案。

15.6.2 西安咸阳国际机场污水排放口滑坡勘察[64、65]

1)概况

西安咸阳国际机场污水排放口潜在滑坡位于泾阳县高庄镇傅家村黄土台塬下、泾河高漫滩之上。黄土台塬高出泾河约 90m,大致与泾河平行。

该潜在滑坡距长庆油田输油管线 150m,若发生滑动可能对输油管线造成严重破坏,造成重大损失。

2)勘察方法

勘察方法主要为工程地质测绘、探井、高密度电法物探、钻探和室内试验的综合方法,勘探线布置如图 15-5 所示。钻探深度进入潜在滑面下 20m,如图 15-6 所示。

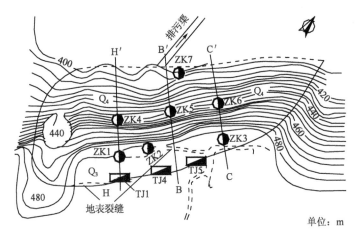

图 15-5　潜在滑坡平面图

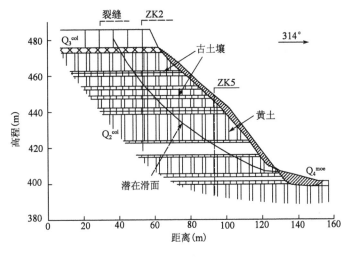

图 15-6　地质剖面图

3)斜坡稳定性分析

(1)定性分析

坡体后缘约 43m 处有一条近东西向裂缝,长度约 100m,宽度多在 10～60cm,最宽处可达 120cm。坡体内已形成 2 条贯通裂缝,宽度 10～90cm,均呈上宽下窄的趋势,有泥水从污水排放口西约 60m 处坡脚的裂缝中渗出。同时,地表水沿裂缝的垂直入渗使黄土及古土壤软化,抗剪强度降低,滑体质量增加,加之人为开挖坡脚,进一步促使滑坡稳定性恶化。斜坡坡体局部处于不稳定状态,整体处于缓慢蠕变变形的极限状态。

（2）定量计算

①计算参数取值

斜坡稳定性计算参数采用 40 个潜在滑带土样品做直剪试验和三条剖面参数反演获得,见表 15-5。

潜在滑带土抗剪参数 表 15-5

参 数	反 演 值	报告推荐值	试验平均值	大值平均值	小值平均值
黏聚力 c(kPa)	73.5	50	37.9	50	29.1
内摩擦角 φ(°)	30	30	27.1	29	24.2

②计算方法

斜坡稳定性计算采用二维、三维极限平衡法和二维、三维有限元法。二维极限平衡法采用简化 Bishop 法;三维极限平衡采用三维旋转椭球体模型;有限元数值模拟采用 Midas-GTS 有限元软件中的 Mohr-Coulomb 理想弹塑性材料模型,用强度折减法计算潜在滑坡稳定系数。计算结果见表 15-6。

各种方法计算结果 表 15-6

计 算 方 法	反 演 值	报告推荐值	试验平均值	大值平均值	小值平均值
二维极限平衡法	1.00	0.88	0.77	0.85	0.65
二维有限元法	1.04	0.94	0.81	0.91	0.69
三维极限平衡法	1.00	0.91	0.78	0.88	0.67
三维有限元法	1.54	1.41	1.21	1.36	1.04

③成果分析

勘察时滑坡处于极限平衡状态,不同方法采取不同参数计算稳定性系数接近 1 才正确。根据表 15-5,对黄土潜在不稳定斜坡稳定计算,不同计算方法应采取不同的参数值:二维、三维极限平衡法和二维有限元法宜选取直接剪切试验的大值平均值,三维有限元法取直接剪切试验的小值平均值较为合理。

根据分析结果,提出开挖台阶的卸载压脚方案,取得了良好效果。

15.6.3 攀枝花机场[66~72]

攀枝花机场位于攀枝花市区东南部仁和区保安营村,土石方填方量 2820 万 m^3,挖方量 2860 万 m^3,道槽区填方最大高度达 58m,场区最大填方高度 64m、最大挖方高度约 50m。由于场地地质条件复杂和勘察、设计缺陷,自 2000 年 6 月 28 日机场开工建设以来已发生了多次滑动,造成数亿元经济损失和恶劣社会影响。

1）滑坡概况

攀枝花机场于 2000 年 6 月 28 日开工,同年 8 月 20 日,场区北端的一个古滑体前缘缓坡地带出现多条裂缝,施工单位在附近搭建的临时建筑出现墙体和地面开裂,相邻边坡出现滑动。到 12 月陆续发展,场区内多处出现地基和填筑体开裂、滑移、挡土墙拉裂等现象。2001年 5 月 26 日,场区中部偏北出现长约 170m、宽约 85m 范围的表层覆土及上部填筑体沿下部基岩接触面快速滑动,滑动体沿垂直跑道方向推移了约14m,沿平行跑道方向滑动了1.6m,发生滑动的土体体积约8.5万 m^3。2004年,在特大暴雨之后,机场东北角高填方边坡发生滑动,滑动体积约45万 m^3。2009年9月,12号滑坡出现明显的张拉裂缝和下错现象,前缘挡墙被推挤变形开裂。同年10月3日,边坡开始剧烈滑动,产生整体失稳破坏并覆盖于易家坪老滑坡之上,并使易家坪老滑坡再次复活,如图15-7~图15-9。2011年6月8日至7月15日在几次强降雨后再次发生滑动变形,导致机场边缘的12号滑坡体已实施的应急抢险工程基本被破坏。

图15-7　12号滑坡照片[61]

图15-8　12号滑坡滑带照片[61]

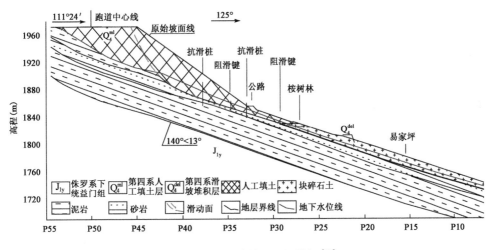

图15-9　12号滑坡工程地质剖面[61]

2)勘察缺陷分析

据相关研究,攀枝花机场滑坡主要是填筑体和原场地第四系坡残积层粉质黏土沿倾斜8°~15°的基覆界面滑动。控制性软弱结构面为厚度几厘米至几十厘米的灰白、灰黄色具有弱膨胀性的粉质黏土,渗透性差,并在此带形成滞水层,在长期浸泡软化作用下,粉质黏土的物理力学性质进一步降低。

经系统分析,该机场勘察工作存在以下不足:

(1)勘察单位对机场建设特点认识不深入,勘察工作按房建等进行。

(2)未委托有经验的专业勘察队伍对地质条件复杂的拟选场址进行选址勘察;初步勘察、

详细勘察队伍机场勘察知识缺乏,对机场建设场地内潜在不稳定斜坡危害性认识不足,其主要勘察工作未布置在潜在不稳定斜坡区、古滑坡区。

(3)初步勘察、详细勘察、补充或专项勘察中对潜在滑动面(带)及其上地下水影响未有足够认识,未查明潜在滑动面(带)分布、厚度、物理力学特性,滑带上地下水的分布、水位、补给、径流和排泄条件,以及地下水对滑带土的软化、促滑作用。

(4)钻探工艺未按相关规范严格执行,分布在潜在不稳定斜坡区的钻孔大部分因为工艺问题而未能有效揭露潜在滑动面(带)和准确测量钻孔水位,遗漏了斜坡稳定性控制性因素。

(5)采样方法和工艺未按规范执行,漏采了滑带土;现场大剪试验,代表性不强,所提出的抗剪强度指标过高,见表15-7。据此指标计算的填方竣工后的场区稳定系数高达2.0以上,造成场区长期稳定的错觉,导致重大工程失误。

攀枝花机场抗剪参数对比表 表15-7

岩　　性		勘 察 阶 段				施工、治理阶段	
		室内试验		原位试验		综合取值	
		黏聚力 c（kPa）	内摩擦角 φ（°）	黏聚力 c（kPa）	内摩擦角 φ（°）	黏聚力 c（kPa）	内摩擦角 φ（°）
粉质黏土	天然状态	67	17	77	31	30	19
	饱和状态			38	26	18	14
现滑动面						15 ~ 18	5 ~ 6
古滑动面						20	7
软弱结构面(粉质黏土与泥岩接触面)	天然状态			76	30	30	10
	浸水饱和状态			53	26	18	6

(6)对潜在不稳定斜坡区原场地地基采用强夯处理的建议不合理,对设计起了误导作用,导致强大的冲击力对倾斜基底上第四系土层造成松动,降低了潜在滑动带土的抗剪强度,诱发古滑坡复活。

第16章　泥石流勘察

泥石流是机场工程场地主要的工程地质问题之一,当泥石流发生条件的存在对机场建设和安全具有重大安全隐患或泥石流的发生对机场安全有重要影响时应进行泥石流的专项勘察。

16.1　勘察时间、阶段与范围

16.1.1　勘察时间、阶段

泥石流主要影响场地稳定性和安全,是机场场址确定、灾害防治的主要因素之一,泥石流专项勘察可分为控制性勘察和防治工程勘察两个阶段。控制性勘察应在选址勘察阶段进行,防治工程勘察应在初步勘察阶段之后或在详勘阶段进行。

控制性勘察是通过搜集和分析以往地质资料、调查测绘、勘探和测试等工作,查明泥石流的分布、范围、规模、类型、发生与发展原因、发展阶段、爆发频率,分析泥石流爆发产生的淤积、冲蚀作用对机场建设场地的危害,评价进行机场工程建设的适宜性。

防治工程勘察是在场址确定之后对机场建设可接受的可控性泥石流进行详细勘察和施工勘察,为设计提供地质依据和岩土参数,提出处理措施建议。

16.1.2　勘察范围

勘察范围为沟谷至分水岭的全部地段和可能受泥石流影响区域,包括形成区、流通区和堆积区所在的全部区域。

16.2　控制性勘察

泥石流控制性勘察应以工程地质测绘为主,工程物探、钻探和探井为辅。

16.2.1　工程地质测绘

工程地质测绘应采用资料收集、遥感图像解译、无人机航测与现场调绘相结合方法。测绘比例尺,对全流域可采用1:50000~1:100000,对中下游可采用1:1000~1:10000。现场测绘路线可采用网格式、纵横穿越的水系式,一般可从堆积扇开始,沿河沟步行调查至沟源、分水岭止。工作内容包括:

(1)收集流域内的地形图、气象水文资料、区域地质与地震资料、区域内地质灾害资料,如滑坡、崩塌体、古泥石流堆积体等。

（2）收集场地及影响区内泥石流发生的历史记载及其发生时间和频次、与泥石流有关的环境变化资料,包括兴修水利、道路、采矿弃渣、植被破坏等。

（3）调查沟谷的发育程度、切割情况,地面坡度等地形地貌特征,划分泥石流的形成区、流通区和堆积区。

（4）查明形成区的水源类型、水量、汇水条件、山坡坡度,岩层性质和风化程度;查明断裂、滑坡、崩塌、岩堆等不良地质作用的发育情况及可能形成泥石流固体物质的分布范围和储量。

（5）查明通过区的沟床纵横坡度、跌水、急弯等特征;沟床两侧山坡坡度、稳定程度,沟床的冲淤变化和泥石流的痕迹。

（6）查明堆积区的堆积扇的分布范围、表面形态、纵坡、植被、沟道变迁和冲淤情况,以及堆积物的性质、层次、厚度等。

（7）调查泥石流沟谷的历史,历次泥石流的发生时间、频数、规模、形成过程,暴发前的降雨情况和暴发后产生的灾害情况。

（8）调查开矿弃渣、修路切坡、砍伐森林、陡坡开荒和过度放牧等人类活动情况。

（9）调查当地防治泥石流的经验、监测情况和治理效果。

16.2.2　工程勘探

1）勘探线布置

（1）主勘探线,即纵勘探线:沿泥石流主流线布置,贯穿形成区、流通区和堆积区;辅助勘探线,即横勘探线:近垂直流线布置在泥石流体较厚的地带,一般在形成区和堆积区各布置一条,小型泥石流流通区布置一条横向勘探线,中型及大型泥石流流通区布置2~3条横向勘探线。

（2）主勘探线勘探点点距宜为100~150m,在流通区取大值,形成区和堆积区取小值;辅助勘探线勘探点点距宜为50~100m,在可能的治理工程支挡线处应适当加密;每条勘探线上的勘探点应不少于3个。

（3）在泥石流的形成区,如有滑坡、崩塌体等不良地质作用稳定性不明确或堆积体厚度不清时,应布置物探、钻探或探井,并取样进行物理力学性质试验,查清形成区物质来源、分布厚度和岩土特性。

（4）堆积物勘探深度至基床下稳定层厚度应不小于3m,且大于最大块石直径的1.0~1.5倍。

2）勘探方法

宜采用电法、地震物探、探井或探槽为主,钻探为辅方法。当查明滑坡、崩塌体等不良地质作用稳定性时,应按《滑坡防治工程勘查规范》(DZ/T 0218—2006)布置工作。

16.2.3　勘察报告要求

控制性勘察阶段泥石流专项勘察报告须描述和分析泥石流对机场建设危害和工程建设场地适宜性,重点内容包括:

（1）泥石流分布区的地形地貌和工程地质条件。

（2）泥石流形成区、流通区和堆积区的分布和特征。

（3）估计泥石流的规模,划分泥石流的类型,判定泥石流的危害程度,评价机场工程建设的适宜性。

（4）提出泥石流的治理初步措施和监测工作的建议。

16.3　防治工程勘察

16.3.1　详细勘察

1）工程地质测绘

对控制性勘察阶段勘察成果进行深入分析,补充和完善前期勘察中存在缺陷,测绘重点工作包括:

（1）准确测绘泥痕高度、断面面积、纵坡。

（2）水文测绘:测量或计算暴雨、溃决和冰雪消融洪水的流量、流速、洪水位。

（3）复核和进一步测绘可形成固体物源的滑坡、潜在不稳定斜坡的位置、规模和岩土体特征。

（4）拟布置治理工程地段的地形地貌、地层、构造、地下水特征及存在的工程地质问题。

（5）拟布置治理工程地段测绘比例尺宜为 $1:200 \sim 1:500$。

2）工程勘探

详细勘察阶段勘探工作应以钻探为主,物探、坑探和槽探为辅。

（1）勘探线应沿拟布置治理工程的支挡线、排水构筑物位置布置。

（2）每处治理或排水工程的勘探线应不少于 3 条,每条勘探线上勘探点不少于 3 个。

（3）勘探点间距 30 ~ 50m,地质条件复杂时应加密。

（4）泥石流堆积物勘探深度至基床下稳定层厚度应不小于 5m,且大于最大块石直径的 3 倍。

3）钻探要求

（1）松散堆积层中钻进宜采用双管单动钻具、植物胶护壁、无泵或小水量钻进等钻探工艺。

（2）全孔采芯,终孔直径不应小于 110mm。

（3）应记录钻进中遇到的塌孔、卡钻、涌水、漏水及套管变形部位。

（4）松散层采取率应不小于 65% ,风化破碎岩石采取率应不小于 70% ,完整岩石采取率应不小于 90% 。

（5）观测初见水位,起、下钻水位、静止水位。

（6）采集试样。

4）试验

（1）采样数量

采样钻孔的数量不宜少于勘探点总数的 1/3。每类岩土采集数量在流通区及坡面泥石流形成区不应少于 3 组,堆积区不宜少于 6 组。

（2）试验项目

试验项目应针对拟采用治理措施进行,常用治理措施的设计参数如下:

①拦挡坝:覆盖层厚度、基岩重度、承载力、抗剪强度;泥石流性质与类型,发生频次;泥石流体的流速、流量和设计暴雨洪水频率和固体物质颗粒成分、沟床清水冲刷线等。

②桩:锚固段基岩深度、风化程度和力学性质。

③排导槽、渡槽:泥石流流动最小坡度、冲击力、弯道冲高和超高。

④导流堤、护岸堤和防冲堤:基岩埋深、性质、泥石流冲击力和弯道超高、墙背摩擦角。

5)勘察报告

详细勘察报告重点描述和分析拟采用治理工程地段的工程地质条件,治理工程所需的相关参数,重点内容包括:

(1)泥石流流域工程地质条件、活动特征、危害程度及发展趋势。

(2)拟采用治理工程地段的水文地质工程地质条件。

(3)泥石流治理设计所需相关参数。

(4)变形监测建议。

(5)治理措施建议。

16.3.2 施工勘察

施工勘察是施工期间对开挖形成的边坡、基坑和洞体进行地质编录,并根据需要补充适当的探井、钻探等勘探工程,验证、补充和完善已有的勘察成果,并将完善后的勘探成果及时反馈设计和施工的工作过程。

1)地质编录

地质编录即采用观察、实测、照相、摄像等方法对施工揭露的地质现象进行编录和记录。编录内容包括:

(1)松散堆积层的岩性、结构、物质组成、分层厚度。

(2)基岩岩性、结构、风化厚度、节理裂隙发育状况等。

(3)地下水位、涌水量、浑浊度、水温等。

(4)编制施工勘察地质平面图(1:200~1:500)、剖面图或展示图(1:50~1:100)。

2)工程勘探

当施工揭露的地质现象与详细勘察文件不一致时,应补充适当的物探、探井、钻探等勘探工程,勘探工作主要布置在与详细勘察文件不一致区域。

(1)物探方法宜以电法或地震浅层反射法为主。

(2)探井与钻探:充分利用现场机械挖掘探井,当需勘探深度超越挖掘机械挖掘深度或可能破坏地质结构而造成承载力降低、施工作业面破坏、基坑涌水等时,应采用钻探。

3)试验

对与详细勘察文件不一致地层采取试样进行物理力学试验,以及地下水注(抽)试验,获取水文地质参数。

4)勘察报告

施工勘察报告应针对施工中揭露的地质问题编写,重点:

(1)描述施工情况、地质条件变化情况、暴露地质问题。

(2)采取的勘察方法、手段。

(3)地质条件变化区域岩土的物理力学参数、水文地质参数。

(4)监测、治理措施及变更设计建议。

16.4 案 例

1)ML机场泥石流勘察

ML地区位于西藏的东南部,山川秀美,植被茂盛,但区域气候多变,构造发育、岩体破碎、沟谷切割深,泥石流、滑坡、崩塌等地质灾害十分发育,机场选址十分困难。经过十多年努力,于2000年初步选出了晒骨拉、尼西和ML 3个场址,经进一步勘察发现晒骨拉、尼西场址净空条件、构造条件不满足要求,仅剩飞行区2/3位于泥石流堆积体上ML场址,泥石流的危害大小是决定ML机场是否建设的决定因素之一。

(1)2000年8月对ML场址进行泥石流控制性勘察,主要方法为工程地质测绘和探井、探槽。勘察结果表明:

飞行区场地为古泥石流堆积体,主要成分为花岗岩、砂岩块石、碎石、粉质黏土、粉土,如图16-1所示,除地基不均匀外,物理力学性质良好。但其东北端安全区受到其松宗沟谷泥石流威胁,但通过设置拦挡坝、排导槽和导流堤措施,可确保机场安全,机场建设场址可行,如图16-2所示。

图16-1 ML机场古泥石流堆积体　　　　图16-2 ML机场东北端泥石流排导槽施工

(2)2002年4~6月进行详细勘察,通过深入地质测绘和试验,提出设置拦挡坝、排导槽和导流堤所需的泥石流特征参数,并在拟设置治理措施的工程部位进行了钻探为主,探井为辅勘察,查明了松散层厚度、岩土物理力学参数、水文地质参数。

(3)该机场于2006年9月正式通航至今,发生的几次小型泥石流均被有效拦挡和排导,效果良好,场地稳定。该机场工程勘察获全军优秀勘察一等奖,全国勘察设计行业二等奖。

2)AL机场泥石流控制性勘察

AL机场于2000年开始选址,于2002年8月初步选出了狮泉河、古凝村、噶尔昆沙、索麦、前进5个场址。

对5个场址进行遥感卫星解译,发现古凝村场址尽管净空条件、地基岩土的物理力学性质良好,但飞行区的中西部受到泥石流的严重威胁,可能不适宜机场建设,如图 16-3 所示。2002年 10 月,对场址进行现场调查,重点对泥石流进行控制性勘察。

勘察结果表明该区泥石流是主要由冰雪消融洪水冲刷深厚坡残积碎石产生,2～3 年发生一次。泥石流横穿飞行区中西部,严重威胁机场安全,场地稳定性差,不适宜机场建设,如图 16-4 所示。设计单位根据勘察成果,否定了古凝村场址,避免了机场建设的重大安全事故。

图 16-3　卫星遥感解译古凝村场址泥石流　　　　　图 16-4　古凝村场址泥石流照片

3)LPS 机场泥石流勘察

LPS 机场花竹林场址位于云贵高原中段,属侵蚀、溶蚀地貌,在场区分水岭两岸发育 NW向 12 条羽状冲蚀、溶蚀沟谷,切割深度一般 3～65m,最大达 80 余米。沟谷两岸坡度 10°～25°,陡坎坡度 40°～65°,如图 16-5 所示。

图 16-5　LPS 机场场区地形地貌(在场区北西侧 5 号沟左岸陡崖山上拍摄)

场区主要地层为第四系松散层和二叠系梁山组的砂岩、页岩和泥岩夹煤层,岩体破碎。拟建区内发育 38 个滑坡、9 个崩塌堆积体。拟建场区 5 号、6 号沟谷纵坡 8°～22°,松散物质丰富,存在发育泥石流条件,对机场建设影响明显,所以在初勘阶段开展了泥石流控制性勘察,方法为现场调查。

LPS 机场为高原季风温湿气候,年平均降水量 1203.5mm。

5 号、6 号沟为深切沟谷,沟谷两侧的滑坡、崩塌形成的松散物质和大量小窑采煤矿渣无序地堆积在沟底,暴雨作用下,沟谷中松散物质被冲蚀,并在沟口堆积,属沟谷型泥石流。尽管流域面积小,流通区不明显,形成区与堆积区相连,但堆积作用迅速,对机场建设具有明显影响。

由于整治费用高,故建议在机场净空许可的条件下,将机场西南端往西移 150~200m,东北端往东移 180~230m,取得了良好的效果。

4)内蒙古某机场泥石流勘察[73]

某机场位于内蒙古呼和浩特市附近。机场北侧紧临山坡,有三条沟谷正对机场和营区。暴雨时常暴发泥石流,大量泥沙堆积在进场公路,甚至推机道和停机坪上,对机场有较大威胁,同时每年清理泥沙的工作量也很大。

勘察方法主要为工程地质测绘和探井。

三条沟谷中部、沟源地层为全风化和强风化的砂岩,沟谷下部及沟口地层为大理岩。全风化和强风化的砂岩抗冲刷能力弱,降水作用下表层被冲刷,形成大量泥沙;大理岩品质较好,当地群众开采石料,形成多处矿渣堆积,为泥石流的形成提供了丰富的物源。

当地干旱少雨,年平均雨量 400 多毫米,但比较集中,强度很大,如 1998 年一次暴雨(约 2h)就达 176mm。实测沟谷平均纵坡降 4%~5%,单沟汇水面积 2.1~2.8km²,暴雨形成的地表流水搬运泥沙能力强。

三条沟谷几乎每年均发生泥石流,只是规模大小有差异,每年堆积体积 2000~10000m³,综合判定该机场泥石流类型属高频坡面和沟谷混合型稀性泥石流。

在勘察基础上,提出了泥石流特征参数和整治所需的岩土参数,进行了洪峰流量、泥石流流量等计算,提出了排导沟、蓄淤池、拦档坝等整治措施建议,取得了良好效果。

第17章 采空区勘察

采空区指地下固体矿床开采后形成的空间及其围岩失稳而产生的位移、开裂、垮落,直到上覆岩层整体下沉、弯曲所引起的地表变形和破坏的区域或范围。机场场道是对地基变形敏感建筑,采空区是影响机场建设场地稳定性的重要因素。采空区的存在影响或制约了机场选址、增大了建设难度和投资、延长工期,所以当机场建设场地分布有采空区时,应进行采空区的专项勘察工作,查清采空区的位置、埋深、规模、稳定性、危害性,评价机场建设的适宜性,提出采空区防治措施建议。我国机场建设中遇到采空区的项目主要有 NZ 机场、NJ 机场、LPS 机场、WN 机场、烟台蓬莱机场[21]等。

机场建设场地及其周边采空区变形、塌陷可能影响到机场稳定性的区域均应作为机场采空区勘察的范围。

17.1 采空区的勘察方法

采空区应采用综合勘察方法,包括工程地质测绘、工程物探、钻探与探井验证和变形监测等。

17.1.1 工程地质测绘

工程地质测绘是采空区勘察最基本手段、方法,包括收集资料和现场调查,工作内容至少应包括工程地质调查、采矿情况调查、变形观测、采空区稳定性调查、井下测量等。

(1)收集采空区地质资料,了解采空区的地层结构、地质构造、水文地质条件。

(2)收集矿床分布图、采掘工程平面图、井上下对照图、巷道分布平面图等,了解矿层的分布、层数、层厚、埋藏深度,已有采空区的分布范围、开采时间、开采方法,塌落时间、塌落情况,顶板处理措施。

(3)收集与地表变形有关的观测和计算资料,采空区内充填和积水情况,采空区附近抽水排水时对采空区变形的影响。

(4)现场调查和测量采空区的坑口位置、地表变形特征、变形范围、稳定情况,分析地表变形发展趋势;将采空区边界测放在地面。

(5)现场调查和测量地表塌陷坑、塌陷台阶、塌陷裂缝的位置、形状、规模、深度、延伸方向、发生时间,分析地表变形、塌陷与采空区、区域地质构造、开采边界、工作面推进方向的关系。

(6)查明地表塌陷引起的其他不良地质作用的类型、分布位置、规模等。

(7)初步建立勘察区的三维工程地质结构图。

调查的主要对象为采矿者、技术员、矿主及当地年长者,在确保安全的前提下,凡是人能进入的采空区均应进入勘测。

17.1.2　工程物探

工程地质测绘为工程物探指明了方向,明确了重点勘察的区域。采空区勘察方法有电法勘探、电磁法勘探、地震勘探、重力勘探和氡射气勘探,应在初步研究场地地质结构的基础上,根据当地工程勘察经验选择合适的工程物探方法进行勘察,机场工程勘察中一般采用高密度电测深法、地震反射和折射法、地质雷达法。

1)高密度电阻率法

高密度电阻率法一般在土石方工程施工前使用,其优点是勘察深度较深,能有效地克服地形影响,勘察精度较高。其缺点是速度较慢,当地表是基岩、碎石时,电极难以插入,导电性较差且不稳定,勘探精度影响较大。

(1)勘探深度、影响因素、精度

高密度电阻率法有效勘探深度一般在100m以内,其影响因素包括地形、围岩电性和采空区大小、埋深、塌陷情况等。数据处理应采用电阻率等值线、斜率及2.5维反演等。解译精度随着勘探深度的增加而降低。

(2)勘探线布置

①勘探线布置原则

a.飞行区普查勘探线平行跑道轴线布置;

b.边坡区普查勘探线近平行坡脚线布置;

c.加密勘探线垂直巷道、采矿工作面或矿层走向布置。

②勘探线间距

a.道槽及其影响区应沿轴线及其两侧布置勘探线;

b.土面区应间隔20~30m布置勘探线;

c.高填方边坡稳定影响区坡脚线及其两侧20~30m应各布置一条勘探线;

d.停机坪勘探线可按方格网布置,勘探线间距不宜大于30m。

2)地质雷达

(1)勘探深度、影响因素、精度

地质雷达有效勘察深度一般在15m左右,当地形平整时对洞穴探测精度高,速度快,受施工影响小,且不需在地面布设电极。缺点是勘测深度小,受地形影响大。当采空区埋深大于15m时或地形起伏或地表有土层覆盖时,误差很大。

对小型采空区,机场工程重点探测道面设计高程以下15m深度内的采空区,恰好在地质雷达有效探测深度范围内,在挖方区开挖到设计高程的整平区域或接近道面设计高程区域采用,且无厚层的土层时,选用地质雷达探测采空区效果良好。

(2)勘探线布置

①当场地采掘工程平面图、井上下对照图、巷道分布平面图等图件齐全,可建立的三维工程地质结构图时,应选择代表性位置布置勘探线,复核采空区边界、高度和充填程度。

②当采空区年代久远,只有部分采空区位置清楚时,应从安全角度考虑,全场区布置勘探线普查,勘探线间距可根据地层、构造、矿层、巷道可能布置、调查情况等疏密相间布置。

③当场地为小煤窑分布区,无相关图纸、人员进洞勘察安全无法得到保障时、部分洞口塌陷时,在挖方区或接近道面设计高程的区域,宜进行地质雷达普查,勘探线布置遵循下列原则:

a.勘探线宜按平行和垂直跑道两个方向呈方格网布置,间距不宜大于 5m;

b.当发现异常区时应进行加密,勘探线间距可为 1 ~ 2.5m;

c.当有已知采空区时应布置勘探线,获取场区解译参数;

d.勘探工作宜在场地整平后进行。

(3)解译步骤

采空区地质雷达解译宜进行三次解译:第一次解译在普查之后,根据已知的采空区或地区经验参数进行;第二次解译在进行第一次钻孔或开挖验证后,根据验证成果,获取不同区域、不同地层的解译参数,分区进行解译;第三次解译在分区进行第二次钻孔或开挖验证后,按验证成果修正分区解译参数,再次进行解译。

3)面波法

(1)勘探深度、精度

面波勘探有效深度为波长的 1/2,对一般土层来说有效深度为 40 ~ 50m,而对基岩浅埋区域则可达到 100m 左右。

勘探深度 20 ~ 30m 内,可以区分 10 ~ 20cm 的软弱层,在 10m 深度内可探测 20 ~ 30cm 的采空区或洞穴。对于较深的地层中的采空区,只要其尺寸不小于其埋深的 1/10,就可以探测出来,精度一般可控制在 ±5% 。

(2)案例[74]

某机场跑道修建于 1968 年,当时未对地表附近层厚 4 ~ 7m 湿陷性黄土进行恰当的处理,致使跑道修建后由于雨水的冲刷与渗漏,在湿陷性黄土中形成大范围的空洞、淤泥软弱带、疏散带,对安全飞行构成了严重威胁。用面波方法对跑道两端各 3000m 的起降带进行了重点勘察,图 17-1 是面波勘探成果。经其他物探方法、钻探和施工验证效果良好。

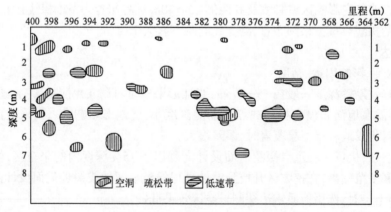

图 17-1 某机场空洞面波探测成果平面图

17.1.3 钻探与探井

对物探解译异常或收集资料、现场调查中不能完全确定位置、形态、规模、结构的采空区、地表变形明显区域应进行钻探或探井验证。

1）布置原则

（1）钻孔应布置在现场调查可能存在采空区、物探解译异常、地表变形明显区域。

（2）勘探点线布置可结合勘察阶段分阶段由疏到密布置，也可按委托合同要求一次性布置。

（3）勘探点线宜垂直巷道、采空区走向布置。

（4）采空区边界和中部应布置钻孔。

（5）采空区浅埋时，可布置部分探井代替钻孔，从断面上观测顶板的岩性、结构、完整性、采空区的走向、形态、结构等。

2）勘察工作布置

（1）选址阶段可选择典型地段采空区，布置 1~2 个钻孔。

（2）初勘阶段应在每个地段的每个采空区布置钻孔，钻孔间距 50~80m。

（3）详勘阶段应在每个地段的每个采空区布置钻孔，钻孔间距不宜大于 20m。

（4）一次性布置钻探的勘察，也应遵循钻孔由疏到密布置的原则。根据前期钻孔验证情况，以及物探二次、三次解译成果布置，勘探线上钻孔或探井间距不宜大于 20m。

3）钻孔深度确定

钻孔应分控制孔和一般孔。

（1）控制孔应钻穿采空区，进入最下一层采空区稳定底板 3~5m。

（2）一般孔可只钻穿采空区，进入最下一层采空区底板 1~2m。

（3）确定采空区边界的钻孔可只钻穿顶板。

4）钻探工艺及编录要求

（1）控制孔钻进的钻具宜采用半盒管式双管单动岩芯管或三重管，并根据岩土层性质、硬度、破碎程度选用合金、金岗石钻头。

（2）一般孔在松软、无夹矸煤层中宜采用单动取煤双管岩芯管钻进；在稍硬、夹矸煤层中宜采用双动双管钻进；在坚硬、破碎岩层中采用孔底喷具板循环钻进。

（3）仅为探明采空区空洞边界的钻孔在有经验时可采用风动潜孔锤钻进。

（4）地下水位、标志层层面、采空区深度测量误差 ≤ ±5cm；回次进尺 ≤2.0m；对土层、完整岩体取芯率 ≥95%，对破碎岩体取芯率 ≥70%。

（5）其他应严格执行《建筑工程地质勘探与取样技术规程》（JGJ/T 87—2012）要求，且钻探班报表重点对钻具自然下落情况、孔内掉块、钻具跳动、进尺加快、漏水、地下水位、起止深度等进行描述。

（6）钻孔地质描述按《岩土工程勘察规范》（GB 50021—2001）进行，并重点描述采空区垮落带（冒落带）、断裂带（裂隙带）、弯曲带的描述、识别标识等。

17.1.4　试验

1）岩土试验

对采空区上覆不同性质的岩土层应分别采取代表性样品进行物理力学试验，提供稳定性验算及工程设计所需岩土参数，至少包括：

（1）岩石的密度、抗压强度、抗拉强度、抗剪断强度、弹性模量、泊松比、波速。

（2）土层的密度、含水率、压缩模量、直接剪切和三轴剪切试验的抗剪参数。

2)水质试验

主要进行地表水、地下水的简分析和腐蚀性试验。

17.1.5　采空区稳定性判断

根据采空区的空间结构、上覆岩层的结构特征和地表移动特征、地表移动所处阶段、地表变形值的大小等,对采空区的稳定性进行评价是采空区勘察的主要内容之一。目前,采空区稳定性评价还未有成熟方法,公路[74]、铁路、矿山、城建等部门在工程实践中积累了本部门经验,机场与公路部门采空区稳定性判断方法相近,工程中常用的方法有开采条件判别法、地表移动变形预计法、地表沉降观测法、类比法、解析法和数值分析法。

1)开采条件判别法

对同一覆盖岩性、完整程度、矿层赋存条件、地形地质条件的矿区来说,不同的采矿方法形成的采空区的稳定性不同,如长壁陷落开采法老采空区的空洞率和残余变形量小于短壁陷落开采法,巷柱式或房柱式开采浅采空区易出现塌陷坑或环形沉陷区,深采空区则地表移动变形缓慢,残余空洞率较大。根据采空区大小、埋深、顶板厚度与完整性、开采时间与方法,结合当地经验,可判断采空区稳定性。

2)地表移动变形预计法

因开采地下固体矿床而引起的岩层移动,逐步波及地表,使地表产生移动、变形和破坏的过程称为地表移动,一般适用于壁式陷落法开采或经过正规设计的条带或房柱式开采的地表稳定性判断。

地下矿层开采引起地表点的移动和变形都要经历一个时间过程,一般为移动初始阶段、移动活跃阶段、衰退阶段和残余移动阶段。机场为国家重点项目,建设场地不允许进行地下开采,所以机场建设关心的是残余移动阶段的变形量。国内外采空区移动变形预计的方法有多种,常见的有典型曲线法、剖面函数法、概率积分法、有限元法等。通过预测计算,给出每个阶段变形与时间关系曲线、沉降最大量和位置,根据机场稳定性判断标准来判断采空区的稳定性。

3)类比法

当顶板严重风化,裂隙发育,且有可能坍塌,可将采空区围岩视为散体结构进行分析,常用的方法如下:

(1)普氏破裂拱法

按破裂拱概念估算,可计算出破裂拱高度 H,此时将破裂拱高度加适当的安全系数,便为顶板安全厚度 D。

$$D = K \frac{a + H_0 \tan\left(45° - \dfrac{\varphi}{2}\right)}{f} \tag{17-1}$$

式中:H_0——洞体高度;

　　　K——安全系数;

　　　a——洞体宽度之半;

　　　φ——内摩擦角;

　　　f——岩石坚固系数,$f = R_c/10$。

（2）洞顶坍塌堵塞法

当洞顶坍塌后，塌落体体积增大，当坍落到一定高度时，洞体自行填满，无需考虑洞隙对地基的影响，此时将塌落高度加适当的安全系数，便为顶板安全厚度。

$$D = K \frac{H_0}{K_R - 1} \qquad (17\text{-}2)$$

式中：K_R——岩体的胀余系数，石灰岩一般取 $K_R = 1.2$。

（3）深厚比法

对于古窑、不规则的柱式采空区以及长壁陷落法开采的边缘区，可按矿层的深厚比来判断地表的稳定性。一般情况下，当深（矿层埋深）厚（矿层厚度）比大于5时，可判断采空区地表稳定。

4）解析法

当顶板岩层比较完整时，可采用单跨梁模型、三铰拱模型、板梁模型等，根据洞体形态、完整程度、裂隙情况进行内力分析，求得顶板安全厚度 D，当实际厚度大于安全厚度时，可判断采空区为稳定状态。

5）数值分析法

当采空区形态、边界确定时，可采用数值分析法计算和分析采空区顶板变形和应力分布特征，进而根据变形大小、应力随时间变化特征、塑性区破坏范围等判断采空区稳定性。目前常用的数值分析方法是三维有限元和 FLAC-3D 数值分析方法。

6）地表沉降观测法

当采空区有较长时间的变形观测资料时，可绘制时间、变形曲线，建立时间、变形的模型，根据模型对采空区变形进行预测。连续三年未发生明显变形（年下沉量 <20mm，日均下沉量 ≤0.02mm/d）或未来不会发生明显变形的采空区一般可判为稳定。

7）综合分析

采空区稳定性判断是复杂问题，还未有成熟方法和规范作为依据，单一方法难以完全判断准确，且风险很大，应采用综合方法，且宜以最危险的判断结果作为地基处理的依据。

17.2　变　形　观　测

17.2.1　需进行变形观测情形

当存在下列情况时，应进行地面变形观测和建筑物变形观测：

（1）采空区变形特征难以判明。

（2）需要实测的变形数据对采空区变形的计算成果进行验证。

（3）需要实测变形数据进行采空区变形分析和预测。

17.2.2　变形观测要求

1）观测点线布置

（1）跑道轴线、联络道、滑行道及其两侧道槽影响区边线应布置观测线，沉降盆内＋盆外

0.7H(H为采空区顶板底面深度)区域观测线上观测点间距不大于5m,其他区域观测点间距10~15m。

（2）高填方边坡稳定影响区坡脚线及其两侧20~50m应各布置一条观测线,观测点沿观测线布置,间距不大于5m。

（3）土面区应间隔30~50m布置观测线,观测线上观测点间距20~50m。

（4）停机坪观测线可按方格网布置,观测值间距不宜大于30m,观测点布置同（1）条。

（5）其他区域根据实际情况酌情布置。

2）观测点埋设

测量标石应采用现场浇筑混凝土桩,顶部有半球形标志,基准点埋设满足《工程测量规范》（GB 50026—2007）二等水准点标石要求,观测点埋设满足三等水准标石要求。

3）精度要求

沉降观测要求采用DS$_1$级精密水准仪和因钢水准尺进行测量。观测应逐点进行,每两个观测点间应设置仪器站,并在每一线路之间进行往返观测;两条线路构成闭合环进行校核。

移动初始阶段、移动活跃阶段、衰退阶段可按三等水准要求进行观测;残余移动阶段应按二等水准要求进行观测。

4）观测周期

移动初始阶段、移动活跃阶段、衰退阶段一般10~15天观测一次;残余移动阶段30天观测一次;如遇变形突变应及时加密观测。

5）资料整理

观测后应及时整理观测资料,绘制观测点平面布置图、变形随时间的变化曲线图、观测线上变形剖面图等,分析变形影响因素、发展趋势等。

17.3 采空区勘察报告要求

采空区勘察报告应重点突出,围绕采空区的分布、形态、地质结构、变形和稳定性进行描述和分析,具体包括:

（1）采空区的地形地貌、场地工程地质条件和水文地质条件。

（2）采空区分布情况、形成历史、基本特征、变形特点和变形发展情况。

（3）进行采空区稳定性评价,分析和预测采空区的发展和变形趋势。

（4）分析采空区变形,以及塌陷诱发的斜坡失稳、山体崩塌等不良地质作用对机场的危害,评价场地的稳定性及机场建设的适宜性。

（5）提出采空区的防护、治理和变形监测建议。

第18章 岩溶与土洞勘察

碳酸盐岩地层在我国广泛分布,约占我国国土面积的60%,岩溶在我国是一种相当普遍的不良地质作用[8]。随着经济发展,我国在岩溶地区修建的机场越来越多,仅西南地区修建的机场就有铜仁机场、六盘水机场、威宁机场、毕节机场、黄平机场、兴义机场、黎平机场、龙洞堡机场、遵义机场、磊庄机场、德江机场、武隆机场、黔江机场、巫山机场、昆明长水机场、临沧机场、砚山机场、陆良机场、泸沽湖机场、昭通机场、蒙自机场、澜沧机场、沧源机场、丘北机场等30余个。工程建设证明,岩溶的分布、规模和稳定性严重地制约了机场的投资、工期,机场建设应重视岩溶勘察。

《民用机场勘测规范》(MH 5025—2011)规定:

(1)当场地存在对工程安全有影响的岩溶时,应进行岩溶勘察。

(2)当岩溶发育、形态复杂,对机场工程有较大影响时,宜进行岩溶专项勘察。

(3)岩溶专项勘察应在详细勘察基础上进行,勘察重点是工程区岩溶洞穴勘察。

18.1 岩溶洞穴勘察

18.1.1 勘察范围和探测深度

专项勘察范围应在详细勘察基础上适当扩大,根据需要查明岩溶发育规律、强度、深度来确定勘察范围,勘察重点在工程区域内填方区和填挖过渡段。

专项勘察中岩溶探测深度一般以道面设计高程下30m为限,重点是道面设计高程下15m深度内岩溶洞穴发育状况。当为了查明岩溶发育(带)深度、水平岩溶管道或侵蚀基准面、浅层岩溶与深层岩溶关系、岩溶与构造、非可溶岩地层的关系、深部大直径洞穴对场地稳定性影响时应加大岩溶探测深度至目的深度。

18.1.2 勘察方法

岩溶勘察方法仍以水文地质工程地质调查、物探为主,钻探验证为辅。

初步勘察、详细勘察阶段物探线的布置多以平行跑道轴线布置。专项勘察阶段应在仔细研究详细勘察文件和现场精细水文地质工程地质调查基础上,按垂直构造线、岩溶发育走向布置。物探线应重点布置在详细勘察确定的岩溶中~强发育区和本次精细调查和深入分析详勘文件后判定的可能存在较大岩溶洞穴发育区。

经西南地区20余个岩溶山区机场专项勘察对比分析,山区机场在专项勘察阶段采用人工跑极的高密度电测深法对岩溶探测效果最好,高密度电法其次,地质雷达效果最差。

209

在工程场地内每个岩溶发育单元(区),均应选择物探解译的3个以上代表性岩溶洞穴进行钻探验证。每个验证溶洞的钻孔至少应布置5个,包括洞中心1个、长轴和短轴方向各2个,查明溶洞顶板厚度、岩性、完整性和溶洞形态、规模、走向等。当布置的5个钻孔不能完全查明溶洞发育特征时,应按物探指导意见增加钻孔,直至完全查明溶洞发育特征。

将物探解译溶洞洞径与钻探验证确定的洞径进行对比分析,确定物探解译洞径与钻探验证确定的实际洞径的比例,按岩溶发育单元(区)修正物探解译的溶洞洞径。

18.1.3 岩溶洞穴稳定性分析

1)岩溶稳定性分析现状

由于岩溶地基的复杂性,目前尚未有成熟适用的岩溶地基的稳定性判定方法,为此众多学者进行了研究[75~80],取得了众多成果,但这些方法要么与机场特点结合不紧密,要么操作性不强,难以在工程实践中广泛应用。结合多年来机场建设经验,本节采用数值模拟方法,对飞机荷载作用下溶洞顶板稳定性进行了模拟分析,探寻适用于机场工程的溶洞顶板稳定性判别方法。

(1)铁路、公路方法

《铁路工程地质勘测规范》(TB J28—91)中规定,对于完整溶洞顶板,其厚跨比大于0.5时,可认为溶洞是安全的。

《公路路基设计规范》(JTGD 30—2015)中规定,对于完整溶洞顶板或虽被裂隙切割,但胶结良好时,其厚跨比大于0.8时,可认为溶洞是安全的。

目前,铁路、公路部门在相关规范中未明确岩溶洞穴稳定性计算方法,一般采用《工程地质手册》推荐方法,即采用经验公式对溶洞顶板的稳定性进行验算。

①溶洞顶板坍塌自行填塞洞体所需厚度计算

洞顶坍塌后,塌落体体积增大,当塌落至一定高度H时,溶洞空间自行填满,无需考虑对地基影响,所需塌落高度H按下式计算:

$$H = \frac{H_0}{K - 1} \tag{18-1}$$

式中:H_0——塌落前洞体最大高度(m);

K——岩石松散(涨余)系数,石灰岩取1.20,黏土取1.05;

H——洞体空洞高度。

适用于顶板为中厚层、薄层、裂隙发育,易风化的岩层,顶板有塌落可能溶洞或仅知洞体高度时。

自行填塞法公式简单,实际中运用较为广泛,但由于涨余系数受塌落岩石粒径、洞体形态影响较大,稳定性判别误差较大。机场工程实践中发现该法判断的溶洞稳定性偏安全。

②根据抗弯、抗剪验算结果,评价洞室稳定性

抗弯、抗剪验算评价洞室稳定性的原理为当顶板具有一定厚度,岩体抗弯强度大于弯矩、抗剪强度大于其所受的剪力时,洞室稳定。按裂隙发育位置,验算时分别按悬臂梁、简支梁、两端固定梁进行。适用于顶板岩层比较完整,强度较高,厚度较大,已知顶板厚度和裂隙切割情况。

由于溶洞的形态、顶板中裂隙的位置、发育深度和粗糙度在实际中很难查明,故抗弯、抗剪法验算的溶洞稳定性误差非常大,实际运用也比较少。

(2)塌落拱方法

塌落拱方法,即普氏破裂拱法,根据矿山采空区塌落的经验公式验算顶板安全厚度,判断溶洞稳定性,详见式(17-1)。但由于溶洞形态难以查清、采用的溶洞顶板内摩擦角误差较大,溶洞稳定性判断误差较大。

(3)岩土工程规范方法

《岩土工程勘察规范》(GB 50021—2001),对于二级和三级工程,当存在下列情况时,可不考虑岩溶稳定性影响。

①基础地面以下土层厚度大于独立基础宽度的3倍或条形基础宽度的6倍,且不具备形成土洞或其他地面变形条件。

②洞体由基本质量等级Ⅰ级或Ⅱ级的岩体组成,顶板岩石厚度大于或等于洞跨。

③洞体较小,基础底面尺寸大于洞面尺寸,并有足够的支撑长度;洞宽或直径小于1m的竖向洞隙、落水洞旁地段。

该规范中提出:在有经验地区,可按类比法进行稳定性评价;当能取得计算参数时,可将洞体顶板视为结构自重体系进行力学分析。但该规范未提出具体的类比方法或可类比的情形,以及具体的力学分析公式、方法。

(4)民航部门方法

①2014年1月1日前常用方法

2014年1月1日《民用机场岩土工程设计规范》(MH/T 5027—2013)施行前,机场工程勘察中前常用方法如下:

a.按埋藏深度初步判别

a)对位于道槽(包括道面影响区)、规划道面区及边坡稳定影响区内的溶洞,当溶洞的埋藏深度 H 大于15m时,在无地表塌陷现象、无群洞、洞体较小的情况下,可不考虑其对地基稳定性的影响。

b)对位于土面区内的溶洞,当溶洞的埋藏深度 H 大于10m时,可不考虑其对地基稳定性的影响。

b.按洞高与洞体上覆顶板之比判别

当溶洞的埋藏深度 H 分别小于上述a)、b)时,按顶板坍塌自行填塞洞体方法判断地基稳定性,并按式(18-1)计算所需填满洞体所需要的坍塌高度 H'。

若 $H \geqslant H' + 5$,可判别为对地基稳定性无影响。

c.按埋藏深度与洞径比值判别

当 $H < H' + 5$ 时,根据洞径比,按下列方法进一步判别其对地基稳定性的影响:

a)对位于道槽(包括道面影响区)、规划道面区及边坡稳定影响区内的溶洞:

若 $(H-5)/D \geqslant 1.5$(顶板完整),或 $(H-5)/D \geqslant 2.0$(顶板破碎),则判别为对地基稳定性无影响。

若 $(H-5)/D < 1.5$(顶板完整),或 $(H-5)/D < 2.0$(顶板破碎),判别为对地基稳定性有影响。

b) 对位于土面区内的溶洞：

若 $(H-3)/D \geq 1.0$（顶板完整），或 $(H-3)/D \geq 1.5$（顶板破碎），则判别为对地基稳定性无影响。

若 $(H-3)/D < 1.0$（顶板完整），或 $(H-3)/D < 1.5$（顶板破碎），则判别为对地基稳定性有影响。

判别式中，H 为溶洞埋深或顶板厚度；D 为溶洞洞径。

机场建设经验表明，该法判断的溶洞稳定性过于安全，尤其是未考虑道槽区道面板强度。

②2014 年 1 月 1 日后常用方法

2014 年 1 月 1 日《民用机场岩土工程设计规范》（MH/T 5027－2013）施行，按其 8.2.3 条"隐伏溶洞应结合场地分区、荷载情况、填挖方分区及其填挖高度对岩溶充填物或顶板厚度影响、填料性质等工程实际，判别其对地基稳定性的影响。应按定性和定量方法判别稳定性，判别结果应包括定性与定量评价及综合评价规定。满足表 18-1 判别条件的隐状溶洞稳定性判别为稳定"。

隐伏溶洞稳定性定性判别
表 18-1

判 别 方 法	场 地 分 区	判 别 条 件
按顶板厚度	飞行区道面影响区、填方边坡稳定影响区	$H \geq 15m$
	飞行区土面区	$H \geq 10m$
按顶板厚度与洞径比值	飞行区道面影响区、填方边坡稳定影响区	$H/D \geq 1$（顶板完整），或 $H/D \geq 1.5$（顶板破碎）
	飞行区土面区	$H/D \geq 0.7$（顶板完整），或 $H/D \geq 1$（顶板破碎）

注：H 为顶板厚度（岩溶位于挖方区时应扣除挖去厚度）；D 为洞体直径。

从《民用机场岩土工程设计规范》（MH/T 5027－2013）可以看出，2014 年后机场工程中溶洞稳定性判断标准已降低了很多，尤其是区分了道槽区和土面区，但规范中也未给出具体的定量计算方法。

作者根据多年机场岩溶勘察与岩溶地基处理经验，道槽区溶洞稳定性在道面板施工后其稳定性增大，其稳定性判断应当降低或稳定性评价时应考虑道面板对溶洞稳定性的加强。

2）机场工程中岩溶洞穴稳定性研究

（1）经验方法

①天然状态下溶洞稳定性判断

结合西南 WL 机场工程勘察对场区、近场区和附近约 500km² 区域岩溶进行了调查。据近场区 8 个岩溶塌陷、21 个天然或揭露开口溶洞和附近区域 39 个塌陷、57 个天然或揭露开口溶洞统计，塌陷溶洞的厚跨比均低于 0.391，而未塌陷溶洞或溶洞未塌陷部位厚跨比均大于 0.391，所以厚跨比 0.391 可作为该地区溶洞塌陷的判据。

②挖方条件下溶洞稳定性判断

a. BJ 机场

西南 BJ 机场溶洞发育地层为永宁镇组（T_1yn^2）石灰岩、泥质灰岩，薄~中厚层状。挖方区开挖揭露和施工勘察发现了多个溶洞，D1、D2、D3、D4 为四个代表性溶洞，其溶洞基本情况和现场施工条件下稳定性见表 18-2。

BJ 机场溶洞在施工条件下稳定性 表 18-2

名　称	溶洞形态	顶　板		跨度(m)	厚跨比	稳　定　性	
		厚度(m)	完整性			爆破非承载状态下稳定性	爆破和重载汽车碾压压稳定性
D1洞	不规则条形,走向160°,向下延伸,顶板变厚	0.2	破碎	2	0.1	稳定	垮塌
		1.4	较破碎	3.2	0.43	稳定	稳定
D2洞	走向290°和130°的两条不规则条形洞体,向下延伸,顶板变厚	0.8~1.2	较破碎	10	0.08~0.12	稳定	垮塌
		1.1	较破碎	2.3	0.48	稳定	稳定
D3洞	呈L形分布,走向150°和35°的两条不规则条形洞体,近水平延伸	1.0	较破碎	1.2	0.83	稳定	稳定
		2.1	较破碎	1.0	2.1	稳定	稳定
D4洞	总体呈坛(壶)形,上小下大。洞口呈椭圆形。	0.27	破碎	1.1	0.27	稳定	垮塌
		2.5	破碎	1.5	0.6	稳定	稳定

爆破开挖过程中,未发现塌陷,但在载货汽车后轴单组轮荷载大于20t条件下,呈破碎 - 极破碎状态下的厚跨比小于0.3的溶洞顶板发生垮塌。

上述四个溶洞位于场区土方运输的主干道上,每天通行重载汽车次数大于200次,车速一般为20~50km/h。同时,距离溶洞300m外,正常进行爆破。爆破方式为钻眼爆破,钻孔深浅不一。振动波可能是单炮振动产生,也可能是多炮振动波叠加产生,即振动频率和波长是多样的,所以可以近似认为该区溶洞在飞机振动和地震作用下塌陷与重载汽车和爆破共同作用下的效应是相似的。由于载货汽车后轴单组轮直接作用于溶洞顶板荷载远大于飞机作用于溶洞顶板荷载,爆破产生的振动大于飞机起飞和降落时的振动,且铺设道面时在溶洞的顶板上铺设褥垫层、水稳层和道面板,增大了溶洞顶板的厚度和强度,故可以认为在爆破和重载汽车作用下未塌陷的溶洞顶板在飞机作用下不会发生塌陷。

对勘察发现的溶洞、溶蚀破碎带进行3000kN·m强夯,厚跨比大于0.25的溶洞均未发生塌陷,铺设道面后营运多年未发生任何塌陷。

b. WS 机场

西南 WS 机场溶洞发育地层为古生代石炭系中上统(C_{2+3})致密块状白云质灰岩,中厚层~厚层状。挖方区开挖揭露和施工勘察发现了多个溶洞,R1、R2、R3、R4 为四个代表性溶洞,其溶洞基本情况和现场施工条件下稳定性见表18-3。

WS 机场溶洞在施工条件下稳定性 表 18-3

名称	溶洞形态	顶　板		跨度(m)	厚跨比	稳　定　性	
		厚度(m)	完整性			爆破非承载状态下稳定性	爆破和重载汽车碾压压稳定性
R1洞	不规则条形,近垂直跑道轴线,向土面区方向顶板逐渐变薄	0.25	较破碎	2.2	0.11	稳定	垮塌
		1.35	较完整	2.9	0.47	稳定	稳定

名称	溶洞形态	顶板		跨度 (m)	厚跨比	稳定性	
		厚度 (m)	完整性			爆破非承载状态下稳定性	爆破和重载汽车碾压压稳定性
R2洞	不规则椭圆形,中间跨度大,顶板薄;两端跨度小,但顶板厚	0.8	较破碎	7.2	0.11	稳定	垮塌
		1.6	较破碎	3.9	0.41	稳定	稳定
R3洞	不规则椭圆形,中间跨度大,顶板薄;两端跨度小,但顶板厚	1.0	较破碎	1.0	1.00	稳定	稳定
		2.3	较破碎	4.5	0.51	稳定	稳定
R4洞	长条形,上窄中宽,下窄	0.22	较完整	1.0	0.22	稳定	稳定
		3.5	较破碎	1.8	0.51	稳定	稳定

爆破开挖过程中,未发现塌陷,但在载货汽车后轴单组轮荷载大于20t条件下,呈较破碎状态下的厚跨比小于0.11的溶洞顶板发生垮塌。

R1、R2、R3、R4四个溶洞位于场区土方运输的干道上,施工期间平均每天通行重载汽车次数大于100次,车速一般为20~50km/h。同时,距离溶洞500m外,进行不同孔深的钻眼爆破。按BJ机场论述,可以认为在爆破和重载汽车作用下未塌陷的溶洞顶板在飞机作用下不会发生塌陷。

③施工和运行溶洞稳定性

对西南地区近30个已建和在建的机场调查表明:当溶洞顶板的厚跨比≥1.0时,未发现溶洞在施工和运行过程中塌陷情况;当基岩顶板处于较破碎~完整状态,其厚跨比≥0.5时,还未发现溶洞在施工和运行过程中塌陷情况;当基岩顶板处于破碎状态,其厚跨比≥0.5,洞跨≤2.0m时,未发现溶洞在施工和运行过程中塌陷情况。

(2)土面区溶洞稳定性分析

土面区为道面影响区以外的其他飞行区域,目的是保障飞机异常情况下冲出跑道后的安全滑行。因此,机场建设工程中土面区溶洞顶板稳定性分析,仍需考虑飞机荷载作用,本节采用三维数值模型进行计算和稳定性分析。

①飞机荷载作用

根据《民用机场水泥混凝土道面设计规范》(MH/T 5004—2010)附录A,选取B737-800和A380-800两种机型,主起落架的构型如图18-1和图18-2所示,相应的轮组荷载如表18-4所示。

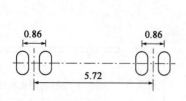

图18-1　B737-800主起落架构型图
（尺寸单位:m）

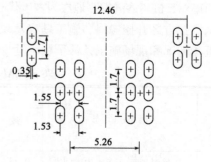

图18-2　A380-800主起落架构型图
（尺寸单位:m）

轮 组 作 用 荷 载　　　　　　　　　　　　　表 18-4

机　　型	最大滑行重量(kN)	轮压(MPa)	主起落架单轮荷载(kN)	备　　注
B737-800	792.6	1.47	185	代表支线机场
A380-800	5620.0	1.47	267	代表干线机场

②数值模型建立

为了便于建模、简化分析,作如下设定:

a.岩溶水平向展布、溶洞顶板为均质岩层,飞机主起落架位于溶洞正上方,如图18-3所示。

b.溶洞顶板岩层完整程度取破碎和较破碎—较完整两种常见形式,洞跨(径)取机场建设中常见的0.5~12m,支线机场溶洞顶板荷载按B737-800取值,干线机场溶洞顶板荷载按A380-800取值,见表18-4。

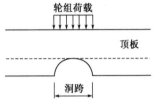

图 18-3　分析模型

根据图18-1、图18-2,采用三维数值模拟方法建立了土面区溶洞顶板稳定性数值分析模型,如图18-3~图18-5所示。模型两侧及前后为水平方向位移约束,模型底部为竖向位移约束,计算参数如表18-5所示。

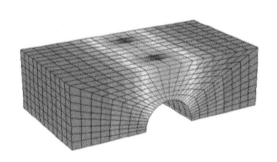

图 18-4　计算网格(B737-800)

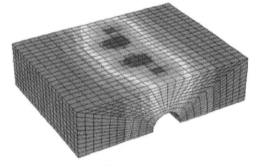

图 18-5　计算网格(A380-800)

参 数 取 值　　　　　　　　　　　　　表 18-5

材　　料	天然重度 γ (kN/m³)	泊松比 ν	变形模量 E (MPa)	抗 剪 强 度		抗拉强度 σ_t (MPa)
				c(kPa)	φ(°)	
破碎岩体	27.0	0.25	500	50	35	0.5
较破碎—较完整岩体	27.0	0.23	1500	80	38	1.5

③稳定性判别方法确定

结合西南地区机场勘察、设计等建设经验,以及考虑使用方便性,采用二级分类法,土面区溶洞顶板稳定性分为稳定和不稳定两种,稳定性判别方法如表18-6所示。

溶洞顶板稳定性判别方法(数值模拟)　　　　　　　　　　　　　表 18-6

分　级	判　别　方　法
不稳定	(1)位移不收敛; (2)位移较大,塑性区大于1/2或贯通
稳定	位移收敛,量值较小,无塑性区或塑性区小于1/2

④模拟结果及分析

采用三维数值模拟方法,对支线、干线机场场地的顶板破碎和较破碎—较完整、洞跨0.5～12m溶洞的52个方案进行了模拟计算,结果见表18-7和图18-6～图18-9。

土面区溶洞顶板稳定性计算结果
表 18-7

岩 体 类 别	破 碎 岩 体				较完整岩体			
机型	B737-800		A380-800		B737-800		A380-800	
洞跨(m)	临界厚度(m)	临界厚跨比	临界厚度(m)	临界厚跨比	临界厚度(m)	临界厚跨比	临界厚度(m)	临界厚跨比
0.5	0.15	0.30	2.00	4.00	0.10	0.20	0.75	1.50
1	0.35	0.35	2.50	2.50	0.15	0.15	1.00	1.00
2	0.60	0.30	3.00	1.50	0.30	0.15	1.20	0.60
3	1.00	0.33	3.50	1.17	0.45	0.15	1.50	0.50
4	1.50	0.38	4.50	1.13	0.80	0.20	2.00	0.50
5	2.30	0.46	5.00	1.00	1.00	0.20	2.50	0.50
6	6.50	1.08	7.50	1.25	1.20	0.20	3.00	0.50
7	11.00	1.57	12.00	1.71	1.50	0.21	3.50	0.50
8	16.00	2.00	16.00	2.00	3.00	0.38	5.00	0.63
9	20.00	2.22	20.00	2.22	10.00	1.11	10.00	1.11
10	25.00	2.50	25.00	2.50	14.00	1.40	14.00	1.40
11	31.00	2.82	31.00	2.82	18.00	1.64	18.00	1.64
12	36.00	3.00	36.00	3.00	22.00	1.83	22.00	1.83

说明:临界厚跨比指溶洞顶板临界安全厚度与洞跨之比。

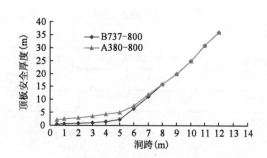

图18-6 洞跨与临界顶板安全厚度曲线(破碎岩体)

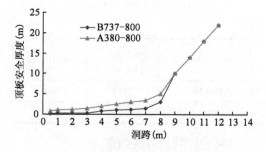

图18-7 洞跨与临界顶板安全厚度曲线
(较破碎—较完整岩体)

A. 洞跨、顶板安全厚度与溶洞稳定性关系

土面区溶洞洞跨与临界顶板安全厚度关系可近似分为两个线性段,并具有如下特点:

a. 溶洞顶板破碎

a)当溶洞顶板破碎时,洞跨与临界顶板安全厚度关系曲线中两线性段分界点的洞跨 L 为5～6m。两线性段的洞跨与临界顶板安全厚度具有良好相关关系,其回归方程见表18-8。

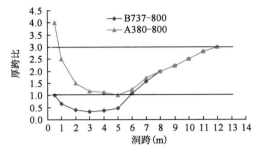

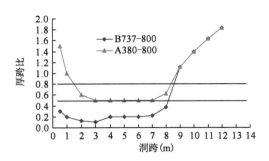

图 18-8　临界厚跨比曲线(破碎岩体)　　　图 18-9　临界厚跨比曲线(较破碎—较完整岩体)

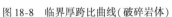

土面区飞机荷载作用下溶洞顶板稳定性评价模型　　　　　表 18-8

岩体	破 碎 岩 体		较 完 整 岩 体	
洞跨 L(m)	≤5	>5	≤7	>7
B737-800	$d = 0.453L - 0.326$ $R^2 = 0.96$	$d = 4.911L - 23.410$ $R^2 = 0.99$	$d = 0.218L - 0.09$ $R^2 = 0.98$	$d = 4.60L - 32.60$ $R^2 = 0.98$
A380-800	$d = 0.660L - 1.711$ $R^2 = 0.98$	$d = 4.732L - 21.518$ $R^2 = 0.99$	$d = 0.419L - 0.43$ $R^2 = 0.98$	$d = 4.20L - 28.20$ $R^2 = 0.99$

注:L 为洞跨;d 为临界顶板厚度

　　b)对 B737-800 飞机,洞跨 $L < 2$m 时,临界顶板安全厚度只需 0.15~0.60m;洞跨 L 为 3~5m 时,临界顶板安全厚度需 1.00~2.30m。但洞跨 $L > 5$m,所需临界安全顶板厚度急剧增加,当洞跨 L 为 12m 时,所需临界安全厚度为 36m。

　　c)对 A380-800 飞机,洞跨 <5m 时,临界顶板安全厚度需 2.00~5.00m;但洞跨 ≥6m,所需临界安全顶板厚度急剧增加,当洞跨 L 为 12m 时,所需安全厚度为 36m。

　　b. 溶洞顶较破碎—较完整

　　a)当溶洞顶板呈较破碎—较完整状态,洞跨与临界顶板安全厚度关系曲线中两线性段分界点的洞跨 L 为 7~8m,其洞跨与临界顶板安全厚度回归方程见表 18-8。

　　b)对 B737-800 飞机,洞跨 $L < 3$m 时,顶板临界安全厚度只需 0.10~0.45m;洞跨 L 为 4~7m 时,顶板临界安全厚度为 0.80~1.5m。但洞跨 $L > 7$m,所需临界安全顶板厚度急剧增加,当洞跨 L 为 12m 时,所需安全厚度为 22m。

　　c)对 A380-800 飞机,洞跨 $L < 3$m 时,临界顶板安全厚度只需 0.75~1.50m;洞跨 L 为 4~7m 时,临界顶板安全厚度需 2.00~3.50m。但洞跨 $L > 7$m,所需临界安全顶板厚度急剧增加,当洞跨 L 为 12m 时,所需临界安全厚度为 22m。

　　c. 两种机型安全顶板厚度对比

　　当溶洞顶板是破碎岩体,洞跨 $L ≤ 7$m 时,A380-800 飞机所需临界顶板安全厚是度 B737-800 飞机的 1.1~13.3 倍;洞跨 $L > 7$m 后,A380-800 与 B737-800 飞机所需临界安全厚度相同。

　　当溶洞顶板为较破碎—较完整岩体,洞跨 $L ≤ 8$m 时,A380-800 飞机所需临界顶板安全厚度是 B737-800 飞机的 1.7~7.5 倍;洞跨 $L > 8$m 后 A380-800 与 B7371800 飞机所需临界安全厚度相同。

d. 与常用方法、规范对比

对比民用机场 2014 年 1 月 1 日前常用方法(以下简称"常用方法")和《民用机场岩土工程设计规范》(MH/T 5027—2013),关于"在溶洞顶板埋深 >10m 后,可不考虑其对地基稳定性的影响",对破碎溶洞顶板,当洞跨 $L \leq 6m$ 时与本次模拟计算结果一致;当洞跨 $L>6m$ 时,以前的常用方法是危险的。对较破碎—较完整溶洞顶板,当洞跨 $L \leq 8m$ 时与本次模拟计算结果一致;当洞跨 $L>8m$ 时,以前常用方法是危险的。

B. 洞跨、厚跨比与溶洞稳定性关系

为了工程实践方便,采用溶洞顶板临界安全厚度与洞跨之比,即用"临界厚跨比"来表示溶洞稳定性,实际溶洞厚跨比大于临界厚跨比时,溶洞稳定。

从图 18-8、图 18-9,可以看出土面区厚跨比指标明显受洞跨、岩体结构特征和飞机荷载影响,临界厚跨比与洞跨的关系曲线较为复杂,总体上呈"U"形。A380 等大型飞机临界厚跨比—洞跨曲线"U"形特征十分明显。

a. 顶板为破碎岩体

a)洞跨 $L<2m$ 时,临界厚跨比随洞跨增大呈下降趋势,即临界厚跨比是变值。对 B737-800 飞机,临界厚跨比为 0.30 ~ 0.35;对 A380-800 飞机,临界厚跨比为 1.5 ~ 4.0。

b)洞跨 L 为 2~5m 时,临界厚跨比变化幅度不大。对 B737-800 飞机,临界厚跨比为 0.33 ~ 0.46;对 A380-800 飞机,临界厚跨比为 1.0 ~ 1.17。即当溶洞顶板为破碎岩体,且洞跨 L 为 2~5m 时,溶洞厚跨比 >0.5,支线机场飞机冲出跑道作用于溶洞顶板时安全;溶洞厚跨比 >1.2,干线机场飞机冲出跑道作用于溶洞顶板时安全。

c)洞跨 $L>5m$ 之后,临界厚跨比随洞跨逐渐增大。洞跨 L 为 12m 时,B737-800 飞机和 A380-800 飞机临界厚跨比均为 3.0。

b. 溶洞顶板为较破碎—较完整岩体

a)洞跨 $L<2m$ 时,临界厚跨比随洞跨增大呈下降趋势。对 B737-800 飞机,临界厚跨比为 0.15 ~ 0.20;对 A380-800 飞机,临界厚跨比为 0.60 ~ 1.50。

b)洞跨 L 为 2~7m 时,临界厚跨比变化幅度不大。对 B737-800 飞机,临界厚跨比为 0.15 ~ 0.21;对 A380-800 飞机,临界厚跨比为 0.5。即当溶洞顶板为较破碎—较完整岩体,且洞跨 L 为 2~7m 时,溶洞厚跨比 >0.25,支线机场飞机冲出跑道作用于溶洞顶板时安全;溶洞厚跨比 >0.5,干线机场飞机冲出跑道作用于溶洞顶板时安全。这与西南岩溶地区机场建设经验和 18.1.3 中 2)(1)经验方法一致。

c)洞跨 $L>7m$ 之后,临界厚跨比随洞跨增大逐渐增大。在洞跨 >9m 后,B737-800 和 A380-800 两种飞机临界厚跨比相同,即为 1.11 ~ 1.83。

c. 与常用方法、规范等对比

从以上分析可以得出,土面区溶洞的稳定性可以用顶板安全厚度和临界厚跨比表示。临界厚跨比是一变量,受溶洞顶板完整性、洞跨、飞机荷载等影响。实际工作中应根据具体的条件选用不同的判别标准。

a)与民用机场 2014 年 1 月 1 日前常用方法对比

(a)破碎岩体溶洞顶板

当洞跨 $L \leq 5.5m$,对 B737-800 飞机采用常用方法判别标准是极其偏安全的;洞跨 L 为 5.5 ~

7.0m,采用常用方法判别标准是偏安全的;洞跨 >7.0m,采用常用方法判别标准是危险的。

当洞跨≤1.5m,对 A380-800 飞机采用常用方法判别标准是危险的;洞跨 L 为 1.5~7.0m,采用常用方法判别标准是偏安全的;洞跨 L >7.0m,采用常用方法判别标准是危险的。

(b)较破碎—较完整溶洞顶板

当洞跨 L≤8. m 时,对 B737-800 飞机采用常用方法判别标准是极其偏安全的;洞跨 L 为 8.0~11.0m,采用常用方法判别标准是偏安全的;洞跨 >11.0m,采用常用方法判别标准是危险的。

当洞跨 L≤1.5m,对 A380-800 飞机采用常用方法判别标准是安全的;洞跨 L 为 1.5~8.0m,采用常用方法判别标准是极其偏安全的;洞跨 L >9.0m,采用常用方法判别标准是危险的。

但是实际的工程中洞跨 L >6.0m 溶洞很少,常用方法判别标准还是安全的。

b)与《民用机场岩土工程设计规范》(MH/T 5027—2013)对比

(a)破碎岩体溶洞顶板

当洞跨≤5.5m,对 B737-800 飞机采用规范方法判别标准是极其偏安全的;洞跨 L 为 6m,采用规范方法判别标准是安全的;洞跨 L 为 6.0m,采用规范方法判别标准是危险的。

对 A380-800 飞机,无论洞跨规模如何,采用规范方法判别标准是危险的。

(b)较破碎—较完整溶洞顶板

当洞跨 L≤8. m,对 B737-800 飞机采用规范方法判别标准是极其偏安全的;洞跨 L 为 8.0m,采用规范方法判别标准是危险的。

当洞跨 L≤1.5m,对 A380-800 飞机采用规范方法判别标准是危险的;洞跨 L 为 1.5~8.0m,采用规范方法判别标准是安全的;洞跨 L >9.0m,采用规范方法判别标准是危险的。

c)与其他方法对比分析

针对土面区溶洞顶板稳定性的模拟条件,对破碎岩体的顶板稳定性采用类比法、普氏破裂拱法、围岩岩体质量经验公式法、坍塌堵塞法和坍塌平衡法进行分析计算,对较破碎—较完整岩体顶板采用类比法和板梁模型进行分析计算,结果如表 18-9、表 18-10,结合兴义、昆明、毕节、沧源、威宁等西南地区岩溶机场勘察与调查研究结果分析,有如下认识:

(a)溶洞顶板为破碎岩体时,坍塌堵塞法和坍塌平衡法的评价结果基本一致,但评价结果过于保守;类比法和围岩岩体质量经验公式法评价结果基本一致,当洞跨 L≤5m 时,评价结果偏于保守;当洞跨 L >5m 时,普氏破裂拱法评价结果偏于危险。

(b)溶洞顶板为较完整岩体时,类比法和板梁模型的评价结果基本一致,当洞跨 L >8m 时,评价结果偏于危险。

破碎岩体顶板稳定性评价   表 18-9

洞跨 L(m)	顶板厚度 d(m)	类比法		普氏破裂拱法		经验公式法		坍塌堵塞法		坍塌平衡法		数值模拟分析
		厚跨比 d/L	评价结果	d(m)	评价结果	d(m)	评价结果	d(m)	评价结果	d(m)	评价结果	
0.5	0.15	0.30	不稳定	0.15	不稳定	3.8	不稳定	3.0	不稳定	1.8	不稳定	稳定
1	0.35	0.35	不稳定	0.31	稳定	4.0	不稳定	6.0	不稳定	3.6	不稳定	稳定

洞跨 L(m)	顶板厚度 d(m)	类比法		普氏破裂拱法		经验公式法		坍塌堵塞法		坍塌平衡法		数值模拟分析
		厚跨比 d/L	评价结果	d (m)	评价结果	d (m)	评价结果	d (m)	评价结果	d (m)	评价结果	
2	0.60	0.30	不稳定	0.61	不稳定	4.3	不稳定	12.0	不稳定	7.2	不稳定	稳定
3	1.00	0.33	不稳定	0.92	稳定	4.7	不稳定	18.0	不稳定	10.9	不稳定	稳定
4	1.50	0.38	不稳定	1.22	稳定	5.0	不稳定	24.0	不稳定	14.5	不稳定	稳定
5	2.30	0.46	不稳定	1.53	稳定	5.4	不稳定	30.0	不稳定	18.1	不稳定	稳定
6	6.50	1.08	稳定	1.84	稳定	3.8	稳定	36.0	不稳定	21.7	不稳定	稳定
7	11.0	1.57	稳定	2.14	稳定	4.0	稳定	42.0	不稳定	25.3	不稳定	稳定
8	16.0	2.00	稳定	2.45	稳定	4.1	稳定	48.0	不稳定	29.0	不稳定	稳定
9	20.0	2.22	稳定	2.75	稳定	4.3	稳定	54.0	不稳定	32.6	不稳定	稳定
10	25.0	2.50	稳定	3.06	稳定	4.5	稳定	60.0	不稳定	36.2	不稳定	稳定
11	31.0	2.82	稳定	3.37	稳定	4.7	稳定	66.0	不稳定	39.8	不稳定	稳定
12	36.0	3.00	稳定	3.67	稳定	4.9	稳定	72.0	不稳定	43.4	不稳定	稳定

较破碎—较完整岩体顶板稳定性评价 表 18-10

洞跨 L(m)	顶板厚度 d(m)	类比法		板梁模型(弯矩法)		板梁模型(剪力法)		数值模拟分析
		厚跨比 d/L	评价结果	d (m)	评价结果	d (m)	评价结果	
0.5	0.10	0.20	不稳定	0.56	不稳定	1.13	不稳定	稳定
1	0.15	0.15	不稳定	0.80	不稳定	1.13	不稳定	稳定
2	0.30	0.15	不稳定	1.14	不稳定	1.14	不稳定	稳定
3	0.45	0.15	不稳定	1.41	不稳定	1.15	不稳定	稳定
4	0.80	0.20	不稳定	1.67	不稳定	1.18	不稳定	稳定
5	1.00	0.20	不稳定	1.92	不稳定	1.21	不稳定	稳定
6	1.20	0.20	不稳定	2.17	不稳定	1.25	不稳定	稳定
7	1.50	0.21	不稳定	2.44	不稳定	1.31	稳定	稳定
8	3.00	0.38	不稳定	3.01	不稳定	1.51	稳定	稳定
9	10.0	1.11	稳定	4.75	稳定	2.24	稳定	稳定
10	14.0	1.40	稳定	5.95	稳定	2.66	稳定	稳定
11	18.0	1.64	稳定	7.23	稳定	3.08	稳定	稳定
12	22.0	1.83	稳定	8.57	稳定	3.50	稳定	稳定

3)道槽区溶洞稳定性分析

(1)模型建立

道槽区飞机荷载作用下,溶洞顶板稳定性模型如图 18-10 所示,假设和约束条件同土面区,模型参数见表 18-4、表 18-5 和表 18-11,稳定性标准见表 18-6。

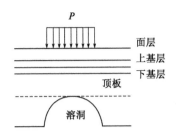

图 18-10 道槽区顶板稳定性分析模型

道槽区溶洞顶板稳定性模型参数取值 表 18-11

材 料	天然重度 γ (kN/m^3)	泊松比 ν	变形模量 E (MPa)	抗 剪 强 度 $c(kPa)$	抗 剪 强 度 $\varphi(°)$	抗拉强度 σ_1(MPa)
下基层	24.0	0.23	400	150	35	0.1
上基层	24.0	0.23	600	150	35	0.1
道面面层	24.5	0.20	3000	250	45	2.0

(2)模拟结果及分析

道槽区溶洞顶板稳定性模拟计算结果见表 18-12,洞跨与顶板安全厚度曲线、厚跨比曲线见图 18-11 ~ 图 18-14。

道槽区溶洞顶板稳定性计算结果 表 18-12

岩体类别	破 碎 岩 体				较破碎—较完整岩体			
机型	B737-800		A380-800		B737-800		A380-800	
洞跨 L (m)	临界厚度 (m)	临界厚跨比	临界厚度 (m)	临界厚跨比	临界厚度 (m)	临界厚跨比	临界厚度 (m)	临界厚跨比
0.5	0.10	0.20	0.20	0.40	0.10	0.20	0.10	0.20
1	0.10	0.10	0.30	0.30	0.10	0.10	0.20	0.20
2	0.10	0.05	0.75	0.38	0.10	0.05	0.40	0.20
3	0.30	0.10	1.25	0.42	0.10	0.03	0.75	0.25
4	0.35	0.09	2.00	0.50	0.20	0.05	1.00	0.25
5	0.50	0.10	3.00	0.60	0.30	0.06	1.50	0.30
6	2.00	0.33	4.50	0.75	0.50	0.08	2.00	0.33
7	10.00	1.43	11.00	1.57	0.70	0.10	2.50	0.36
8	16.00	2.00	16.00	2.00	1.75	0.22	3.50	0.44
9	20.00	2.22	20.00	2.22	9.00	1.00	10.00	1.11
10	25.00	2.50	25.00	2.50	13.00	1.30	14.00	1.40
11	31.00	2.82	31.00	2.82	18.00	1.64	18.00	1.64
12	36.00	3.00	36.00	3.00	22.00	1.83	22.00	1.83

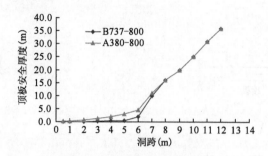

图 18-11 道槽区破碎岩体洞跨与
临界顶板安全厚度曲线

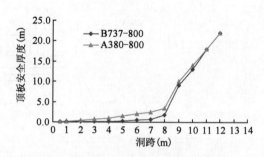

图 18-12 道槽区较破碎—较完整岩体洞跨与
临界顶板安全厚度曲线

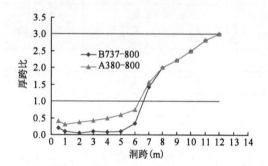

图 18-13 道槽区破碎岩体临界厚跨比曲线

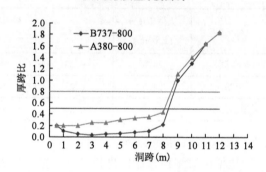

图 18-14 道槽区较破碎—较完整岩体临界厚跨比曲线

①洞跨、顶板安全厚度与溶洞稳定性关系

道槽区溶洞洞跨与顶板临界安全厚度关系与土面区相同,可近似分为两线性段,并具有如下特点:

a. 溶洞顶板破碎状态

a) 溶洞顶板破碎时,洞跨与顶板临界安全厚度关系曲线中两线性段分界点的洞跨 L 为 5 ~ 6m。两线性段的洞跨 L 与顶板安全厚度具有良好相关关系,其回归方程见表 18-13。

道槽区飞机荷载作用下溶洞顶板稳定性评价模型 表 18-13

岩 体	破碎岩体		较完整岩体	
洞跨 L(m)	≤5	>5	≤7	>7
B737-800	$d = 0.125L - 0.125$ $R^2 = 0.95$	$d = 5.464L - 29.179$ $R^2 = 0.99$	$d = 0.15L - 0.39$ $R^2 = 0.97$	$d = 4.95L - 36.75$ $R^2 = 0.98$
A380-800	$d = 0.610L - 0.326$ $R^2 = 0.96$	$d = 5.125L - 25.625$ $R^2 = 0.99$	$d = 0.367L - 0.25$ $R^2 = 0.97$	$d = 4.5L - 31.5$ $R^2 = 0.98$

注:L——洞跨;d——临界顶板厚度。

b) 对 B737-800 飞机,洞跨 $L < 2$m 时,顶板临界安全厚度只需 0.10m;洞跨为 3 ~ 5m 时,顶板临界安全厚度需 0.30 ~ 0.5m。但洞跨 $L > 5$m,所需安全顶板厚度急剧增加,当洞跨 12m 时,所需临界安全厚度 36m。

c) 对 A380-800 飞机,洞跨 $L < 2$m 时,顶板临界安全厚度只需 0.20 ~ 0.75m;洞跨 L 为 3 ~ 5m 时,顶板临界安全厚度需 1.25 ~ 3.0m。但洞跨 >5m,所需安全顶板厚度急剧增加,当洞跨

L 为 12m 时,所需临界安全厚度 36m。

b. 溶洞顶板较破碎—较完整状态

a)当溶洞顶板为较破碎—较完整时,洞跨与顶板临界安全厚度关系曲线中两线性段分界点的洞跨 L 为 7 ~ 8m,其洞跨 L 与顶板临界安全厚度回归方程见表 18-13。

b)对 B737-800 飞机,洞跨 $L < 3$m 时,顶板临界安全厚度只需 0.10m;洞跨 L 为 4 ~ 7m 时,顶板临界安全厚度需 0.20 ~ 0.7m。但洞跨 $L > 7$m,所需安全顶板厚度急剧增加,当洞跨 L 为 12m 时,所需临界安全厚度 22m。

c)对 A380-800 飞机,洞跨 $L < 3$m 时,顶板临界安全厚度只需 0.10 ~ 0.75m;洞跨 L 为 4 ~ 7m 时,顶板临界安全厚度需 1.00 ~ 3.50m。但洞跨 $L > 7$m,所需安全顶板厚度急剧增加,当洞跨 L 为 12m 时,所需临界安全厚度 22m。

c. 两种机型安全顶板厚度对比

当溶洞顶板是破碎岩体,洞跨 $L \leqslant 7$m 时,A380-800 飞机所需顶板临界安全厚度是 B737-800 飞机的 1.1 ~ 6 倍;洞跨 $L > 7$m 后,A380-800 与 B737-800 飞机所需临界安全厚度相同。当溶洞顶板为较破碎—较完整岩体,洞跨 $L \leqslant 18$m 时,A380-800 飞机所需顶板临界安全厚度是 B737-800 飞机的 1.0 ~ 7.5 倍;洞跨 $L > 18$m 后 A380-800 与 B737-800 飞机所需临界安全厚度相同。

d. 与常用方法、规范对比

对比民用机场 2014 年 1 月 1 日前常用方法,关于"在溶洞顶板埋深 >15m 后,在无地表塌陷现象、无群洞、洞体较小的情况下,可不考虑其对地基稳定性的影响",与本次模拟计算结果基本一致;对比《民用机场岩土工程设计规范》(MH/T 5027 — 2013),关于"在溶洞顶板埋深 >15m 后,可不考虑其对地基稳定性的影响"的结论一致,但该规范中没有规定洞跨的约束条件,在洞跨 >8m 后,该规范对溶洞稳定性判断是危险的。

②洞跨、厚跨比与溶洞稳定性关系

洞跨与厚跨比关系曲线可近似地分为线性段和曲线段。

a. 溶洞顶板呈破碎状态

a)溶洞顶板破碎时,洞跨与厚跨比关系曲线的线性段与曲线段分界点的洞跨 L 为 5 ~ 6m。

b)对 B737-800 飞机,洞跨 $L < 5$m 时,临界厚跨比 $\leqslant 0.2$;洞跨 L 为 6m 时,临界厚跨比为 0.33。但洞跨 $L \geqslant 7$m,临界厚跨比急剧增加,当洞跨 L 为 12m 时,临界厚跨比为 3.0。

c)对 A380-800 飞机,洞跨 $L < 5$m 时,临界厚跨比为 0.3 ~ 0.60;洞跨 L 为 6m 时,临界厚跨比为 0.75。但洞跨 $L \geqslant 7$m,临界厚跨比急剧增加,当洞跨 L 为 12m 时,临界厚跨比为 3.0。

b. 溶洞顶板呈较破碎—较完整状态

a)当溶洞顶板较破碎—较完整时,洞跨与厚跨比关系曲线的线性段与曲线段分界点的洞跨 L 为 7 ~ 8m。

b)对 B737-800 飞机,洞跨 $L < 7$m 时,临界厚跨比 $\leqslant 0.2$,一般 < 0.10;洞跨 L 为 8m 时,临界厚跨比为 0.22。但洞跨 $L \geqslant 9$m,临界厚跨比急剧增加,当洞跨 L 为 12m 时,临界厚跨比为 1.83。

c)对 A380-800 飞机,洞跨 $L < 7$m 时,临界厚跨比 $\leqslant 0.36$,一般 < 0.30;洞跨 L 为 8m 时,临界厚跨比为 0.44。但洞跨 $L \geqslant 9$m,临界厚跨比急剧增加,当洞跨 L 为 12m 时,临界厚跨比为 1.83。

c.与常用方法、规范等对比

a)对比民用机场 2014 年 1 月 1 日前常用方法,无论对破碎岩体还是较破碎—较完整岩体的溶洞顶板,无论对 B737-800 飞机还是 A380-800 飞机,其采用洞跨比判断溶洞稳定性时均是极其偏安全的。

b)对比《民用机场岩土工程设计规范》(MH/T 5027—2013),其关于"$H/D \geq 1$(顶板完整),或 $H/D \geq 1.5$(顶板破碎)"的溶洞稳定性判据,无论对 B737-800 飞机还是 A380-800 飞机,在洞跨 $L \leq 8$m 时,对破碎岩体溶洞顶板稳定性判断是极其偏安全的,对较破碎—较完整岩体是偏安全的;在洞跨 L 为 9 ~ 10m 时,对破碎岩体和较破碎—较完整岩体稳定性判断是基本一致的;洞跨 $L \geq 11$m,模拟计算的临界洞跨比 >1.5,该规范对溶洞稳定性判断是危险的。

c)通过以上分析,机场工程中溶洞顶板稳定性,不仅与洞跨、顶板厚度和顶板岩体的完整性等本身特性有关,还与飞机荷载、功能区(道槽区、土面区)密切相关。机场工程勘察中溶洞稳定性分析应依据机场等级,在划分道槽区、土面区基础上,根据洞跨、顶板厚度和顶板岩体的完整性等本身特性以及当地建设经验具体分析。

18.1.4 案例

1)工程概况

西南地区 CS 机场主要地层为泥盆系宰格组、海口组、寒武系双龙潭组灰岩、白云岩、二叠系阳新组及石炭系威宁组灰岩、白云岩。场区岩溶发育,地表发育形式为石芽、溶脊、溶沟、漏斗和洼地,地下发育形式为溶蚀破碎带、溶孔、溶隙、溶槽、溶洞。详细勘察采用水文地质工程地质调查、高密度电测深法、高密度电法、浅层地震反射、层析成像等综合物探和钻探验证方法,查明场区岩溶发育具有以下主要特征:

(1)区内共发育 997 个洼地、漏斗,占勘察区面积的 12% ;洼地、漏斗主要顺构造线、可溶岩与非可溶岩接触界线、溶蚀破碎带发育。

(2)场区岩溶发育受地下水、岩性、褶皱构造、新构造运动、构造裂隙、山前洪积扇等综合因素的控制。勘察深度内岩溶以垂直发育为主。

测绘和物探显示,在勘察区内发育数条规模较大的溶蚀破碎带,溶蚀破碎带内岩体破碎,溶洞集中发育。溶蚀破碎带延伸方向与该区构造线及裂隙的方向基本一致。

(3)全区溶洞的发育无明显的控制高程。溶洞大部分被黏性土及碎石填充,只有个别溶洞半充填或未充填。

(4)溶洞洞径为 0.3 ~ 19m,一般为 1 ~ 5m。

(5)场区内发育 12 条浅层(地表下 30m 深度内)水平岩溶管道,物探显示管道影响宽度一般为 8 ~ 12m,钻探验证宽度为 2 ~ 6m。

2)专项勘察方法

(1)资料分析

详细勘察工作非常仔细,查明了岩溶发育规律和基本特征,满足,甚至超过了《民用机场勘测规范》(MH/T 5025—2011)要求。但存在的问题是详细勘察确定的岩溶洞径较大,60%以上溶洞按勘察时民航和公路常用方法判断处于不稳定状态,场地稳定性问题突出,处理成本高,工期长。

专项勘察仔细研究了详细勘察文件,肯定了前期的勘察工作,确定专项勘察的主要工作是确定溶洞洞径和分析洞穴稳定性。

（2）物探

在详细勘察确定的每个岩溶发育单元,选取3～6个物探解译的埋深在道面设计高程下30m内的溶洞布置人工跑极的垂向对称四极高密度电测深物探线,间距0.5～1m。野外实测点距为2.5～5m,极距$AB/2=2m$、3m、5m、7.5m、10m、12.5m、17.5m、22.5m、27.5m、32.5m、37.5m、42.5m、47.5m、52.5m、62.5m、72.5m、82.5m、92.5m、102.5m,$MN/2=1.5m$。

同时在场区选取岩溶地质剖面,进行地质测绘和按上述方法进行物探,对比测绘和解译成果,修正物探解译参数,用于验证溶洞解译,如图18-15所示。

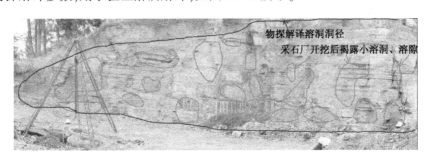

图18-15　CS机场场区内物探解译"视大溶洞"与开挖揭露的小溶洞、溶隙

目前物探技术无论如何修正均不能将溶蚀破碎带上的小溶洞区分,但分析发现:

①充填型溶蚀破碎带的电阻明显小于无溶洞发育区的中风化地层,而大于单个充填型溶洞;

②非充填型溶蚀破碎带的电阻明显大于无溶洞发育区的中风化地层,而小于单个非充填型溶洞;

③将溶蚀破碎带判为溶洞的洞径均很大,一般不小于5m。

根据上述特征,再次分析详勘物探资料,将整个岩溶发育区划分为充填型溶蚀破碎带、非充填型溶蚀破碎带和厅堂式溶洞发育区。

（3）钻孔验证

综合本次勘察和详细勘察解译成果,在洞中心、长轴和短轴两端分别布置验证钻孔,直至控制洞穴的形态、直径。

（4）成果分析

①洞径偏大原因分析

专项勘察获得的典型物探、钻探综合剖面如图18-16所示。

对比详细勘察文件,从剖面图中不难发现,前期勘察文件中将溶隙、溶缝、小溶洞、溶蚀破碎带分布区判断为大溶洞,将溶洞的洞径夸大了,人为降低了溶洞稳定性。

钻探和开挖剖面发现该场地岩溶洞穴围岩风化程度较高、裂隙发育。充填溶洞围岩应力松弛区裂隙、溶隙中含有泥质物质或充水;未充填溶洞围岩应力松弛区裂隙泥质含量少,充水量少。充填溶洞围岩电阻率低、波速低;未充填溶洞围岩电阻率高,波速相对充填溶洞围岩高,但远低于非围岩应力松弛区。

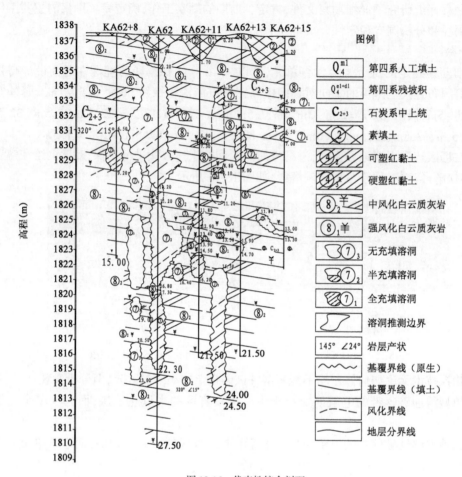

图 18-16　代表性综合剖面

详细勘察确定溶洞洞径偏大原因：

a. 电法物探解译中将溶洞围岩低阻或高阻的应力松弛区判断为溶洞洞径,造成了洞径偏大,如图 18-17 所示。

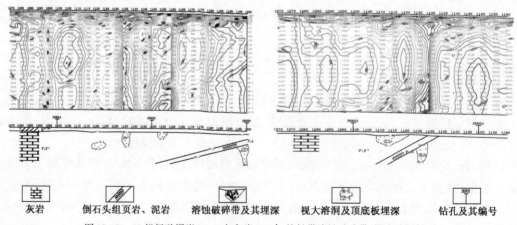

图 18-17　CS 机场砂泥岩(P₁d)与灰岩(P₁y¹)接触带溶蚀破碎带、视大溶洞剖面

b.地震反射物探解译中将溶洞围岩低波速区也判断为洞径,造成了洞径偏大。

c.受构造影响,中风化岩层中存在局部强风化层,其裂隙发育、风化程度相对较高、含水率较高,波速低、电阻率低,常被误判为充填溶洞。

d.溶蚀破碎带上溶隙、裂隙和小溶洞发育,物探难以分辨,极易将破碎带整体判为单个溶洞,造成洞径偏大。

e.溶蚀破碎带上溶隙、裂隙和小溶洞发育,剖面上极易将验证钻孔揭露的单个小溶洞连成大溶洞,造成洞径偏大。

②岩溶发育规律分析

利用验证溶洞综合分析成果,对详勘解析溶洞全部进行对比分析,区分溶蚀破碎带上溶隙、裂隙和小溶洞发育区和单个厅堂式溶洞发育区,并深入分析岩溶,尤其是溶洞发育规律。

为了便于区分,将溶蚀破碎带上多个小溶洞、溶隙集中发育的区域定义为"视大溶洞",单个大直径溶洞定义为"厅堂式溶洞",溶蚀破碎带上小溶洞、溶隙零星发育区域定义为"溶蚀破碎带"。

场区溶蚀破碎带、"视大溶洞"、厅堂式溶洞发育具有如下规律,如图18-18所示:

a.顺地层、岩性分界线两侧发育。

b.顺优势裂隙方向发育。

c.顺构造线方向发育。

d.发育于岩溶的垂直发育带。

e.厅堂式溶洞零星发育于溶蚀破碎带上,而"视大溶洞"区极少见。

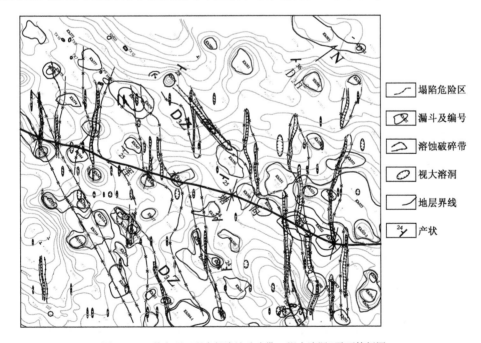

图18-18 某大型工程中部溶蚀破碎带、"视大溶洞"平面特征图

③岩溶稳定性分析

目前溶洞稳定性分析,国家各部门,如铁路、公路、民航等,皆积累了自己的经验和分析、判

别方法,但都是针对单个溶洞的,还未见针对溶蚀破碎带、类似蜂窝状结构溶洞群或"视大溶洞"的稳定性研究的文献。

结合试验段施工,对挖方区的"视大溶洞"采取静载荷试验和强夯试验来判断溶洞稳定性。静载荷试验(承压板直径≥1m)表明,即使顶板厚度只有10cm的"视大溶洞",其承载力特征值也大于800kPa,变形模量>40MPa,总体为良好的天然地基。但静载荷试验承压点是局部的,还不能完全反映整个"视大溶洞"的稳定性,为此进行了强夯试验。强夯试验为动力试验,也是损伤试验,3000kN·m的冲击作用下,未见"视大溶洞"整体塌陷,仅见局部塌落。

④处理方法建议

a. 对土面区"视大溶洞"建议不处理。

b. 对道槽区厅堂式不稳定溶洞进行清爆回填处理。

c. 对道槽区的溶蚀破碎带、"视大溶洞"发育区通过增大道面板厚度和配筋量、增大水稳层强度和增加配筋等手段加强上部结构层强度。

该机场建成通航6年,溶蚀破碎带及"视大溶洞"发育区稳定,沉降监测<0.5mm,不均匀沉降<0.05‰,表明溶蚀破碎带、视大溶洞发育区,在通过加强上部结构层强度后,其结构稳定,承载力、模量等满足机场建设要求。

18.2 土洞勘察

土洞主要发育于岩溶发育区,土洞具有受水影响明显,形成速度快,塌陷面积广,危害性大的特点,机场勘察应特别重视土洞勘察与防治。

18.2.1 勘察范围

土洞勘察范围包括机场工程区域及周边类似场地、对工程建设有影响的汇水区。

地层相同,岩溶发育程度相近,土层性质相同、厚度相近等的类似场地,在地表汇水条件较好时发生土洞塌陷,则可类比工程场地。如果在建设过程或竣工后出现类似的地表汇水、管道渗漏则可能发生土洞及其塌陷。分析类似场地土洞形成的控制因素,在工程区内采取针对性的防治措施具有重要意义。

对工程建设有影响的汇水区是指现状、机场建设过程和建成后对机场周边地质环境、机场排水产生影响区域。汇水区的面积、汇水量、汇水的排泄时间均是影响地表水下渗的因素,间接或直接影响土洞的形成与塌陷,应作为水文地质工程地质调查的范围。

18.2.2 勘察方法

土洞勘察宜结合岩溶勘察进行。碳酸盐岩地层的溶蚀破碎带、溶隙、裂隙和溶洞是上覆土体颗粒运移通道和存储的场所。运移的通道越宽、越通畅,存储空间越大,则土洞发育条件越好,即在地下水条件相同的前提下,岩溶越发育,土洞发育条件越好,越易发育土洞,所以查明下伏岩溶的发育状况是土洞勘察的基础。

1)水文地质工程地质调查

在详细勘察的基础上,重点调查:

（1）地下水的水位及变幅。

（2）气候条件，尤其是降水量。

（3）地表水的汇水条件。

（4）土层成因类型。

（5）场地及周边土洞塌陷时间、规模、规律。

（6）现状漏斗、洼地、落水洞、竖井等与土洞的关系。

2）物探

物探方法与岩溶勘察相同，在岩溶勘察中物探工作解译的洞穴包含了土洞。在场地平坦地段，对于浅层土洞，地质雷达、面波勘探效果一般好于电法勘察。

3）钻探与探井

对物探解译的隐伏土洞，可采用钻探揭露，并在解译的洞中心及周边布置钻孔，控制土洞形态、直径、宽度、走向与长度；对浅层土洞也可采用探井揭露，但应注意安全，防止开挖过程中人员和设备安全事故。

4）试验

（1）现场试验

对物探解译的隐伏土洞也可采用标贯、静力触探、动力触探等查明其土洞形态、直径、宽度、走向与长度，同时获得土层的承载力、变形模量等力学参数；对地表调查发现的疑似土洞塌陷区域应采用标贯、静力触探、动力触探等手段，通过查明其土体的力学性质与周边土体差异来划定疑似区域的边界，并结合钻探、室内颗分试验、物理力学试验等判断是否为前期塌陷的老土洞。

（2）室内试验

土洞勘察需要进行的室内试验包括颗分试验、现场和室内的渗透试验、湿化试验、胀缩试验、剪切试验等。

18.2.3　探测深度

土洞勘察一般随岩溶勘察进行，此时对上覆于岩溶地层之上的土层中洞穴是全深度勘察；当岩溶地层埋藏深度大于规范规定时，探测深度应根据场地条件确定。对于岩溶弱发育区的残坡积土层可按 15 ~ 20m 确定；对于岩溶中等、强发育区或冲洪积土层探测深度应至基岩面。

18.2.4　土洞稳定性判断

机场建设是大面积改造地质环境的过程，建设工程改变了地形地貌、地表水的径流途径、地下水的补给、径流和排泄条件，改变了土洞的顶板厚度和荷载，考虑到土洞具有受水影响明显、随时可能发生的特性，即使按塌落坍塞计算，塌落的土体充满了空洞，也有可能被水体搬运，再次形成空洞而发生地表塌陷，对机场潜在威胁很大，所以机场工程中将已形成的土洞均判为不稳定。

18.2.5　土洞控制因素分析

分析土洞发育的控制因素，针对性地采取防治措施具有重要意义。

一般来说,土洞发育控制因素有:岩溶发育程度、地形地貌、土层厚度、粒组特征和渗透性、地下水、地表水和降水等。对于特定的场地,可能是某个或几个因素起控制作用。在华东、华南平原区或低山区,地下水位低,土洞形成的主要原因为地下水水位涨落,不断淘蚀基覆界面土体;西南地区机场一般建在山区,地下水埋藏深,土洞主要由地表水入渗潜蚀形成;当岩溶地层上覆冲洪积堆积层时,土洞尤为发育。

18.2.6 潜在土洞发育区的划分

为了便于工程对土洞的防治,应划分潜在土洞发育区。划分依据为场区存在的土洞发育控制因素的强弱和土洞发育可能性。如在土洞发育受地表水入渗控制的地区,建设过程或建成后,地表水汇水、径流条件改变,将引起地表水入渗量增大,可能造成土洞发育时,应划为潜在土洞发育区。

工程实践中,可根据下伏岩溶发育强度、汇水条件、地下水条件、土层渗透性、湿化特性、抗剪特性,以及对工程影响程度等将潜在土洞发育区分为:弱发育区、中等发育区和强发育区。

弱发育区:位于岩溶弱发育区,汇水条件差或地下水位变幅小,建设过程或建成后,土洞发育可能性小(≤30%),即使发生土洞塌陷,对机场工程影响小。

中等发育区:位于岩溶中～强发育区,汇水条件较好或地下水位变幅较大,建设过程或建成后,土洞发育可能性中等(30%～50%),若发生土洞塌陷,对机场工程影响较大。

强发育区:位于岩溶中～强发育区,汇水条件好或地下水位变幅大,建设过程或建成后,土洞发育可能性高(≥50%),若发生土洞塌陷,对机场工程影响大。

土洞发育可能性应根据场区及周边地区与建设过程或建成后的地表水汇水、地下水变幅、岩溶发育强度等相同条件下土洞发育概率、控制因素和专家经验综合确定。

18.2.7 案例

1)工程概况

WN 机场占地 4000 亩,挖填土石方工程量 5000 余万 m^3。通过详细水文地质工程地质调查、物探、静探和钻探查明:第四系覆盖层分布区土洞发育,单个土洞塌陷面积最大可达 $5000m^2$,最深可达 23.4m,塌陷面积占集中分布区面积比例最大可达 27.3%,为土洞的易发区和高发区,如图 18-19 所示,发育规模见表 18-14。代表性地质剖面如图 18-20 所示。

图 18-19 WN 机场塌陷土洞照片

土 洞 发 育 规 模

表 18-14

新近塌陷土洞(个)	历史塌陷土洞(个)	揭露的未塌陷土洞(个)	塌陷单个土洞面积(m²)	塌陷单个土洞最大深度(m)	累计集中发育区域面积(m²)	集中发育区土洞发育频率(个/1000m²)	塌陷面积占集中分布区面积比例(%)
123	170	18	1.5～5000	23.4	100050	1.42	27.3

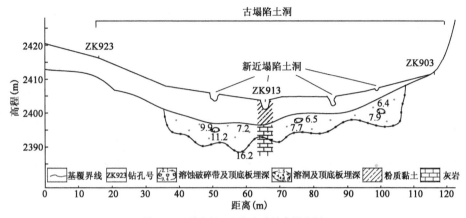

图 18-20 代表性土洞与岩溶综合勘察剖面

2）土洞发育区特征

（1）地貌特征

WN 机场位于区域 Ⅲ 级夷平面之第 Ⅱ 级夷平面上，工程区域较为平坦，高程 2350 ~ 2420m，如图 18-21 所示。地貌类型为岩溶地貌，发育漏斗 28 个，落水洞 44 个，洼地 36 个，溶蚀破碎带 49 条。

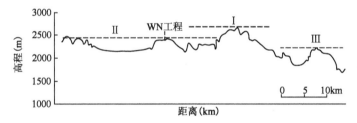

图 18-21 WN 机场新构造运动形成的夷平面

（2）岩性与物理特征

在 WN 机场的土洞集中发育区采集大量土样进行试验，试验成果见表 18-15。

代表性试验成果表 表 18-15

密度（g/cm³）	含水率（%）	孔隙比	液 限	收缩系数	渗透系数（cm/s）
1.80	32.8	0.89	44.5	0.12	$2.25E^{-5}$

根据表 18-2 中物理指标特征、残留在洼地和漏斗壁的粉质黏土、黏土及圆砾层的水平分布特征、土层中含有次圆状和圆状的炭质页岩、粉砂岩、砂岩、燧石、玄武岩等外来物质特征，将场区内覆盖层成因定义为冲洪积层，而不是残坡积层，见图 18-22、图 18-23。

（3）粒组特征

在土洞集中发育区开挖大型探坑，数量不小于 6 个。台地、漏斗壁、塌陷部位的采样探坑中取样数量均不小于 3 个。采用竖向开槽取样法采取颗分样品，每个样品质量不小于 1000kg，进行现场大型颗分试验和室内试验。

结果表明，土层的粒组为不良级配，并具有台地、漏斗壁处粉质黏土颗粒级配好于漏斗底部和塌陷部位，粗粒物质含量小于漏斗底部和塌陷部位的特征。

从探坑剖面和钻孔岩芯中还可发现台地、漏斗壁处覆盖层中粗颗粒含量呈现从上部到下部逐渐增大的规律,而漏斗底部和塌陷部位则无明显规律。

图18-22　WN机场漏斗壁残留的水平分布粉质黏土

图18-23　工程钻探揭露覆盖层中近水平分布的砂卵石层

(4)固结特征

采集50个以上样品做固结试验,固结压力大于或等于1200kPa,试验成果见表18-16。

固结试验成果表　　　　　　　　　　　　　　　表18-16

项 目 名 称	压 缩 指 数		超 固 结 比	
	区 间 值	均 值	区 间 值	均 值
台地、漏斗壁	0.21~0.31	0.24	1.00~1.10	1.05
洼地、漏斗底部及新近塌陷区	0.28~0.49	0.39	0.54~1.0	0.75

从表18-16可见,台地、漏斗壁分布的粉质黏土处于正常固结、超固结状态,洼地、漏斗底部及塌陷区粉质黏土处于欠固结状态。

(5)力学特征

对台地、漏斗、洼地、漏斗底部及新近塌陷区的粉质黏土分别进行了不少于6组载荷试验、标贯试验等,试验成果见表18-17。

承载力试验成果表　　　　　　　　　　　　　　表18-17

项 目 名 称	承载力特征值(kPa)		变形模量(MPa)	
	区 间 值	均 值	区 间 值	均 值
台地、漏斗壁	168~202	186	8.7~12.1	10.1
洼地、漏斗底部及新近塌陷区	76~113	95	3.5~6.6	4.8

从表18-17可见,台地、漏斗壁部位的承载力特征值、变形模量明显高于洼地、漏斗底部及新近塌陷区。

3)土洞塌陷机理分析

在台地、漏斗壁部位残留的近水平沉积的粉质黏土、圆砾、卵石等证明工程区在历史时期曾被冲洪积的粉质黏土等覆盖,地形高程基本一致,而目前却出现漏斗、落水洞、洼地等高差明显的负地形,表明这些区域第四系物质被部分或全部搬运。

（1）负地形区岩溶特征

综合勘察成果表明,所有出现负地形区域,地表岩溶、隐伏岩溶均强发育,且处于垂直发育带,如图18-20所示。地表岩溶表现形式有漏斗、落水洞、竖井、溶沟、溶槽、石牙和洼地;隐伏岩溶形式有隐伏石牙、溶蚀破碎带和溶洞。

漏斗、落水洞、竖井、洼地,以及隐伏的溶蚀破碎带和溶洞,呈现如下发育规律:

①沿地层界线发育,尤其是灰岩与泥岩、泥质粉砂岩、砂岩界线、不同年代地层界线发育;

②沿构造线发育,如沿断层线、背斜和向斜轴线发育;

③沿场地优势裂隙发育。

调查发现无论新近塌陷土洞还是古塌陷土洞,其发育规律与岩溶发育规律一致。图18-24为土洞分布图,从图中可见土洞主要沿地层线、断层线发育。

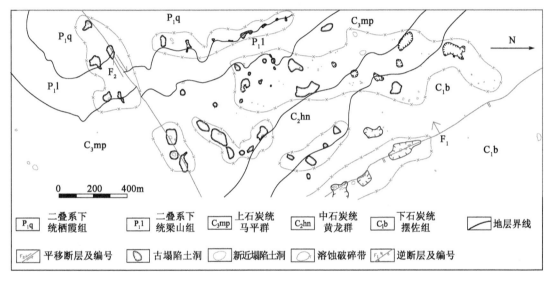

图18-24　WN机场土洞分布平面图

（2）新近塌陷土洞

WN机场新近塌陷土洞密集分布在负地形中的溶蚀破碎带和溶洞发育区。工程位于区域夷平面上,位置高,无长年地表流水,地下水埋深在地表70m以下。地下水变幅3~10m,地下水位面距基覆界面最小距离大于50m,不存在地下水浸泡、软化和淘蚀土体的可能。唯一可能是地表水入渗潜蚀土体,带走细粒物质而形成,这与土洞塌陷均发生在雨后或施工中管道漏水区段一致。钻探和爆破开挖揭露在溶蚀破碎带的裂隙、溶隙及溶洞中充填了大量的粉质黏土等细粒物质,而在基覆界面低处则分布相对粗粒的砂、圆砾、卵石、碎石等。经试验,充填物成分与负地形中物质成分、特征一致,表明负地形中细粒物质被入渗的地表水带走,沿裂隙、溶隙、溶洞等途径运移或储存在这些位置,而相对粗粒的砂、圆砾等则残留在基覆界面低处。

经分析,发生在场区洼地、漏斗中的新近塌陷多为古土洞塌陷后的二次,甚至多次塌陷,其规模远小于古土洞塌陷。主要原因为古土洞塌陷后,在塌陷坑底部形成密实度差、成分复杂、无沉积韵律的堆积层,其结构松散,渗透性好,且地势低洼,易于汇水,极易发生地表水入渗潜蚀而形成土洞。场区探井、钻孔取芯和试验资料证实了这一点。

（3）古塌陷土洞

场区及周边的漏斗、落水洞、竖井、溶沟、溶槽和岩溶洼地中沉积了粉质黏土、砂、圆砾、卵石、碎石等物质。经对比发现，残留在漏斗壁、洼地壁沉积物顶面高程基本一致，而目前上述区域处于负地形，则说明这些区域沉积物质被部分或全部搬运。由于研究场地均处于夷平面上，位置高，且无地表水流，也未发现古河道痕迹，同时这些区域被外围基岩封闭，不存在地表流水从地表搬运沉积物可能，唯一可能是沉积物从地下搬运，即通过裂隙、溶隙、溶洞等途径运移或储存沉积物质。

从沉积物底部通过裂隙、溶隙、溶洞等途径搬运细粒物质，势必在沉积物底部形成土洞，当土洞顶板荷载大于其承载能力时，发生塌陷，负地形形成。塌陷物质沉积在底部，经降水入渗等进一步潜蚀，再次发生塌陷，负地形进一步扩大。经过两次，甚至多次塌陷，形成现状负地形，即现状负地形是古土洞塌陷结果，其分布规律与岩溶发育规律一致。

4）土洞塌陷控制因素分析

（1）岩溶发育程度

对比场地及周边土洞发育规模、频率，不难发现，岩溶，尤其是地下岩溶发育程度越高，则土洞越发育，特别是在溶蚀破碎带发育区土洞尤其发育。岩溶发育程度高的区域裂隙、溶隙和溶洞发育，细粒物质搬运通畅，存储空间大，细粒物质搬运速度快、搬运量大，土洞形成速度快，规模大。岩溶发育程度高的区域往往与地层界线、构造线、裂隙发育区一致，所以工程中发现的土洞一般沿地层界线、构造线、优势裂隙发育。

（2）岩性因素

贵阳龙洞堡机场、兴义机场、毕节机场、黄平机场、铜仁机场、仁怀机场、磊庄机场、昆明长水机场、沧源机场、澜沧机场、丘北机场等所在的红黏土分布区的土洞塌陷单个最大面积 $33m^2$，塌陷最大深度 $5.6m$，集中发育区土洞发育最大频率 0.03 个 $/1000m^2$，塌陷面积占集中分布区面积最大比例 0.7%。

与本工程对比，无论是土洞发育规模，还是密度或频率，红黏土分布区均远小于粉质黏土分布区，即当岩溶地层的覆盖层为冲洪积成因的粉质黏土时，更容易发育土洞。

（3）粒组特征与渗透系数

在土洞塌陷区与非塌陷区，塌陷频率较高的区域与较低的区域，分别采集土样做颗分试验和渗透试验的对比试验。结果表明塌陷区、塌陷频率较高的区域级配相对较差，粗粒成分也普遍高于非塌陷区和塌陷频率较低区域，渗透性好于非塌陷区和塌陷频率较低区域，差别一般在数倍至数十倍，最大可达 100 倍以上。

该工程非塌陷区和塌陷频率较低区域的粉质黏土渗透系数为 $n \times 10^{-5 \sim -6}$ cm/s，大于红黏土渗透系数 $n \times 10^{-7 \sim -8}$ cm/s；低于塌陷区、塌陷频率较高区域粉质黏土渗透系数 $n \times 10^{-4 \sim -5}$ cm/s，远低于塌陷区、塌陷频率较高区域中富含砂砾石粉质黏土、砂卵石层渗透系数 $n \times 10^{-2 \sim -4}$ cm/s。

渗透系数控制了地表水的入渗量、入渗速度以及细粒物质运移的难易，对土洞形成、塌陷具有重要控制作用。

（4）地形

地形对土洞发育程度控制，主要通过对地表水聚集、汇流。对比分析表明：随着汇水面积增大,土洞塌陷个数、塌陷区面积、累计塌陷体积相应增大,表明地形对土洞发育有重要控制作用。

(5)降水

同等条件下,降水越多、汇水条件越好的地区,地表水入渗量越大,水带走的细粒物质就越多,土洞形成速度就越快,规模就越大,土洞就越发育,塌陷可能性也就越大。

5)潜在土洞发育区划分

为深入研究场地具体的土洞发育规律,划定土洞弱发育区、中等发育区和强发育区:

(1)土洞强发育区

①场区南端平山顶至蚂蟥山一带;

②场区张家大洼一带;

③艳阳沟一带。

(2)中等发育区

①沈家大山北侧区域;

②杨国大坡西侧区域;

③场区北东侧区域。

(3)弱发育区

除上述区域外的第四系覆盖层分布区。

6)工程防控措施

在分析了土洞发育的规律和控制因素后,开展了土洞塌陷防控措施研究,并在工程中实践:

(1)做好整个场地排水工作:

①中等发育区、强发育区原则上不布置永久性排水沟,如必须布置时应采用两种以上的防渗措施;临时排水沟必须采取有效的防渗措施。

②改善排水沟结构,防止开裂和渗漏。

③中等发育区、强发育区严禁布设临时水塔、输水管线,防止渗漏产生塌陷。

④中等发育区、强发育区在草皮土揭露后,当遇降水时,应提前采用薄膜等覆盖。

(2)对位于中等发育区、强发育区边坡稳定影响区采用3000kN·m以上中高能量强夯,减小渗透系数和提高地基强度,以避免或减弱地表水入渗及提高潜在土洞顶板强度。

(3)对排水沟进行监测,发现开裂及时修补。

采取以上措施后,该工程区未出现大规模的土洞塌陷,表明上述方法简单有效。

第19章　高填方边坡工程勘察

《民用机场岩土工程设计规范》(MH/T 5027—2013)定义:山区或丘陵地区机场最大填方高度或填方边坡高度(坡顶至坡脚高差)大于或等于20m 的工程称为高填方工程。最大填方高度指垂直填方厚度,即机场工程中只要垂直填方厚度或填方边坡高度大于20m,即为高填方工程。按《军用机场勘测规范》(GJB 2263—2012)、《民用机场勘测规范》(MH/T 5025—2011)、《民用机场高填方技术规范》(报批稿)要求,应对高填方工程边坡稳定影响区进行专项勘察。近十余年来由于对高填方边坡稳定影响区勘察缺失或勘察方法不当,未查明边坡稳定影响区软弱土、结构面、滑面或潜在滑面、地下水、洞穴等,已引起了多起高填方边坡过大变形或滑移,如攀枝花机场、黔东 DX 机场、黔中 LDB 机场、川北 NC 机场、川西 JH 机场、滇中 CS 机场、滇西北 LJ 机场、滇西 DL 机场、滇北 HE 机场、东北 GX 某机场,西部某机场[81],如图 19-1 ~ 图 19-6 所示。

图 19-1　LDB 机场由于软—可塑红黏土、岩溶洞穴未查明,在扩建过程中发生滑塌

图 19-2　NC 机场由于软塑黏性土夹层未查明而引起的高填方边坡滑塌

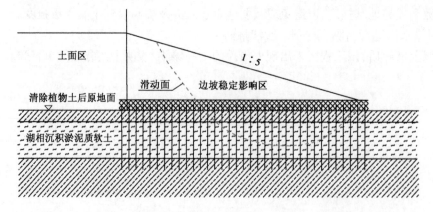

图 19-3　LJ 机场由于软弱土未查明,在施工过程中发生滑塌

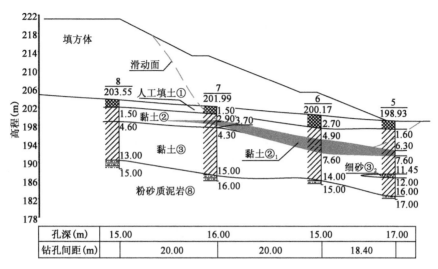

图19-4 GX机场由于软土未查明，在施工过程中发生滑塌

图19-5 HE机场试验段由于未查明边坡稳定影响区
软弱土、填料膨胀特性，发生填方边坡垮塌
和坡脚原地基鼓胀

图19-6 JH机场东高填方边坡影响区由于
未查明下覆软弱土而发生滑塌

19.1 填方边坡稳定影响区范围

将"对填方边坡的稳定性有影响的区域定义为填方边坡稳定影响区"是公认的，但对影响区范围的划分有不同的见解。

（1）国标《高填方地基技术规范》（征求意见稿）划分

国标《高填方地基技术规范》（征求意见稿）定义"高填方边坡稳定影响区范围"为"与边坡稳定性直接相关的岩土体所处区域。包括边坡本身及其前后的一定范围"，原场地地基边坡稳定影响区划分见表19-1和图19-7、图19-8。

原场地地基边坡稳定影响区范围 　　　　　　　　　　　　表19-1

坡高 $H(m)$	坡顶边坡稳定影响区宽度	坡脚边坡稳定影响区宽度	边坡稳定影响区宽度
>20	$B_2 + 2/3H$	$B_1 + 1/2H$	$B_1 + 1/2H + B + B_2 + 2/3H$
≤20	$B_2 + 2/5H$	$B_1 + 1/2H$	$B_2 + 2/5H + B + B_1 + 1/2H$

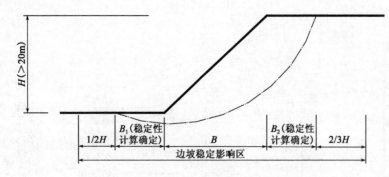

图 19-7　填筑高度 $H > 20\text{m}$ 原场地地基边坡稳定影响区

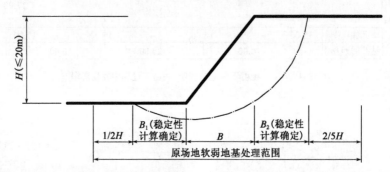

图 19-8　填筑高度 $H \leqslant 20\text{m}$ 原场地地基边坡稳定影响区

(2)机场工程常用边坡稳定影响区划分

民航部门填方边坡稳定影响区定义和划分方法与国标《高填方地基技术规范》(征求意见稿)基本一致,不同之处在于,民航部门根据数十个高填方机场建设工程经验,在填筑体坡比 $1:1.5 \sim 1:3$ 时,将稳定性计算所确定的潜在滑裂面边界外的宽度按 $15 \sim 20\text{m}$ 取值,见表 19-2 和图 19-9、图 19-10。

民航部门原场地地基边坡稳定影响区范围　表 19-2

坡高 $H(\text{m})$	坡顶边坡稳定影响区宽度	坡脚边坡稳定影响区宽度	边坡稳定影响区宽度
>20	$B_2 + D_1$	$B_1 + L_1$	$L_1 + B_1 + B + B_2 + D_1$
≤20	$B_2 + D_2$	$B_1 + L_2$	$L_2 + B_1 + B + B_2 + D_2$

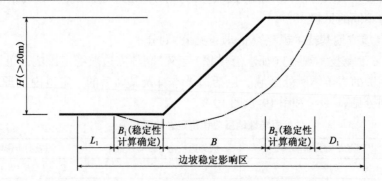

图 19-9　填筑高度 $H > 20\text{m}$ 原场地地基边坡稳定影响区(民航部门)

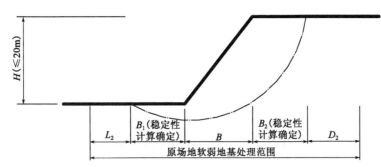

图 19-10 填筑高度 $H \leqslant 20$m 原场地地基边坡稳定影响区(民航部门)

表 19-1 和表 19-2 中 B 为边坡宽度, B_1、B_2 根据填方高度、原场地地基特性,通过稳定性计算分析确定,计算方法见 19.4 节。D_1、L_1 宽度一般按 15 ~ 20m 取值, D_2、L_2 一般按 5 ~ 10m 取值。

实际工作中,当填筑体坡比为 1:1.5 ~ 1:3 时,坡高不大于 80m 时,通常按表 19-3 和图 19-11 划分边坡稳定重点影响区。边坡稳定重点区为勘察的重点区域。

边坡稳定影响重点区划分表 表 19-3

坡高 H(m)	分 区	分区范围	备 注
≥20	填筑体边坡稳定影响重点区	B	B_1 和 B_2 为原地基处理范围坡脚外需外延的距离,根据计算分析所得。B_1 和 $B_2 \geqslant 5$m
≥20	原场地地基边坡稳定影响重点区	$2/3B + B_1$	
<20	填筑体边坡稳定影响重点区	B	
<20	原场地地基边坡稳定影响重点区	$1/2B + B_2$	

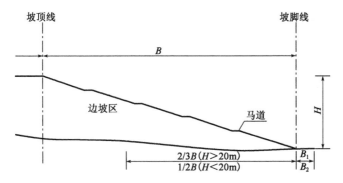

图 19-11 边坡稳定影响重点区划分示意图

19.2 勘察时间和依据

1)勘察时间

高填方边坡专项勘察宜在详细勘察之后至初步设计之前,设计人员根据详细勘察资料,优化调整坡高、坡脚线、初步确定地基处理方案和范围后进行。

2)勘察依据

高填方边坡专项勘察主要依据:

（1）勘察技术要求。

（2）《民用机场勘测规范》（MH/T 5025—2011）。

（3）坡顶填方高度、初步确定的边坡坡度、边坡工程范围。

（4）地基处理或岩土工程治理的初步方案。

（5）详细勘察资料。

19.3 勘察方法

高填方边坡专项勘察应以工程地质测绘、钻探、探井（槽）、室内外试验为主，物探为辅的方法。

19.3.1 工程地质测绘

1）测绘范围

测绘范围包括高填方边坡区和对边坡稳定有影响的临近区域。

2）测绘内容

地形地质条件较复杂的高填方边坡区钻探和物探工作难度大，应加强工程地质测绘，配合适当探井（槽）查明高填方边坡区及临近区域的工程地质条件，采取样品进行试验，测绘重点内容包括：

（1）地形形态和微地貌特征。

（2）岩土层的类型、分布、厚度、状态和结构特征。

（3）地表水、地下水、泉和湿地等的分布，以及地下水与地表水的相互作用关系。

（4）周边地区的自然边坡坡度、性状与坡面情况。

（5）主要的工程地质问题。

（6）当地边坡工程的经验。

3）测绘精度

测绘比例尺宜为 1∶100～1∶500。

19.3.2 物探

物探应根据地形、交通、地层等场地条件，以及详细勘察遗留的未解决的工程地质问题选用，应目的明确，针对性强。物探线布置应垂直异常地质体走向，如断层、空洞的走向。物探线密度应控制勘察目标的位置、形态、规模等。

19.3.3 钻探与探井（槽）

1）勘探点线布置

控制边坡原场地地基结构，用于边坡稳定性计算的勘探线称为主勘探线，其他为辅助勘探线，布置原则如下：

（1）主勘探线垂直或近垂直坡向布置，间距不宜大于 50m，勘探线两端应向坡顶（原地面边坡处挖填界线）、坡脚线外延 50m 以上。

（2）主勘探线上边坡稳定影响区内勘探点间距不宜大于30m,其他区域不宜大于50m。

（3）辅助勘探线及其上勘探点间距均不宜大于50m。

（4）地形复杂、地层突变、不良地质作用发育段勘探点应加密。

（5）沿沟谷中心及其两侧至少应布置一条勘探线,间距应不大于50m。

主勘探线地面线宜实测,比例尺1:50～1:100。

2）勘探点深度

（1）主勘探线宜全部布置控制性钻孔,辅助勘探线上控制性钻孔不应小于该条勘探线上勘探点的1/3,所有勘探孔应穿过相对软弱层并穿过最深潜在滑裂面进入稳定地层一定深度,并满足边坡稳定分析和工程治理的需要。

（2）为避免漏勘深部潜在的滑裂面,宜布置10%～20%的超深钻孔,进入根据详细勘察成果计算的稳定层15～20m。

（3）进入稳定地层的深度可按《民用机场勘测规范》(MH/T 5025—2011)要求,见表19-4。

边坡勘察勘探深度进入稳定地层的要求

表19-4

稳定地层情况			勘探孔进入稳定地层深度(m)	
软硬等级	岩土类别	代表性土石名称	控制性勘探孔	一般勘探孔
Ⅱ	普通土	稍密或松散的碎石土(不包括块石或漂石)、密实的砂土和粉土、可塑的黏性土	5.0～10.0	2.0～3.0
Ⅲ	硬土	中密的碎石土、硬塑黏性土、风化成土块的岩石	3.0～5.0	1.0～2.0
Ⅳ	软岩	块石或漂石碎石土、泥岩、泥质砂岩、弱胶结砾岩,中风化～强风化的坚硬岩或较硬岩	2.0～3.0	0.5～1.0
Ⅴ	次硬岩	砂岩、硅质页岩、微风化～中等风化的灰岩、玄武岩、花岗岩、正长岩	1.0～2.0	—
Ⅵ	坚硬岩	未风化～微风化的玄武岩、石灰岩、白云岩、大理岩、石英岩、闪长岩、花岗岩、正长岩、硅质砾岩等	0.5～1.0	—

注:地形条件不利时取大值、坡高超过50m时取大值。

3）工艺要求

工艺要求参见15.3。

19.3.4 试验

高填方边坡专项勘察试验应重点进行抗剪强度试验,包括室内直接剪切试验、三轴剪切试验、反复慢剪试验,现场的十字板剪切试验、大型剪切试验和孔内剪切试验等。

1）室内剪切试验

（1）对边坡稳定影响区影响深度内的每一类层岩(全风化和部分强风化岩石)土的每种状

态均应采取样品进行快剪和固结快剪的直接剪切试验;对潜在滑裂面及上下1.5m深度岩(全风化和部分强风化岩石)土应采取样品进行固结不排水(CU)和不固结不排水(UU)的三轴剪切试验。

(2)采取用作边坡区的填料做重型击实试验,并按拟定颗粒级配、压实度和固体体积率等做直接快剪和三轴试验剪切。

(3)采取原场地浅层(一般为强夯有效处理深度)地基土层、全风化和部分强风化岩石做重型击实试验,并按拟定压实度或固体体积率等做直接快剪和三轴剪切试验。

(4)对施工期间或施工结束后可能受到地表、地下水浸泡的填筑地基和原场地地基岩土应进行相应的浸水、饱水剪切试验。

(5)每一类型岩(全风化和部分强风化岩石)土的每种状态的每一种剪切试验以8组为宜,不得少于6组。

(6)采取原状土样品等级为Ⅰ级。

2)现场原位试验

(1)对软弱土层,尤其是难以采取Ⅰ级样品或样品保护、运输难度大的土层,应进行十字板剪切试验,每类软弱土的试验数量不应少于8组。

(2)对浅层的各类土层、全风化和强风化岩石、软弱结构面、潜在的滑裂面应进行现场大型剪切试验。每类岩土的不同状态、不同性质的软弱结构面和潜在滑裂面的剪切试验数量均不应少于6组。剪切试验最大竖向压力应不低于高填方边坡重力与自重应力之和。

(3)对深层的各类土层、全风化和部分强风化岩石、软弱结构面、潜在的滑裂面可进行现场土体钻孔剪切试验。每类岩土的不同状态、不同性质的软弱结构面和潜在滑裂面的剪切试验数量应不少于6组。

(4)对深层的全风化和强风化岩石、软弱结构面、潜在的滑裂面、软～中等硬度岩体可进行岩石钻孔剪切试验。每类岩土的不同状态、不同性质的软弱结构面和潜在滑裂面的剪切试验数量应不少于6组。

3)试验条件与成果要求

(1)室内剪切试验的最大竖向压力应不低于高填方边坡重力与自重应力之和。

(2)每类试验除提供抗剪参数外,还应提供试验曲线,说明试验条件、仪器设备类型、过程和数据处理方法。

19.4　高填方边坡稳定计算

高填方边坡稳定计算分为原始边坡稳定性计算和高填方边坡稳定性计算。影响边坡稳定性计算精度的主要因素有岩土参数、边界条件和计算方法。

19.4.1　抗剪参数取值方法

岩土参数与环境条件、边界条件等密切相关,而高填方地基现场条件一般都比较复杂,无论是室内试验还是现场测试,获取的都是点的参数,同时受气候、地形条件、开挖深度、岩土采样、运输、试验等影响,不能完全代表岩土的抗剪能力,如果采取不合理参数计算,可能导致与现场边坡稳定性相悖的结论,造成重大安全隐患或事故,所以高填方边坡稳定性分析的采样参数应结合现场条件、当地工程经验综合确定。攀枝花机场高填方边坡稳定性计算中主要采用室内试验和现场大剪试验参数,导致计算的安全系数过高,在高填方施工过程中及处理后的填筑体中发生严重失稳,造成重大经济损失和不良社会影响。事后分析,主要原因之一就是稳定性分析所采用的室内试验和现场大剪试验参数偏大,与当地经验参数及反分析获取参数偏差过大。

边坡稳定性计算所采用的参数取值应根据上述室内抗剪试验和现场剪切试验成果,结合当地工程经验,按下列要求选取:

(1)施工期边坡稳定性分析宜采用击实曲线上要求压实度对应含水率制备的试样所做的直接快剪和三轴不排水剪参数。

(2)巨粒土、粗粒土料及土夹石混合料,宜采用相同级配条件下的干密度、固体体积率的室内三轴试验或现场大型剪切试验获取的抗剪参数。

(3)软弱土、黄土等地基宜考虑施工后期强度的增长,可采用地基土的综合抗剪强度。

(4)地下水位以下原场地地基和粗粒土料填筑地基、毛细水上升高度以下的细粒土料填筑地基,应采用饱水试件的直接快剪和三轴不排水剪参数。

(5)填方边坡内部排水以及填筑地基与原场地地基结合部排水不畅时,应采用饱水试件的直接快剪和三轴不排水剪参数。

(6)初步计算时应根据与填方相似条件下试验获得的岩土参数,核算时应根据地基处理后的岩土参数。

19.4.2　填方边坡稳定性分析方法

1)填方边坡稳定性计算方法

填方边坡稳定性计算应根据原场地岩土性质、填筑材料及填方高度等条件,选用圆弧滑动法、折线滑裂面、工程地质类比法、极限平衡法、三维数值法等。

①当原场地地基均匀或为软土时,宜采用圆弧滑动法分析。

②当原场地地基存在高程变化较大的相对软弱层时,宜采用折线滑裂面分析。

③对复杂场地除进行工程地质类比法、极限平衡法分析外,尚宜进行三维数值法分析。

(1)圆弧形折线滑裂面法

《民用机场勘测规范》(MH/T 5025—2011)规定,当原地基比较均匀或为软土地基时,宜采用圆弧滑裂面;当边坡稳定影响区原场地地基存在高程变化较大的相对软弱层时,宜采用折线滑裂面。

该计算方法与国家标准《建筑边坡工程技术规范》(GB 50330—2013)中的第5.5.5条折线滑裂面边坡稳定计算相同,分析中可不考虑坡顶荷载作用。同时,将圆弧滑裂面的计算式统一到折线滑裂面计算式中,即按圆弧形折线滑裂面进行计算。

两个规范分别从填料性质和原场地地基特性描述了高填方滑裂面的形态,从工程实践看,《民用机场勘测规范》(MH/T 5025—2011)更接近实际,加之其与文献[82]边坡稳定性分析成果相似,故作者推荐《民用机场勘测规范》(MH/T 5025—2011)方法,即:

$$F_s = \frac{\sum\limits_{i=1}^{n-1}\left(R_i \prod\limits_{j=i}^{n-1}\Psi_j\right) + R_n}{\sum\limits_{i=1}^{n-1}\left(T_i \prod\limits_{j=i}^{n-1}\Psi_j\right) + T_n} \tag{19-1}$$

其中：
$$\Psi_j = \cos(\alpha_i - \alpha_{i+1}) - \sin(\alpha_i - \alpha_{i+1})\tan\varphi_i \tag{19-2}$$

$$\prod_{j=i}^{n-1}\Psi_j = \Psi_i \cdot \Psi_{i+1} \cdot \Psi_{i+2}\cdots\Psi_{n-1} \tag{19-3}$$

$$R_i = N_i\tan\varphi_i + C_iL_i \tag{19-4}$$

$$N_i = W_i(\cos\alpha_i - K_h\sin\alpha_i) \tag{19-5}$$

$$T_i = W_i(\sin\alpha_i + K_h\cos\alpha_i) \tag{19-6}$$

以上式中：F_s——边坡稳定安全系数；

$R_i(R_n)$——作用第 $i(n)$ 条块段滑体的抗滑力（kN/m）；

$T_i(T_n)$——作用于第 $i(n)$ 条块段滑面上的切向分力（kN/m），出现与滑动方向相反的切向分力时，应取负值；

Ψ_i——第 i 条块段的剩余下滑力传递至第 $i+1$ 条块段的传递系数（$j = i$）；

α_i——第 i 条块段滑面的倾角（°），反坡时为负；

N_i——作用于第 i 条块段滑动面的法向分力（kN/m）；

φ_i——第 i 条块段滑面的内摩擦角（°）；

C_i——第 i 条块段滑面的黏聚力（kPa）；

L_i——第 i 条块段滑面的长度（m）；

W_i——第 i 条块段滑体所受的重力（kN/m）；

K_h——水平地震系数，按抗震设防烈度对应的水平加速度 a 取值。

$$K_h = \frac{a}{g} \tag{19-7}$$

（2）工程类比法

岩土工程为半经验半理论的学科，各地的地质条件和环境条件千差万别，地质勘察又不能完全查明场地条件，计算方法又存在缺陷，所以对已建和在建工程进行调查、对比和分析是高填方边坡稳定性分析的重要方法。

目前，我国已建成 50 多个大面积高填方机场和城建项目，涵盖了我国所有的地理区域，包括西南、华南、华东、华北、华中、东北和西北地区，涉及岩溶、高陡边坡、大型不稳定斜坡、地下水、采空区、高烈度区、断裂带、活动断裂等特殊地质条件及软弱土基、膨胀岩土、红黏土、黄土、冰碛土、冻土、盐渍土、全强风化玄武岩、花岗岩等特殊性岩土，工程类比条件成熟，工程勘察和设计应重视高填方边坡工程类比。

工程类比主要从场地地形、构造、岩土性质、填方高度、气候条件、施工工艺与速度等方面进行。在现场调研的基础上，重点咨询高填方项目的勘察、设计、监理、施工技术负责人和建设单位总工和工程部负责人，明确所调查项目优点、缺陷和应注意问题。

（3）数值分析法

二维稳定性分析在地形复杂场地对边坡空间效应考虑不足，只能反映某个剖面的特性，不能反映三维特性，有时其计算结果与三维偏差较大。贵州荔波机场地形条件复杂，最大填方高度60余m,共有9个边坡涉及高填方,采用极限平衡法二维分析,有8个边坡稳定性不满足要求。运用三维稳定性计算程序,采用相同计算参数,9个边坡填方后均满足稳定性要求[83]。该机场建成近十年,一直处于稳定状态。其原因是二维分析未考虑到坡体前缘存在一定范围的阻滑段(前缘收口),忽略了坡体稳定性空间效应。九黄机场填方高度最大的元山子沟(102m),其填方体坡脚正好处于两支沟汇合的锁口地形处,二维和三维稳定性计算,其安全系数差异在0.5以上。

目前,工程上有许多边坡稳定性分析软件,能方便快捷地进行二维和三维稳定性计算,建议在条件许可时一般工程的原场地地基和填筑地基整体稳定性宜进行二维和三维稳定性计算;复杂场地原场地地基和填筑体整体稳定性应进行边坡二维和三维稳定性计算分析。

(4)地震作用下稳定性计算方法

文献[84~86]采用拟静力法、动力法对九寨黄龙机场、康定机场进行边坡抗震稳定性计算,其动力法计算的安全系数比拟静力法结果要小5%~10%,但均表明在Ⅷ度地震烈度下不发生整体破坏,同时动力法还反映可能发生支离式破坏,与地震后高填方边坡破坏形式和规模相近。工程上按拟静力法进行设计和施工,"5·12"汶川、"4·16"芦山地震后,对两机场进行调查,未发现高填方边坡大的破坏,未影响正常飞行,表明采用拟静力法计算边坡抗震稳定性是基本满足稳定性要求的[87]。

文献[88]认为拟静力法采用规范建议的加速度分布系数不能完全反映高土石坝实际地震反映规律,计算达到的最危险圆弧较深且滑动范围较大。通过有限元动力法计算结果,建议坝坡加固范围,竖向高度可取坝顶1/5坝高范围,水平加固范围可取滑弧深度的1~1.5倍。文献[89]根据核电工程重要性,要求必须同时采用拟静力法和有限元动力法进行抗震稳定性计算。

综合已有研究和工程实践成果,建议对已确定有地震作用影响的机场建设场地,高填方边坡原场地及坡脚稳定性计算一般可采用拟静力法抗震计算;高烈度的地震易发区,当发生边坡失稳可能导致重大损失时,还应进行动力学抗震计算。

(5)暴雨工况的定义

暴雨工况目前还未有规范的定义,是现实工作中的俗成概念,更准确的概念应该是降雨工况,只是大家的感觉认为暴雨更易造成大范围、大型地质灾害,因此用暴雨工况来代替降雨,而连续几天的连绵雨也可以造成大型灾害和大范围灾害的发生。据此,暴雨工况如果定义的话可以认为是考虑当地最不利情况下的降雨影响工况,比如百年一遇降雨、连续强降雨、连绵雨等。

通常,雨水入渗岩土体,一方面使岩土体含水率增加,降低土体强度指标c、φ,增大土体重度γ;另一方面下渗后引起地下水位线或浸润线变化,形成孔(空)隙水压力、动水压力,增大边(滑)坡滑动破坏。然而在实际应用中,如何考虑暴雨工况下的边坡稳定性,其实还是一个难题,通常是结合实际边坡地质条件,根据上述可能的降雨引起的组合影响来按最危险情况考虑。

针对高填方工程,如果有降雨量观测、地下水位变化观测、孔隙水压力变化观测,则可以更好解决降雨对填方边坡稳定性的影响研究。

暴雨工况下稳定性计算:依据相关理论,在暴雨工况下,需要首先确定浸润线,浸润线确定以后,按边坡存在的稳定水位进行计算,即将浸润线考虑为稳定水位线。

2)填方边坡稳定性计算一般过程

填方边坡的稳定性不仅与地形、岩土条件及填方高度有关,还与不同的边界条件、加载方式和过程有关,故应根据填方边坡的不同条件选择不同方法。填方边坡稳定性计算一般包括以下过程,如图19-12所示。

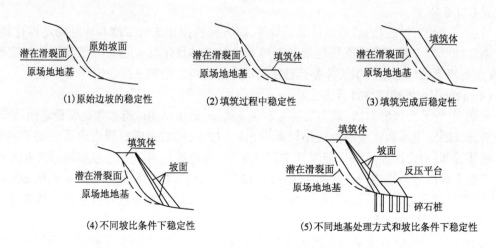

图19-12　填方边坡计算过程示意图

(1)原始边坡稳定性。
(2)填筑过程中稳定性。
(3)填筑完成后的稳定性。
(4)不同坡比条件下稳定性。
(5)不同地基处理方式和坡比条件下稳定性。

19.4.3　边坡稳定性标准

近十余年来,我国新建了50多个高填方机场和城建项目,这些工程主要位于西部地区,其中西南地区占约60%,代表性工程的边坡参数和稳定系数标准见表19-5。这些工程原场地涉及岩溶、高陡边坡、大型不稳定斜坡、地下水、采空区、高烈度区、断裂带、活动断裂等特殊地质条件及软弱土基、膨胀岩土、红黏土、黄土、冰碛土、冻土、盐渍土、全强风化玄武岩、花岗岩等特殊性岩土;填料除采用粉土、黏性土、碳酸盐岩块碎石、砂岩、碎石、河床堆积砂砾石、卵石等一般填料外,还采用了泥岩、碳质泥岩、全强风化玄武岩、花岗岩、膨胀岩土、红黏土、黄土、冰碛土、砂土、冻土、盐渍土等特殊岩土或难以密实的岩土。除极个别机场由于特殊原因,出现过大的沉降和失稳外,这些机场在建设过程及建成后均处于稳定状态,且都满足工后沉降和工后不均匀沉降要求。同时四川的九寨黄龙机场(高烈度区,处于"5·12"地震中心区)、康定机场(高烈度区)、广元、绵阳等机场还经受住了"5·12"汶川特大地震、4·20芦山大地震的考验,高填方边坡安全。

《工程地质手册》(第四版)边坡的安全系数因所采用的方法不同而不同,通常圆弧法计算结果较平面滑动法和折线法偏低,并给出安全系数控制值,见表19-6。

代表性工程边坡坡比及稳定性系数标准 表19-5

项目名称	地震烈度	主 要 填 料	边坡高度(m)	综合坡比	安 全 系 数		
					天然工况	暴雨工况	地震工况
九黄机场	Ⅷ	粉土、黄土、黏性土、冻土	104	1:3.0	1.50	—	1.10
康定机场	Ⅸ	冰碛块碎石、砂、粉土	86	1:2.2	1.4	—	1.12
六盘水机场	Ⅵ	砂岩、炭质泥岩、灰岩、黏性土	163	1:2.5	1.4	1.25	1.15
兴义机场	Ⅵ	白云岩、灰岩、红黏土	70	1:2.0	1.3	1.15	1.05
昆明长水机场	Ⅷ	白云岩、灰岩、泥岩、红黏土	52	1:2.5	1.30	—	1.05
沧源机场	Ⅷ	白云岩、灰岩、红黏土	180	1:2.3	1.3	1.2	1.1
泸沽湖机场	Ⅶ	白云岩、灰岩、红黏土	133	1:2.2	1.3	1.2	1.1
重庆机场	Ⅵ	红层砂岩、泥岩、黏性土	160	1:3.0	1.40	1.1	1.3
吕梁机场	Ⅵ	黄土	115	1:2.25	1.28	—	—
延安新城	Ⅵ	黄土	112	1:2.0	1.20	—	—
承德机场	Ⅵ	安山岩、砂砾岩、泥质砂岩、黏性土	125	1:2.0	1.39	1.18	

安全系数控制值 表19-6

边坡类别	一 级	二 级	三 级
平面滑动法和折线法	1.35	1.30	1.25
圆弧法	1.30	1.25	1.20

《岩土工程勘察规范》(GB 50019—2001)中边坡稳定系数 F_s 的取值:对于新设计的边坡、重要工程宜取1.3~1.50,一般工程宜取1.15~1.30,次要工程宜取1.05~1.15。采取峰值强度时取大值,采取残余强度时取小值。验算已有边坡稳定时 F_s 取1.10~1.25。

通过对上述高填方工程边坡稳定性系数的统计分析,并结合公路、铁路、水电、矿山等行业经验和规范,《民用机场岩土工程设计规范》(MH/T 5027—2013)中规定机场填方边坡稳定安全系数是合理的,见表15-3。

19.5 案 例

19.5.1 SN机场高填方边坡勘察

在建的 SN 机场位于西南红层地区,低山丘陵地貌。由于高填方边坡坡脚部位地质条件复杂,且在该机场土石方工程初步设计优化过程中,部分高填方边坡稳定影响区超出了原勘察范围,按《民用机场勘测规范》(MH/T 5025—2011)、《民用机场高填方技术规范》(报批稿)要求,需要进行高填方边坡专项勘察,如图19-13所示。

1)勘察方法

在对该机场详勘资料进行分析整理的基础上,首先开展针对性的1:500~1:1000工程地质、水文地质测绘;然后根据地质测绘情况,在边坡稳定影响区布置钻孔,勘探点、线间距30m左右,边坡稳定重点影响区勘探点间距15~30m。控制孔、鉴别孔在平面上大致均匀分布。控制孔进入中(微)风化基岩5~8m,数量占钻孔总数的1/3~1/2,且每个地貌单元均有控制性钻孔。鉴别孔进入中(微)风化基岩3~5m,数量占钻孔总数的1/2~2/3;其次,依据钻探揭露的地层情况,选择代表性地点布置18组现场大型剪切试验、50次标贯试验、80组微贯试验和25孔静探试验等原位试验,采取500余原状土样进行常规、直剪、固结快剪、三轴剪切试验(CU、UU)、无侧限抗压强度(qu)等室内试验。现场大剪试验试验地层包括原场地软弱地层和前期试验段填筑地基,室内剪切试验样品重点采取软弱土层和详勘报告高填方边坡稳定性分析的潜在滑动面上土层。对上述资料进行系统整理和分析,获取合理岩土参数,选取垂直坡向的代表性剖面、设计给定的计算剖面,采用Geo-Slope软件进行高填方边坡稳定性计算,给出地基处理建议。

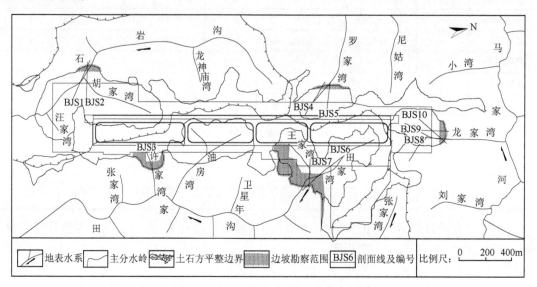

图19-13　SN机场高填方边坡专项勘察位置图

2)填方边坡稳定性评价

(1)计算参数取值

填筑体、原场地地基参数综合前期勘察成果、本期试验成果,并结合地方经验综合取值,见表19-7。

场区土体物理力学参数建议值表 表19-7

所属地貌单元	岩土名称及编号	状态	密度 (g/cm³)	抗剪强度	
				c(kPa)	φ(°)
填土		天然工况	2.10	20.0	25.0
		暴雨工况	2.10	15.0	20.0
常年饱水沟谷区	坡洪积粉质黏土⑤	软塑⑤₁	1.86	24.0	3.5
		可塑⑤₂	1.88	25.0	7.5
季节性饱水沟谷区	坡洪积粉质黏土	软塑⑤₁	1.88	24.5	4.0
		可塑⑤₂	1.90	26.0	8.5
		硬塑⑤₃	1.98	31.0	11.0

续上表

所属地貌单元	岩土名称及编号	状态	密度 （g/cm³）	抗 剪 强 度	
				c（kPa）	φ（°）
沟源斜坡区、 台丘陵脊区	残坡积粉质黏土	软塑⑥₁	1.88	25.0	5.0
		可塑⑥₂	1.94	26.0	10.0
		硬塑⑥₃	1.98	27.0	12.0
泥质粉砂岩	全风化⑦₁	天然	1.95	30	15
		饱水	1.97	26	13
	强风化⑦₂	天然	2.30	140	22
		饱水	2.35	70	17
粉砂质泥岩	全风化⑧₁	天然	1.95	30	15
		饱水	1.97	26	12
	强风化⑧₂	天然	2.30	130	20
		饱水	2.35	70	16
砂岩	全风化⑨₁	天然	1.80	15	17
		饱水	1.82	12	15
	强风化⑨₂	天然	2.25	150	25
		饱水	2.30	120	20

（2）计算方法、假定

①假定暴雨工况下地下水水位浸没边坡填筑体约 1/3 厚度。

②按自动搜索滑面、指定基覆界面、软弱夹层为潜在滑面等分别计算高填方边坡稳定性。计算考虑天然、暴雨、地震 3 种工况，计算方法采用瑞典条分法、毕肖普法、简布法、摩根斯坦—普利斯法。

③计算剖面不仅按设计单位要求的沿沟谷底部布置的剖面进行（BJS1、BJS3、BJS4、BJS6、BJS8），而且还根据边坡稳定性评价需要增加了 5 条与高填方边坡方向一致的计算剖面（BJS2、BJS5、BJS7、BJS9、BJS10），如图 19-13 所示。填方边坡的坡比根据设计单位提供的土方设计图确定。

（3）计算成果及评价

以石岩沟为例介绍该机场高填方边坡稳定性评价。石岩沟最大填方高度约 43m，采用 4 级放坡，坡比 2：0，综合坡比 1：2.2，典型剖面如图 19-14 ～ 图 19-17，计算结果见表 19-8。

BJS1 剖面沿石岩沟沟谷中心布置，与坡向方向小角度斜交；BJS2 剖面与填方边坡方向一致。

计算表明：

①BJS1 剖面在天然工况下边坡为基本稳定状态，暴雨工况、地震工况、地震 + 暴雨工况下为不稳定状态。BJS2 在四种工况下均处于不稳定状态。在四种工况下，BJS1、BJS2 基覆界面均为潜在危险滑动面，代表性成果如图 19-14 ～ 图 19-17 所示。

BJS1-BJS1′

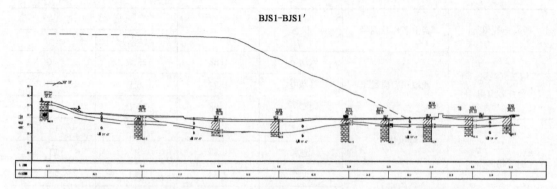

素填土　坡洪积软塑状粉质黏土　坡洪积可塑状粉质黏土　残坡积可塑状粉质黏土
全风化粉砂质泥岩　强-中风化粉砂质泥岩　中风化粉砂岩

图 19-14　BJS1 工程地质剖面图

BJS2-BJS2′

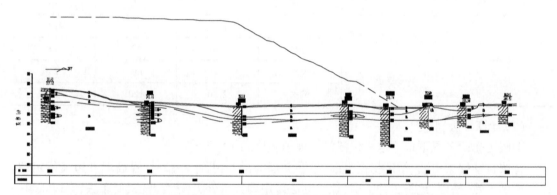

素填土　坡洪积软塑状粉质黏土　坡洪积可塑状粉质黏土　残坡积可塑状粉质黏土
全风化粉砂质泥岩　强-中风化粉砂质泥岩　中风化粉砂岩

图 19-15　BJS2 工程地质剖面图

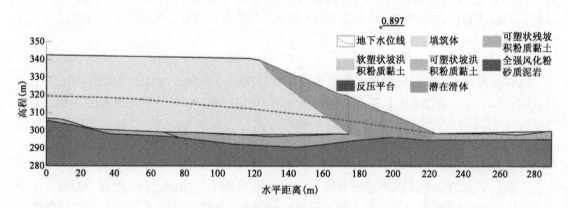

图 19-16　BJS1 剖面暴雨工况稳定性结果(自动搜索)

250

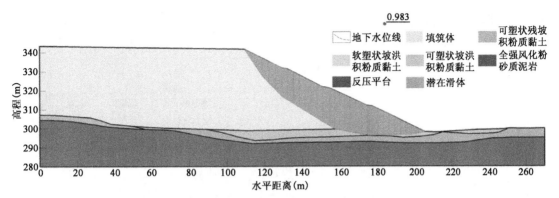

图 19-17　BJS2 剖面天然工况稳定性结果(指定沿软弱土层滑动)

石岩沟高填方边坡典型计算剖面稳定性计算结果　　　　　　　　表 19-8

剖面编号	分析项目及方法	工　况	计　算　方　法			
			Ordinary 法	Bishop 法	Janbu 法	Morgenstern-Price 法
BJS1	天然地基,不做任何处理和工程措施,自动搜索	天然	1.050	1.124	1.042	1.077
		暴雨	0.827	0.897	0.822	0.857
		地震	0.917	0.983	0.904	0.932
		暴雨 + 地震	0.716	0.779	0.707	0.739
BJS2	天然地基,不做任何处理和工程措施,自动搜索	天然	0.762	0.865	0.789	0.826
		暴雨	0.619	0.703	0.637	0.671
		地震	0.663	0.753	0.674	0.712
		暴雨 + 地震	0.540	0.616	0.552	0.584
BJS2	天然地基,不做任何处理和工程措施,沿软弱土滑动	天然	0.919	0.983	0.922	0.937
		暴雨	0.737	0.797	0.740	0.755
		地震	0.811	0.859	0.801	0.816
		暴雨 + 地震	0.651	0.701	0.645	0.658
BJS2	天然地基,坡脚施加20m 宽反压平台,自动搜索	天然	0.793	0.902	0.804	0.842
		暴雨	0.603	0.752	0.662	0.698
		地震	0.647	0.767	0.680	0.711
		暴雨 + 地震	0.545	0.655	0.573	0.603
BJS2	部分置换(清除 1/2 边坡宽度范围内表层软弱土),自动搜索	天然	0.737	0.884	0.787	0.829
		暴雨	0.620	0.741	0.655	0.698
		地震	0.664	0.770	0.674	0.713
		暴雨 + 地震	0.548	0.650	0.566	0.608
BJS2	反压平台 + 部分置换,自动搜索	天然	0.868	1.073	0.929	0.993
		暴雨	0.724	0.898	0.770	0.821
		地震	0.761	0.924	0.790	0.849
		暴雨 + 地震	0.638	0.782	0.664	0.720

②在 BJS2 剖面方向采取 20m 宽的反压平台、清除 1/2 边坡宽度范围内表层软弱土、反压平台＋清除 1/2 边坡宽度范围内表层软弱土地基处理措施时,在上述四种工况下,均处于不稳定状态,代表性成果如图 19-18 所示。

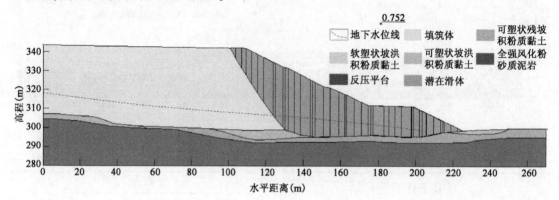

图 19-18　BJS2 剖面设置反压平台暴雨工况计算结果(自动搜索滑面)

③地下水对填方边坡的稳定性影响大,当原地基及填筑体中地下水不能有效排除而雍水的情况下,边坡稳定性系数降低 20% 左右。

④高填方边坡稳定影响区地基土体的抗剪强度是控制边坡稳定性的关键因素;采取单一的工程措施很难使边坡在各种工况下保持稳定,需采取综合工程措施进行处理。

3)地基处理建议

根据边坡稳定计算结果,结合不同区域地形、地下水、地层和填方高度,针对性地提出如下处理措施:

(1)在沟谷底部设置排水盲沟,在填筑体中设置水平排水层;施工期间做好地表水、地下水排放工作。

(2)对填方边坡稳定影响区内的沟源斜坡区采用垫层强夯处理,以增加土体的密实性和抗剪强度;沟谷区当覆盖层较浅时直接清除,当覆盖层较厚时采用碎石桩、混凝土搅拌桩等措施进行地基处理。

(3)适当放缓填方边坡坡比和增大反压平台宽度和高度。

19.5.2　GZ 机场高填方边坡勘察

在建 GZ 机场跑道长 4000m,宽 48m,西北端高程 4062.7m,东南端高程 4055.4m,挖填土石方总量约为 5850 万 m³,最大挖方高度约 60m,最大边坡高度约 140m,属于典型的高高原高填方机场,见图 19-19。

建设场地存在区域稳定性、高填方边坡稳定性、地基不均匀、冻土、全—强风化变质砂岩崩解软化、软弱土及地下水等重大工程地质问题,专家建议对填方厚度 102m 的沃日柯区域进行高填方边坡专项勘察,如图 19-20 所示。

1)地质概况

(1)构造

GZ 机场在大地构造单元上地处松潘—甘孜造山带,位于鲜水河断裂中段的西侧,活动断

裂 F_3 从其边缘通过,场地抗震设防烈度 8 度。

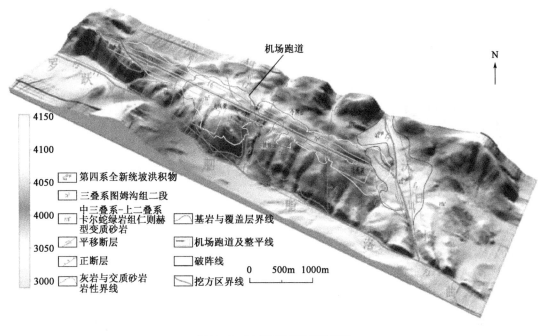

图 19-19　GZ 机场地质地貌效果图

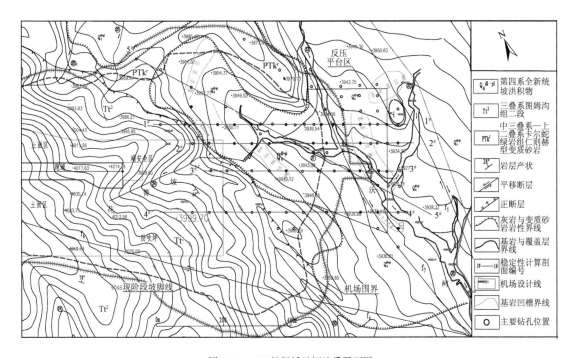

图 19-20　GZ 机场沃日柯地质平面图

建设场区位于一个北西向长度超过 10km、北东向平均宽 2.6km 的地块中部。该地块南、北两侧均发育有 NW 向区域断裂构造(F_1 和 F_3),场地内发育 7 条次级断层,性质多为压扭性平移断层,其中 f5、f7 穿越沃日柯高填方区,见图 19-18。f_5、f_7 断层为右旋走滑断层,走向为 N3°W。f_7 断层位于沃日柯沼泽湿地内,处在高填方坡脚反压平台内。

图 19-21 沃日柯高填方场地内泥炭层、粉质黏土

(2)地层

场区内地层主要为第四系覆盖层、三叠系图姆沟组二段(Tt^2)以及二叠—三叠系卡尔蛇绿岩组仁则赫型(PTk^r)。沃日柯高填方区第四系泥炭土厚度一般 0.3 ~ 1.5m,最大可达 4.0m,坡洪积物粉质黏土一般厚度 1.0 ~ 13.0m,最厚可达 25.3m 以上,可塑—硬塑态为主,局部存在软塑态,如图 19-21 所示;全风化变质砂岩结构、构造基本破坏,岩芯呈砂状、土状,在场地内分布较为广泛,厚度一般在 2 ~ 15m;场地内强风化层变质砂岩厚度分布极不均匀,一般在 10 ~ 15m,局部地带最厚可达 25m 左右。变质砂岩强风化层随埋深的不同,风化程度不完全相同,其岩体物理力学性质亦存在一定差异。

(3)地下水

场地内地下水主要为第四系松散堆积层孔隙水和基岩裂隙水。沃日柯高填方场地松散层孔隙水主要分布在沼泽湿地一带,水位埋深一般小于 0.5m,变幅一般在 10% ~ 20%,接受大气降水及冰雪融水、坡面流水、地表流水、基岩裂隙水的补给,并就近向地表冲沟径流和排泄。基岩裂隙水主要赋存于高填方场地内的花菁坡斜坡地带灰岩含水层,以及 F_7 断层沿线,主要接受大气降水、冰雪融水、地表水和上覆第四系松散层孔隙水的补给。灰岩中地下水多在变质砂岩与灰岩接触带处排泄,形式以面状渗流为主,局部见季节性泉点,如图 19-22 所示。F_7 断层带岩体破碎,钻孔揭穿变质砂岩后,其下灰岩中地下水从钻孔中冒出,流量约 0.15L/s,如图 19-23 所示。

图 19-22 灰岩与变质砂岩接触面出露泉点

图 19-23 钻孔 bk144 + 4 涌水现象

2)勘察工作布置

(1)水文地质工程地质测绘

深入分析场区水文地质、工程地质条件以及主要工程地质问题,对沃日柯高填方区域开展

1:500水文地质工程地质测绘,重点测绘:

①灰岩与变质砂岩、变质砂岩与泥炭土界线;

②湿地或沼泽范围、界线,地表流线和流量;

③地下水出水点(泉点)位置、流量、出露地层或构造位置。

(2)钻探

①对沃日柯高填方稳定影响区详勘发现的全强风化变质砂岩凹槽加密钻孔,孔深按控制孔控制,进入中风化变质砂岩或灰岩2~3m,进一步查明基岩面凹槽范围、深度和成因;

②与设计、高填方边坡稳定性专题研究人员共同研究,确定5条稳定性剖面作为重点勘察。该5条勘探线延伸至反压平台边线外30~50m,勘探线上钻孔间距20~30m,所有钻孔按控制孔布置,深度进入中风化变质砂岩或灰岩2~3m;

③其他区域钻孔间距按50m控制,控制孔约占1/3,孔深进入中风化变质砂岩或灰岩2~3m,一般孔进入强风化变质砂岩3~5m。

(3)采样与试验

①室内试验

在深入分析详勘资料基础上,在重点勘察的5条剖面上选取6个钻孔全孔采样,进行常规、剪切(CU、UU和反复慢剪)、全强风化变质砂岩抗剪试验,同时进行全孔垂向上黏性土塑性状态、粗颗粒含量、全强风化变质砂岩风化程度变化的试验或鉴定,明确是否有软弱夹层或富水地层。

②现场试验

由于勘察期间处于冰冻期,勘察区域内存在1.5~2.0m的冻土,无法完成大型剪切试验,经与建设指挥部协商,这部分工作由试验段检测单位完成。

选取场区6个钻孔点进行面波试验,并对全孔采样的6个孔进行全孔孔内波速测试,获取边坡稳定影响区地震动参数和划分风化界线。

3)填方边坡稳定性计算与评价

(1)计算参数取值

综合详细勘察岩土参数、本次勘察试验成果和当地工程经验,考虑到我国高原施工水平,建议岩土参数取值如表19-9所示。

GZ机场岩土参数建议值　　　　　表19-9

岩土类别	天然工况			暴雨工况		
	黏聚力c (kPa)	内摩擦角φ (°)	土体重度γ (kN/m³)	黏聚力c (kPa)	内摩擦角φ (°)	土体重度γ (kN/m³)
填料	10*	30*	23*	5*	24*	23.5*
泥炭层	12	2.5	11	11	1.5	12
软塑粉质黏土	15	3.0	18.2	12	2.5	18.5
可塑粉质黏土层	28	8.5	19.2	25	7.0	19.5
硬塑粉质黏土层	32	11	20.4	27	9.5	20.9
全风化变质砂岩	25	15	20	22	13.5	21

岩 土 类 别	天 然 工 况			暴 雨 工 况		
	黏聚力 c （kPa）	内摩擦角 φ （°）	土体重度 γ （kN/m³）	黏聚力 c （kPa）	内摩擦角 φ （°）	土体重度 γ （kN/m³）
强风化变质砂岩	30	18	21	28	16	22
全风化角砾岩	25	15	20	21	13.0	21
强风化角砾岩	30	18	21	27	16.0	22
中风化变质砂岩	500	40	26.1	9.1*	20*	26.2*
强风化灰岩	570	35	26.5	456*	28*	27*
中风化灰岩	1000	45	27.3	1185*	32*	27.3*

注：表中 * 参数为经验值。

（2）稳定性判定标准确定

根据《民用机场岩土工程设计规范》（MH 5027—2013）、《滑坡防治工程设计与施工技术规范》（DZT 0219—2006）等相关规定，经与设计单位、高填方边坡稳定性专题研究课题组等共同研究，确定沃日柯高填方边坡稳定性安全系数不低于表 19-10 中规定数值。

填方边坡稳定安全系数

表 19-10

工　　况	天　　然	暴　　雨	地　　震	暴雨 +8 度地震
安全系数 K	1.40	1.20	1.05	1.0

（3）二维有限元边坡稳定性计算

①计算剖面选择

结合设计拟采用计算剖面、场地条件、填方高度，选择 5 条计算剖面，见表 19-11。

典型高填方边坡计算剖面特征

表 19-11

剖面编号	坡　高　（m）	最大垂直填方高度（m）	备　注
1 号（hp07）	85	74	平行跑道
2 号（hp09）	114	98.5	
3 号（hp12）	117	89.5	
4 号（hp14）	110	74.5	
5 号（wp01）	—	64.0	沿高填方区沟谷方向

②计算方案的选择

a. 计算方法的确定

采用有限元岩土计算通用软件 GEO-SLOP/S（SLOP/W）进行计算，计算方法采用极限平衡法的瑞典条分法、毕肖普法、简布法、摩根斯坦-普利斯法分别进行计算。

b. 计算条件确定

a）假设填筑前对原场地地基处理为两种方式：一是除清除表层耕植土外，不进行任何地基处理，直接进行填筑；二是在清除耕植土、泥炭土后再进行填筑。

b）计算考虑：天然工况、暴雨工况、地震工况、地震 + 暴雨工况。

c)天然状况下地下水位以场地实际水位为准,暴雨工况下假定地下水位浸淹填筑体约 1/3 厚度。

d)抗震设防烈度 8 度,设计地震加速度 0.20g。

e)计算模型采用综合坡比 1:2.5 和 1:3.0 两种方案,每级坡高 10m,马道宽 2.0m。

f)采取三种滑面搜索方式:软件自动搜索滑面、设定滑面入口和出口和人为指定潜在滑面位置。将三种方式进行对比计算分析,综合确定边坡稳定性和潜在滑移面位置。其中人为指定潜在滑移面指原场地地基中相对的软弱面,如填筑体与原地面的接触带、泥炭层、粉质黏土层、全风化变质砂岩层、强风化变质砂岩层。人为指定滑移面主要目的为检验填方边坡整体稳定性及局部稳定性(沿潜在滑移面失稳的可能性)。

③高填方边坡稳定性计算结果及分析

a. 按自动搜索滑面法、设定滑面入口和出口计算结果及分析

a)仅清除表层植物土后填筑条件计算结果及分析

在仅进行清表处理的地基条件下,按自动搜索滑面法、设定滑面入口和出口法,对 5 条高填方边坡剖面进行稳定性计算,结果表明在天然工况、暴雨工况、地震(非暴雨)、暴雨 + 地震工况下的 1:2.5 和 1:3.0 两种综合坡比的填方边坡稳定性系数均小于表 19-10 对应的安全系数值,即在仅清除表层植物土后填筑条件下,沃日柯高填方边坡均不稳定,滑动面主要为泥炭层、软塑粉质黏土层和全风化变质砂岩,代表性计算剖面如图 19-24、图 19-25 所示。

b. 清表 + 清除泥炭后填筑条件下计算结果及分析

在采用清表 + 清除泥炭方式的地基处理后填筑的条件下,按自动搜索滑面法、设定滑面入口和出口法,对 5 条高填方边坡剖面进行稳定性计算,结果表明在天然工况、暴雨工况、地震(非暴雨)、地震 + 暴雨工况下的 1:2.5 和 1:3.0 两种综合坡比的填方边坡稳定性系数均较仅清除泥炭层后填筑的条件下所计算的稳定性系数有一定的提高,但也小于表 19-10 对应的安全系数值,即在采用清表 + 清除泥炭方式的地基处理后填筑的条件下,沃日柯高填方边坡均不稳定,滑动面主要为泥炭层、软塑粉质黏土层和全风化变质砂岩,代表性计算成果如图 19-26、图 19-27 所示。

b. 按指定滑面计算结果及分析

在仅清除表层植物土后填筑、清表 + 清除泥炭后填筑两种条件下,按指定滑面法对 5 条高填方边坡剖面分别进行稳定性计算,填方边坡整体稳定性变化规律如图 19-28 所示,结果表明:

a. 在天然、暴雨工况下,填方边坡整体处于稳定状态。

b. 在地震非暴雨工况下,清表处理条件下填方边坡处于基本稳定—欠稳定状态,清表 + 清除泥炭处理条件下填方边坡处于基本稳定状态。边坡失稳主要以局部失稳为主,整体失稳可能性较小,在极端工况条件下存在整体失稳的可能。

c. 在地震 + 暴雨工况下填方边坡均处于不稳定状态。

c. 不同工况下稳定性系数变化规律

沃日柯高填方边坡不同工况条件对边坡稳定性的影响作用明显,在天然、暴雨、地震非暴雨、地震 + 暴雨四种工况条件下,填方边坡稳定性系数呈依次递减的趋势,且计算结果反映出地震作用对沃日柯高填方边坡的稳定性影响要大于暴雨的影响,说明边坡对地震作用十分敏感,如图 19-29 所示。

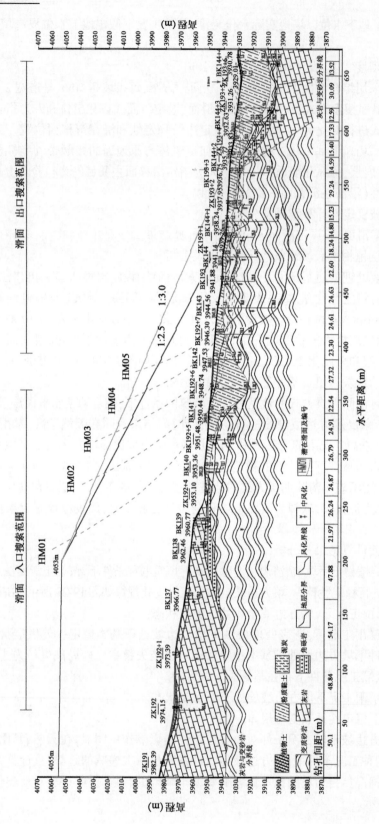

图 19-24　3号地质剖面 (跑道轴线方向)

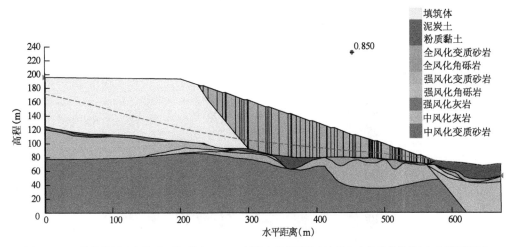

图 19-25　3 号计算剖面在暴雨工况,坡比 1:3.0,仅清表条件下填方边坡稳定性计算结果(自动搜索滑面)

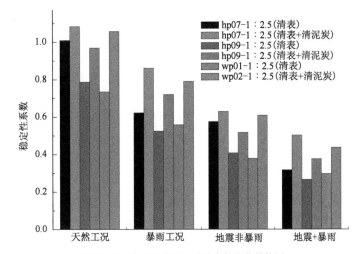

图 19-26　清除泥炭层边坡稳定性变化趋势图

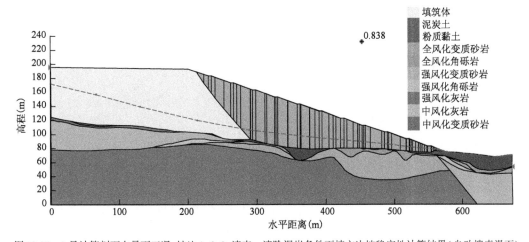

图 19-27　3 号计算剖面在暴雨工况,坡比 1:3.0,清表 + 清除泥炭条件下填方边坡稳定性计算结果(自动搜索滑面)

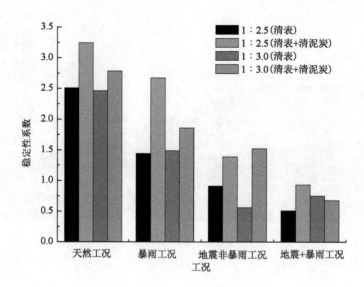

图 19-28　填方边坡整体稳定性变化趋势图

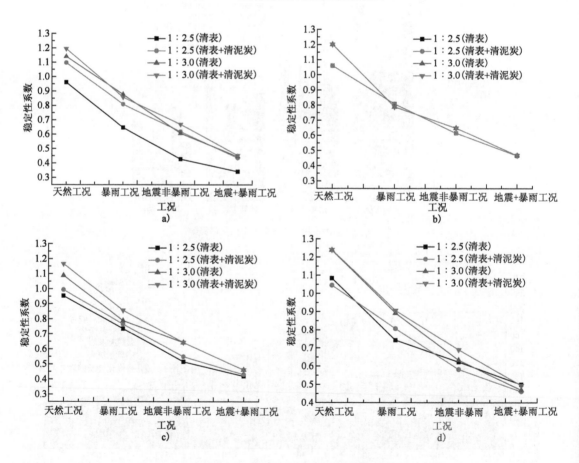

图 19-29　填方边坡的不同工况下稳定性关系曲线

a) hp07 剖面；b) hp09 剖面；c) hp12 剖面；d) wp01 剖面

d.边坡稳定性影响因素分析

通过稳定性计算分析可知,影响边坡稳定性的主要因素有:

a)填方高度:相同条件下,填方高度越大,边坡稳定性越低。

b)软弱地基土物理力学性质:泥炭、软塑粉质黏土及部分含水量较高的可塑粉质黏土分布越广,厚度越大,抗剪参数越小,边坡稳定性越低;全强风化变质砂岩抗剪性能越低,受水浸泡抗软化崩解能力越低,边坡稳定性越低。

c)地下水:地下水位越高,地下水浸泡软化能力越强,地下水动水和静水压力越大、发生渗透变形可能性越大,地下水对边坡稳定性的不良作用越大。

d)降水条件:暴雨工况,包括持续小雨、冰雪融化时间越长,地表水体入渗量越大,引起的浸泡软化、抬升的地下水位越高,对边坡稳定性影响越不利。

e)地震作用:沃日柯高填方边坡对地震作用十分敏感,计算表明地震作用对边坡稳定性影响甚至大于暴雨作用。

(4)三维边坡稳定性计算

①计算条件

地基处理仅清除泥炭,不进行其他处理,高填方边坡综合坡比 $1:2.5$。c、φ、γ 取值见表19-8,其他参数取值见表19-12。

三维边坡稳定性计算参数取值表　　　　　　　　表 19-12

岩土类别	弹性模量 E (GPa)		泊松比 υ		体积模量 K (GPa)		剪切模量 G (GPa)		抗拉强度 σ_t (kPa)		剪胀角 Ψ (°)	
	天然工况	暴雨工况	天然工况	暴雨工况	天然工况	暴雨工况	天然工况	暴雨工况	天然工况*	暴雨工况*	天然工况*	暴雨工况*
填筑体*	0.1	0.09	0.26	0.27	0.0	0.065	0.04	0.036	0.5e4	0.3e4	10	7
粉质黏土	0.05	0.04	0.35	0.36	0.06	0.048	0.02	0.016	1e4	0.6e4	0	0
全风化变质砂岩	0.12	0.1	0.28	0.30	0.09	0.075	0.05	0.042	1e3	0.6e3	5	2
强风化变质砂岩	2.8	2.5	0.25	0.26	1.87	1.67	1.12	1.0	3e4	1.8e4	11	8
中风化变质砂岩	5.0	4.0	0.22	2.38	2.98	2.38	2.05	1.64	1.5e6	0.9e6	15	11
中风化灰岩	10	8.0	0.21	4.6	5.75	4.6	4.13	3.3	3e6	1.8e6	17	13

注:表中 * 表示所在行或列为经验值。K 和 G 与弹性模量 E 的转换关系式:$K = E/3(1-2\upsilon)$,$G = E/2(1+2\upsilon)$。

采用大型有限元软件 ANSYS 和拉格朗日有限差分软件 FLAC3D 联合建模。填方前原地面形态如图19-30所示,填方后边坡形态如图19-31所示。

粉质黏土、全强风化变质砂岩、灰岩分布厚度等值线如图19-32~图19-35所示,三维地质模型见图19-36。

②计算结果及分析

天然工况、暴雨工况和地震工况下,高填方边坡应力、应变、位移特征见表19-13。

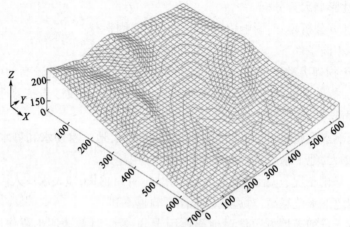

图 19-30　填方边坡所在区域填方前原地面形态

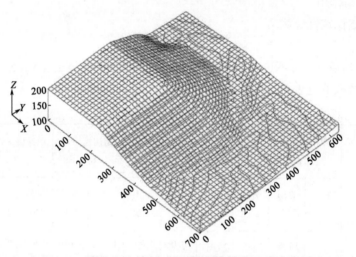

图 19-31　填方后地表起伏数据特征

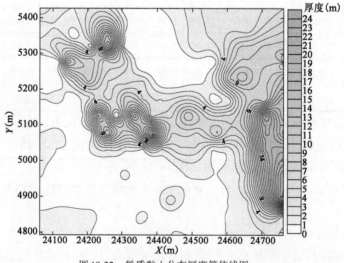

图 19-32　粉质黏土分布厚度等值线图

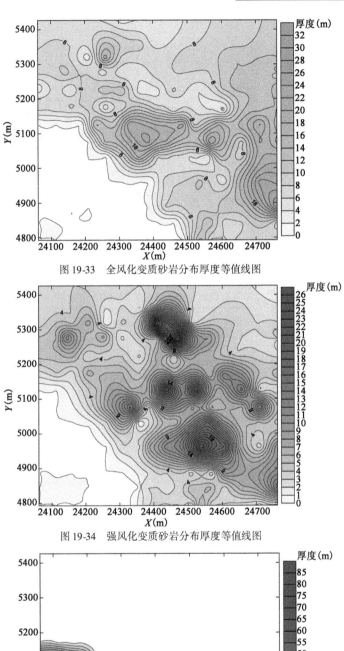

图 19-33 全风化变质砂岩分布厚度等值线图

图 19-34 强风化变质砂岩分布厚度等值线图

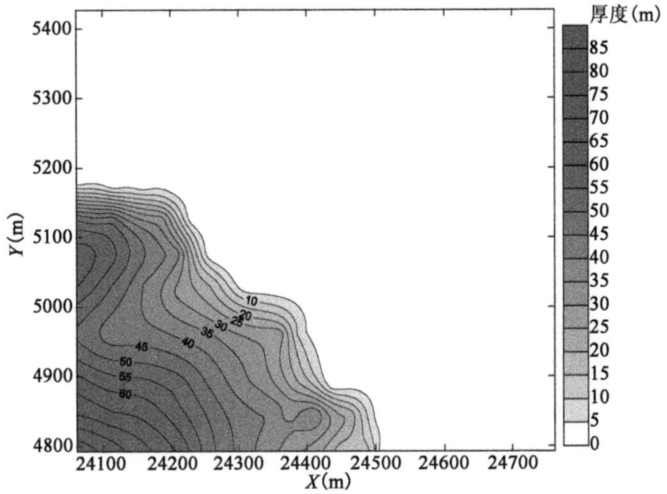

图 19-35 中风化灰岩分布厚度等值线图

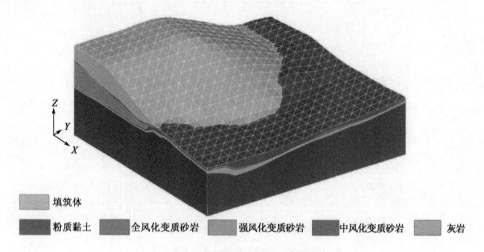

填筑体					
粉质黏土	全风化变质砂岩	强风化变质砂岩	中风化变质砂岩	灰岩	

图 19-36　分层后的三维地质模型

不同工况下高填方边坡应力、应变、位移特征对比表　　　　表 19-13

项目 工况	天 然 工 况	暴 雨 工 况	地 震 工 况
不平衡推力曲线			
X 向应力分布特征			
Y 向应力分布特征			

续上表

项目 工况	天 然 工 况	暴 雨 工 况	地 震 工 况
Z向应力分布特征			
X向位移分布特征			
Y向位移分布特征			
Z向位移分布特征			
剪切屈服单元分布			

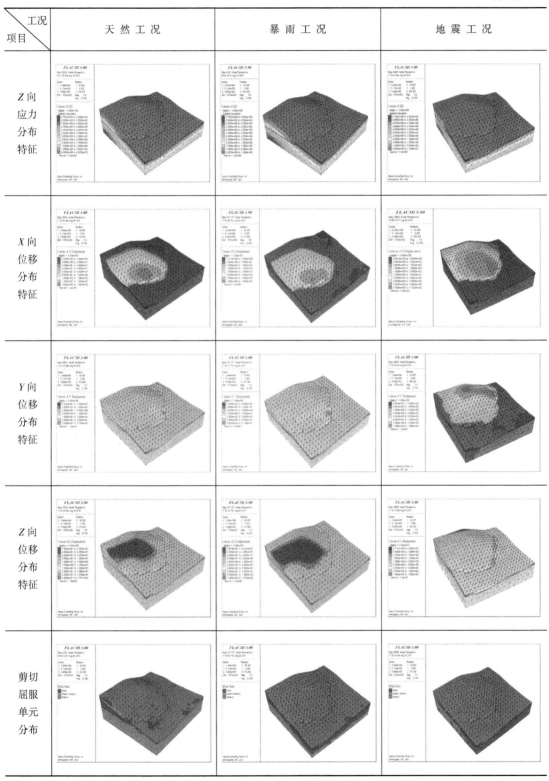

工况 项目	天 然 工 况	暴 雨 工 况	地 震 工 况
当前处于塑性状态的单元	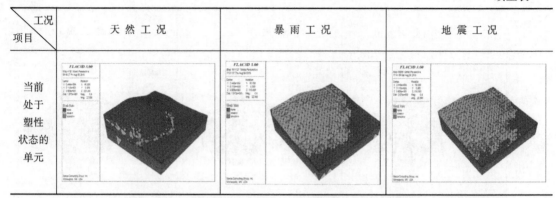		

高填方边坡三种工况下三维稳定性计算结果以及与二维稳定性对比见表19-14。

二维与三维稳定性计算比较结果汇总　　　　　　表19-14

工况 类别	天 然 工 况	暴 雨 工 况	地 震 工 况
Slop(二维)	1.01	0.769	0.586
FLAC3D(三维)	1.38	1.02	0.754
提高量值	0.37	0.251	0.168
提高率(%)	36.6	32.6	28.67

由表19-13、表19-14可以得出如下结论：

a. 在仅清除泥炭,不进行其他处理,高填方边坡综合坡比1:2.5的条件,三种工况,高填方边坡稳定性均不满足要求。

b. 天然工况下,填方边坡坡顶及后缘部位以沉降变形为主,坡脚至1/3坡高部位以剪切变形为主,在坡脚部位出现了塑性屈服。

c. 暴雨工况下,填方边坡坡脚至1/3坡高部位变形加剧,在坡脚部位出现了剪切破坏,最大位移量>30cm。

d. 地震工况下,边坡整体受地震荷载影响较为明显,受地震剪切波的作用,边坡主要以水平向剪切变形为主,塑性变形区延伸到边坡顶部,塑性变形最大的部位分布在边坡中部至坡脚部位,最大变形量超过3m,远远超过了边坡变形的极限值。

e. 维边坡稳定性计算具有建模简单,计算快速,边界条件易于设置,适用性强等优点,对比计算分析后可认为二维边坡稳定性计算结果偏于安全,对边坡稳定性的计算相对粗糙。三维边坡稳定性计算能较好地考虑工程边坡的真实受力状态,获得的计算结果更加接近边坡的实际情况,能较为全面和准确的评价边坡整体的变形和稳定性。

4) 地基处理建议

在查明场地条件、分析沃日柯高填方边坡稳定性影响主要因素的基础上,针对性地提出如下地基处理建议：

(1) 沿灰岩与变质砂岩接触线布设一条盲沟。盲沟位置低于接触线的最低位置,并用防水土工布包裹,确保接触带渗水既能顺利排出,又不浸泡其下变质砂岩。

（2）清除花箐坡斜坡区表土，并沿坡向布设盲沟，将坡面水体排出坡外。

（3）清除填方区所有表土、泥炭土和部分含水量较高可塑粉质黏土，回填级配碎石，高能量强夯处理。

（4）挖除基岩面凹槽区部分黏性土后，强夯置换余下部分黏性土地基形成硬壳层，充分利用强风化变质砂岩层的阻滑作用，增强边坡稳定性。

（5）适当扩大反压平台面积和增大平台高度，可有效增大边坡稳定性。

（6）充分利用场地内三个凸出山包的抗滑作用，增大填方边坡稳定性，并在施工中做好防护措施。

（7）顺现有填方坡脚处冲沟，开挖铺设盲沟，将坡脚处地下水、填筑体渗水排出。

（8）做好施工期间的临时排水，避免施工期降水、地下水浸泡软化变质砂岩。

（9）严格控制高填方区施工速度，避免突击填方抢工期。

（10）加强边坡变形监测，尤其是降水、冰雪融化季节填方边坡变形监测和巡视。

5）获得的主要成果

通过本次专项勘察获得了如下主要成果：

（1）进一步查明了填方区地层及其物理力学特性以及地下水条件，分析了其对填方边坡不良作用，提出了具体的处理措施建议。

（2）发现了填方坡脚处断层 F_7，分析了其对填方边坡稳定性影响。

（3）相较详细勘察，提高了高填方区岩土部分物理力学参数，尤其是内摩擦角 φ 值普遍提高 2°左右。

（4）查明了基岩面凹槽区位置、规模，并提出具体处理措施建议，将不利因素转化为有利因素。

（5）通过二维、三维边坡稳定性计算，对高填方边坡进行了较为客观评价，可指导高填方边坡原场地基处理和边坡设计。

第20章 填料勘察

　　填料性质、类别、可挖性和土石比例等对机场建设工期、投资影响明显,尤其是对岩土性质复杂、挖填方量巨大的高填方机场影响更为突出,所以《民用机场勘测规范》(MH/T 5025—2011)、《军用机场勘测规范》(GJB 2263—1995)、《民用机场高填方技术规范》(报批审稿)等均对挖方区填料勘察做出了明确的要求,几乎所有的机场勘察要求也对机场填料做出具体要求,填料勘察是机场工程勘察的一项重要内容。

20.1　填　料　分　类

20.1.1　填料分类

　　《民用机场高填方技术规范》(报批审稿)根据高填方机场多年工程实践,以及道路、铁路、房建等工程建设经验,总结提出了高填方机场填料分类标准,见表20-1。

民用机场高填方工程填料分类　　　　　　　　　　表20-1

填料类别	分类粒组	填料亚类	亚类分类粒组	级配	岩石强度 f_r (MPa)	填料名称	填料代号
石料	粒径大于60mm的颗粒质量超过总质量的50%	块石料	块石含量大于碎石含量	—	>30	硬岩块石料	A1
				—	5~30	软岩块石料	A2
				—	≤5	极软岩块石料	C1
		碎石料	块石含量不大于碎石含量	—	>30	硬岩碎石料	A3
				—	5~30	软岩碎石料	A4
				—	≤5	极软岩碎石料	C2
土石混合料	粒径大于60mm的颗粒质量不超过总质量的50%,且粒径小于2mm的颗粒质量不超过总质量的50%	石质混合料	粒径大于5mm的颗粒质量超过总质量的70%	—	>30	硬岩石质混合料	A5
				—	5~30	软岩石质混合料	A6
				—	≤5	极软岩石质混合料	C3
		砾质混合料	粒径大于5mm的颗粒质量超过总质量的30%,且不超过70%	良好	>30	硬岩良好粒级配砾质混合料	A7
				不良		硬岩不良粒级配砾质混合料	B1
				良好	5~30	软岩良好粒级配砾质混合料	A8
				不良		软岩不良粒级配砾质混合料	B2
				—	≤5	极软岩砾质混合料	C4
		土质混合料	粒径大于5mm的颗粒质量不超过总质量的30%	—		砂土混合料	A9
				—		粉土混合料	B3
				—		黏性混合料	C5

268

填料类别	分类粒组	填料亚类	亚类分类粒组	级配	岩石强度 f_r（MPa）	填 料 名 称	填料代号
土料	粒径小于 2mm 的颗粒质量超过总质量的 50%	砂土料	砂粒含量大于细粒含量	—	—	砂土料	A10
		粉土料	砂粒含量不大于细粒含量	—	—	粉土料	B4
		黏性土料		—	—	黏性土料	C6
特殊土料	—	特殊土料	—	—	—	特殊土料	D

表 20-1 的填料分类是根据机场工程施工经验,并参考公路工程等施工经验划分的,与《岩土工程勘察规范》(GB 50021—2001)等土的分类划分、命名存在局部差异,为此规范做了如下说明:

(1)块石粒径大于 200mm,碎石粒径大于 60mm 且不大于 200mm,砂粒粒径大于 0.075mm 且不大于 2mm,细粒粒径不大于 0.075mm。

(2)粉土料塑性指数 I_p 小于或等于 10,黏性土料 I_p 大于 10。

(3)特殊土料包括膨胀土、红黏土、软土、冻土、盐渍土、污染土、有机质土、液限大于 50% 且塑性指数大于 26 的黏性土等。

(4)当土质混合料中的土料分别以砂土、粉土或黏性土为主时,土质混合料相应命名为砂土混合料、粉土混合料或黏性土混合料。

(5)级配良好应同时满足 C_u 大于或等于 5, C_c 等于 1 ~ 3 两个条件;不能同时满足时为级配不良。

(6) f_r 为饱和单轴抗压强度,当无法取得 f_r 时,可用点荷载试验强度换算,换算方法按《工程岩体分级标准》(GB 50218—2014 执行)。

(7)代号 A1 ~ A10 为 A 类填料,代号 B1 ~ B4 为 B 类填料,代号 C1 ~ C6 为 C 类填料,代号 D 为 D 类填料。

20.1.2 勘察阶段填料分类

填料的分类是一项复杂而重要工作,合理的填料分类能在填料选用、土石方调配、施工工艺选择、工期估算等方面有效指导设计和施工。但在勘察阶段,填料的分类很难取得满意效果。比如,当挖方区为基岩时,勘察阶段无法进行土石方挖方爆破而完成颗分试验,也就无法进行填料粒组分类和填料分类;当挖方区地层在不同深度性质变化较大时,仅从钻孔取样很难从整体上观测到填料全面性质,实际开挖出来的填料与勘察阶段观测到填料往往存在较大差异。

尽管勘察阶段填料分类往往存在较大缺陷,但勘察阶段对填料初步分类还是具有重要意义,作者认为勘察阶段对填料分类应做好如下工作:

(1)对粗粒、巨粒土在探井或地质剖面上采样进行大型颗分试验、物理力学性质试验,划分石料、土石混合料,判明粗粒部分强度、细粒部分否具有特殊性质,以及级配特征,可能条件下细分块石料、碎石料、石质混合料、土石混合料和土质混合料;对细粒土采样进行颗分试验、物理力学性质试验,划分砂土料、粉土料、黏性土料和特殊土料,深入研究特殊土料的物理力学性质和对机场建设影响。

(2)对基岩地层采样进行岩石物理力学试验,区分硬质岩、软质岩和极软岩,判断岩石是否具有特殊性质,如膨胀性。根据风化程度、节理裂隙的发育状况和当地工程经验,初步判断开挖后粒径大小。当场区或周边相同构造部位、地貌单元具有同种地层的采石场、道路开挖、房屋建设的地基开挖和场地整平时,调查开挖难易、开挖后级配情况,初步划分挖方区填料类别。

(3)阐述本次勘察填料分类存在的缺陷和可能引起的问题,建议建设单位在土石方工程试验段阶段,选取代表性地段,进行填料分类研究。

20.2　挖方区填料勘察工作布置

当挖方区地形地貌、地层结构、岩性复杂时应进行填料专项勘察。填料的专项勘察工作应在初步勘察、详细勘察的基础上进行,必要时结合试验段土石方开挖与密实试验进行。填料的专项勘察工作应结合场地条件、施工条件和机场建设阶段选择工程地质测绘、探井、钻探、物探、室内和现场试验的一种或几种组合的方法。

1)工程地质测绘

挖方区填料勘察应进行工程地质测绘,准确地划分地层界线和量取岩层产状,布置探井、钻探、物探等勘探线和拟进行采样或现场试验点位、深度,选择土石方量、土石比计算剖面。

工程地质测绘区域应适当大于挖方区域,测绘比例宜为 $1:500 \sim 1:1000$。测绘中应充分利用修建道路、临设等开挖剖面,描述地层岩性,量取地层厚度、产状和节理、裂隙产状和发育密度,分析开挖后级配状况。

2)工程物探

填料勘察的工程物探应根据当地工程经验选用,一般宜以波速测试为主,辅以电法、地震物探。物探线应与探井、钻探线重合和间隔布置,重合部分用于验证和校正物探成果,间隔部分用于代替部分探井和钻探工作。物探深度应在场地整平高程10m以下。

3)探井、钻探

多个工程经验表明仅靠物探、探井、地质测绘等工作很难查明基岩面的起伏形态,判明首先接触到得岩石是孤石还是基岩面,以及岩石的风化状态、风化渐变状态、深部地层状况,故须进行必要的钻探。目前,已有数个机场建设中由于挖方区缺乏必要的钻探或钻探数量不足,造成了误判,使勘察时填料类别和比例与开挖后的实际差异很大。

探井、钻探勘探线间距应不大于100m,一般以50m为宜;勘探线上勘探点可以为探井,也可以为钻孔,勘探点间距应不大于50m,其中钻孔数量不应小于所有勘探点数量的30%。当结合物探勘察,勘探线部分被物探线代替时,钻孔数量应按常规布置勘探点计算,即钻孔数量不因物探而减少。

4)现场试验

现场试验主要内容是颗分试验、密度试验、可挖性试验。在现场选取代表性地段,采用机械或人工开挖大型探井,采用灌水法实测漂石、卵石、碎石、人工填土、混合土等密度,进行现场大型颗分试验,计算土层的级配,评价土层的粒组组成和填筑体密实程度难易。

在现场机械开挖探井过程中应描述开挖难易,包括漂石、卵石、碎石、人工填土、混合土开挖难易和基岩开挖难易。基岩开挖难易应综合考虑不同岩性、风化程度、经济性等。

每类填料试验组数不应少于3组。

5)室内试验

挖方区挖出的土或石能否直接作为填方区的填料与挖方区土、石的物理力学性质密切相关,对挖填方量大的机场,填料性质对投资、工期起控制作用。

机场与其他工程的明显区别是:为节约耕地和保护环境,机场工程区内的挖填应基本平衡,一般不允许向工程区外借方或弃方,故岩土改良对工程投资和工期影响巨大,所以勘察中应认真研究挖方区填料性质,分析区内填料的特殊性,提出填筑方法和岩土改良的建议。

挖方区填料的性质主要包括密度、强度、级配、含水率、可挖性、压实性,以及湿陷、胀缩、盐胀、冻胀、水化、崩解等特殊性质。勘察过程中应根据区域工程经验,进行室内和现场相应试验,分析作为填料的可能性,并按表20-1进行填料类别划分。

可能用于边坡区的填料还应进行剪切试验。剪切试验应按设计要求压实度制备试样,并模拟现场条件进行试验。试验方法宜采用直接固结试验或三轴固结不排水试验。当需要抢工期时,应进行三轴不固结不排水试验。

每类填料每个试验项目的试验组数不宜少于6组。

20.3 土石可挖性分级

影响土石方工程施工速度和单方造价的主要因素之一是岩土的开挖难易程度,土方开挖容易,单方造价低;石方开挖较难,单方造价高。因此挖方区的岩土除按《岩土工程勘察规范》(GB 50021—2001)相关规定进行岩土分类、定名外,尚应按岩土的开挖难易程度进行分级。机场工程建设中通常简单地按挖掘机械能否有效开挖作为判断土、石的界线,简单而有效,但也存在一些问题,如勘察阶段很难动用机械进行开挖试验,得出工程施工中的土石比,土石界线主要靠勘察人员的经验,造成勘察阶段的土石比确定的人为因素很大。再如机械的可挖性试验,采用多大功率挖机和多大的挖斗也没有规定,这些都是影响可挖性主要因素,同时挖机的操作人员的技术水平也是重要影响因素。

《民用机场勘测规范》(MH 5025—2011)参考了《公路工程地质勘察规范》(JTG C20—2011),提出了机场建设工程的岩土开挖难易程度分级,见表20-2。由于勘察时爆破打眼的难易程度无法确定,所以规范中没有考虑爆破打眼条件因素。

土、石按开挖性分级   表20-2

土、石等级	土、石类别	代表性土、石名称	开挖难易程度
I	松土	植物土、中密或松散的砂土和粉土、软塑的黏性土	用铁锹挖,脚蹬一下到底的松散土层
II	普通土	稍密或松散的碎石土(不包括块石或漂石)、密实的砂土和粉土、可塑的黏性土	部分用镐刨松,再用锹挖,以脚蹬锹需连蹬数次才能挖动
III	硬土	中密的碎石土、硬塑黏性土、风化成土块的岩石	必须用镐先整个刨过才能用锹挖

土、石等级	土、石类别	代表性土、石名称	开挖难易程度
IV	软石	块石或漂石、碎石土、泥岩、泥质砂岩、弱胶结砾岩,强风化的坚硬岩或较硬岩	部分用撬棍或十字镐及大锤开挖,部分用爆破法开挖
V	次坚石	砂岩、硅质页岩、中等风化的灰岩、玄武岩、花岗岩、正长岩	用爆破法开挖
VI	坚石	未风化～微风化的玄武岩、灰岩、白云岩、大理岩、石英岩、闪长岩、花岗岩、正长岩、硅质砾岩等	用爆破法开挖

表 20-2 中的土石可挖性分级也存在一些勘察过程中难以确定因素,对土石比正确性影响明显:

(1)没有考虑到强度指标。

(2)岩体的完整程度。

(3)人力的大小和开挖工具的材料、大小、锋利程度等。

(4)人力开挖难易与机械开挖的对应性。

(5)原始岩土与施工过程中岩土性质变化对土石界定影响,如红层泥岩开挖时是石,但开挖后很快风化为土,如何界定规范没有说明。这些均要在今后过程实践中不断完善和补充。

20.4 填挖比勘察

20.4.1 定义

填挖比是某类土或石填筑材料在压实后的体积与对应的开挖前天然体积的比例,其表达式:

$$m = \frac{V_{压实}}{V_{天然}} \tag{20-1}$$

式中:m——某类土或岩石填料的填挖比;

$V_{天然}$——某类土或岩石填料对应的开挖前的体积;

$V_{压实}$——某类土或岩石填料压实后的体积。

填挖比是土石方工程设计中的一个重要参数,对土石方填挖平衡和机场设计高程影响很大,大型工程应在试验段阶段通过现场大型填筑试验确定,勘察阶段应通过室内试验和计算、工程经验初步确定。

20.4.2 勘察阶段填挖比确定方法

1)室内试验方法

对用于场区填料的各类土、石应测定天然密度,通过试验确定细粒土的类别、塑性指数,粗粒土颗粒级配和岩土的最大干密度,按设计要求的密实度计算并且提供各类岩土的填挖比。某类土或岩石填料的填挖比可按下式计算:

$$1:m = 1:\frac{\rho_{d1}}{\rho_{d0}} \tag{20-2}$$

式中:$1:m$——某类土或岩石填料的填挖比;

ρ_{d1}——设计的压实填土、石干密度。对土,$\rho_{d1} = \rho_{dom} \times R_d$,$\rho_{dom}$为最大干密度,$R_d$为设计的压实度,在设计明确前,道槽区压实度可按 95% 考虑,土面区压实度可按 90% 考虑;

ρ_{d0}——天然状态下土、石干密度。

通过室内试验确定的填挖比与实际施工的填挖比差异较大,其原因是实际施工的填料组合、颗粒大小和级配、压实度等与室内条件差异很大,室内试验获取的填挖比只能作为设计参考,不能作为设计之依据。

2)经验方法

在我国机场建设工程中积累了大量填挖比经验,填料勘察单位应认真收集,并与理论计算对比分析,提出合理的土石比。

20.5　土石比勘察

20.5.1　土石比定义

机场工程中将一定范围内场地平整标高以上挖方区土石方或场外料场土石方中,土方体积与石方体积的比例称为土石比,其公式为:

$$R_{sr} = \left(\frac{10\sum V_{Si}}{\sum V_{Si} + \sum V_{Ri}}\right):\left(\frac{10\sum V_{Ri}}{\sum V_{Si} + \sum V_{Ri}}\right) \tag{20-3}$$

式中:R_{sr}——某统计范围内的土石比,以 $n:(10-n)$ 表示;

$\sum V_{Si}$——统计范围内可用于填方各类土(包括松土、普通土和硬土)的自然体积的总和;

$\sum V_{Ri}$——统计范围内可用于填方各类石(包括软石、次坚石和坚石)的自然体积的总和。

20.5.2　特殊岩土"土、石"分类探讨

1)混合土

混合土成因、成分复杂,通常包含一些大直径漂石和块石,对不同压实方法和从不同的角度可能会产生土、石分类的歧义。

(1)当混合土中的粗颗粒粒径不超过分层填筑碾压控制粒径(如30cm)时,勘察通常确定为"土",但施工单位碾压难度增大,其通常判为"石"。

(2)当混合土中的漂石、块石粒径超过分层填筑碾压控制粒径但小于挖掘机可开挖装车粒径时,开挖时不需要爆破,勘察时通常判为"土"。如果采用碾压方式,压实时对超粒径的漂石需要解爆,需要考虑解爆石方量;如果采用强夯方式压实,则不需要解爆,不考虑解爆石方量。两种不同压实方式,产生了不同的土石比。

(3)当混合土中的漂石、块石粒径很大,机械可挖动,勘察时通常判为"土"。但装车困难或超过强夯要求粒径,需要解爆,施工单位通常判为"石"。

作者认为当施工单位按设计单位规定的压实方法施工时,如出现解爆才能满足施工工艺要求时,解爆的石方量应计入"石"类,其他属于施工措施,应计入"土"类。当施工单位采用其他工艺,解爆产生的石方量,不应计入"石"类。勘察阶段还不能确定施工最终采取何种方法,也就不能按最终施工方法确定土石比。多个机场勘察证明,勘察阶段重要的是查明混合土结构、组成、级配和强度,分别计算漂石、块石粒径为 30~80cm 及≥80cm 的含量,用于不同压实方法选择时选用。勘察应采用综合方法,并布置足量的足够深度和宽度的机械挖掘的探槽。

2)冰碛土

西南地区冰碛层,如 KD 机场和 YD 机场,粗粒和细粒混杂,最大粒径可达 4m 以上,具有混合土特征。但由于工程场地地处 4000m 以上高原,机械降效明显,加之冰碛层有一定的胶结强度或超固结强度,机械开挖效率极低且不经济,难以满足工期要求,施工单位往往采用爆破开挖,解爆的石方量远大于勘察时计算石方量。为此进行专门研究,最终建设各方认可研究成果:直径大于 80cm 的漂、块石按"石"计算

3)红层砂泥岩

经验表明岩石的性质,尤其是软岩的性质,对填筑工程影响很大,如红层中强风化、中风化泥岩和强风化砂岩,机械不能挖掘或挖掘极困难,必须爆破开挖。但开挖后暴晒或暴露遇水后,很快风化,工程上只能作"土"用。即红层砂泥岩开挖时为"石",填筑时为"土",如何界定,在工程上发生了很大分歧,甚至诉之法律。专门研究表明红层地区土石比宜采用施工土石比和设计土石比进行工程设计、施工,土石方计量应按开挖难易进行确认,设计时填料应按"土"进行设计。

20.5.3 土石比勘察阶段划分

由于土、石的性质差异明显,其开挖难易程度、用途、施工速度、单方造价等差异很大,勘察中提出的土石比误差对投资、工期影响很大。由于山区机场地形地质条件复杂,同时受到勘察工作量、工期和费用制约,加之参建各方对"土"、"石"的认识存在较大差异,目前还未见到填方机场的土石比完全查清楚的报告,所以正确认识机场建设中土石比,加强建设过程中土石比研究十分重要。

要求勘察阶段查清土石比是不现实的,土石比的勘察应分阶段进行,即按勘察、试验段和施工三个阶段分别确定土石比。勘察阶段初步确定的土石比作为预可研依据,试验段阶段校核的土石比作为可研和施工图设计依据,施工阶段参建各方共同调整的土石比作为工程结算依据。

20.5.4 勘察阶段土石比勘察

1)勘察方法

土石比勘察应采取综合的勘察手段和方法,包括工程地质测绘、物探、坑探、钻探、室内和现场试验。

(1)工程地质测绘

工程地质测绘是机场建设土石比勘察中最基本、最有效、最经济的方法,是最能体现勘察单位和勘察人员技术水平的方法,也是目前机场建设土石比勘察中最容易忽略方法。土石比

勘察中忽略精细地质测绘的主要原因有三个：一是建设单位、设计单位和勘察单位对工程地质测绘在地质勘察中作用认识不够，将大面积机场勘察等同于城市的房建勘察，过度依赖钻探等手段，常将机场勘察认为是抗着钻机打钻的劳务工作；二是勘察单位与勘察负责人缺乏机场工程勘察经验，对机场勘察规范中土石比勘察条文缺乏深刻认识；三是工程地质测绘收费偏低，某些勘察单位不愿意做这项工作。

土石比勘察中工程地质测绘内容包括：地层岩性、风化程度、岩体完整程度、开挖难易程度、岩土工程特性、土与石类别、地下水、同类地层土石方工程经验等。

土石比勘察中地质测绘可与整个机场勘察地质测绘合并进行，测绘过程中宜布置一些小型探井，划分土石界线和初步判断可挖难易程度。用于土石比勘察的工程地质平面图可在整个机场勘察的综合工程地质平面图上添加土石界线、土石类别界线、挖填零线、开挖深度数据（土方图）等生成。

土石比勘察的工程地质平面图是生成土石比计算剖面的基础，也是网格法计算土石比的基础。工程经验表明土石比勘察的工程地质平面图的不正确将导致整个机场土石比计算的重大偏差。土石比计算剖面应包含开挖界线、土石类别、开挖深度等内容。

（2）工程物探

①在土石比勘察的实践中，如何采用工程物探存在较大分歧。有的观点是反对在土石比勘察中采用物探，无论是电法还是地震方法，其理由是山区机场地形复杂，物探受地形因素影响很大，存在多解性，物探提出土石比即使经过钻探验证，其误差极大，如 CS 机场对倒石组砂岩、泥岩进行土石比勘察，采用方法是浅层地震和波速测试，根据波速来划分土石的界线，但开挖后发现误差很大。在四川的 YB、YL 机场、SN 机场、BZ 机场和 DZ 机场等红层机场中我们进行了面波、孔内波速、地震浅层反射、高密度电法等试验，在钻探验证前，上述方法解译的土石比误差均极大，经钻孔验证后也很大，确实难以满足精度要求。有的观点是积极地推行物探在土石比勘察中应用，甚至提出土石比勘察应以物探为主，只需少量验证钻孔即可，其理由主要是：

a. 挖方区往往是山头，交通问题难以解决、钻探设备难于进场，钻探用水难以供给；

b. 钻探成本高，时间长；

c. 尽管物探存在一定误差，可通过后期的施工勘察解决。

②作者通过 30 多个工程实践，认为是否采用物探、采用何种物探方法应根据场地条件、勘察阶段和建设单位要求来决定。作者的经验是：

a. 红层地区以泥岩、粉砂质泥岩、粉砂岩、白垩系的砂岩等较软岩、软岩、极软岩等软质岩石分布区不宜大面积采用物探方法；当地形切割深，钻探设备无法达到时，可采用波速方法，但至少应在钻机可到达的同一地层分布区完成 10 个以上的验证钻孔或陡坡面开挖竖向验证探槽。

b. 坚硬岩、较硬岩等硬质岩分布区，可采用物探探测基覆界面，电法和地震物探方法均可。同一工程地质单元验证钻孔或探井应不少于 3 个。

c. 岩溶地区土石界面划分可采用工程物探，其方法以人工跑极高密度电测深法、地震反射或折射波法为优。

d. 冰碛层、泥石流堆积区、混合土堆积区当其下伏地层为硬质岩石时，一般情况下物探能清楚地反映土石界线;当其下部为软质岩石或硬质岩石裂隙发育而又充水时,物探难以反映堆积层与岩石界面,此时应尽可能不采用物探方法或增大验证钻孔和探井数量。

e. 当松散层中含较多的漂、块石,需要爆破才能开挖和运输时,物探很难反映松散层中漂、块石含量和直径,不宜采用物探方法,宜采用探井方法。

(3)坑探

①坑探是机场建设中土石比勘察经常采用的方法,具有如下优点:

a. 成本低,速度快。

b. 揭露地层面积大,可清楚地观察地层结构和组成。

c. 进行可挖性试验,对开挖难易程度分级。

d. 方便采取大宗样品。

e. 可在地形陡峭,机械难以到达处布点施工。

f. 施工不需用水。

②坑探也具有缺点,不能代替其他勘察方法,要与其他方法配合使用。坑探的主要缺点:

a. 揭露地层深度浅,只能了解浅部地层,当土层较厚时难以达到要求深度。

b. 只能揭露可挖性地层。

c. 揭露面积大,回填工作量,存在施工期间和回填前塌坑埋人、人畜跌入的安全风险。

③在条件许可时应采用挖掘机开挖探井,其主要原因:

a. 当土层中含有直径较大块石时人工难以挖掘,地质人员经常误判为基岩,机械挖掘则可避免。

b. 对砂岩、灰岩等硬岩的强风化层和泥岩等软岩的中风化层的可挖性做出判断。

c. 对泥石流、冰碛的漂、块石的可挖性做出判断。

d. 当土层为坚硬或硬塑状态,人工挖掘困难,功效低,成本高。

(4)钻探

多个工程经验表明仅靠地质测绘、物探、探井等工作很难查明基岩面的起伏形态,判明首先接触到的岩石是孤石还是基岩面,以及岩石的风化状态,故须进行必要的钻探。钻孔应布置在代表性地段,起到验证物探成果、划分土石界线、采取岩土样品、了解设计高程下地质情况等作用。目前,已有数个机场建设中由于挖方区缺乏必要的钻探或钻探数量不足,造成了误判,使勘察时土石比与开挖后实际的土石比差异很大。西南地区工程经验表明,钻探点数占总勘探点数的1/3以上时基本能保证填料勘察真实性,所以在西南地区近几年的机场勘察中按"在地形、地层和水文地质条件复杂的挖方区域,勘探点的间距不大于50m。勘探点中钻孔所占比例不小于30%,深度应符合所在功能区建(构)筑物要求,且不应小于设计高程下5m。"的方案进行土石比勘察取得了良好效果,不仅基本查明了土石比,还初步查明了挖方区设计高程下的地质情况,为道面设计、航站区设计提供了设计依据。经近20个机场勘察统计,在挖方区适当增加钻孔深度,了解设计高程下地质情况,不增大整个机场勘察工作量。

2)计算方法

勘察阶段土石比计算方法一般有平均厚度法、平行断面法、三角形法、HTCAD和Surfer软件计算法、土方专用软件计算方法。

（1）平均厚度法

该方法是在参考矿床地质中的平均厚度法确定可开采量的基础上,依据多个挖填平衡机场勘察所总结出来的经验方法,该方法简单,操作性强,但误差较大。误差的大小取决于地质测绘和钻探、坑探点的密度。具体做法:根据挖方区内各钻孔、探井揭露的挖方区开挖基准线以上"土和石"厚度,以及根据地质测绘和钻孔、探井资料虚拟钻孔揭露的"土和石"厚度,算出计算区域所有钻孔和虚拟钻孔所揭露的开挖基准线之上土方总厚度、石方总厚度,二者之比即为挖方区的土石比。

（2）平行断面法

当勘探线平行布置时,先计算两条剖面上开挖基准线之上的土和石的两断面面积平均值,再乘以两断面间的平均距离,即为两断面间的土和石的分段储量,各分段土、石储量之和即为土、石总储量。土、石总储量相比即为计算区域的土石比。该方法计算简单,但精度较高,在地质勘察阶段经常使用,计算方法如下:

①相邻两断面相似,断面面积相差 $(s_1 - s_2)/s_1 < 0.4$ 时,采用梯形公式计算:

$$Q_t = \frac{(S_1 + S_2) \times L}{2} \tag{20-4}$$

式中:Q_t——相邻两断面之间的挖方量;

S_1、S_2——相邻第一断面、第二断面的挖方面积;

L——相邻两断面的距离。

②相邻两断面相似,断面面积相差 $(s_1 - s_2)/s_1 < 0.4$ 时,采用截锥体公式计算:

$$Q_t = \frac{(S_1 + \sqrt{S_1 \times S_2} + S_2) \times L}{3} \tag{20-5}$$

公式符号意义同前。

地质剖面上开挖基准线之上土、石面积可利用 CAD 软件上面积工具方便求得。

（3）三角形法

当勘探网布置不规则时常用此法。三角形法是将勘探点联成三角网,各三角形的面积乘以三顶点开挖基准线以上的土层平均厚度值,就得出三角形中的土方量,各三角形的土方量之和即为总土方量。同理计算开挖基准线上的石方量或总土石方量,计算得土石比。该方法精度较高,但计算工作量大。

（4）基于 HTCAD 软件的土石比计算方法

在 HTCAD 中打开计算区域方格网地形图(1:500,1:1000 或 1:2000),根据等高线或图上高程点提取高程数据,程序自动将采集的高程信息输入 DTM 模型。再根据相关步骤依次选择计算范围、布置方格网、计算自然高程、输入设计高程等,最后自动计算、汇总土石方量。根据钻探、坑探及物探等勘探资料,建立基岩面高程数据库,并导入到 HTCAD 软件中,通过前面计算方法计算得出基岩挖方体积。用前面计算区域的挖方体积减去基岩挖方体积即得土方的体积。土方体积与基岩体积之比即为所要计算的土石比。

（5）基于 Surfer 软件的土石比计算方法

将测量的原始数据或利用 HTCAD 软件自动在 AutoCAD 地形图上采集的坐标及高程数据,输入 Surfer 软件中,用改进谢别德法对数据进行网格化插值,绘制三维开挖范围图和挖方体三维图。将勘探得到基岩面离散数据,用 Surfer 网格化插值、数字化及边界条件白化,得到基岩的剖面图及中等风化基岩开挖体三维图。采用梯形规则、辛普森规则、辛普森 3 /8 规则对生成的网格数据分别进行土石体积计算,最后取平均值,二者相比即为土石比。

(6)专用土方软件法

目前民航及有关部门已开发了多款土方专用软件,能方便地计算土方工程量。计算时先计算某个挖方区总的土石方总量,再以"土"层底部高程作为"石"的顶部高程而得到基岩面数据,然后根据开挖基准面高程和基岩面数据计算其石方量,两者相减即为土方量。土方量与石方量的比值即为土石比。

20.5.5 试验段阶段土石比勘察

大型工程一般要求进行原场地地基处理和填筑体施工试验,以确定地基处理方法和获取施工工艺参数,需进行土石方开挖和回填,应充分利用试验段阶段土石方工程,校验土石比。试验段阶段土石比勘察一般有两种:

1)实体法

由于试验段工程土石方工程量较小,可选取典型地段精确测量开挖的土方量和石方总量,或者采用剥土开挖,累计挖出的土方量和石方量。土方量和石方总量的比值为土石比。

2)剖面法

该法对开挖要求较高,要求上一段开挖到基准线后,方能进行下一段开挖,且开挖形成剖面坡角不小于 70°。一般可采用两种方法获取剖面上土、石的面积:一是摄影法:在开挖形成剖面上每隔 3 ~5m 垂向放置钢尺,用高精度照相机拍照,用相机附加软件计算土石面积,或把照片处理后导入 CAD 图中,利用 CAD 软件计算土石面积。二是地形图法,即在上述开挖形成剖面的土石界面标注记号,采用全站仪三维激光扫描,形成地形图,并圈定土石界线,分别计算土石面积。

将试验段获取的土石比与勘察阶段提供的土石比进行比较,计算它们之间比值,用该比值结合场地条件校正同一工程地质单元的土石比。在此基础上,按上述方法校正整个挖方区土石比。

试验段土石比正确性对整个工程土石调配、投资影响较大,确定方法应结合场地条件和施工单位实际水平认真选择,一般宜采用对施工影响小,精度较高,便于操作的剖面法。

20.5.6 施工阶段土石比勘察

1)施工期土石比勘察意义

挖方区土石比是目前我国山区机场建设中很难正确确定的指标,其难点在于:

(1)"土"、"石"界线难以界定。不同地区岩土性质、成因类型与开挖难易不完全呈正比关系,在规范中很难明确界定。

(2)开挖难以难界定。不同开挖机械开挖性能不一样,对同一确定的地层对不同机械可能判为不同的土和石类型。

(3)同一机械在不同地区开挖性能不一样,如在低海拔地区机械性能远比高原地区好。

(4)勘察是按一定间距布置勘探点线,勘探点线间的区域在地形、岩土性质复杂地区,可能变化很大。

（5）人为因素，如对岩土认知程度、对机械的操作水平等。

勘察阶段受工作量、勘察设备、手段、场地条件等制约，不能完全查明土石比；试验段阶段受工程量、试验位置约束，也不可能完全代表整个挖方区，经其校正后的土石比精度虽然较勘察阶段有了明显提高，也不能完全反映整个场区。施工阶段是解决土石比争议的最后一道关口，机场建设各方均应重视。施工阶段最重要环节是在土石方开挖工程中，相关各方应在现场共同确认土石界线的划分，然后由相关单位分别计算土石比。

鉴于我国施工及管理水平，施工期土石比计算应简单、易于操作，故推荐平均厚度法、断面法和三角形法。

2）计算区域划分

在勘察阶段土石方工程还未划分施工标段，只能按开挖山头计算土石比，无法按标段来计算土石比；然而施工单位工程结算是按标段进行的，所以施工期土石比勘察与计算应按标段进行。

3）平均厚度法

（1）按 5~10m 间距量取开挖断面上土、石厚度。所量取的开挖断面间距应根据土石的变化程度确定，一般宜为 30~50m。当出现土、石界线变化时应及时量取，每类土应有 3 个及以上计算断面。

（2）计算开挖基准线之上所有计算断面上土方总厚度、石方总厚度，两者比值为所计算区域土石比。当分级开挖时，应根据高程，累计计算开挖基准线之上某断面土方总厚度、石方总厚度。

4）断面法

布置近平行开挖断面，测量两条剖面上开挖基准线之上的土和石的两断面面积值和断面平均间距。两断面间距不应大于 50m，地形、地质条件复杂时应适当缩小断面间距。每个计算块段的计算断面数量不应小于 3 个。

5）三角形法

当开挖断面不规则时宜采用三角形法。在平面上将土石厚度采集点联成三角网，各三角形的面积乘以三顶点开挖基准线以上的土层平均厚度值，就得出三角形中的土方量，总和各三角形的土方量即为计算块段总土方量 Q_1。同理计算计算块段开挖基准线上的总石方量 Q_2。两者相比即为计算块段土石比。

三角形边长以 50m 为宜。地形起伏边界、土石分界应布置三角形角点。

20.6 红层地区机场中土石比勘察[90]

我国侏罗纪、白垩纪、新近纪及古近纪红层分布面积约 826389km²，约占陆地面积的 8%。其中南方约占 60%，北方约占 40%[91]。我国在红层地区已建、在建和拟建多个机场，按相关规范[3][92]判断，红层在开挖时通常为石。但由于红层特殊的结构，开挖后，大部分很快崩解软化，填方时只能按土来使用，即在开挖后红层由原来的石变为部分石，部分土。变化速度受降水及季节影响明显，具体的土石比例难以确定，工程造价也难以确定，给工程设计、施工造成了很多麻烦。

20.6.1　红层工程特性

1）红层结构特征

我国红层主要是侏罗纪到新近纪的陆相红色岩系,其岩性主要是泥岩、粉砂岩、砂岩,其次是页岩、砾岩和砂砾岩。其结构特征如下:

（1）微观结构

①泥岩:粉粒和黏粒含量达80%以上,其中黏粒含量大于30%,钙质、钙泥质、泥质胶结为主。

②粉砂岩:粉粒含量50%~70%,黏粒一般大于15%,其余为砂粒,钙质、钙泥质胶结为主。

③砂岩:砂砾含量一般大于50%,粉粒、黏粒含量次之,硅质、钙质、钙泥质、泥质胶结。

（2）宏观结构

受所在位置的构造控制或影响,红层中节理裂隙发育程度差异极大,按《岩土工程勘察规范》（GB 50021—2001）在宏观上可分为整体结构、块状结构、层状结构、碎裂结构和散体结构。

这些微观和宏观结构特征,决定了红层原岩和开挖后岩石工程特性。

2）红层工程特性

（1）泥岩:水稳定性极差,开挖后暴露空气中,受水热交替影响开始崩解[93]。西南地区红层泥岩24h后即可产生裂隙,72h后其表面可见明显网状裂隙,5~10d可完全崩解为碎屑。在降水作用或浸水3h后,可见泥岩崩解,24h后60%以上变为泥状。

（2）粉砂岩:水稳定性差,开挖后暴露空气中,受水热交替影响,崩解迅速。西南地区红层泥质或钙泥质胶结粉砂岩12~48h后表面可产生裂隙,4~7d可见明显网状裂隙,9~13d,80%以上可完全崩解为碎屑。在夏季降水作用8h后,可见粉砂岩岩芯崩解,48h后60%以上变为泥状或碎粒状。

（3）砂岩:其强度与胶结物质、风化程度、结构面密度密切相关。西南地区钙泥质、泥质胶结的砂岩水稳定性较差,开挖后暴露空气中,迅速崩解,12~48h后表面可产生裂隙,5~8d可见明显网状裂隙,10~15d,60%以上可崩解为泥沙状。在夏季降水作用24h后,可见砂岩岩芯崩解,5d后60%以上变为泥沙状。

试验表明,红层完全浸没于水中的崩解速度要小于降水作用下崩解速度,尤其是夏季降水。其主要原因是红层崩解为水热共同作用,温度变化使红层表面产生裂隙更多、更深,水更易渗入。渗入的水溶解、溶蚀红层中可溶成分,破坏颗粒间连接。同时红层中黏土矿物吸水膨胀,挤胀原裂隙,崩解更快。郭永春等[93]研究表明,红层热应力有效深度0.3~0.4m,则开挖后直径0.6~0.8m的红层碎块完全在热应力影响范围内,所以开挖后红层碎块不均仅具有原生结构面、开挖引起新生裂隙,而且还受热应力作用影响,在水热共同作用下,崩解更快。

3）垂向分布特征

红层在垂向上分布具有如下特征:

（1）交互沉积,软硬相间。

（2）逐渐相变,岩性呈过渡关系,如粉砂质泥岩与泥质粉砂岩,泥质砂岩与泥质粉砂岩在野外难以区分。

（3）岩体以透镜体形式分布较多。勘察很难将其准确分开计算,施工阶段将其分离难度也很大。

20.6.2　红层土石比勘察

结合多个机场工程实践经验,以西南 YL 机场为例说明红层土石比勘察。

1）机场工程中红层土石比确定现状

机场建设中土石比控制着工程造价及建设周期,工程建设者都很关心,但目前为止,还没有一个机场将土石比完全查清。大部分情况是依据勘察提供的土石比,进行设计、招投标和施工,施工结束再根据具体情况,施工单位与业主再进行谈判,最终确认土石比。由于"秋后算账"存在很大的不确定性,也就引发了种种矛盾。矛盾的根源主要有:

（1）土石比的概念问题,即何为"土",何为"石"。最典型的例子是某新建机场,勘察单位在勘察报告中已对土石进行明确定义情况下,某些单位还是按照自己的认识来判断倒石头组的砂泥岩是土还是石,然后机械地照搬报告中土石比,用于设计。当在施工发现土石不符自己认识时,反过来责怪勘察单位未把土石查清楚。

（2）按规范[2~3]定义,红层开挖时为石,开挖后挖方料迅速崩解、风化为土,填筑时大部分只能当土用,造成原场地地基处理和某些关键部位,如道槽及影响区、边坡稳定影响区的石料不够用,需从场外购买,成本急剧增高。

（3）当施工期为雨季时,红层崩解、风化为土的速度快,填方工作面上泥泞不堪,压实度难以达到要求,影响工期,增大成本。

2）红层中土石比定义

《岩土工程勘察规范》（GB 50021—2001）和教科书定义土石含义相近,即土是由岩石经过物理、化学、生物风化作用以及剥蚀、搬运、沉积作用在交错复杂的自然环境中所生成的各类沉积物,主要为第四纪的产物。可划分为残积土、坡积土、洪积土、冲积土、淤积土、冰积土和风积土等;岩石是由矿物或类似矿物的物质（如有机质、玻璃、非晶质等）组成的固体集合体。自然界的岩石主要分为三大类:岩浆岩、沉积岩、变质岩。

《公路工程地质勘察规范》（JTG C20—2011）、《军用机场勘测规范》（GJB2263A—2012）和《民用机场勘测规范》（MH/T 5025—2011）中土石定义相近,如表 20-2,即土石的定义是机械能否挖动为标准,即能挖动的为土,不能挖动的为石。

上述两种定义方式均存在一定缺陷,不能完全满足工程需求,两者相比,后者更接近工程实际。在红层地区机场建设中,后者定义中存在如下缺陷:

（1）红层开挖后部分崩解风化为土。这些开挖前为石,开挖后为土的部分在土石比计算中按照土计算还是石计算不明确。

（2）目前机场建设中均为大型机械开挖,各种开挖机械挖掘能力差异较大,如何与人工开挖难与标准衔接。

（3）泥质粉砂岩、泥质砂岩等在水上填筑时（不长期浸水）为石,但当其在原场地地基处理和水下填筑时又只能当土用,土石比计算中算土还是算石不明确。

（4）机械能开挖,但与爆破后开挖相比不经济,施工单位一般采用爆破后开挖,此种情况算土还是算石？这是施工单位与勘察、设计和建设单位发生分歧最多地方。

针对上述问题,在红层地区机场建设中,提出两种土石比定义,即一般定义和特殊定义。土石比一般定义:利用现代化机械设备,不用爆破等手段能开挖的地层为土,主要包括第四系土层、全风化和部分强风化基岩;须用爆破等手段使之松动后才能开挖的地层为石,包括部分强风化基岩和全部中风化、微(弱)风化基岩。两者之比为其土石比。这个定义是根据多个机场工程实践,充分考虑到现代化施工手段、开挖难易、经济性以及施工单位利益而提出的,机场参建各方均易接受。但未考虑开挖后崩解软化及填料的用途。

土石比特殊定义:开挖后为块状且不崩解的地层为石。这类岩石主要为泥质含量低、钙质、硅质胶结的中~微风化粉砂岩和砂岩,根据西南地区工程实践,这类岩石饱和抗压强度≥10MPa,风化系数≥0.50,完整性系数≥0.60。这种定义主要为设计服务,用于土石方调配,优料优用,便于地基处理和重点、关键地段填筑。

两种定义有效地解决了红层地区机场建设中参建各方关于土石比的争议,做到了优料优用,节省了投资,缩短了建设时间。根据两种土石比主要用途,我们习惯称之为施工土石比和设计土石比。

3)土石比确定方法

(1)勘察阶段土石比确定

勘察阶段土石比很重要,牵涉到开挖方法、土方调配、压实方法、投资以及工期等,为此勘察阶段的土石比准确度应在80%以上。西南 YL 机场勘察阶段采用工程类比、地质测绘、钻探、物探和室内试验等综合手段确定土石比,经工程开挖验证,该综合方法确定土石比的准确度91%。

①工程类比

近年来大规模的基础设施,如公路、铁路、房屋、水利等建设积累大量工程经验,同一地区机场建设可借鉴上述工程土石比。但在使用时需按机场建设土石比定义进行修正。

②工程地质测绘

红层地区覆盖比较严重,原生地貌地面调查难以清楚地判明岩石及风化程度,需要辅以探槽和探井,结合房前屋后、公路、铁路、水利建设开挖断面进行综合判断。这项工作很重要,对于减少物探、钻探工作量、工期和费用具有重要意义,但往往被忽略。工程地质测绘确定该机场施工土石比为 2.1:7.9,设计土石比 9.2:0.8。

图 20-1　泥质粉砂岩岩芯在空气中崩解

③钻探

根据测绘成果和规范要求[3]布置钻孔,根据钻探难易、岩性、风化程度和岩芯崩解软化程度判断和计算土石比,如图 20-1 所示。根据钻探计算土石比与施工时开挖反映的土石比往往比较一致。钻探方法确定该机场施工土石比为 2.2:7.8,设计土石比为 9.4:0.6。

④物探

主要方法为波速测试,其中跨孔声波测井优于单孔声波测井,声波测井优于面波测试。声波测井要结合钻探、探井资料,删除异常值,尤其是浅部波速值,如图 20-2 中强风化的砂岩异常波速值要剔除。根据已知风化程度岩石的波速(表 20-3),物探方法确定该机场施工土石比为 1.8 : 8.2,设计土石比 8.5 : 1.5。相比地质测绘、钻探确定土石比,物探确定的土石比明显偏小。

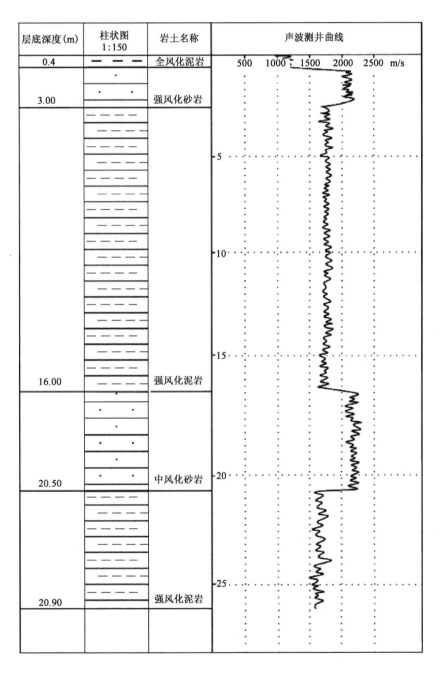

图 20-2　西南 YL 机场钻孔波速图

西南地区 YL 机场岩体波速及完整性　　　表 20-3

岩 土 名 称	平均波速 v_{pm}（km/s）	完整性系数 K_v	完 整 性
强风化粉砂岩	1.84	0.42	较破碎
强风化砂岩	2.04	0.45	较破碎
强风化泥岩	1.63	0.53	较破碎
强风化泥质粉砂岩—粉砂质泥岩	1.72	0.43	较破碎
中风化泥岩	1.95	0.64	较完整
泥质粉砂岩—粉砂质泥岩	2.12	0.62	较完整
中风化粉砂岩	2.20	0.61	较完整
中风化砂岩	2.32	0.65	较完整

⑤室内试验

采取 500 余个岩石样品进行物理力学试验，其中崩解和饱和抗压强度试验成果统计见表 20-4。

岩石试验成果统计表　　　表 20-4

岩 石 名 称	天然密度（g/cm³）	耐崩解性指数（%）	单轴抗压强度		
			天然（MPa）	饱和（MPa）	烘干（MPa）
中风化泥岩	2.52	6.3	7.8	3.6	20.6
中风化粉砂岩	2.56	97.5	13.7	10.7	26.1
中风化砂岩	2.58	99.1	24.5	19.8	38.0

从表 20-4 中可见中风化泥岩耐崩解指数仅为 6.3%，开挖后迅速崩解；中风化粉砂岩、砂岩耐崩解指数大于 97%，开挖后仅少量崩解，但应注意，根据 20.6.2 中 2)的土石比定义，受温度影响，现场施工崩解程度要高于室内试验；饱和抗压强度大于 10MPa，可用于原场地地基处理和水下填筑。

⑥勘察阶段综合确定土石比

根据工程类比、地质测绘、钻探、物探和室内试验等成果，综合确定场区施工土石比为 2.3:7.7，设计土石比为 9.3:0.7。设计土石比中石为中风化的粉砂岩和砂岩。

（2）试验段阶段土石比确定

机场工程中皆要布置试验段进行地基处理方法、施工工艺及参数研究。试验段应对勘察阶段提供的土石比进行校核，包括施工土石比和设计土石比。设计单位在选择试验段时应征求勘察单位意见，选择的挖方区代表性要强。试验段结束后，勘察单位要根据试验段开挖揭露剖面、原场地地基处理和填方过程中对土石的新认识，修正勘察阶段土石比定义、计算剖面中土石界线、土石厚度等，并向相关单位提供修正计算后的土石比。场区修正后施工土石比为 2.2:7.8，设计土石比为 9.4:0.6。设计土石比中石仍为中风化的粉砂岩和砂岩。

（3）工程施工中土石比确定

受工作量、时间制约，勘察和试验段不可能完全查明整个场区土石比，施工中对土石比进行了调整。调整由勘察、设计、施工和建设单位共同进行。在每一标段的典型开挖剖面上，根据岩性、风化程度、开挖难易、室内试验成果,按上述手段和下述的方法在开挖剖面上计算施工土石比,在填方区段根据原场地地基处理和填筑后崩解软化情况确定设计土石比。每一山头或同一山头的每一标段计算的剖面不应小于 3 条。场区在施工后调整的施工土石比为 2.25∶7.75,设计土石比为 9.35∶0.65。设计土石比中石仍为中风化的粉砂岩和砂岩。

20.7 岩溶山区机场土石比勘察[94]

以 CH 机场为例研究岩溶山区机场挖方区土石比的确定方法,该法经工程验证精度高、操作性强,可推广使用。

20.7.1 工程概况

1)地层岩性

CH 机场地层为第四系黏土、红黏土和次生红黏土以及下石炭统摆佐组(C_1b)、中石炭统黄龙群灰岩(C_2hn)、上石炭统马平群灰岩(C_3mp)、二叠系下统梁山组(P_1l)砂岩和泥岩以及二叠系下统栖霞组灰岩(P_1q)。开挖深度内处于岩溶垂直发育带,岩溶强~中等发育,岩溶区开挖面积 1543 亩,挖方量为 2350 万 m^3,挖填平衡。

2)地形、地貌特征

场地岩溶发育区地形复杂,起伏较大,相对高差 96m。第三纪以来,受区域地壳间歇性抬升和溶蚀、剥蚀的耦合作用的影响,场地共形成五级剥夷面。四、五级剥夷面为填方区,挖方区位于四、五级剥夷面之上,最大挖方深度 52m。

场地岩溶地表发育形式有峰丛、石芽、溶脊、溶沟、漏斗和洼地,地下发育形式有石芽、溶沟、溶槽、溶洞等,如图 20-3 所示。

图 20-3 工程区岩溶地形地貌特征

20.7.2 土石比确定方法及计算方法

1)土石比确定前期准备

迄今为止,岩溶地区勘察仍属世界性难题,土石比确定文献鲜见。工程实践证明,在岩溶地区按常规方法进行数据采集,采用任何方法也很难获得较为准确的土石比,所以专门制定该工程土石比勘察技术路线如下:

(1)收集资料,分析、总结前人在岩溶山区大面积挖方工程土石比确定方法的优缺点。

(2)进行详细地质测绘,按埋藏条件,圈定裸露型岩溶区、覆盖型岩溶区(包括半覆盖型和全覆盖型岩溶区)。

(3)在现场测绘基础上,结合前期勘察资料,认真分析场地岩溶发育规律,找出其他类似工程勘察土石比偏差过大原因,并布置必要物探、钻探和探井(槽)工作。

(4)按地层时代、岩溶发育强度和第四系覆盖程度进行分区,不同区域按勘察阶段、试验段阶段和施工阶段分别提供不同土石比;裸露型、半覆盖型、覆盖型岩溶区采用不同方法确定其土石比。

2)勘察阶段土石比确定方法

(1)裸露型岩溶区土石比确定方法及结果

裸露型岩溶发育区的岩石基本都出露地表,一般分布在峰丛或孤峰地段,地形陡峭。第四系沉积物零星分布在溶沟、溶隙中。由于地形陡峭,行走困难,物探、钻探条件极差,有时几乎不可能。要从溶沟、溶隙中把土清除出来,采用人工难度很大,采用机械几乎不可能,只有爆破施工。根据《民用机场勘测规范》(MH/T 5025—2011),爆破施工的岩土应判为石,即土石比为0∶10。根据工程实践,裸露型岩溶发育区爆破后混在填料中的土一般含量在0.01% ~0.5%,当填筑体压实度达到90%或固体体积率在80%以上时,地基承载力特征值一般在500kPa以上,变形模量在35MPa以上,对填筑工程几乎无影响。如果在装车时,对直径较大的团块土适当分选,所装车中土含量可控制在0.01%以下,对填筑工程无影响。所以,从工程角度,裸露型岩溶发育区大面积的挖方工程土石比按0∶10确定。

(2)覆盖型岩溶区土石比确定方法及结果

覆盖型岩溶区为可溶性岩石表面全部或部分被第四系沉积物覆盖。当覆盖层较薄时,石芽等常出露地表。根据第四系覆盖程度,在确定土石比时,可将覆盖型岩溶分为半覆盖型和全覆盖型。石芽、溶脊等出露区为半覆盖型,石芽、溶脊等被第四系全部覆盖区为全覆盖型。

①半覆盖型岩溶区土石比确定

a. 地质测绘

a)对场区及附近进行详细地质测绘,研究场区岩溶发育规律,包括岩溶发育方向、发育带、发育深度、发育规模。圈定半覆盖型岩溶区,选定代表性剖面,统计剖面线上土和岩石比例,计算岩石线出露率。

b)测绘剖面的间距100 ~300m,并根据岩石的出露率和岩溶发育程度、均匀性调整,出露率高、发育程度高、均匀性差的情况下取低值,反之取高值。

c)选择代表性区域,测绘基岩出露面积率(面出露率)。测绘面积不小于300m²。累计测绘区域面积不宜小于总半覆盖型岩溶区的10%。

d)地质测绘所得的岩石线出露率和面出露率为半覆盖型岩溶区石芽、溶脊垂向发育深度段岩石的最小比例。

e)在场区或附近选择采石场、公路、铁路、房屋建筑等开挖的近垂直岩溶水平发育方向的剖面,分析岩溶的发育规律,统计半覆盖型岩溶区溶脊、石芽发育高度、宽度,溶沟、溶槽的深度和土层填充的厚度。测绘剖面上溶沟底部之上土层面积和开挖基准面之上岩石面积,两者之比可近似作为同一岩溶发育区的土石比。

f)沿物探剖面测绘地形和岩石出露段,用以修正物探剖面,这非常重要。

b. 工程物探

通过10个以上大型工程对比分析,岩溶地区土石界面划分可采用工程物探,其方法以人工跑极高密度电测深法为优。工程物探的布线应垂直岩溶发育水平方向,通过钻探和探井(槽)验证的物探剖面,可作为土石比的计算剖面。物探剖面不仅将不连续的钻孔、探井(槽)联系起来形成完整剖面,而且还可以初步判断半覆盖型岩溶区是否存在大型的溶槽及其发育规模,以及出露的溶脊和石芽是否为上部山体崩塌、滚落的岩石或岩溶塌陷形成的堆石。

该工程栖霞组半覆盖型岩溶分布区,地形起伏大,浅表出露石芽、溶脊,如图 20-4 所示。采用人工跑极高密度电测深法、钻探和开挖剖面相结合方法确定土石比为 4.2∶5.8,经施工后监理资料统计,该区土石比为 4.35∶5.65,精度达 90% 以上。同时,避免了该区岩溶塌陷的块石在形似"溶脊、石芽"条件下,而将块石之间和块石下部分布的大量次生红黏土层判为岩石的错误,见图 20-5。

图 20-4　工程区栖霞组半覆盖型岩溶区出露溶脊　　　　图 20-5　工程区栖霞组岩溶塌陷

c. 探槽

在地质测绘和工程物探的基础上,选择典型剖面进行探槽开挖。探槽的布置垂直于溶脊、溶槽或石芽的连线,即垂直于岩溶的水平发育线。垂直于岩溶的每个水平发育方向均布置探槽,且条数不少于 3 条。

探槽开挖的长度一般在 10m 以上,深度应至强风化岩层一定深度。探槽的挖掘采用机械,其原因是:

a)半覆盖型岩溶区土层浅层常为坚硬或硬塑状态,人工挖掘困难,功效低,成本高。

b)半覆盖型岩溶区土层中多有直径较大断芽、块石,人工难以挖掘,地质人员经常误判为基岩。

c)开挖探槽的目的之一是判明地面之下石芽、溶脊的形态和探槽剖面上土、石所占比例,验证物探成果,开挖土方量大。

在每个探槽长度方向的两个剖面侧面上统计岩石和土的面积,出露于土层之上岩石面积应加在探槽的岩石面积中,计算每个剖面的土层面积以及开挖基准线上岩石的面积(探槽中岩石面积+开挖基准线至探槽底部岩石面积)。所有剖面的土层面积的算术平均值和岩石面积的算术平均值之比值可作为该区土石比。

d. 钻探

钻探应在上述工作基础上布置,一般应布置在溶槽较深,机械难以挖掘地段以及疑似岩溶塌陷区。当钻探供水困难时,可采用风动钻进,但应与开挖剖面或钻探对比。钻探主要目的是验证物探剖面和判断是否为岩溶塌陷层。

e.综合判断

a)将上述地质测绘、验证后物探剖面和探槽法计算的不同区域土石比分别乘以对应区域开挖总挖方量,分别得出各区不同方法计算的不同区域土石方量。

b)将同一区域不同方法计算的土、石方量分别相加后除以累加个数,得出不同区域土、石方量算术平均值,两者之比即为该区综合土石比。

c)不同区域土方量算术平均值之和与石方量算术平均值之和的比值为半覆盖型岩溶区综合土石比。

该工程半覆盖型岩溶区综合土石比为 1.72:8.28,施工验证精度 93%。

各种方法计算的土石比必须大于计算区域的石芽、溶脊的线出露率和面出露率。

图 20-6　典型覆盖型岩溶剖面

②全覆盖型岩溶区土石比确定方法及结果

场区全覆盖型岩溶典型剖面如图 20-6 所示,地形和基覆界面起伏均很大,对土石比计算精度影响大。根据钻探与探井资料,采用平均厚度法、断面法、三角形法和软件法确定全覆盖型岩溶区土石比。

a.平均厚度法

平均厚度法是覆盖型岩溶区土石比确定的简单方法,是将开挖面之上钻探和探井在垂向上揭露土层厚度累计值与岩石厚度的累计值相比,其比值即为计算区域土石比。该方法简单,操作性强,但误差较大。误差的大小取决于地质测绘和钻探、坑探点的密度。对已建或在建机场统计,覆盖型岩溶区平均厚度法计算的土石比与施工后统计的土石比相比,准确率为 55% ~ 75%。本工程覆盖型岩溶区按 45 ~ 50m 间距布置方格网勘探点,采用平均厚度法获取的土石比与施工后统计的土石比相比,准确率为 70%。

b.平行断面法

在深入研究场区岩溶发育规律的基础上,结合地形,近垂直岩溶发育方向布置平行物探线,间距 100 ~ 150m。采用精度较高的人工跑极高密度电测深法划分基覆界面,代表性物探剖面如图 20-7 所示。将经钻探和探井验证后的物探剖面在 CAD 图中分别量取开挖基准面上的面积,取其相邻两断面面积平均值,再乘以两断面间的平均距离,得出两断面间的土和石的分段储量,各分段土、石储量之和即为土、石总储量。土、石总储量相比即为计算区域土石比,研究区其值为 3.2:6.8,与施工后监理统计土石比相差 7.5%。

c.基于软件的体积法

将每个钻探或探井点开挖基准线上岩石顶面高程,以及经验证后物探剖面上读取的开挖基准线上岩石顶面高程视作石方顶面的高程数据,用 Surfer 网格化插值、数字化及边界条件白化,得到石方堆积体的剖面图及开挖体三维示意图。采用梯形规则、辛普森规则、辛普森 3/8 规则对生成的网格数据进行石方体积计算 $V_{石}$。同理采用地形图计算开挖基准线上岩土总的体积 $V_{土+石}$。$(V_{土+石} - V_{石})$:$V_{石}$ 即为土石比。该法计算的覆盖型岩溶区土石比为 3.1:6.9,

与施工结束后统计的土石比相比,其准确率为94%。

③整个场区土石比确定方法及结果

a.将半覆盖型岩溶区和全覆盖型岩溶区计算的土方的算术平均值求和,得出场区总土方量。

b.将裸露型岩溶区、半覆盖型岩溶区和全覆盖型岩溶区计算的石方的算术平均值求和,得出场区总石方量。

c.场区总土方量与总石方量的比值即为整个场区综合土石比。经计算整个场区土石比为2.01∶7.99。

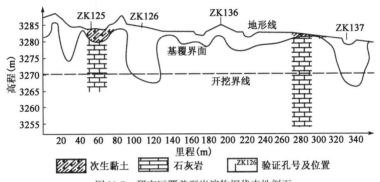

图20-7 研究区覆盖型岩溶物探代表性剖面

3)试验段阶段土石比确定方法及结果

该机场试验段挖方分两个区,一个区位于半覆盖型岩溶区,另一区位于全覆盖型岩溶区。校正方法分两种,一是实体法,二是剖面法。半覆盖型岩溶区试验段开挖土方量约3000m³,覆盖型岩溶区试验段开挖土方量约50000m³。为研究土石比确定方法,要求其分段进行剥土开挖,分段间距为5～10m。上一段开挖到基准线后,方能进行下一段开挖。开挖形成剖面坡角不小于70°。半覆盖型岩溶区试验段剥土量为3150m³,计算土石比为2.45∶7.55;覆盖型岩溶区试验段开挖土方量为47500m³,计算土石比为3.30∶6.70。

剖面法中采用两种方法获取剖面上土、石的面积。一是摄影法:在上述开挖形成剖面上每隔3～5m垂向放置钢尺,用高精度照相机拍照,用相机附加软件计算土石面积,或把照片处理后导入CAD图中,利用CAD软件计算土石面积。二是地形图法:在上述开挖形成剖面的土石界面标注记号,采用全站仪三维激光扫描,形成地形图,并圈定土石界线,分别计算土石面积。半覆盖型岩溶区试验段,利用地形图法计算土石比为2.25∶7.75,与施工开挖后计算的土石比相比,准确率为92%;覆盖型岩溶区试验段地形图法计算土石比为3.35∶6.65,与施工开挖后计算的土石比相比,准确率为98%。经10个以上剖面对比,摄影法计算土石比较地形图法计算土石比略低,误差为2%～5%。

将试验段获取的土石比与同一岩溶发育区勘察阶段提供的土石比进行比较,计算它们之间比值,用该比值结合场地条件校正同一岩溶发育区土石比。在此基础上,按上述方法校正整个挖方区土石比。

4)施工阶段土石比确定方法及结果

机场土石方工程为多标段施工,计量、计价、土石方调配等均需计算各标段土石比,而勘察阶段标段还未划分,土石比是按岩溶类型区段、山头或挖方区段计算的,不满足相关要求,所以勘察单位还应计算各标段土石比,这项工作往往被忽略。

大面积的土石方施工是不间断的,施工人员和设备多,速度快,从安全和经济角度,建议施工和监理单位采用剖面法进行土石比计算与计量,并根据各单位情况选用摄影法和地形图法,剖面间距为 30~50m,地形和基覆界面起伏大时采用低值,并保持资料供追溯。施工结束后,对各标段回访,剖面法测量土石比对施工几乎无影响,5 个标段上报土石比与施工招标阶段计算的各标段土石比误差为 2%~7%,一般为 3%~5%,与根据监理单位所存剖面影像、地形图复算土石比的误差为 1%~2%。

根据各标段的土石比和开挖方量分别计算各标段土、石方量,分别累计整个场区土方和石方后,计算整个场区土石比为 2.10:7.90。以此为基准计算:专项土石比勘察阶段提供整个场区的土石比误差为 5.4%,试验段校正后的整个场区土石比误差为 3.2%,远小于建设单位提出的 12% 误差。

20.7.3 影响岩溶挖方区土石比确定精度因素

1)对岩溶发育规律的认识深度

相关单位对岩溶地区土石比确定不重视,按一般地区土石比勘察。未认真分析岩溶发育规律,划分岩溶类型区,随意布置勘探点、线,尤其是物探线。对 10 余个工程统计发现,场区岩溶发育规律认识程度越高,土石比计算精度越高。

2)岩溶发育强度

一般来说,岩溶发育程度越高,地形、基覆界面起伏越大,土石比计算精度越低。

3)勘察方法、手段和勘察工作量

(1)凡进行详细地质测绘的工程其土石比计算精度较高。

(2)人工跑极高密度电测深法探测基覆界面精度较其他物探方法高。

(3)验证钻孔、探井(槽)越多,物探线越密,土石比计算精度较高。

(4)利用或开挖剖面进行土石比计算的,其精度均较高。

(5)按勘察、试验段和施工等分阶段提供土石比的工程,土石比精度较高。

4)计算方法

(1)平均厚度法计算的土石比精度较平行断面法和基于软件的体积法低。

(2)采用单一方法计算土石比的精度较采用综合方法低。

5)建设、设计和勘察单位配合

标段划分往往是建设、设计单位商定,而没有勘察单位参加。施工之前勘察单位对场地了解程度最深,在理解设计意图基础上,对土石方调配和标段划分能提出许多有益建议,尤其是在岩溶强发育区。如 XY 机场的主要挖方区:大坡梁子在勘察阶段土石比为 2:8。由于地层岩性和构造作用,以近山顶东西方向为界,东部土层很浅,甚至岩石出露,其土石比为 0.4:9.6,而西部土层深厚,最大厚度可达 10m,土石比为 4.0:6.0。标段划分恰好在东西分界线附近,造成东标段石量富余,造价高,要求调整投标价;西标段石料不足,需要外购石料进行地基处理,要求增加费用。由于土石方单价是不可调整的,东西标段均与建设单位产生纠纷。该工程从专项勘察开始,一直与建设单位、设计单位密切交流,并参与标段划分,不仅做到优料优用,还计算了各标段的土石比,竣工结算时土石比调整很小,多方满意。

20.8 冰碛层土石比勘察[95]

在四川西部、云南北部、西藏等地的高原上广布冰碛层,随着经济发展,在高原冰碛层上建设的重大工程越来越多。由于冰碛层的组成和结构特殊性,其土石比对冰碛层的利用、物理力学性质、工程造价、工期均有明显影响,如何合理确定冰碛层土石比是近年来工程建设者一直探索的问题。

20.8.1 川西冰碛层的分布特征

四川西部第四系冰川堆积作用形成的地貌,具有类型复杂,分布不规则,微地貌单元较多的特点,包括冰碛垄岗、融溶凹地、冰碛台地、阶地陡坎、冰碛湖、刨蚀沟等微地貌。同期冰川堆积物呈现前缘物质粒径较细,中后缘物质较粗规律:一般是前缘为粉土、中细砂,中部为中粗砂、圆砾和角砾夹块碎石,后缘多为块碎石。川西冰碛层往往由多期冰川堆积形成,后期的冰川刨蚀前期堆积物,形成沟槽,并在沟槽中堆积粗粒物质。由于每次冰川作用方向、规模不一,多次冰川作用形成的冰碛层中块石、碎石、角砾和砂土混杂堆积,粒度不均,分选性差,无层理,厚薄不均。

20.8.2 川西冰碛层结构特征

1)地层特征

川西冰碛层主要由块石、漂石、碎石、角砾和砂土等混杂组成,总厚度大于80m。各层特征如下:

(1)块石、漂石

块石、漂石主要有两种存在形式,一是混杂在碎石、角砾和砂土中,既有零星分布,如图20-8所示,又有相对集中分布,如图20-9所示;二是呈带状的架空结构分布,带状走向一般与地表水体一致而形成"石河",如图20-10所示。块石成分一般为花岗岩,其次为砂岩。粒径变化大,一般直径20cm~180cm,最大超过300cm,多呈次棱角状或次圆状。

图20-8 海子山上分布的漂石(直径大于300cm)

图20-9 折多山某工程揭露的冰碛层剖面

图 20-10 海子山上"石河"

（2）碎石

碎石呈次棱角状，多为微风化～中风化花岗岩，一般粒径 1.5cm～20cm，约占 50%～65%；粒径 >20cm 块石约占 3%～10%，呈零星分散状。

（3）砾石

包括角砾和圆砾，呈棱角状、次棱角状、次圆及圆状，粒径为 0.2～2cm 粒级约占 55%～70%，粒径 >2cm 碎石约占 5%～15%，<0.2cm 的约占 10%～30%，偶见零星块石。角砾成分主要为花岗岩。

（4）砂土

砂土包括砾砂、粗砂、中砂、细砂和粉砂，主要由花岗岩风化碎裂岩屑、石英、长石颗粒组成。

2）粒组特征

50 余组现场大型颗分试验表明，除个别点位外，冰碛层自然级配差，尤其是架空块碎石区，由于细粒物质被搬走，级配极差。

20.8.3 冰碛层土石比的定义

《岩土工程勘察规范》（GB 50021—2001）定义：土是由岩石经过物理、化学、生物风化作用以及剥蚀、搬运、沉积作用在交错复杂的自然环境中所生成的各类沉积物，主要为第四纪的产物。川西冰碛层一般为上更新世（Q_3）冰川运动或冰水搬运、沉积的块石、碎石、角砾和砂土混杂堆积，按《岩土工程勘察规范》（GB 50021—2001）定义应属土。

表 20-2 中土石的定义是以能否用机械挖动为标准，即能挖动的为土，不能挖动的为石。冰碛层往往为超固结土，具有良好的工程性能，具有高承载力、低变形、抗剪能力高特点，加之块石、漂石的广泛分布，在勘察与土石方施工中，无论人工还是机械挖掘均很困难，甚至挖不动，按理应为石，但它确实又不是岩体。另外，川西冰碛层一般分布在高程 3000m 以上，作为研究目标的 KD 机场、YD 机场高程均大于 4000m，机械降效明显，机械开足马力后大部分挖方区可挖，但效率极低，十分不经济。施工单位均采取爆破松动后再挖，大大提高了效率和效益。即按规范严格定义，冰碛层可挖，但在经济和效率上不可挖，这部分属土还是属石，施工单位经常性与建设单位发生分歧。

通过对研究区专项土石比勘察，结合冰碛层工程特性、分布特点、施工难易和填料用途，对挖方区冰碛层的土、石作以下几点定义：

（1）冰碛层中直径 ≥80cm 的漂、块石定义为石。直径 ≤80cm 的块碎石、角砾、圆砾、砂定义为土；该定义主要考虑在高原地区当冰碛层中块石粒径 ≥80cm 时，挖机无法挖掘，必须进行爆破松动和改炮，才能挖掘。另外，目前的填筑体压实手段中，强夯要求的填料直径最大，最大直径要求 ≤80cm。综合上述两条，直径 ≥80cm 的漂、块石定为石更合理。直径 ≤80cm 的块碎石、角砾、圆砾、砂尽管开挖困难，需要爆破松动后开挖才经济，属于施工单位技术措施，费用增加宜在土方单价中考虑。否则，受机械性能、挖掘工艺水平、个人素质和单位信誉等影响，勘察、监理、设计和建设单位难以把握土、石标准。

（2）架空块石定义为石。该定义主要考虑架空块石区块石直径一般≥80cm,需要进行改炮才能挖掘装车,并且改炮后块石为优质的碎石填料。

上述定义的提出,立即受到了勘察、监理、设计、建设和施工单位的普遍欢迎,表示该定义充分考虑了冰碛层的工程性质、地基处理方法、目前施工水平以及参建各方的利益,能客观、公正地划分土石比,并且易于操作。

20.8.4　冰碛层土石比确定方法

1）勘察阶段土石比确定

勘察阶段土石比资料是地基处理、土石方调配、压实方法确定及招投标的基础。勘察阶段冰碛层土石比的勘察手段主要有地质测绘、钻探和探井。100余千米的电法、波速测试、地震浅层反射和折射的物探实践证明,采用物探方法确定冰碛层土石比效果不理想。

（1）地质测绘

结合场区水文地质、工程地质测绘,对场区代表性地段漂石、块石的线出露率和面出露率、架空漂、块石段体积进行实测。

①漂石、块石的线出露率指漂石、块石在测线上的累计长度与测线长度的百分比。在YD机场的12个代表性区域中共布测线49条,里程长度37km,实测线出露率1.7%~35.92%。

②漂石、块石的面出露率指漂石、块石在测区范围内出露面积与测区面积的百分比。在YD机场的12个代表性区域中累计测区面积2km²,实测面出露率0.36%~22.75%。

③架空漂、块石段测量主要是量测架空漂、块石的体积。量测的方法是实测架空漂、块石分布面积,然后采用探井、钻探方法获取漂、块石堆积厚度。根据面积和厚度计算漂、块石的体积。

④漂石、块石的线出露率和面出露率可近似地估算冰碛层浅层土石比。YD机场12个代表性区域的漂石、块石的线出露率和面出露率与施工开挖校正后土石比相比较,正确率分别为68%和72%。架空漂、块石的体积在挖方区总体土石比计算时,计入石的体积中。

（2）钻探与探井

在挖方区按50m×50m布置探井和钻探,钻探深度至设计高程以下2m。采用平均厚度法、断面法、三角形法和软件法进行土石比计算。

①平均厚度法

钻探和探井在垂向上揭露厚度大于80cm的岩芯长度累计值与钻探和探井的累计深度比值即为计算区域土石比。KD机场和YD机场计算的土石比与施工开挖校正后土石比相比较,准确率为75%和79%。

②平行断面法

KD机场和YD机场计算的土石比与施工开挖校正后土石比相比较,准确率为78%和83%。

③三角形法

KD机场和YD机场计算的土石比与施工开挖校正后土石比相比较,准确率为80%和85%。

④基于软件的体积法

KD 机场和 YD 机场计算的土石比与施工开挖校正后土石比相比较,准确率为 83% 和 87%。

(3)综合确定土石比

将通过地质测绘、钻探和探井手段,采取不同方法获取的土石比进行对比分析,综合获取研究区土石比。综合获取土石比不是将各种方法计算的土石比作简单的算术平均,而是根据精确计算的每个山头挖方区域土石方总量和该区域土石比,计算该挖方区域的土方量和石方量,然后将各种方法计算的土方量和石方量分别累加后除以累加的个数,得出平均土方量和石方量,两者相比即为计算区域综合土石比(式 20-6 ~ 式 20-9)。同理可获取整个工程区域综合土石比。

$$R_{\mathrm{SR}} = \frac{10v_1}{v_1 + v_2} : \frac{10v_2}{v_1 + v_2}$$

$$v_1 = \frac{(v_{11} + v_{12} + v_{1i} + \cdots + v_{1n})}{n} \tag{20-6}$$

$$v_2 = \frac{(v_{21} + v_{22} + v_{2i} + \cdots + v_{2n})}{n} \tag{20-7}$$

$$v_{1i} = 0.1 \times V \times m_i \tag{20-8}$$

$$v_{2i} = 0.1 \times V \times (10 - m_i) \tag{20-9}$$

式中:R_{SR}——计算区域综合土石比;

V——计算区域土石方总体积;

v_1——计算区域各种方法计算土方的平均体积;

v_2——计算区域各种方法计算石方的平均体积;

v_{1i}——计算区域中第 n 种方法计算的土方体积;

v_{2i}——计算区域中第 n 种方法计算的石方体积;

n——土石比计算方法总数;

m_i——计算区域中第 i 种方法计算的土方比例。

2)试验段阶段土石比确定

结合试验段土方工程,选取具有代表性地段开挖,对勘察阶段提供的土石比进行校核,方法包括剖面法和体积法。

(1)剖面法

当开挖剖面形成后,采用人工方法量取直径大于 80cm 的漂、块石累计面积作为石方面积,剖面的其余面积为土方面积。同理,获取间距 3 ~ 5m 的下一剖面土方和石方面积,然后乘以两断面间的平均距离,即为两断面间的土和石的分段储量,各分段土、石储量之和即为土、石总储量。土、石总储量相比即为计算区域的土石比。

剖面上土石面积获取采用高精度照相机拍照,采用角度法对照片进行校正,然后对照片上土、石面积进行室内统计,分别获取累计土、石面积。

(2)体积法

选取典型的挖方区或填方区段,逐一量取和计算土石方体积,进而获得土石比。

获取试验段土石比后,将该土石比与该地段勘察提供的土石比进行比较,计算它们之间比值,用该比值结合场地条件校正其他地段土石比。

3)施工阶段土石比确定

施工阶段土石比确定包括各标段土石比和工程总土石比。各标段土石比乘以该标段土石方总量即得土和石的方量,将各标段的土和石分别相加得总的土和石方量,两者相比即为总的土石比。所以施工阶段重点要根据各标段开挖的具体情况修正和调整各标段的土石比。

大面积施工土石比计算和调整宜采用照相机拍照量取面积的断面法,断面间距 5~10m 为宜。其主要优点是:

(1)野外拍照速度快,成本低。

(2)对施工影响小,人员安全容易得到保障。

(3)相比人工现场测量,资料容易保存和追溯。相关各方均可对土石比进行计算和核实。

第21章 机场工程应急勘察

近十余年来,在机场建设和营运过程中发生了多起地表塌陷、道面错台和开裂、边坡贯穿裂缝、滑移或垮塌、涌水、房屋开裂等事件,严重地影响了机场建设和营运安全,需进行应急勘察,以最快速度查明上述事件原因、位置、规模、控制因素等,为应急处置和预防提供依据,最大可能减少经济损失和社会影响。

21.1 典型例子

工程实践中,需要进行应急勘察最多的案例是地面塌陷和边坡失稳。

21.1.1 机场地表塌陷例子

1) LDB 机场地表塌陷

1997 年,LDB 机场通航以来在一期建设的土面区发生了多起地表塌陷,塌陷位置在挖方区或填方厚度小的区域,塌陷类型为地表水入渗潜蚀形成的土洞塌陷,如图 21-1 所示。机场工程部门采取块碎石回填,黏性土封面,加强排水等措施后,塌陷土洞未继续发展。近年来机场排水措施和土面区维护工作越来越完善,塌陷土洞很少,地表趋于稳定。

2) 长乐机场飞土面区地表塌陷

1997 ~ 2007 年,长乐机场土面区的草坪上,接连出现了七八个塌陷的土坑,最深的近 2m。其主要原因为机场周边数十家养鳗场过度抽取地下水的导致地面沉降、塌陷。

3) 武汉天河机场国际航站楼空侧服务车道地表塌陷

2011 年 12 月,武汉天河机场国际航站楼空侧服务车道发生塌陷,面积约篮球场大小,由地下污水管网改造施工引起,如图 21-2 所示。

图 21-1　LDB 机场土面区塌陷

图 21-2　武汉天河机场地表塌陷

4）昆明长水机场 VIP 停车场

2012 年 8 月,昆明长水机场 VIP 停车场出现塌陷和路面开裂情况,面积最大的区域有 80m² 左右,下陷严重的地方最深处约 30cm。其原因主要为填方地基不均匀沉降造成路面脱空、塌陷。

5）LGH 机场围场路地表塌陷

2015 年 8 月下旬,新建 LGH 机场在行业验收前一周,在土面区的围场沟处发生 4 处多个塌陷坑。塌陷区位于挖方区,挖方后残留土层厚度 3~6m。塌陷后经开挖验证,确认为降水导致的土洞塌陷,如图 21-3 所示。

6）特利尔特鲁多国际机场停车场地表塌陷

2013 年 3 月,在特利尔特鲁多国际机场的一个

停车场突然发生地面塌陷,形成成一个宽 3m,长 4.5m,深 1.5m 的大坑,两辆汽车因此被损坏,如图 21-4 所示。

图 21-3　LGH 机场围场路地表塌陷

图 21-4　特利尔特鲁多国际机场地表塌陷

7）马尼拉国际机场地板塌陷

2015 年 8 月 26 日,菲律宾马尼拉国际机场地板突然塌陷,一名旅客掉进深约 60cm 的大洞里面,1 人受轻伤。

21.1.2　机场边坡失稳例子

1）攀枝花机场

攀枝花保安营机场自 2000 年 6 月开工建设至 2015 年发生多次原场地地基和填筑体滑移,经过多次应急勘察和处理,耗费数亿元,机场边坡暂时处于稳定状态,社会负面影响很大,如图 21-5 所示。

2）KD 机场

2013 年 5~6 月,在跑道北端高杆灯基础处,发现基础被掏空,危及灯光带易碎杆安全,影响机场安全营运。机场公司随即进行填土袋临时治理,见图 21-6。治理过程中其西侧约 20m 处突然

图 21-5　攀枝花机场滑坡

涌出浑浊的水流,随即发生边坡的局部垮塌,如图 21-7 所示。坍塌位置距离填筑体顶面垂直高度约 5m。

图 21-6　灯光带易碎杆处基础被掏空　　　　图 21-7　灯光带易碎杆西侧 20m 突水并坍塌

3)BZ 机场

2016 年 3 月,BZ 机场 13 号沟填方施工过程中,位于陡立边坡上的填筑体边坡发生多条裂缝,最大长度 60 余米,最大裂缝宽度 5cm,如图 21-8 所示。

4)FH 机场

FH 机场在二期建设过程中,在持续近 1 月降水后发生高填方边坡鼓胀、开裂和局部垮塌,危及临近公路安全和施工安全,如图 21-9 所示。

图中红线为裂缝位置

图 21-8　BZ 机场填筑体开裂　　　　　　图 21-9　FH 机场填方边坡鼓胀与垮塌

21.2　应 急 勘 察

21.2.1　应急勘察的原则

1)安全原则

应急勘察应确保勘察成果能最大可能地降低塌陷造成的安全风险;同时,勘察过程应保证咨询、勘察和其他人员安全。

2)时间原则

机场等部门应聘请相关专家或勘察单位在第一时间到达现场开展工作,及时查明原因,针对性地采取治理措施,防止事态扩大,降低安全风险,减少经济损失和社会影响。

3)高效原则

聘请的相关专家或委托的勘察单位应熟悉机场建设和当地地质情况,能及时投入到咨询、勘察工作中,快速提出包含塌陷成因、规模和治理措施的咨询意见或勘察报告。

21.2.2 应急勘察的方法、内容

1)应急勘察的方法

(1)专家咨询法

地表塌陷发生后,机场部门应立即封锁现场,聘请相关专家到现场调查和论证,分析地表塌陷、边坡失稳等事件发生原因,提出治理措施建议。

(2)委托资质勘察单位法

当地表塌陷、边坡失稳等事件发生原因复杂,专家咨询难以完全判明塌陷原因、类型、规模和发展趋势时,应根据专家意见委托有资质有经验的勘察单位进行应急勘察。

2)应急勘察的内容

应急勘察内容包括:位置、规模、原因、发展趋势、治理措施建议等。

21.2.3 咨询意见及应急勘察报告编制

1)专家咨询法

专家咨询应形成正式咨询意见,咨询专家和与会人员均应签字,作为下一步工作和对外发布消息的依据。

咨询意见应包含以下内容:

(1)时间、地点、会议名称及内容、参会人员名称、单位和职称。

(2)对地表塌陷、边坡失稳等事件原因分析和定义。

(3)地表塌陷、边坡失稳等发展趋势和可能造成的安全、经济和社会影响。

(4)防治措施建议等。

2)应急勘察报告

(1)提交报告形式

应急勘察报告应力求简单、快捷,根据现场情况,提交方式可以是手写、电子、打印文稿或图件,无论是何种提交形式均应办理简单的相关手续,如收条、收发文记录等。特别紧急情况下可以口头现场汇报。口头汇报应做好记录,包括文字记录、录音、录像等,文字记录应请相关主要人员签字确认。

紧急情况之后,应按《岩土工程勘察规范》、《民用机场勘测规范》、《军用机场勘测规范》等相关规范和标准要求编制正式勘察报告。前期紧急状态下提交的手写、电子、打印文稿或图件、口头汇报记录等作为报告附件。

(2)内容

应急勘察报告至少应包括如下内容:

①水文地质工程地质概况、工程建设概况、地表塌陷、边坡失稳等建设工程简述;

②地表塌陷、边坡失稳等的时间、位置、规模、原因、控制因素、发展趋势、危害程度;

③治理措施建议。

报告内容可根据地表塌陷、边坡失稳等危害程度、情况紧急程度、规模、发展趋势等简化。

21.3 案 例

21.3.1 CS 机场西试验区地表塌陷应急勘察

图 21-10 CS 机场西试验区地表塌陷

CS 机场西试验区在清表后遇降水,在岩溶洼地内出现一地表塌陷坑,近椭圆形,平面尺寸 3m×15m,深度 0.1~1.0m,如图 21-10 所示。施工单位向建设指挥部反映塌陷将继续发展,有可能引起机械设备倒塌、陷落,发生伤人、亡人事故,并要求建设指挥部、勘察单位赔偿停工、机械搬迁等费用。作者接到建设指挥部的命令后即刻赶到现场进行应急勘察。经过现场调查和对比西试验区详细勘察报告,发现塌陷发生在勘察报告预测的可能发生土洞塌陷的溶蚀破碎带上。根据土层分布、厚度及下伏灰岩岩溶发育情况,即刻判断该地表塌陷为由地表水入渗引起的溶蚀破碎带上土洞塌陷,不会发生大规模地表塌陷、深层岩溶塌陷。地表水入渗是由于施工单位未按设计要求进行临时排水造成,施工单位应承担主要责任。

为了进一步确保施工安全和分清责任,在建设单位、监理单位、设计单位和施工单位的监督下,进行了塌陷坑及其周边区域电测深物探和钻孔、探井验证,结果表明本次应急勘察成果与详细勘察成果一致,施工单位承担地表塌陷主要责任和应急勘察费用。

21.3.2 BZ 机场 13 号沟陡立边坡上填筑体开裂应急勘察

BZ 机场 13 号沟为深切 V 字形沟谷,两侧斜坡陡立,坡度 70°~90°。陡坡岩性为厚~巨厚层砂岩,坡顶部 0.3~0.8m 为全强风化,其下为中风化。岩层倾向坡内,倾角 4°~9°。岩体较完整~完整状态,如图 21-7 所示。2016 年 3 月 21 日 4 点左右,施工单位发现陡坡上填筑体发生开裂,裂缝宽度 4~5cm,并呈现逐渐扩大趋势。机场建设单位根据施工单位报告的可能有 10 多万 m^3 填筑体和基岩发生塌方的情况,立即启动应急程序:

(1)组织施工单位设备、人员撤离。

(2)疏散和安置机场征地红线外可能受到影响的 28 户共 64 人。

(3)通知勘察、设计单位负责人进场调查、勘察。

2016 年 3 月 22 日中午作者到达现场,立即进行应急勘察。经过现场调查、开挖剖面,对比详细勘察资料得出如下结论:

(1)施工单位反映的填筑体开裂现象属实,但不能表明填筑体滑移或失稳。目前,边坡和填筑体整体稳定。

(2)基岩陡立边坡虽然坡度大,但岩体完整、厚度大且内倾,不存在整体滑移可能,也不存在发生 10 多万 m^3 滑塌的可能,见图 21-11。

(3)填筑体边坡开裂原因可能有三种:

①施工单位未按设计要求将基覆界面上土层清除干净,导致填筑体沿基覆界面滑移或不均匀沉降。

②坡体上部的松动岩体在填筑体强夯施工和附近爆破施工振动作用下发生临空面的位移或弯折,牵引填筑体位移,进而导致开裂。

③上述两种原因综合。

(4)建议委托第三方监测单位在填筑体和陡坡岩体上布置 3 条变形监测剖面,每条剖面上填筑体和陡坡岩体上、中、下皆应布置监测点。根据变形监测判断填筑体、陡坡岩体变形情况,判明是填筑体在变形,还是陡坡岩体在变形,或者是两者均在变形,从而划分责任。

(5)建议对每条裂缝两侧、中部至少布置 3 个点进行观测。

图 21-11 BZ 机场巨厚层砂岩陡坡

(6)建议结合清除施工单位抛弃在陡坡边缘的弃土,将裂缝处的填筑体挖开,判断裂缝下基岩是否有裂缝。

(7)建议施工单位进行变形观测,如果裂缝没有发展、基岩陡坡没有变形可以进行陡坡下沟谷的填方施工,但陡坡上填筑施工应停止,也不能再违反设计要求,违规采用强夯施工。

在监理单位、建设单位的见证下,施工单位在有裂缝的 2 处坡脚开挖填筑体至中风化砂岩顶面,未发现中风化砂岩上有裂缝,排除中风化砂岩开裂滑移引起填筑体坡脚滑移开裂的因素;第三方监测单位和施工单位监测一周后,未发现填筑体裂缝继续发展、陡坡岩体变形,施工单位开始了陡坡下沟谷的填方施工。第三方监测单位监测一月后得出结论,陡坡岩体未发现变形,填筑体变形逐渐稳定。专家在现场调查基础上,综合分析了勘察资料、变形监测资料、施工工艺,判定 13 号沟陡坡上填筑体开裂是由于施工单位违背设计要求在陡坡上采用强夯填筑施工引起陡坡上浅层强风化岩体局部松动导致填筑体反射性开裂和基覆界面上土层、全强风化砂岩未清除干净而发生的滑移、不均匀沉降综合因素造成。详细勘察和应急勘察资料可靠,设计文件正确,施工单位应承担本次填筑体开裂的所有责任。

21.3.3 FH 机场填方边坡局部失稳应急勘察

FH 机场二期于 2013 年 4 月开工至 2014 年 4 月主体完工,2014 年 2 月后雨季到来后长期降水,特别是 5 月 9 日至 10 日连续暴雨,5 月 10 日西侧边坡出现局部鼓胀变形和滑塌。5 月 19 日建设指挥部邀请作者进行应急勘察和咨询,通过查阅设计和施工资料、现场调查、开挖探井等,得出如下结论和建议:

(1)目前填筑体边坡鼓胀变形、滑塌属降水入渗引起的局部浅层变形,填筑体整体稳定。

(2)边坡局部鼓胀和滑塌宜采取应急处理措施和永久性整治相结合的方式处置。

①应急处理措施如下:

a.土面区地表水入渗严重区域及时采用黏性土或防水土工布封闭;

b. 变形观测点 T28 附近渗水区设置防渗透变形的反滤层;

c. 高填方边坡鼓凸部位和渗水部位打应急排水泄水孔;

d. 坡顶与排水沟、围场路之间土面区用水泥砂浆封面;

e. 鉴于雨季期间进行永久整治方案治理效果存在较大的不确定性和风险,建议加强对变形体和渗水的观测并尽快对已变形区域的构筑物进行修缮。

②永久整治由设计方根据勘测实际情况和应急处理措施效果提出相应整治方案。

上述结论和建议被建设单位采纳,设计单位根据应急处理效果给出了合理的处理方案。目前机场已建成飞行 3 年,边坡稳定,应急勘察取得了效果良好。

21.3.4 KD 机场跑道北端边坡失稳等应急勘察

2013 年 5 ~ 6 月,KD 机场跑道北端高杆灯等发生边坡垮塌、道肩等处在雨后发涌砂等现象。受该机场公司委托,作者受邀对进行了应急勘察。勘察方法为收集资料、现场调查、探井和综合分析。

1)现象

(1)KD 机场建成以来,多次发生了填筑体边坡损毁(垮塌为主)现象,机场公司及时邀请设计单位和施工单位进行治理,其中规模较大的治理有三次,主要是对坡面进行整治,治理方式主要为挡土墙,如图 21-12 ~ 图 21-14。

图 21-12　跑道北端高填方边坡垮塌

图 21-13　跑道中部东侧高填方边坡挡土墙治理

图 21-14　跑道北端高填方边坡挡土墙治理

(2)2013 年 5 ~ 6 月,在跑道北端易碎杆基础处,发现基础被掏空,危及灯光带易碎杆安全,影响机场安全营运。机场公司随即进行填土袋临时治理。治理过程中其西侧约 20m 处突然涌出浑浊的水流,随即发生边坡的局部垮塌,(图 21-6、图 21-7)。坍塌位置距离填筑体顶面垂直高度约5m。该处垮塌后,到6月19日未遇降雨,暂未发现地下水流继续流出。

(3)边坡垮塌一般发生在大雨过后的5~6h,最快的2~3h,垮塌的物质类似泥石流,多为细粒的砂、粉土,其次碎石,如图21-15所示。单次垮塌的规模均不大,多为几立方米到几十立方米。垮塌后先形成圈椅状凹坑,随后后缘陡壁垮塌,形成凹坑,如图21-16所示。

图 21-15　垮塌后物质堆积　　　　　　　　　　　　图 21-16　垮塌后形成的凹坑

(4)调查当天跑道北端填筑体中下部见多个地下水渗出点,出水清澈,渗出量约0.5~2m³/d,如图21-17所示,其东坡脚的盲沟出水清澈,水量约2000 m³/d,如图21-18所示。据机场工程部门介绍,填筑体中下部所见的多个地下水渗出点大雨过后2~5h出水量剧增,常见浑浊现象;而盲沟出水处在雨停后水清澈,出水量基本不变,常年差异不大。

图 21-17　跑道北端填筑体中下部地下水渗出点　　　　图 21-18　跑道北端填筑体盲沟出水点

(5)场内排水沟损毁严重,底部渗漏严重。调查时发现跑道中北部西侧的排水沟流水量上下游变化很大(上游水量大于下游)。

(6)在飞行区中北部西侧的土面区发现多个地表潜蚀坑,形态不规则,以长条形为主,深度5~50cm,宽度10~50cm,长度0.5~5m,如图21-19所示。在该区巡场道发现路面塌陷,宽30~150cm,深10~50cm,如图21-20所示。

图21-19　土面区发育的潜蚀坑

图21-20　巡场道路面塌陷

（7）在飞行区中北部西侧的土面区局部地段见有积水，现场人员介绍雨后该处见有浑浊的水冒出，如图21-21所示。在跑道中部雨后2~3h见有股状水冒出，浑浊。停止冒水时间不详。目前该冒水处道肩已发生破坏，如图21-22所示。

图21-21　土面区积水（雨后冒浑水）

图21-22　跑道中部雨后冒水，道肩破坏

2）结论与建议

在现场调查基础上，综合分析前期建设资料、气象资料，得出以下结论，并提出建议。

（1）结论

①KD机场填筑体变形破坏是地表水、地下水和冻融综合作用的结果，其中地下水为主要因素。

②边坡垮塌等破坏主要是由地下水引起，它主要表现在三个方面：一是长期的浸泡软化；二是孔隙水压力作用；三是渗透破坏。其次是地表水的表面冲刷。在降水条件下，边坡表面被冲刷、浸泡，物理力学性能降低，在地下水作用下，发生变形破坏。当边坡表层细粒物质较多，地下水排泄不畅时，在高孔隙水压力作用下，可发生突发性坍塌。

③土面区的潜蚀坑形成有两个方面原因：一是地表水渗入，带走细粒物质形成，这部分好处理，填埋即可；二是地下水潜蚀带走细粒物质，形成孔洞，塌陷而成，这部分较难处理，需查明地下水径流通道。初步判断土面区潜蚀坑以地表水渗入破坏为主；巡场道塌陷可能与排水渗漏带走细粒物质，形成地下空洞有关。

④雨后跑道中部、土面区冒浑水是地下水潜蚀作用结果,进一步发展,可形成地下管道,进而塌陷,安全隐患大。

(2)建议

①委托有资质的单位进行 KD 机场填筑体变形破坏的专项勘察与研究,着重以下几点:

a.查明变形破坏的类型、位置、规模(需测绘 1:200~1:500 地形图)。

b.查明机场排水系统及损毁、渗漏情况。

c.查明地下水补给、径流和排泄条件,尤其是补给源、补给区和径流路径。

d.查明有无其他未发现的危及机场安全营运的地下管道、洞穴。

e.查明降水、地表水、地下水之间关系。

f.通过计算、建模等分析地表水、地下水对填筑体危害,预测可能发生的潜蚀、管涌、坍塌、滑坡等。

g.提出具体的治理和防治措施建议。

②委托有资质的单位进行 KD 机场填筑体变形监测,包括边坡变形、填筑体顶面变形(含潜蚀坑等)、地表水流量(含渗漏量)、地下水出水量、水温、水质等。

③目前即将进入汛期,降水量将明显增大,不利于变坡的永久性整治,但利于填筑体变形破坏的勘察和变形监测,建议:

a.目前的整治工作宜以应急治理为主,确保填筑体不发生大的塌陷、垮塌,以不危及安全飞行为原则。

b.治理方式宜以刷坡、土袋回填、局部挡墙护脚、打仰斜管排水、减小排水沟渗漏等。

c.在变形监测发现过大变形时立即进行应急治理。

d.在专项勘察、监测结束,查明填筑体变形破坏的类型、原因、具体位置、规模后,针对性地采取措施,进行根治。

应急勘察成果被该机场公司采纳,进行了应急治理和永久整治,效果良好。

21.3.5　LP 机场土面区地表塌陷应急勘察

LP 机场于 2005 年 11 月建成通航。2014 年 5 月 22 日、6 月 2 日、7 月 25 日,LP 机场遭受近十年来最严重强雷暴雨天气的影响,1h 最大降雨量分别为 55.2mm、62.8mm、66.2mm。土面区挖方区出现溶洞塌陷共 18 处,如图 21-23 所示;2014 年 12 月中旬新增塌陷 2 个;2015 年 9 月 23 日又出现塌陷 2 个,到 2015 年年底累计塌陷 22 处。地表塌陷主要发生在挖方区围场沟两侧 30m 范围。

图 21-23　LP 机场土面区地表塌陷

2016年1月受建设单位委托,作者参与了该机场的应急勘察,目的是查明场区岩溶发育规律、塌陷规律、规模、原因、控制因素;查明隐伏洞穴的位置、规模、顶板厚度,以及稳定性和发展趋势;分析和判断潜在洞穴发育区域;提出塌陷洞穴和隐伏洞穴处理措施建议。

1)勘察方案

通过现场踏勘和调查,制定了详细的应急勘察方案。

(1)编制原则与依据

①编制原则

a.影响飞行安全的已塌陷、潜在塌陷区域重点勘察;其他区域分期勘察原则。

b.勘察对飞行影响最小原则。

c.高效、经济原则。

②编制依据

a.2016年1月现场踏勘、业主介绍、专家咨询意见、前期勘察资料。

b.毕节机场、黄平机场、磊庄机场、遵义机场、仁怀机场、沧源机场等岩溶机场挖方区岩溶、土洞、地表塌陷勘察经验。

c.《民用机场勘测规范》(MH/T 5025—2011)。

d.《军用机场勘测规范》(GJB 2263A—2012)。

e.《铁路工程物理勘探规程》(TB 10013—2010)。

f.《工程测量规范》(GB 50026—2007)。

g.《贵州建筑岩土工程技术规范》(DB 22/46—2004)。

h.《民用机场运行安全管理规定》(中国民用航空总局令第191号)。

(2)勘察等级

根据《民用机场勘测规范》(MHT 5025—2011)及《岩土工程勘察规范》(GB 50021—2001)有关规定,该机场飞行区地表塌陷应急勘察等级为:工程安全等级为一级重要工程;土洞、岩溶不良地质作用强烈发育,岩溶地貌复杂,为一级复杂场地;飞行区挖方地段岩溶地质作用强烈,存在溶洞、土洞等影响地基稳定的问题,需对其进行处理,为复杂地基。综合确定该机场飞行区地表塌陷应急勘察等级为甲级。

(3)勘察目的和内容

本次应急勘察的主要目的与内容是查明:

①场区及附近水文地质工程地质特征、岩溶发育规律。

②场区土面区挖方区、浅层填方区溶洞、土洞发育及塌陷现状。

③分析和判断地表塌陷的趋势,并按塌陷严重程度分区。

④提出防治措施建议,为地表塌陷处理提供依据。

(4)勘察方法

①水文地质工程地质调查

a.调查工程区域及场外一定范围水文地质工程地质情况,调查内容包括地层、构造、节理、裂隙、岩溶、土洞、地下水发育情况,查明岩溶发育规律、规模、构造、影响因素,稳定性,以及与场区地表塌陷关系。

b.场区内调查精度(比例尺)1:500;场区外1:2000,面积约15km²。

c.场区内所有洞穴及场区外代表性洞穴全部采用仪器测量平面坐标和高程,精度误差小于5cm。

d.场区内塌陷洞穴调查内容:位置、地表形状、塌陷直径、塌陷深度、塌陷地层、充填物特征、充填厚度、地下水、地表水情况、坑壁地层特征、坑体形态,拍照或绘制每个塌陷坑纵向、垂向剖面图。

e.分析地表塌陷类型和原因、控制因素。

②物探勘察工作布置

在水文地质工程地质调查基础上,优化方案所布置物探工作:

a.采取以地质雷达为主,人工跑极的高密度电测深、波速为辅方法。

b.排水沟两侧各10m,按间距1m,布置地质雷达纵勘探线。

c.跑道两侧道肩外15m,按间距1m,布置地质雷达纵勘探线。

d.地质雷达勘探线布置在挖方区向填方区延伸至填方厚度8m区域。

e.物探解译洞穴中心位置精度小于30cm。

f.在典型位置,布置适当的人工跑极的高密度电测深、波速勘探线,相互验证。在塌陷严重区域、潜在塌陷严重区域、道面附近潜在塌陷区域采用上述三种方法进行综合物探,精确探查潜在塌陷区域的洞穴。

g.地质雷达探测的有效深度控制在15m,高密度电测深法、波速法探查深度30~45m。

h.地质雷达和高密度电测深法采用连续探查方法。电测深点距为5m,$AB/2(\max)=102.5m$。

③坑探、钻探

a.选取代表性的物探解译洞穴,开挖揭露,验证物探解译成果,修正解译参数,进行二次解译;再次选取典型的解译洞穴,开挖验证,再次修正解译参数,进行三次解译。

b.必要时布置少量的钻探工作。

c.坑探和钻探必须在机场部门确认无管线后,方可施工。

④试验

采取土样做常规、颗分、渗透性、剪切试验(直剪、三轴剪切、浸水剪切试验)、湿化试验等。用于分析和预测洞穴稳定性。

(5)提交的勘察报告

①报告内容

a.工程概况。

b.场地地层、构造、地下水、地表水条件、岩溶与土洞发育规律及稳定性控制因素。

c.场地塌陷规律、原因分析;未塌陷洞穴稳定性分析及塌陷预测。

d.潜在塌陷区域的划分、稳定性分析、发展趋势和塌陷预测。

e.处理措施建议(要求,已塌陷和未塌陷的每个洞穴均给出处理措施建议,估算处理工程量)。

f.土面区维护措施建议。

②附图

a.机场综合工程地质图。

b.勘察工作布置图。

c.洞穴位置图、洞穴剖面图、物探等专题报告附图(如物探剖面等)。

③专题报告

a.地质雷达工作报告。

b.人工跑极高密度电测深法工作报告。

c.波速测试报告。

d.室内试验报告。

(6)不停航勘察

由于目前该机场还在飞行,需做好不停航勘察工作。

①与机场相关方面协商,进场勘察前办理相关不停航勘察手续。

②对参与本次勘察需要进入围界内的所有人员进行安全教育,请机场安全管理部门授课。

③建立专门联络制度,安排专门人员与机场方面联系,保持信息畅通。

④每天工作必须在机场安全管理部门划定的范围内进行,并且坚决听从机场方面安排,随时撤出机场。

⑤未经允许,所有人员、车辆和设备严禁进入跑道。

⑥所有探井、钻探工作必须经机场方面确认无管线后方能施工。

2)勘察成果

按上述方案实施后,获得了如下成果:

(1)该机场土面区地表塌陷是由于该区地处岩溶垂直发育带,降雨产生的地表水入渗侵蚀和潜蚀含较多砂、碎石的红黏土体,土颗粒沿竖井、溶蚀管道和溶蚀缝隙等渗流通道流失,从而在红黏土覆盖层中形成土洞,土洞拱效应破坏后塌陷形成,如图21-24、图21-25所示。

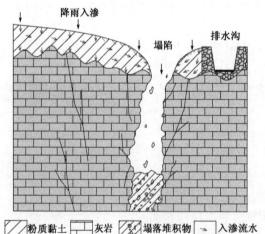

图21-24 竖井型地表塌陷示意图

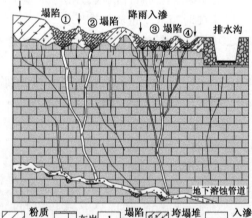

图21-25 溶隙型地表塌陷示意图

(2)地表塌陷受地貌和岩性因素、场地岩溶发育程度因素、覆盖层特征因素、机场设计因素、地表(下)水(降雨)因素控制。

(3)查明了场区及周边水文地质工程地质特征、岩溶发育规律和岩溶塌陷控制因素;查明了场区地面塌陷的类型、规律、原因和控制因素;查明了潜在塌陷类型、规模、区域和影响因素。

（4）采用类比法、加权平均法、数值模拟等方法进行了地表塌陷预测，2016 年、2017 年将是土面区发生地表塌陷频率最高时期，见图 21-26、图 21-27。随时间推移，围场沟附近土面区塌陷频率逐渐减小，跑道附近土面区塌陷频率逐渐增大，对飞行安全造成严重威胁。

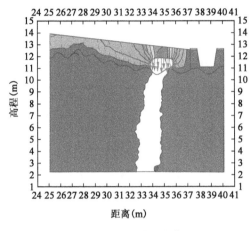

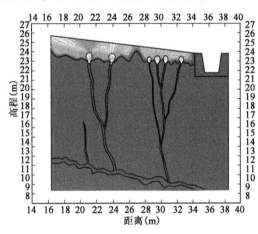

图 21-26　竖井型地表塌陷数值模拟图　　　　图 21-47　溶隙型地表塌陷数值模拟图

（5）建议对围场沟附近已发生的地表塌陷采用级配块碎石回填，未塌陷的土洞开挖后级配块碎石回填；跑道两侧 30m 内土面区将草皮揭开后，开挖 80cm，铺设双层防水土工布，覆土种植草皮；其他区域地表塌陷作为机场维护的日常工作，塌陷发生后及时级配块碎石回填。

第4篇

机场工程施工勘察

当受勘察环境、条件的制约,详细勘察、专项勘察不能完全查明某些地质条件,必须借助施工才能查明;施工过程中发现与详细勘察、专项勘察不一致的地质情况;施工过程中设计变更,或施工过程中出现了斜坡、填方体过大变形,甚至开裂、滑移等应进行施工勘察。施工勘察应充分利用开挖剖面、平整场地、施工机械等现场条件,采用地质测绘、物探、探井、钻探等综合勘察方法。

施工勘察按其性质可分为两类:计划预留施工勘察和非计划预留施工勘察。

计划预留施工勘察主要是必须借助施工才能查明某些地质条件的勘察或借助施工可大幅节约时间、成本的勘察,如岩溶场地道槽挖方区施工勘察、复杂斜坡稳定性施工勘察等。

非计划预留施工勘察是在施工过程中发现原场地地质条件未完全查清或受施工影响发生了变化、已施工的斜坡、填筑体发生了过大变形等进行的勘察。

第22章　岩溶场地道槽挖方区施工勘察

22.1　概　　念

岩溶场地道槽挖方区施工勘察是指岩溶发育的道槽挖方区在挖至设计高程后,在道面结构层施工前进行的,以查明道面影响区一定深度内岩溶与土洞发育规模、稳定性为主要目的的勘察工作,具体包括:

(1)洞体形态及埋藏条件:洞体直径(短轴)、洞体形状、洞体分布特征,挖方完成后的埋藏深度、覆盖层厚度。

(2)顶板与覆盖层状况:挖至设计高程后的顶板与覆盖层岩性与性状、顶板完整情况、埋藏深度与洞跨(径)比值。

(3)充填情况:充填物成分、性质、密实程度、水流冲蚀稳定性,充填量情况等。

(4)稳定性评价:单个溶洞、土洞稳定性评价、溶蚀破碎带稳定性评价。

勘察深度一般以设计高程下 15m 为限。

22.2　勘察方法与手段

22.2.1　勘察时间

目前岩溶场地道槽挖方区施工勘察一般在道槽影响区挖至设计高程,并在其上铺设碎石垫层且整平后开始。但碎石层铺设掩盖了开挖揭露的溶洞、土洞、地层界线、构造等,使得已知条件变为未知,增大施工勘察难度、工作量和费用,所以岩溶场地施工勘察介入最佳时间为道槽影响区挖至设计高程后,铺设碎石垫层前。

岩溶场地道槽挖方区施工勘察可分为两个阶段:

(1)第一阶段:道槽影响区挖至设计高程后,铺设碎石垫层前。

(2)第二阶段:铺设碎石垫层,并碾压整平后。

22.2.2　勘察方法与手段

1)水文地质工程地质测绘

水文地质工程地质测绘应在第一阶段完成,即在道槽影响区挖至设计高程后,铺设碎石垫层前完成。

测绘比例尺应不大于 1∶500,宜为 1∶200~1∶500。

测绘内容包括开挖揭露的溶洞、土洞、地层界线、构造等。对这些地质现象采用仪器测量,并精确地标在平面图上。在保证安全的前提下,凡人能进入的洞穴均应进入,在洞中追索洞穴的走向、测量洞穴规模、顶板岩性和完整性、充填物等。

2)编制施工勘察方案

根据详细勘察资料、专项勘察和施工阶段的水文地质工程地质测绘成果,在综合分析岩溶发育规律的基础上编制施工勘察方案。方案内容应包括:勘察目的、采用方法与手段、勘察工作布置、拟获得成果、报告的主要内容等。

3)工程物探

施工勘察阶段可采用物探方法包括高密度电法、人工跑极的高密度电测深法、地震浅反射和地质雷达、面波、井间层析成像、钻孔电视等。工程经验表明,地质雷达在机场道槽部位的岩溶场地挖方区效果最好,其优势主要体现在如下几个方面:

(1)挖方后,尽管场地平整度提高,但地面主要是基岩或碎石垫层,高密度电法、人工跑极的高密度电测深法的电极与基岩、碎石的接触性差且不稳定,且电线常被碎石划破、刺破或被运输车压破,供电不稳,导致准确率降低。地质雷达不需要接地,且电线布设仅在小范围内,不受施工影响。

(2)浅层地震勘探、面波法受爆破、大型运输车等昼夜施工震动影响明显,波形畸变,常误判为溶洞、溶槽等。而地质雷达发射和接收的是电磁波,不受施工震动影响。

(3)机场勘察经验[97]:在岩溶洞穴探测中,不同物探类型的使用条件存在较大差异,西南地区岩溶洞穴探测最佳使用条件见表22-1。

表 22-1

岩溶物探最佳使用条件

方　　法	地形坡度(°)	覆盖层厚度(m)	有效深度(m)
高密度电法	≤30	≤15	≤35
人工跑极的高密度电测深法	≤45	≤20	≤40
地震浅层反射	≤15	≤10	≤50
地质雷达	≤3	≤5	≤15
面波	≤2	≤2	≤15

从表22-1中可见,地质雷达最适宜挖方整平后的道槽区施工勘察,其探测的有效深度(15m),恰好在道槽区要求勘察深度和溶洞稳定性分析深度内。

(4)我国机场道面板一般采用 4.5m×4.5m 或 5m×5m 的尺寸。为了避免大洞径的厅堂式溶洞塌陷对机场影响,物探线宜按 5m×5m 方格网布置。当发现重大异常时应增加勘探线密度。

(5)物探解译溶洞的洞径往往比实际大,最大可达数 10 倍,其主要原因是将溶洞周围应力松弛区、裂隙带、风化带和临近溶洞的分布范围均判译为该溶洞的洞径,在溶蚀破碎带上最为明显,经验缺乏地区往往将溶蚀破碎带范围误判为单个溶洞洞径,造成所谓"视大溶洞"[98]。

4)钻探验证

对物探解译的代表性溶洞、厅堂式溶洞应进行钻孔验证。一般来说:

(1)对物探解译的洞径大于 2m,埋深小于 10m 的溶洞,中心布置 1 个孔,周边布置 4 个孔,并沿溶洞发育方向(长轴)按 1~3m 间距、垂直溶洞发育方向(短轴)0.5~1m 向外延伸布置钻孔,直至控制洞径、发育方向、充填情况等。

(2)对洞径小于2m或埋深大于10m的溶洞,除代表性溶洞按(1)布置外,其他溶洞可按在中心布置的1个孔控制。

5)清爆开挖验证

对钻探验证不能确定洞径、稳定性的溶洞应选择代表性溶洞清爆开挖验证,以此作为标志,修改完善其他解译的溶洞。

6)井下电视

条件许可时,应优先采用带测距仪的井下电视,利用中心验证孔摄录溶洞的形态及洞径。

7)连通性试验

对解译、验证的溶洞群应进行连通性试验。对山区机场道槽区溶洞的连通性试验一般可采用烟雾试验,即在中心孔或选定钻孔中释放烟雾,根据其他孔口、裂隙中烟雾冒出情况判断溶洞间的连通性。机场勘察经验表明,当采用潜孔钻机验证溶洞时,可利用其粉尘、高压气体代替烟雾,进行连通性试验。

22.2.3　稳定性分析

对解译、验证溶洞应进行稳定性分析,对溶洞群也应进行整体稳定性分析。分析方法可参考第18章岩溶与土洞勘察。

22.3　案　　例

在西南地区的山区机场中对毕节机场、仁怀机场、黄平机场、沧源机场、黔江机场等岩溶场地的道槽挖方区进行了施工勘察,效果良好,下面是FX机场勘察实录。

22.3.1　工程概况

FX机场跑道长2600m、宽45m,两端安全道各长300m,飞行区长3200m,两侧土面区各宽91m。东北端高程1455.4m,西南端高程1463.2m。道槽区共有A、B、C、D、E五个挖方区,见图22-1。

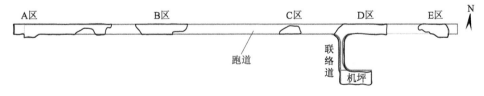

图22-1　道槽挖方分区图

22.3.2　地质条件概述

1)地层

飞行区地基土主要由永宁镇组(T_1yn)石灰岩、泥质石灰岩、泥质白云岩、泥岩、白云岩和第四系残坡积(Q_4^{el+dl})黏土、粉质黏土、红黏土、碎石土、混合土、块石等组成。

2) 构造

场址位于响水东西向构造带以北、毕节南北向构造带以西和冒沙井南北向构造带以东。场区构造主要为飞雄背斜、近南北向、近东西向及北东向断层,如图 22-2 所示。

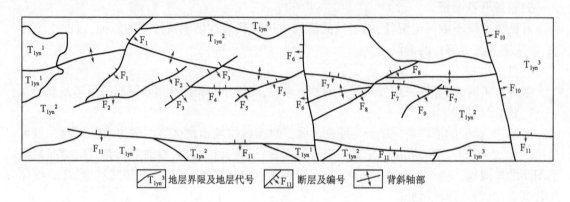

图 22-2 场区构造纲要图

场区内主要节理的方向为北东向 40o 和北西向 320o,构造附近的节理受构造影响基本与构造方向一致。

3) 水文地质条件

场区地下水类型为孔隙水和基岩裂隙、溶隙水,埋深大于 15m,对机场建设无明显影响。

4) 主要工程地质问题

飞行区主要地质工程问题为地基不均匀问题、岩溶问题和红黏土问题。

22.3.3 勘察工作布置

道槽挖方区施工勘察采用地质雷达普查和钻孔验证方法。

1) 地质雷达普查

地质雷达勘探工作布置遵循以下原则:

(1) 布置在道槽挖方区。

(2) 布置在机场各勘察阶段圈定的岩溶发育带。

(3) 按照《岩土工程勘察规范》(GB 50021—2001) 的相关规定,对岩溶发育地段的勘探密度进行加密。

根据以上原则,在道槽挖方区按线距 5m 方格网布置地质雷达连续测量测线,对 5m 线距测量发现的岩溶溶洞强发育区域,采用加密线距至 1~2.5m 和加测垂直测线作进一步的探明。

对已揭露洞口的溶洞按 0.5~2.5m 线距的方格网布置地质雷达测线。

2) 验证钻孔

对地质雷达普查发现的洞径大于 2m,埋深小于 10m 的溶洞,中心布置 1 个孔,周边布置 4 个孔,控制洞径、发育方向、充填情况等。对洞径小于 2m 或埋深大于 10m 的溶洞中心在中心布置孔。

3) 影响地质雷达探测精度的分析

　　本次道槽区岩溶洞穴勘察在正式确定勘察方案前,采用地质雷达和高密度电法进行对比试验。结果表明,在洞穴解译正确率、时间、成本和与施工单位协调上,地质雷达的综合效果明显好于高密度电法。通过钻探、挖方剖面、揭露洞穴验证,地质雷达本次探测效果总体较好,准确率达56%,见表22-2。影响地质雷达探测精度的主要因素有:地层因素、溶蚀因素、场地因素、气候因素等。

道槽挖方区地质雷达探测精度统计表　　　　　表22-2

解译步骤	目　的	位　置	验证钻孔数 (个)	揭露溶洞的验 证钻孔数(个)	正确率 (%)
第一次解译 (初步解译)	初步布置验证钻孔, 建立解译标志	A	26	9	35
		B	19	7	37
		C	10	3	30
		D	6	2	33
		E	8	2	35
		小计	69	23	33
第二次解译 (详细解译)	根据解译标志对 异常区(点)进行判别, 解译溶洞点位及参数	A	168	126	75
		B	90	57	63
		C	94	40	43
		D	115	56	49
		E	11	3	27
		小计	478	282	59
第三次解译 (加密线解译)	对详细解译和钻孔 揭露的代表性的 危险区段加密勘探线, 进一步解译溶洞参数	A	3	3	100
		B	6	5	83
		小计	9	8	89
三次解译分区合计		A	197	138	70
		B	115	69	60
		C	104	46	38
		D	121	58	48
		E	19	5	26
总　　　计			556	313	56

　　(1)地层因素

　　场区地层为永宁镇组(T_1yn)石灰岩、泥质石灰岩、泥质白云岩、泥岩、白云岩。前期详勘资料、挖方剖面和本次的验证钻孔均揭露在中风化的碳酸盐岩岩层间存在多层厚薄不均的全、强风化的碳酸盐岩和泥岩,如图22-3～图22-6所示。这些全、强风化的碳酸盐岩和泥岩的电性参数和波速参数与中风化的碳酸盐岩有明显差异,加之风化程度的不均匀性,全强风化层多呈团块状或透镜体状,物探上往往把它们判断为充填溶洞。

图22-3 道槽挖方B区揭露的全强风化夹层

图22-4 道槽挖方A区揭露的强风化
透镜体和泥质充填溶槽

图22-5 道槽中部挖方揭露的全、强风化透镜体

图22-6 道槽南部挖方揭露的强风化透镜体

（2）溶蚀因素

钻探和开挖剖面均发现，道槽挖方区部分地段溶蚀严重，溶孔、溶蚀裂隙强烈发育，多呈团或成片在某一高程发育，如图22-7、图22-8所示。当溶孔、溶蚀裂隙充水时往往判断为充填溶洞，不充水时多判断为空洞。

图22-7 钻孔揭露的溶孔、溶隙

图22-8 挖方揭露的溶孔、溶隙

溶孔、溶蚀裂隙发育受地层和构造控制，多密集发育在断层带或裂隙发育带，形成溶蚀破碎带。在溶蚀破碎带上，多个小溶洞、溶隙组成类似蜂窝状的骨架结构，在物探剖面上显示为

大溶洞,即"视大溶洞"。"视大溶洞"夸大了溶洞的直径,计算和分析时降低了场地稳定性。

(3)气候因素

勘察期间该区为连续多日的阴雨天气,表层土中含水量高(挖方区普遍有一层填筑的松散土层),雷达电磁波穿透能力明显受到影响,其次是在地层中形成含水块体,易误判为充填溶洞。

(4)场地因素

由于赶工期、阴雨天气等影响等,探测场地不够平整、未压密实也是影响探测精度的重要原因。

22.3.4　道槽挖方区岩溶发育规律及特征

根据发育程度、塌陷的可能性和危险性,将道槽挖方区岩溶发育区划分:岩溶塌陷一般危险区、岩溶塌陷危险区、岩溶塌陷极危险区。

1)总体规律

(1)勘测深度(15m)内,岩溶主要处于垂直发育带;岩溶洞穴以垂直发育的独立溶洞为主,局部地段为水平溶洞或管道。

(2)规模较大的溶洞,多不相连,为独立的竖向溶洞,如 A 区挖方揭露的 4 个溶洞。

(3)道槽西区(A 区、B 区)岩溶发育程度明显高于东区(C、D、E 区)。

(4)岩溶发育受岩性和构造控制,多沿构造线发育溶蚀破碎带,在溶蚀破碎带上发育多个小溶洞、溶孔、溶蚀裂隙。

下面以 A 区为例描述溶洞发育规律、稳定性分析和地基处理建议。

2)A 区揭露溶洞的描述

在挖方过程中 A 区揭露了四个溶洞,编号 D1、D2、D3、D4,其中对 D3 加密了勘探线和验证钻孔。D1、D2、D3、D4 均派人进入洞内探测。

(1)D1 溶洞

D1 溶洞走向 160°,在重车作用下部分塌陷,塌陷面积约 $6m^2$。未塌陷区洞口顶板厚1.4m,洞高约 3.5m,宽 3.2m,延伸长度约 6.0m。洞口截面近距形,洞身呈 27°向下延伸,计算洞顶板最大厚度约 4.1m。洞底约有 20cm 厚次生红黏土,如图 22-9 ~ 图 22-12 所示。

图 22-9　D1 洞口

图 22-10　D1 洞体1

图 22-11　D1 洞体 2

图 22-12　D1 洞体 3

D1 溶洞发育地层为永宁镇组（T_1yn^2）石灰岩、泥质灰岩。洞口高程 1466.06m，顶板底面高程 1462.0 ~ 1464.7m。溶洞顶板为泥质灰岩，薄 ~ 中厚层状，较破碎。勘察期间正值施工，运输车辆 30t 以上净质量作用于顶板，未将其压塌，表明未塌部分稳定性相对较好。

（2）D2 溶洞

D2 溶洞平面近椭圆形，长轴约 15m，短轴约 10m，洞口地表高程 1465.64m。在挖方和重车作用下约 2/3 已塌陷、回填，面积约 10m²，如图 22-13 ~ 图 22-16 所示。未塌陷区主要向 290°方向延伸，其次为 55°、130°方向延伸。洞底有次生红黏土和塌陷块碎石，厚度不详。

图 22-13　D2 洞口

图 22-14　290°方向洞体

图 22-15　55°方向洞体

图 22-16　塌陷回填区

290°方向洞高 1.2m,平均洞宽 1.6m,中部宽度 2.3m,延伸长度约 3m。洞口顶板厚约 1.1m,向延伸方向逐渐变厚。

130°方向洞高 1.0~1.5m,洞口宽 1.2m,逐渐变窄至不能过人,延伸长度约 1.8m。洞口顶板厚约 1.1m,向延伸方向逐渐变厚。

55°方向洞高 1.0~1.5m,洞口宽 1.3m,逐渐变窄至不能过人,延伸长度约 4.0m。洞口顶板厚约 1.1m,向延伸方向逐渐变厚。

（3）D3 溶洞

D3 溶洞呈 L 形分布,分别向 150°和 35°延伸,发育地层为永宁镇组（T_1yn^2）石灰岩,如图 22-17、图 22-18 所示。洞口高程 1463.97m,顶板底面高程 1461.87~1462.97m。

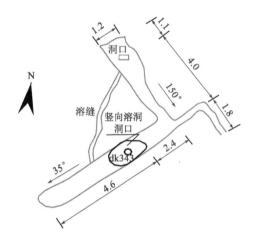

图 22-17 D3 溶洞平面图(尺寸单位:m)

图 22-18 D3 溶洞洞口顶板及裂隙

150°方向共长 6.9m。揭露洞口位于 150°方向上,如图 22-19、图 22-20 所示。洞口以东长 5.8m,以西长 1.1m。洞宽 1.2m,洞高 3.4m,顶板厚 1.0m。洞截面近矩形。顶板部分塌陷,塌陷后洞口处空洞高约 1.5m。

图 22-19 D3 洞口

图 22-20 D3 洞口下洞身

35°方向溶洞长约 7m,洞宽 1.0m,洞高 1.8m,顶板厚 2.1m。洞截面近矩形。从与 150°方向交汇的中心向西约 2.4m 发现一深达 30 余 m 的竖向溶洞,上口宽约 1.2m,如图 22-21 ~ 图 22-24所示。

图 22-21　150°方向水平洞体 1

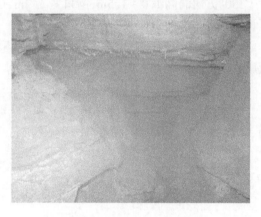

图 22-22　35°方向水平洞体 1

图 22-23　150°方向水平洞体 2

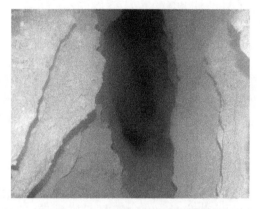

图 22-24　35°方向水平洞体底发育竖向洞体

从 D3 洞口下向南约 0.5m,发现一宽约 10 ~ 15cm 的溶缝,走向约 120°,向 35°方向溶洞延伸,推测交于向 35°方向溶洞。

D3 溶洞为沿 150°和 35°裂隙追踪发育,顶板较完整。但顶板处发育的两组大角度竖向裂隙,很大程度上降低了溶洞稳定性,(见图 22-18)。勘察期间正值施工,运输车辆20t 以上净重量作用于顶板,未将其压塌,表明稳定性相对较好。

(4)D4 溶洞

D4 溶洞位于跑道西端端安全区,D4 溶洞总体呈坛(壶)形,上小下大,为一发育在 T_1yn^2 灰岩、泥质灰岩中的竖向溶洞。洞底约有 0.5m 厚的次生红黏土夹强风化灰岩充填。

洞口呈椭圆形,长轴 2.2m,短轴 1.1m,洞高 13.7m;洞底呈不规则椭圆形,长轴 9.8m,短轴宽处长 5.6m,窄处 2.5m,如图 22-25、图 22-26 所示。

3)A 区岩溶发育特征

(1)A 区岩溶发育主要受 F_1、F_2 断层和岩性控制,整个 A 区岩溶发育,属岩溶强烈发育区。A区2/3以上区域属溶蚀破碎带,在溶蚀破碎带上,勘察深度内发育多层、多个小溶洞、溶隙组成类似蜂窝状的骨架结构组成的"视大溶洞"。

图 22-25　D4 溶洞洞口

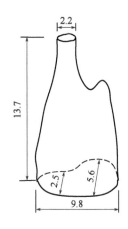

图 22-26　D4 溶洞示意图(尺寸单位:m)

(2)A区岩溶发育以竖向发育为主,局部地段水平发育,如D3溶洞、zD118所在溶洞等。

(3)F_1、F_2断层从A区穿过,裂隙发育,岩溶追踪裂隙发育。钻孔中烟雾试验已证实规模较大溶洞多通过溶隙、溶缝、岩溶管道贯通。

(4)水平溶洞(缝)发育方向与节理、裂隙基本一致,主要有35°、55°、160°、125°、290°方向。

(5)根据发育程度、塌陷的可能性和危险性,将A区分为岩溶塌陷一般危险区(A－1区)、岩溶塌陷危险区(A－2区)、岩溶塌陷极危险区(A－3区)。A－1区分布在A区两端,面积约2273m²;A－2区分布在A区中西部,面积约7126m²,A－3区在A区整个区域均有分布,面积约2504m²,如图22-27所示。

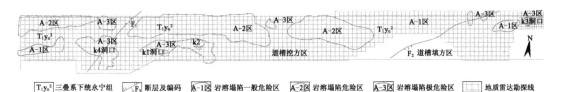

图 22-27　岩溶塌陷危险区分区图

(6)A－1区地质雷达解译溶洞43个,洞径(跨)0.3~3.4m,一般为1m左右;顶板厚度1.5~11.4m,一般为5m左右;顶板底面高程1452.9~1465.2m,一般在1459~1460m之间。验证洞径钻孔14个,揭露顶板厚度1.5~11.4m,一般大于5m;顶板底面高程在1453~1465.6m,一般在1459~1460m之间;洞高0.2~11.8m,一般在0.5~1.2m之间。验证钻孔揭露充填溶洞占78.6%,半充填溶洞占14.3%,未充填溶洞(空洞)占7.1%。

(7)A－2区地质雷达解译溶洞198个,洞径(跨)0.3~5.5m,一般在1~2m之间;顶板厚度0.6~12m,一般大于3m;顶板底面高程1452.9~1464.3m,一般在1457~1460m之间。验证洞径钻孔51个,揭露顶板厚度0.6~11.7m,一般大于3m;顶板底面高程1452.9~1464.3m,一般在1458~1461m之间;洞高0.1~4.1m,一般在0.5~1.2m之间。验证钻孔揭露充填溶洞占 56.9%,半充填溶洞占 25.5%,未充填溶洞(空洞)占 17.6%。

(8)A-3 区地质雷达解译溶洞 73 个,洞径(跨)0.2~25.5m,顶板厚度 1.2~15m,一般在 2~7m 之间;顶板底面高程 1451.6~1465.5m,一般在 1458~1464m 之间,代表性剖面见图 22-28。验证洞径钻孔 32 个,揭露顶板厚度 1.2~10.3m,一般大于 2m;顶板底面高程 1456.3~1465.5m,一般在 1460~1464m 之间;洞高 0.2~25.5m,一般在 0.5~1.2m 之间。验证钻孔揭露充填溶洞占 40.6%,半充填溶洞占 43.8%,未充填溶洞(空洞)占 15.6%。

(9)A 区竖向溶洞(缝)高度大,局部大于 20m,如 D3 支洞下溶洞深达 30 余米、zD118、dk573 处溶洞高度大于 10m。

(10)从 A5 验证剖面看,相距仅 0.59m 的 dk573 和 dk573+2 孔的第二层溶洞,充填物高度相差 7.4m,表明其不可能是一个完整溶洞,因为充填物在如此高度下不可能稳定,必然有基岩洞壁约束。所以在 A5 剖面方向,孔洞以宽度不大的溶缝或竖向溶洞为主,推测宽度或洞宽 1~1.5m。同样 A6 剖面方向也是如此。

(11)从 A10、A11 剖面分析,dD324 处溶洞为洞径(跨)在 2.5m 左右的独立的多层溶洞,尽管可能通过溶缝或溶隙与其他洞体相连。

(12)从 A1、A2 剖面分析,dk572 处岩溶发育还是以竖向为主,洞内岩石犬牙交错,一般洞径(跨)为 1.2m 左右,最大约 3.5m。半充填为主。dk573+6、dk573+8 等处的洞隙推测可能是挖方或塌陷堆积体中空隙,地质雷达和钻探难以判断。

(13)从 A3、A4 剖面分析,dk578 处为竖向发育溶洞,钻孔处洞径(跨)1.0m 左右,从 dk578,通过 dk578+4 向 160°延伸,推测延伸长度约最大约 3.5m。全充填。dk578+4 处顶板已揭露,施工单位部分换填。

(14)从 A13、A14 剖面分析,zD118 处为竖向溶洞,洞径约 4m;顶板多为中风化岩石,局部为全强风化状态,并发育多层小溶洞。在 zD118+4 处,掉钻,深达 25m 还未见底,无充填。从剖面上推测和综合分析,洞底距离地面 30m 左右。

A13、A14 剖面中表层为施工留下浮土,下部为溶槽充填物或溶洞塌陷堆填物,厚度为 2.5~5.5m。充(堆)填物主要为黏性土夹块碎石,软~可塑态,松散~稍密。

烟雾试验中,A13、A14 剖面中钻孔除 dk713 不冒烟外,其他均冒烟(气),表明除 dk713 外均连通。

(15)从 A8、A9 剖面分析,zD168 处为多层溶洞,洞径约 4m;向北(道槽区)逐渐尖灭。顶板为中风化岩石,厚度大于 7m,较完整。

4)岩溶稳定性评价

(1)评价方法

该机场施工勘察于 2011 年底完成,地下岩溶的稳定性评价采用 2014 年以前民用机场常用方法,见 18.1 节。该机场溶洞稳定性判断明显偏于安全。

(2)评价结果

据上述评判方法,对区内地质雷达解译和验证钻孔揭露溶洞稳定性进行评价(图 22-28)。洞径主要根据地质雷达解译成果取值,在代表性地段和验证孔发现高度大、未充填和危险性大的溶洞增设钻孔进行洞径控制。验证钻孔表明地质雷达解译的洞径普遍偏大,一般为实际洞径的1.5~2倍,主要原因是地质雷达采集的数据包含溶洞影响范围,实际解译中难以准确分

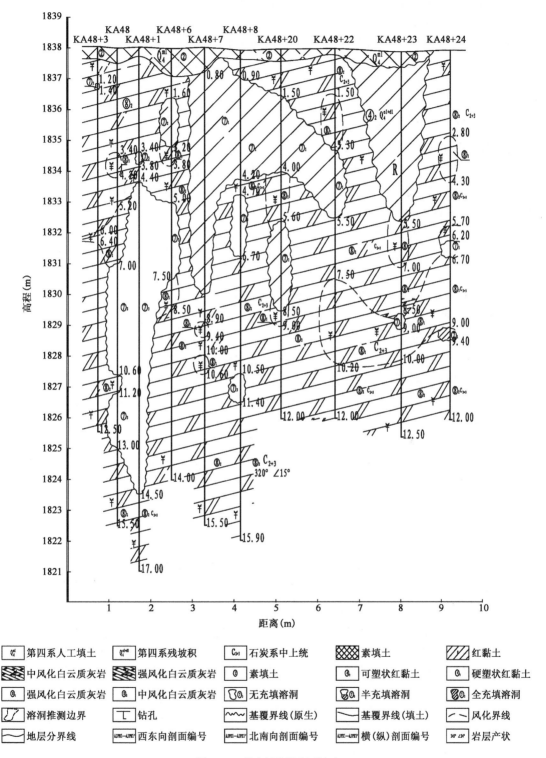

图 22-28　代表性溶洞验证剖面

Q_4^{ml} 第四系人工填土	Q_4^{el+dl} 第四系残坡积	C_{2+3} 石炭系中上统	素填土	红黏土
中风化白云质灰岩	强风化白云质灰岩	素填土	可塑状红黏土	硬塑状红黏土
强风化白云质灰岩	中风化白云质灰岩	无充填溶洞	半充填溶洞	全充填溶洞
溶洞推测边界	钻孔	基覆界线(原生)	基覆界线(填土)	风化界线
地层分界线	西东向剖面编号	北南向剖面编号	横(纵)剖面编号	岩层产状

开。当然,验证钻孔也发现,个别地质雷达解译的洞径小于钻孔控制洞径,其原因有多种,如场地平整度、压实度、降水等。

评价结果表明 A 区 314 个溶洞中,稳定溶洞 96 个,占 31%;欠稳定溶洞 117 个,占 37%;不稳定溶洞 100 个,占 32%。

5)处理措施建议

(1)由于在 dk573 处存在厚度达 7m 的较完整基岩顶板,而孔洞体以宽度不大的溶缝或竖向溶洞为主,天然和飞机荷载作用下塌陷可能性不大,从安全考虑,建议此处采用梁板跨越方法处理,如加强道面板强度。

(2)虽然 dD324 处溶洞稳定性计算结果为不稳定,但有 5.0m 以上的较完整基岩顶板,可采用加强上部结构的跨越方法,也可清爆回填(注意:爆破时可能见不到明显的下沉,因为松散堆积体膨胀系数大于计算采用的 1.2)。

(3)dk572 处溶洞处于不稳定状态,顶板薄,建议清爆回填。以 dk572 为中心,dk572 + 1 ~ 8 为范围,先挖除松散层,再用破碎钻头破碎或爆破顶板,最后根据"揭盖"后观测情况,进一步爆破和处理。

(4)建议对 dk578 处溶洞进行中高能量强夯处理。

(5)zD118 处溶洞:

①清爆回填:以 zD118 + 4 为中心,爆塌顶板后,回填块碎石料,强夯密实。

②中能量强夯后,采用铺设土工格室和加强道面板方式跨越。

(6)在 zD168 处溶洞顶板厚度达 7 余米,且较完整,而洞体以宽度不大的竖向溶洞为主,天然和飞机荷载作用下塌陷可能性不大,从安全考虑,建议此处采用梁板跨越方法处理,如加强道面板强度。

(7)对于施工中揭露的 D1、D2、D3、D4 溶洞,已查明其规模形态,建议清爆回填处理。

(8)A 区岩溶强烈发育,2/3 以上区域属溶蚀破碎带,物探和钻探可能将溶蚀破碎带上多层、多个小溶洞、溶隙组成的类似蜂窝状的骨架结构组成的"视大溶洞"判为大溶洞,当揭开顶板未发现大溶洞时宜采用碎块石回填并强夯密实。

(9)鉴于 A 区岩溶强烈发育,溶洞多,埋深浅,规模较大,形态各异,难以完全查明,稳定性普遍差,建议在上述清爆回填、加强道面层结构强度基础上,在整个 A 区铺设土工格室(栅);同时在 A – 1 区加强道面层结构强度;在 A – 2 区酌情加强道面层结构强度。

6)小结

上述机场道槽挖方区施工勘察中对物探解译和钻探揭露溶洞洞径判定偏大,对溶洞顶板完整程度判断偏破碎,对飞机荷载作用的假定偏大,稳定性计算方法偏保守,所以整个机场道槽区溶洞稳定性判定是整体偏安全的。虽然在地基处理时存在一定的浪费,但确保了机场建设和营运安全,并留有足够安全系数,对岩溶强烈发育区来说还是值得的。机场建成营运近 5 年,未发生一起岩溶塌陷事故,证明了施工勘察成果正确。

第23章　斜坡区施工勘察

详勘阶段、专项勘察阶段受地形条件、勘察手段制约不能完全查明斜坡区稳定性、斜坡上大块碎石、混合土堆积层工程特征,必须借助施工开挖方能查明其斜坡地质条件及工程特征时,应进行施工勘察,包括滑坡施工勘察、潜在不稳定岩质斜坡区施工勘察、潜在不稳定土质斜坡区施工勘察、崩塌堆积物斜坡区施工勘察等。

23.1　潜在不稳定岩质斜坡区施工勘察

机场工程中,判断为潜在不稳定岩质斜坡区主要有如下几种情况:

(1)自然斜坡稳定性系数偏低,处于或者接近临界状态,填方荷载或建构筑荷载作用下不稳定。

(2)自然斜坡稳定性系数满足要求,但在填方荷载或建构筑荷载作用下斜坡稳定性系数偏低或处于不稳定。

(3)受覆盖层、斜坡坡度、场地条件等影响,无法完全判定软弱结构面分布和连续状况、地下水分布和水位、准确采取控制性结构面岩土参数,按安全原则,以最差的斜坡稳定性条件进行计算和分析,判断为在机场荷载作用下欠稳定或不稳定的斜坡。

23.1.1　勘察方法

勘察方法以探井、探槽和水文地质工程地质测绘为主,辅以钻探和剪切试验方法。

1)探井或探槽

按前期详细勘察或专项勘察成果,分析和判断潜在滑动面位置,在关键性地段布置探井或探槽。

探井或探槽工作宜由施工单位完成,爆破工作由相关有资质单位和人员完成。爆破结束后,应在确保安全的前提下及时进行编录和采样。

探井或探槽深度应进入前期勘察确定的最低稳定层 1 ~ 2m。

在探井或探槽中编录应重点描述和绘制节理、裂隙、层面等结构面位置、产状、连续性、宽度、粗糙度、充填情况等;软弱夹层的分布、状态和工程特性;地下水条件。

2)钻探

如果前期勘察受地形等条件制约,未确定最低稳定层,或探井和探槽发现前期确定稳定层与开挖揭露地层、结构面等情况不一致,需要探明下部地质情况和确定稳定层时应布置钻探工作。钻探工作应充分利用施工条件进行场地平整、钻探供水等,但要特别注意安全,减小与施工的相互影响。

钻探工艺严格按规范要求,参照第 15 章方法进行,控制钻探用水量,避免钻探用水引起边坡滑动而造成事故。

3)试验

在探井或探槽中采取软弱夹层进行剪切试验,根据滑坡性质、地下水状况确定试验方法、条件。

条件具备时,应布置现场剪切试验,剪切方向应与结构面方向一致或基本一致。每一种结构面剪切试验组数不宜少于 3 组。

当工程建设将引起地下水长期浸泡软弱结构面时,室内应进行结构面岩土体饱和条件下剪切试验,现场应进行不同时间的浸水剪切试验。

23.1.2 勘察文件编制

1)滑坡体稳定性分析

(1)传统方法

根据现场采集的岩层厚度、产状、完整性和节理、裂隙、层面等结构面的产状、密度和坡向、地形条件等采用赤平投影方法分析斜坡稳定性。

(2)稳定性计算

①综合室内试验和现场剪切试验成果,结合参数反演成果,提出斜坡体稳定计算的抗剪参数,经论证后进行稳定性计算,做出稳定性判断。

②挖方减载条件下稳定性计算应注重开挖后,应力条件变化引起的裂隙张开、连通和地表水入渗增强对边坡稳定性影响。

③填方加载条件下稳定性分析中,根据设计高程计算的土石方加载荷载为一般荷载,计算中要考虑施工车辆、建筑材料堆载荷载,以及填方引起的地下水变化影响。

④准确划分潜在的抗滑段和致滑段,计算中要力求下滑力准确。

⑤稳定性计算应采用两种以上方法,相互验证。

2)勘察报告编制

根据稳定性分析结果,按第 15 章要求编制勘察报告,提出处理方案建议。

3)附图

包括综合工程地质图、勘探点平面布置图、探井、探槽和钻孔柱状图、剖面图等。

(1)综合工程地质图比例尺:1∶200 ~ 1∶500,准确反映地层、构造、地下水、裂隙、软弱夹层等软弱结构面位置、产状、拟建物位置等。

(2)柱状图比例尺:1∶50 ~ 1∶100,详述地层岩性、节理裂隙发育状况、软弱夹层厚度及特性,标注地下水位和采样深度等。

(3)剖面图比例尺:1∶50 ~ 1∶500,垂直和水平方向一致。以探井、探槽揭露的地层、构造、地下水条件为主,结合前期勘察资料,绘制正确反映地层结构、构造特征、地下水补径排关系、软弱夹层等结构面位置、厚度、分布和岩层产状的剖面图。

4)附件

室内剪切试验和现场大型剪切试验要编制专门报告,详述:

(1)试验方法、试验设备。

(2)执行规范、标准。

(3)试验条件、采样和制样的方法及过程。

(4)数据处理方法。

(5)存在缺陷及改进措施。

(6)试验获取参数及建议取值。

(7)相关图表、照片,如采样点布置图、现场试验位置图、三轴剪切试验曲线图、现场剪切试验过程、剪切面照片等。

23.2　潜在不稳定土质斜坡区施工勘察

在 MT、WN 等机场,勘察中发现斜坡局部具有滑坡特征,覆盖层中见裂缝,但整体稳定。但受场地条件影响,勘察工作很完全难查明斜坡地层结构,难以做出准确的稳定性判定,安全起见,多判为潜在不稳定斜坡区,需要进行施工勘察,下面以 MT 机场为例说明。

在 MT 机场中部,根据钻孔资料,土层厚度 8～12m,在基覆界面上 2～3m 处有多层软塑的黏性土。但受地形、道路、林木砍伐的制约,钻孔间距较大,人工探井无法开挖到基岩面,剖面上无法判断软塑土层的连续状况。按安全原则,将软塑土层相连,进行稳定性计算。结果表明:在上覆填方荷载作用下,不同剖面斜坡稳定性系数 F_s = 0.96～1.08,处于极限平衡状态,判断为潜在不稳定斜坡,不满足机场场地稳定性要求,建议进行施工勘察,查明软塑土层的分布及基岩面起伏状况。

1)勘察方法

施工阶段,征地完成,林木已砍伐。经与建设单位、施工单位协商,利用施工单位大型施工机械顺坡面开挖两条探槽,揭露至基岩面后进行水文地质工程地质编录,绘制计算剖面,采集软塑土层样品,并在探槽中进行大型剪切试验。

2)勘察成果

探槽揭露表明,白云岩基岩面起伏不平,溶槽、溶沟、石芽发育,软塑红黏土主要分布在溶槽、溶沟中,且不连续分布。溶脊、石芽顶面之上为可塑红黏土。

根据现场绘制剖面及设计荷载计算,机场中部土质斜坡在填方荷载作用下稳定系数 $F_s \geq$ 1.35,为稳定斜坡。前期确定的潜在不稳定斜坡为稳定斜坡,不需要处理,节省了近千万元处理费用。

23.3　滑坡区施工勘察

西南地区梁山组等地层分布、岩性和工程特性复杂,不少机场无论详细勘察阶段,还是专项勘察阶段均难以查明滑坡边界、厚度和滑动面位置,难以采取滑动面样品,难以判断滑坡体稳定性,难以确定滑坡处理方式和处理深度,难以计算处理费用和工期,需要进行施工勘察。

滑坡区施工勘察是机场场地稳定性判别的最后一道关口,必须重视。施工勘察应结合滑坡在机场中位置、原地形地貌、滑坡规模、挖方或填方厚度、面积等综合确定勘察方法。

1）勘察方法

由于前期已作了详细的地表地质测绘和钻探、探井、物探等工作，施工勘察应充分利用施工机械开挖大型探井、探槽，甚至对滑坡体进行土石方工程，将滑坡体整体开挖至某一深度，再开挖探井、探槽。

探井、探槽应开挖至前期勘察中钻探确定的稳定层之下。

应派驻现场地质技术人员，跟随滑坡体土石方工程、探井、探槽工程施工，按滑坡勘察要求及时进行编录和采集样品，布置和完成现场剪切试验。

2）勘察文件编制

（1）滑坡体稳定性分析

综合室内试验和现场剪切试验成果，提出滑坡体稳定计算的抗剪参数，经专家论证后进行机场设计加荷条件下稳定性计算，做出稳定性判断，提出处理方案建议。

稳定性分析中要准确划分抗滑段和致滑段，计算中要力求下滑力准确。

（2）勘察报告编制

根据稳定性分析结果按滑坡勘察相关规范和第15章要求编制勘察报告，提出处理方案。处理措施方案建议应达到概念设计深度。

西南地区高填方机场建设工程中，对机场安全有重大影响的滑坡，其下滑力很大，抗滑桩费用极高，而且还存在安全风险，所以一般采用挖除滑坡体，开挖台阶回填方法，同时根据高填方稳定性计算结果辅以反压平台，彻底根除滑坡，确保高填方稳定。

（3）附图

施工勘察图件应以施工开挖探井、探槽揭露的地层、地下水条件为主，结合前期勘察资料编制，正确反映地层结构、构造特征、地下水补径排关系，尤其是剖面图中的软弱夹层位置、厚度、分布和岩层产状、节理、裂隙、地下水位必须准确反映。

平面图比例尺：1∶200～1∶500，剖面图比例尺垂直和水平方向要一致，1∶100～1∶500。

23.4 斜坡上大块碎石、混合土堆积层施工勘察

地质条复杂的深切沟谷山区，在其陡峭的斜坡局部平台和坡脚上，往往堆积了大量的崩塌形成的大块碎石、混合土堆积层，如图23-1所示，勘探难度极大，表现在以下几个方面：

（1）交通条件差，钻探设备难以到达。

（2）钻探供水难以保证。

（3）钻探工艺要求高，塌孔、漏水、埋钻等现象经常发生。

（4）物探所需场地难以满足，且几乎无人员行走道路。

（5）勘探人员安全难以保证。

在上述条件下应建议建设单位在初步勘察、详细勘察阶段暂缓钻探、物探工作，在施工阶段进行施工勘察工作。

图23-1 斜坡上堆积的大块碎石

1）勘察方法

斜坡上大块碎石、混合土堆积层施工勘察应以水文地质工程地质测绘为主。在施工单位进场后派驻现场勘察代表与建设单位、设计单位、监理单位和施工单位共同研究施工勘察方案，确定施工单位道路开挖路线、土石方施工工艺和掘进路线，力求在道路开挖、土石方开挖工艺试验中将斜坡上大块碎石、混合土堆积层范围、厚度、粒组组成、软弱夹层、地下水等条件查明，采取软弱夹层等样品做物理力学试验，分析和判断堆积层均匀性、稳定性、承载力特征，提出处理措施建议。

2）水文地质工程地质测绘

斜坡上大块碎石、混合土堆积层施工勘察应按机场勘测规范和设计要求测绘地质剖面。剖面长度应延伸至堆积层外，并满足稳定性计算和分析要求，尤其是具有临空面的填方区域。

测绘工作应结合开挖剖面：

（1）量取堆积层中块碎石直径、空隙。

（2）描述堆积层软弱夹层位置、厚度、特性。

（3）堆积层下伏基岩岩性、结构特征。

3）钻探与探井

当地质测绘不能满足稳定性计算、分析和地基处理要求时，应增加钻探工作。钻探工作应按滑坡钻探工艺要求执行，查明斜坡区地层、构造、水文地质条件，尤其是节理、裂隙、软弱夹层等控制性结构面和地下水特征。

4）试验

试验应以软弱夹层、软弱结构面的剪切试验为主，当室内试验不能满足稳定性计算和分析要求时，应布置现场大型剪切试验。

5）勘察文件编制与提交

勘察工作应在斜坡上大块碎石、混合土堆积层地基处理前完成。由于施工单位等参建单位已进场，为提高建设进度，经建设单位批准，设计单位同意，勘察成果可以分次提交。分次提交的勘察成果可以简化，重点描述地层结构、软弱夹层工程特性、地下水特征，分析堆积层、斜坡稳定性和提出处理措施建议；分次提交的勘察成果可不加盖单位公章、负责人注册章，但必须有负责人签字或授权现场技术人员签字；分次提交的勘察成果应作为正式勘察文件的附件，与正式勘察文件具有同等的法律效应；正式勘察成果应按机场勘察规范、滑坡勘察要求编制，并满足设计和当地勘察文件审查要求。

23.5 斜坡上高填方区域施工勘察

1）斜坡上高填方区域需要施工勘察情形

斜坡上高填方区域当存在如下情形时，应进行施工勘察：

（1）地质测绘、钻探难以查明斜坡区岩层中软弱夹层、产状、节理、裂隙发育状况。

（2）无法准确判定基覆界面地下水情况、软塑土层分布连续性。

（3）详细勘察阶段难以采集斜坡岩层中软弱夹层、覆盖层中软塑土层的原状样品。

（4）施工将引起水文地质条件重大变化。

2）勘察方法

我国斜坡上高填方原场地地基采用开挖台阶方式与填筑体接触。台阶开挖将揭露斜坡区地层，尤其是坡脚地层，应结合台阶开挖进行施工勘察。

（1）斜坡上高填方施工勘察应以水文地质工程地质调查为主，钻探为辅方法。调查重点是是否有软弱夹层和地下水。

（2）当发现软弱夹层，应采取样品做抗剪试验或现场剪切试验，获取抗剪参数，结合地下水出露情况进行填方稳定性计算，核算高填方稳定性。

（3）当核算高填方稳定性不满足设计要求时，应将施工勘察成果及时交付建设单位和设计单位，并建议暂停施工。

参与建设单位组织的关于高填方稳定性专题论证，并介绍勘察成果，提出处理措施建议。

23.6 案　例

MT 机场北西侧榜上一带集中分布了 7 个斜坡群，其中 2 号、3 号、4 号、5 号斜坡的后缘靠近机场轴线，中部和前缘为土面区和高填方边坡区，如图 23-2 所示。最大填方高度近 80m。

图 23-2　岩质潜在不稳定斜坡群

图 23-3　软弱夹层及擦痕

7 个斜坡的滑坡地貌特征非常明显，钻孔中也揭露了多层 3 ~ 10cm 厚的软塑—可塑的黏性土，黏性土掰开后发现了清晰的擦痕、镜面现象，同时含有角砾和圆砾；岩体也出现了多段极破碎的现象，如图 23-3 所示。

详细勘察通过计算获得的 2 号、3 号、4 号、5 号自然斜坡稳定性系数 1.0 ~ 1.06，处于极限平衡状态，填方加载后将发生滑动，单个自然斜坡滑动体积最小为 $35 \times 10^4 m^3$，故判为潜在不稳定斜坡，建议进行专项勘察，进一步查明斜坡结构与稳定性。

安全起见，建设单位委托西南地区一家滑坡勘察经验丰富单位进行专项勘察。勘察结论与详细勘察一致，即 2 号、3 号、4 号、5 号斜坡为潜在不稳定的斜坡。专家审查勘察文件时建议进行施工勘察。

施工勘察单位采用钻探和现场试验方法进行勘察。勘察报告利用其现场剪切试验的参数进行计算，得出了在填方荷载下边坡稳定的结论。但作者在审查其勘察文件时发现：未详细描述剪切面的形态、性质和代表性,更未描述结构面的连通性。具体表现在未详细测量:一是岩层产状;二是节理、裂隙的产状、密度、张开和连续状况、粗糙度等;三是黏性土夹层的连续性等。也就是说,整个边坡的结构还是不清楚的,用其零星的剪切试验来计算是不可靠的。于是评审专家组随即到达现场进行观测,发现:

(1)白云岩层间黏性土夹层连续,镜面、擦痕清晰,含有角砾和圆砾。

(2)岩体整体较完整,局部节理、裂隙发育,岩体较破碎—破碎,但破碎带不贯通。

(3)岩层倾角较大,按产状计算,全部地层延伸至坡脚以下,即无坡脚岩体临空现象。

综合上述现象,专家现场判定,边坡在天然状态和填方条件下稳定,无须再做进一步勘察工作。同时认可了详细勘察单位提出的斜坡呈现的滑坡地貌是在中枢背斜形成过程中,由于弯滑作用造成岩层间的构造滑脱而形成的认识。

详细勘察单位、专项勘察单位未完全查清斜坡结构原因是:上述斜坡群覆盖有 1.5~22m,平均厚度 5.4m 的红黏土层,无法查明岩层产状、结构面发育、连通状况等特征,从安全角度做出了潜在不稳定斜坡的结论。这种处理斜坡稳定性的方式是正确的,引起设计、建设单位重视,避免重大安全事故发生。

第24章 设计变更、施工不利影响时施工勘察

24.1 设计方案变更时施工勘察

在建设施工过程中,受各种因素影响,设计方案变更在不少机场中出现过。影响因素包括周边规划变化、投资变化、地质条件变化、军事工程影响等。如 MT 机场,在详细勘察完成后,有关部门发现民用飞机飞行对临近对军事设施有明显影响,其跑道轴线不得不在批复基础上旋转5°,向南挪动400m。飞行区土方施工中,地方政府新规划出台,认为前期批复航站楼不能满足地方使用要求,经报批上一级政府和民航相关部门批准,地方投资扩大航站区规模,其建设用地、建筑范围增大。在飞行区土方接近结束,航空公司等介入,认为该机场区位重要、飞行市场前景好,拟飞行大型飞机,建议延长跑道400m。上述三次设计变更,均按设计要求完成了施工勘察。

1)设计方案变更时需做施工勘察情形

施工过程中,当设计方案发生较大的变化,原有的勘察资料无法满足变更后的设计要求,应针对设计方案的变化,进行相应的施工勘察。

2)设计方案变更时施工勘察方法

设计方案变更时施工勘察方法应在认真总结前期勘察方法、勘察内容、勘察范围基础上,结合本次勘察要求和现场条件选取。

(1)水文地质工程地质测绘

对机场工程来说,原详细勘察阶段水文地质工程地质测绘范围一般均涵盖了设计变更范围,不需要再做同比例尺测绘,可根据具体地质条件进行1:500、1:200 等大比例尺测绘。

当临近区域开始土石方施工后,应重点调查揭露的岩土性质、状态和地下水与前期资料的符合性,出现差异时应分析原因。

(2)工程物探

应根据场地条件选择。一般来讲,施工勘察场地受施工影响较大,应选择受施工影响小、性能稳定的仪器设备开展相应工作。

(3)钻探

一般来讲,机场施工勘察中,钻探条件有所改善,可借助施工单位挖掘机开挖道路、吊运钻机、就近接通施工用水等。

(4)采样与试验

试验内容、采样数量应根据勘察要求,并结合前期勘察试验内容、采样数量确定。施工勘察区域的岩土类型与详细勘察相同的部分,当本次要求的试验内容又与前期相同时,可酌情减少采样数量和试验内容,重点在判断与前期勘察岩土一致性。对新发现的岩土类型或状态,应

严格按勘察要求和规范进行采样和试验。

3）设计方案变更时施工勘察注意事项

设计方案变更时施工勘察应注意：

（1）索取勘察要求，签订勘察合同，明确本次勘察是由于设计方案变更原因，而不是由于前期勘察缺陷而进行的补充、完善的勘察，为相关审查、审计和勘察计费提供依据。

（2）勘察人员尽可能安排前期参与勘察的主要人员，尤其是地质工程师，便于勘察工作的前后衔接，避免勘察文件的前后冲突。

（3）与建设单位主管、设计人员充分沟通，理解建设和设计意图，针对性地布置勘察工作。

（4）勘察的实物工作量应在现场要求建设单位的主管部门和主管人员签证。

（5）当建设单位或设计人员要求提供中间资料时，应最大可能满足，但应要求其签署接收文件，并说明是中间文件，可能有所变动。

4）设计方案变更时施工勘察资料整理

设计方案变更时施工勘察资料整理应遵循详细勘察资料整理原则，保证前后资料一致性。

（1）如果前期详细勘察中岩土定名、状态描述、时代、成因没有重大错误，施工勘察中在遇到与前期勘察范围内相同的岩土时，岩土定名、状态描述、时代、成因应与前期相同，但可修正前期勘察中的细小错误。

（2）应遵循前期详细勘察工程地质分区原则，对施工勘察区域进行工程地质分区，并按前期工程地质分区编号原则进行编号。如发现前期勘察分区界线存在偏差，应进行修正。

如施工勘察区域在前期详细勘察工程地质分区范围内，可根据具体地质条件划分亚区、次亚区等

（3）试验数据的统计，可根据施工勘察所在的工程地质分区类型，将其试验数据与详细勘察同一工程地质分区内的试验数据合在一起进行统计。

（4）施工勘察报告中同一类型岩土物理力学建议值应与详细勘察报告中相同或基本相同。当出现重大差异时，应分析和说明原因。若是详细勘察错误，应立即发出更正通知，并到相关部门备案。

（5）根据建设单位和设计单位要求，确定是否将施工勘察资料与详细勘察资料综合在一起统一编写报告，还是分别单独编写报告。但应建议建设单位，当前期勘察资料已进行审查时，不宜再将施工勘察和前期详细勘察综合在一起编制报告。

（6）当施工勘察单独编写报告时，应及时提交审查。

24.2　受施工影响地质条件变化时施工勘察

机场建设工程面积大，工种多，工期长，施工过程中将造成地表水、地下水、岩土体应力等环境变化，受其影响，场地的地质环境将发生不同程度变化，如地表水入渗途径和入渗量变化，地下水补给、径流和排泄条件变化，挖方和加载引起的边坡应力条件变化等，可能降低地基强度，引起地基过大沉降和不均匀沉降、边坡失稳等，应及时进行施工勘察。

24.2.1　受水影响时施工勘察

机场建设施工势必改变地表水径流途径、汇流和入渗条件，以及地下水的补给、径流和排

泄条件,引起地表水入渗量增大,浸泡、软化岩土体,降低岩土强度参数,可能造成对机场建设的不利影响时,应及时进行施工勘察。

1)受水影响需进行施工勘察的一般情形

(1)土洞易发高发区,施工后由于降水或管道渗漏出现了塌陷。

(2)岩溶发育区,施工后附近沟塘发生干枯、涨溢或塌陷。

(3)边坡区,施工后地表水入渗,浸泡、软化原生岩土体结构面,可能造成边坡失稳。

(4)边坡区,填筑施工开始后,红层等在开挖、暴露、日晒、雨淋、地表水入渗、浸泡、软化等条件下,填筑体抗剪参数降低,可能引起填筑体边坡失稳。

(5)施工改变地下水补给、径流和排泄条件化,造成地下水位的抬升、陡降,动水和静水压力变化等,可能产生地下水真空吸蚀、潜蚀、冻融、浸泡、软化岩土体现象,引起洞穴产生、塌陷、边坡失稳。

(6)其他。

2)受水影响时,施工勘察方法

受水影响时,施工勘察方法应以水文地质工程地质测绘为主,钻探、探井、物探和试验为辅。

(1)水文地质工程地质测绘

水文地质工程地质测绘方法同详细勘察,其目的与任务:

①查明施工后场区地表水的来源、径流途径、径流量和不同区段径流增量或减量;

②查明施工后场区地下水补给、径流和排泄条件;

③查明施工后地表水和地下水的转化关系;

④查明地表水、地下水不良影响的范围;

⑤查明场区及周边洞穴塌陷的类型、数量、规模和塌陷的原因;

⑥查明滑坡或潜在不稳定边坡类型、规模和原因;

⑦查明沉陷或过大不均匀沉降原因。

(2)钻探、探井、物探

钻探、探井和物探一般情况下作为水文地质工程地质测绘的辅助手段,应根据测绘初步成果布置,以达到上述目的为原则,不宜有工作量控制。但钻探、探井和物探必须保证勘察工作自身安全和工程安全。选择合适的钻探、探井和物探方法、工艺。

(3)试验

利用钻探、探井采取试样进行室内试验或在现场进行原位试验。试验的重点是获取岩土体在浸泡、软化或地下水压力条件下的参数,所以无论室内还是原位试验均要模拟现场条件,进行湿化试验、浸水剪切试验、压缩试验、载荷试验等。

3)案例

西部 LZ 机场改扩建工程,填方高度 22m。改扩建部分位于岩溶地下水排泄区,在地表共发育 9 个流量为 0.005 ~ 0.025L/s 的泉点和面积 3000m² 的沼泽。第四系地层为软塑的黏土、红黏土和有机质土,总厚度 3 ~ 7m,其下为灰岩[43]。

原场地地基处理采用换填软弱土后设置管涵排水方式。当软弱土挖除 75% 时,出水量猛增到 500m³/h 左右,施工区水位猛增 1.5m,导致部分来不及撤出的施工机械进水,淹没了施工道路,冲毁下游农田和低处房屋。

前期勘察时,勘察文件预测换填施工过快,可能会导致地下水位下降过快而引起真空吸蚀作用,造成场区及附近的土洞发生和塌陷。但未预测地下水量猛增及对工程的不利影响。

上述现象发生当天,工程建设指挥部拟组织勘察、设计、监理、施工单位和邀请专家进行原因分析和处理措施研讨。作者提出在研讨会之前应进行详细水文地质工程地质调查,分析原因,提出处理措施建议。同时提醒建设指挥部,出现如此大水量变化,周边可能会出现土洞塌陷、水塘、水井干枯等次生灾害问题,做好预案。

建设工程指挥部采纳了上述建议,并委托作者承担了文地质工程地质应急调查任务,两天内查明了水量猛增原因:填方区原场地地基换填,通过多个岩溶管道与距离该区约1km的面积约78000m² 的池塘相连,换填工程的剧烈排水引起了池塘底部原堵塞管道疏通和真空吸蚀导致薄顶板的塌陷。预测约5天后池塘干枯,管道附近局部发生塌陷,附近居民浅层水井水位下降或干枯,房屋开裂,工程建设指挥部应做好居民用水保障措施、开裂房屋的修缮措施。

一星期后池塘干枯,塘底发现3个塌陷岩溶管道口,岩溶管道沿线出现16处土洞塌陷,7处房屋开裂,100多人的饮用水源干枯。由于应急保障预案建议被采纳,安抚和保障工作到位,当地居民生活平稳,社会安定。同时,对池塘塌陷处采用毛石混凝土堵塞,铺设防渗土工布和黏性土止漏;扩建工程换填地基处修建挡水混凝土低坝,恢复地下水生态;土洞塌陷区黏性土充填,恢复植被。混凝土低坝建成3个月后,地下水生态恢复;工程建成已6年,场地稳定,以较小的代价及时处理了一起重大的工程及社会问题。

24.2.2　受施工振动、加荷或卸荷影响,边坡稳定性不满足要求时施工勘察

1)侧净空挖方区振动和加荷影响时勘察

按目前机场侧净空限制面要求,侧净空挖方区边坡坡比为1:7,一般情况下不会发生受施工振动和加荷或卸荷影响,而发生挖方边坡失稳情况。但某些情况下,个别机场受场地制约不得不在侧净空挖方区上部台地布设临时宿舍、加工车间、仓库、运输道路等。当存在特殊的地质条件,如膨胀岩、湿陷性黄土、软弱夹层、贯通的裂隙等,在宿舍、仓库、大型运输车辆荷载和加工车间、车辆的振动荷载,以及降水、生活、加工废水作用下,可能发生边坡失稳。

(1)加载前勘察

在平整场地前后,应结合侧净空边坡开挖、场地平整和宿舍、仓库等基础开挖,进行施工勘察。勘察手段以水文地质工程地质测绘为主,充分利用场地开挖揭露地层、构造、裂隙、地下水等条件进行编录和编制报告。编录重点在边坡岩体结构,尤其是软弱夹层和裂隙的量测。

勘察报告应结合拟建物的类型、荷载及可能发生管道、污水、降水渗漏的情况进行边坡稳定性分析,预测可能发生的边坡稳定性问题,提出防治措施建议。

(2)加载后勘察

如果边坡监测发现变形过大或突变现象,应及时进行勘察。

勘察方法宜采用水文地质工程地质测绘和钻探方法。调查重点:

①管道、污水、降水渗漏和地下水补给、径流、排泄条件。

②荷载类型、大小和分布。

③软弱夹层和裂隙发展情况。

钻探主要布置在变形较大、渗漏严重、软弱夹层或裂隙分布区。

勘察报告应结合建筑物、荷载类型、地下水条件、软弱夹层和裂隙现状进行边坡稳定性分析,分析边坡稳定性现状和发展趋势,提出治理措施建议。

2)挖方边坡区勘察

当挖方边坡上方用作堆料场等时,在降水、管道渗漏等共同作用下,可能发生失稳。如 RL 机场挖方边坡形成后,在其上方堆载了道面用碎石、钢筋等建材,在降水作用下发生滑塌,造成已完工的挡土墙破坏,危及航站区建筑,如图 24-1 所示。所以,位于自然斜坡的挖方区,挖方后用作堆料场、加工厂等临时用地时,应进行施工勘察。

图 24-1　RL 机场挖方边坡在堆料和降水作用下滑塌

(1)勘察方法

勘察方法应以水文地质工程地质测绘为主,辅以探井或钻探。施工勘察应充分利用挖方施工或施工后揭露的剖面进行地层、构造、节理、裂隙和地下水等编录、绘制工程地质综合平面图和边坡稳定性分析的地质剖面图,采取软弱夹层进行天然状态、饱和状态或振动状态下的抗剪试验,或进行现场剪切试验。

(2)边坡稳定性分析

边坡稳定性分析宜采取工程地质赤平投影法和稳定性计算相结合方法。分析计算时应考虑管道渗漏、降水入侵、振动等造成的软弱夹层软化、结构面软化、结构面连通等不利因素和最大加荷。

(3)勘察报告

勘察报告应简单明了,重点阐述边坡稳定性及防治措施。当存在重大边坡稳定性时,应提请报告审查和专家论证。

3)振动荷载临近区域边坡稳定性勘察

中高能量的强夯在机场原场地地基处理和填方施工中应用越来越广泛。强夯振动对临近区域边坡稳定性有明显影响,尤其是对原有的边坡支护结构。

当临近区域边坡变形监测数据发生异常变化时,应及时进行施工勘察。

(1)勘察方法

应充分利用前期边坡勘察和支护资料,结合现场调查进行,必要时布置少量钻孔和探井。

(2)边坡稳定性分析

首先利用前期勘察和支护资料,进行考虑振动荷载的边坡稳定性分析。

当稳定性分析不满足要求时,报告中应建议停止强夯施工,改用其他地基处理和填料压实工艺;当稳定性分析满足要求时,应结合现场调查,分析引起边坡变形异常的原因,针对性地提出措施建议,确保临近边坡安全。

（3）报告编制

勘察报告重点是边坡振动荷载下的稳定性分析和变形异常原因分析。当临近边坡存在重大安全隐患,对群众生命财产构成威胁时,应及时上报有关部门组织专家论证和群众疏散安置工作。

4）填方边坡区勘察

本节填方边坡区施工勘察指在斜坡上填方区段的施工勘察。

受施工荷载、爆破,以及地表水、地下水补给、径流和排泄条件变化等影响,原填方区段的斜坡可能由稳定变为不稳定。当这种情况出现时,应进行施工勘察。

（1）勘察方法

①水文地质工程地质调查

施工后仔细调查:

a.地表水、地下水补给、径流和排泄条件;

b.爆破、卸荷后节理、裂隙、层面等结构面发展情况;

c.泥岩、膨胀岩、泥化夹层、破碎带在开挖暴露、受水入侵后的物理现象,并采集样品;

d.坡脚等处开挖情况;

e.填方厚度、填筑体密实工艺等;

f.爆破点位置、爆破能级和时间。

②试验

a.室内试验

包括密度、含水率、液限、塑限、压缩试验,直剪试验、反复慢剪试验、三轴试验（UU、CU）、浸水条件下的直剪试验、湿化试验等。

b.现场试验

包括现状条件下大型直剪试验和浸水条件下直剪试验。

（2）边坡稳定性分析

边坡稳定性分析宜采取工程地质赤平投影法和稳定性计算相结合方法。分析计算时应考虑管道渗漏、降水入侵、振动等造成的软弱夹层软化、结构面软化、结构面连通等不利因素和最大加荷状态。

（3）报告编制

勘察报告重点是边坡在上述不利条件和加荷条件下稳定性分析。当边坡稳定性不满足要求时,应提出处理措施建议,并上报有关部门组织专家论证和修改设计文件。

24.3 已填方区施工勘察

24.3.1 填方区段出现了较大变形或失稳时施工勘察

施工过程中当填方区段出现了较大变形或失稳应暂停施工,进行施工勘察,查明出现上述现象的原因。

1）过大变形部位和原因

施工过程中填方区段出现的较大变形或失稳既包括原地基过大变形和填筑体过大变形,

也包括原地基和填筑体同时过大变形。其原因主要有原地基软弱土未清除干净或处理后地基未满足承载力和抗剪要求、未按要求开挖台阶、原地基开挖后受气候影响而风化、软化;原地基中滑坡或潜在滑坡未有效处理;填筑体密实度、固体体积率不满足要求、未做水平排水或排水层失效、未按要求在道槽、边坡稳定影响区填筑规定填料(含改性填料);地表水冲刷、地下水浸泡软化、潜蚀和动静水压力作用;支护结构不合理、质量不合格或未及时完成;施工速度过快或过慢等。

2)勘察要求

(1)时间要求

填方区段出现过大变形或失稳,往往在大面积施工过程中,对特定标段每天填筑方量通常为每天数万 m^3,甚至 10 万 m^3 以上。受施工和气候影响,施工期填方区段出现过大变形或失稳的速率一般很快,如果未及时查明其原因,可能会造成重大工程事故,如西部 NC 机场。通常停工等待将造成施工单位重大损失,所以,施工期当填方区段出现了较大变形或失稳时应及时进行施工勘察,危急时应按应急勘察施行,参建单位,尤其是建设单位、施工单位应积极配合。

(2)勘察单位要求

施工勘察原则上应由详细勘察单位或专项勘察单位承担。当初步判断为由于勘察原因造成或原勘察单位力量薄弱、经验缺乏时,应委托有资质、有丰富机场勘察经验的单位承担,项目负责人、技术负责人应具有岩土工程师资格和高填方机场勘察经历。

(3)技术要求

①勘察方法:应结合现场条件,初步判断发生过大变形和失稳的原因,选择便捷、高效的综合方法,如水文地质工程地质测绘、工程物探、机械开挖、钻探等。

②地质测绘比例:1:200~1:500;开挖深度:在满足安全前提下,以机械开挖深度为限,一般不超过 8m;钻探:应按滑坡要求进行,并控制送水量,避免钻探加速填筑体变形发展;工程物探、室内和现场试验应满足相关规范要求。

③成果提交:分阶段提交言简意赅勘察中间成果,汇总和深入分析各阶段中间成果形成总勘察报告。

④提出应急治理措施和永久治理措施建议。

3)安全要求

施工勘察应采取措施保证勘察人员和设备安全,所有勘察活动均要求在专门安全员监控下进行。

4)案例

西部 NC 机场三期扩建填方高度 29m,在填至 22m 时发现边坡影响区出现裂缝,随即停止施工,开始施工勘察。

(1)地质概况

场区地貌类型为构造剥蚀丘陵,地层为第四系软—硬塑粉质黏土、粉细砂,以及侏罗系全—中风化泥岩、粉砂岩。沟谷中的粉质黏土以软塑为主,厚度 0.5~6m,粉细砂局部分布。

地下水类型为第四系孔隙水和基岩裂隙水。孔隙水主要赋存在沟谷中粉细砂及含碎石的粉质黏土中,含碎石的粉质黏土渗透系数 $n \times 10^{-5} \sim n \times 10^{-3}$cm/s。裂隙水赋存在浅层的基岩风化裂隙中,渗透系数 $n \times 10^{-4} \sim n \times 10^{-2}$cm/s。

（2）工程概况

该机场三期扩建于 2012 年开始施工。由于前期审批、征地等准备时间过长,施工阶段建设指挥部明确的各标段工期比常规缩短约 1/4。某标段填方高度约 29m,填料主要为全—中风化泥岩、粉砂岩,其次为粉质黏土。在填至 22m 时发现边坡影响区出现裂缝、坡脚出现隆起,实时监测水平位移平均 2.5cm,最大达 4cm,如图 24-2 所示。垮塌后可能冲毁坡下 30 余亩农田和 2 户民房,威胁当地居民生命财产安全。

图 24-2　NC 机场挡墙开裂、坡角隆起

（3）施工勘察

受建设指挥部委托,作者对该过大变形段进行施工勘察。

①应急勘察

接受委托后,立即安排机场建设经验丰富工程师进场进行水文地质工程地质调查,包括查阅施工日志、监理资料,访问责任工长、旁站监理员。初步判明过大变形原因:

a. 原地面软弱土未清除干净,未按要求开挖台阶。

b. 未设置有效排水盲沟。

c. 施工速度过快。

d. 恰逢雨季,未做好地表排水设施。地表水入渗,软化填筑体。

e. 填筑体密实度未达到规范要求。

f. 受征地制约,高填方边坡设计偏陡。

g. 加筋土挡墙失效。

建议建设指挥部停止了该标段施工,并卸载发生变形的填筑体,卸载高度不少于 6m。同时做好全标段地表排水措施,发生变形的填筑体及周边全薄膜覆盖,严防地表水入渗。

②勘察工作布置

a. 在卸载后的填筑体上开挖探井 6 个,深度 6.5m,观测填筑体物质组成、水平排水层厚度、组成、连续性等。开挖当天观测完毕,并回填。

b. 钻探:根据水文地质工程地质测绘成果和前期勘察资料,沿填方沟谷纵向布置钻孔,间距 20~30m;垂直填方沟谷布置勘探线,勘探线间距 50~80m,勘探线上钻孔间距 20m。钻探技术要求按第 15 章滑坡勘察要求执行。

钻孔深度要求进入完整中风化基岩 5m。

c. 土工试验:采取填筑体做含水率和密实度测试;采取原场地地基土样做常规和三轴试验。

③勘察成果

a. 填筑体密实度为 80%~86%,未达到设计要求,含水量普遍超标。

b. 未按施工图纸设置水平排水层,或排水层太薄,且含泥量很高,未有效起到排水作用。

c. 填方沟谷中软弱土多未清除干净,最厚可达 4.5m。

d. 盲沟宽度约为设计宽度的 2/3,盲沟中碎石含泥量高达 30%。盲沟口几乎不出水,而坡脚其他地方出水,且在暴雨后 2h 冒浑水。

　　e. 加筋土挡墙失效。

　　f. 施工速度过快,孔隙水压力未消散,即开始下道工序施工。

　　g. 施工期为雨季,未设置有效地表排水系统,大量地表水入渗软化、潜蚀填筑体。

　　④永久性处理措施

　　按勘察单位建议,对过大变形体做了如下永久性处理:

　　a. 在填方沟谷坡脚间隔开挖基坑至基岩下 2m,在原地面软弱土和盲沟中采用钻机跟管打仰斜排水孔,孔径 15cm。排水孔仰角 10°～15°,长度 40～60m。排水孔间距 0.5～1m。套管为透水 PVC 管,长期留在土中。

　　b. 征地放坡和设置反压平台。填方边坡综合坡度 1:2,反压平台宽度 35m。

　　c. 新征地范围内软弱土全部清除干净,并按高宽比 1:2 设置台阶。

　　d. 新征地沟谷全断面设置碎石盲沟,并与原盲沟和 PVC 透水管相连。

　　e. 在原填筑体上按 30m×30m 格网布置仰斜排水孔,要求同 a 条。

　　f. 新填筑体施工严格按设计要求进行。

　　⑤处理效果

　　处理后,填筑体变形逐步稳定,反压平台施工完成后,水平位移平均速率 0.02mm/d,盲沟出水清澈、稳定。随即继续填筑体施工,直至施工结束,水平位移速率均未超过 0.02mm/d,填筑体稳定。

24.3.2　出现工程量差异大时施工勘察

　　1)概念

　　以查明施工单位实际工程量,以及施工单位报审工程量与设计图纸计算工程量差异原因的勘察,习惯称为工程量施工勘察。

　　施工单位报审土石方工程量与按设计图纸计算的工程量出现较大差异的情形,属于偶然事件。这种事件常见原因:

　　(1)原勘察资料不准,原地基处理工程量增大。

　　(2)挖方区土石比、填挖比、填料种类不准确,挖填不平衡,外借填料或弃方。

　　(3)未按设计要求施工,人为缩小或扩大地基处理范围、深度;密实度未达到要求。

　　在大规模填方之前,施工单位按程序报审工作量,能及时发现实际工程量与计划工程量的差异,一般可通过调查就能查明原因和确定实际工程量,可不进行施工勘察。但如果施工单位报审工程量不及时或报审的填筑体工程量差异较大,则须进行施工勘察。

　　为查明施工单位工程量的施工勘察应在参建各方监督下进行,每一勘察工序、岩芯、探井、试验均应拍照和记录,并要求相关各方签字认可。如存在异议,应要求建设单位组织各方协商解决,否则应申请第三方裁决。勘察成果报告应提交给参建各方许可的第三方审查合格,方能作为建设单位变更工程量和处罚依据。

　　2)案例

　　(1)工程概况

　　西部 WS 高填方机场,土方工程接近结束时,施工单位所报挖填工作量与设计工作量相差

20%～30%,增大投资约1亿元,其理由是勘察资料不准,原场地地基处理采取了换填、强夯置换处理。

(2)勘察方案

根据多方协议,勘察单位拟定勘察方案,报多方共同审定。主要内容如下:

①在施工单位所述地基换填、强夯置换区按30～50m间距布置钻孔,并满足下列要求:

a.查明强夯处理区范围、深度、密实度、碎石含量。

b.查明填筑体密实度或固体体积率。

c.查明原地基基岩顶面形态,并实测填筑体参数。

②试验:对钻探、探井所采取岩性进行密实度或固体体积率测试,每个有争议区域不少于6组。

③对挖方区进行测量,根据前后地形变化计算挖方量。

④对施工单位弃方区进行勘察,计算弃方量和弃方的岩土类别和性质。

⑤根据测量和多方确认现场勘察成果,进行换填方量、强夯置换量、填方量计算。

(3)勘察成果

勘察报告经第三方审查合格,其成果如下:

①各标段地质情况与原详勘报告所述地质情况基本一致,差异出现在钻孔间地段,但满足规范和勘察要求,参建各方共同认定勘察资料准确。

②各标段施工单位不同程度超越设计图纸进行了换填、强夯置换等原场地地基处理,增加了工程量,并对各标段增加的工作量进行了计算。

③各标段的土面区填筑体均未达到设计要求的密实度,使填挖比偏大,造成弃方(机场要求挖填平衡,即挖出的土石方必须完全用于填方。填挖比偏大,胀方系数偏大,挖填不平衡,造成弃方)。从弃方中碎石含量可以得到证明。

④土面区填筑体密实度未达到设计要求,沉降过大,影响机场使用。

第5篇

机场工程勘察管理

机场工程勘察范围广、时间跨度长、钻探要求高、现场试验项目多,物探常采用爆破震源,风险大,多工种交叉作业,导航台站常孤立分散、偏远,改扩建机场管线复杂且常需进行不停航勘察,现场作业通常牵涉到占地、林木砍伐、青苗赔偿等,需与地方政府、当地老乡、工矿企业、林业、环保、电力、交通等部门协调,所以机场工程勘察是一项复杂的系统工程,为确保安全和勘察质量,机场工程勘察应进行精细化系统管理。

机场工程勘察应严格执行《军用机场勘测规范》(GJB 2263A—2010)、《民用机场勘测规范》(MH/T 5025—2011)、《岩土工程勘察规范》(GB 50021—2001)等国家和行业标准,并结合机场工程勘察特点,按《岩土工程勘察安全规范》(GB 50585—2010)[99]进行管理。

第25章　复杂场地干线机场岩土工程勘察管理

以 KM 机场工程勘察为例,探讨大型复杂场地干线机场岩土工程勘察管理[100]。

作者参与 KM 机场工程勘察始于 2005 年 6 月,终于 2007 年 7 月,负责了整个场区初步勘察、试验段详细勘察、试验段地基检测等工作。

KM 机场场地勘察面积 27km², 位于小江强活动断裂与普渡河断裂带之间的相对稳定地块上,场地内分布 F_{10}、F_{12}、F_{18} 三条断裂。场区地貌主要类型为构造剥蚀浅切割低中山地貌和岩溶地貌,局部为冲洪积、残坡积堆积地貌,存在红黏土问题、岩溶问题、软弱地基土问题、地基均匀性问题、高填方边坡稳定性问题等,属大型复杂场地。

勘察要求时间很短,约为正常勘察时间 2/5 ~ 2/3,勘察经费不足 2002 年国家收费标准的 60%,勘察质量、深度要求却远高于规范;不仅要求采取地质测绘、综合物探、钻探、探井和现场载荷、大剪试验、水文地质试验等,查明工程地质条件和岩土工程问题,而且还要对地基沉降、溶洞和土洞稳定性、斜坡稳定性、高填方边坡稳定性等进行深入计算、分析,并提出具体的地基处理方法建议。

针对上述情况,笔者编制了相应的勘察方案,进行了精细化的管理,圆满地完成了勘察任务,取得了良好的口碑和社会效益。

25.1　管　理　机　构

建立精干的组织管理机构是勘察工作的第一步和高质量完成勘察任务的关键。针对 KM 机场的具体情况,勘察项目部采用了直线制管理,下级直接对垂直上级负责,图 25-1 是本项目直线制勘察组织机构图。

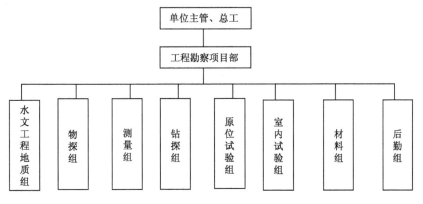

图 25-1　勘察组织结构

25.1.1　机构职责

单位主管、总工主要对项目进行宏观管理,控制项目质量、成本和工期。

工程勘察项目部负责项目全面细致管理、组织实施勘察工作。

各专业组在工程勘察项目部统一部署下,展开工作,各司其职,各负其责。

25.1.2　管理人员的要求

技术、质量人员是完成勘察工作的中坚力量、是勘察项目部灵魂,安全、后勤保障则是完成任务的基础,对大型复杂场地工程勘察项目部相关负责人应具有高质量要求。

(1)工程勘察项目部负责人。即项目负责人应具有丰富的机场工程勘察经验,具备国家注册岩土工程师、安全工程师和监理工程师等资格,熟悉整个勘察过程,了解各个专业特点,具备较强的协调管理能力,能主动配合勘察监理的工作。

(2)技术负责人。即项目总工,具有丰富的机场工程勘察经验,同时具备国家注册岩土工程师、安全员等资格,熟悉整个勘察过程和勘察重点,了解各个专业特点,能组织编写勘察技术方案和报告,处理勘察中出现的技术问题,对整个勘察质量把关。

(3)各专业负责人。应是该专业的技术骨干,具有本专业相关资格证书,能解决本专业的技术难题,了解机场工程勘察相关专业知识和特点,组织编制本专业勘察方案和报告,具有一定协调管理能力,能主动配合项目负责人、技术负责人和其他专业人员工作。

(4)材料组负责人须熟悉材料产地、价格,订货、收货的地点,知道勘察过程中易损件的种类及可能需要的数量,提前准备。

(5)后勤组除保障好生活外,还要完成包括财务、机修、医疗、交通等任务。

(6)安全、管理由项目部副负责人负责,具有很强的协调能力、安全知识和饮食卫生知识。

25.2　质 量 管 理

质量是单位的生命,质量安全是单位最大的效益。机场工程勘察管理首先要作好质量管理。质量管理贯穿整个勘察全过程,涉及每个工种、每个环节,是全员全过程管理。国家及有关部门在相关规程、规范和文件中皆做出了明确的要求,下面是针对 KM 机场复杂场地岩土工程勘察管理的具体做法:

(1)全员质量安全意识培训。在单位例行培训的基础上,对初步拟定的项目部全体人员针对性展开 KM 机场工程勘察质量安全培训,全员把握本项目勘察的难点、重点、风险点以及拟采取的方法和控制措施,考核合格后方能派往项目部工作。对协作单位派往本项目所有人员,依据协作合同要求,在现场按同样方法、内容进行培训和考核,考核不合格人员要求协作单位更换,否则按违约处理。

(2)全员签订质量安全责任书,承诺对所承担工作质量终身负责,并对造成的所有损失按规定进行赔偿。

(3)选派机场工程勘察经验丰富、威望高,同时具备较强管理能力的岩土工程专家为项目负责人,为避免质量与经济矛盾,同时兼任项目技术负责人。当质量与经济效益矛盾时,以质量为重,避免勘察市场上普遍存在的项目负责人与技术负责人相互推诿、扯皮的事情。

(4)配备技术副负责人,负责日常质量管理工作。任命勘察经验丰富、责任心强,业务能力好的人员为专业、工种负责人和技术负责人,负责所承担专业或工程质量责任,具有对本专业或工种人员补贴、奖金分配、人员调配、开除之权利。

(5)任命经验丰富、铁面无私的 2 名高级工程师为专职质量检查人员,负责全过程的质量检查,对一般质量问题具有当场纠正权利,对重大过程问题具有勒令停止,报项目负责人权利。

(6)建立奖惩制度,违反规范、规程、相关条令、条例和项目部管理规定而造成质量责任事故的按造成损失的 40% 惩罚,并依法追究相关责任。精心勘察、保证勘察质量、取得发明创造成果的,按单位规定给予奖励。

(7)正确处理与勘察监理的关系,通过培训,全员树立监理是建设单位请来帮忙进行勘察管理和质量控制的专家。派专人主动配合监理工作,勘察方案、施工组织等请监理审批,钻探、采样、试验、物探等每一工种的现场工作在关键技术环节均请监理现场指导和见证,正确把好每一道技术关,处理好每个技术难题。

(8)与成都理工大学等高校、研究单位合作,引进了遥感技术勘察等先进的理论和勘察方法,委托其对断层的稳定性、溶洞的稳定性分析、水文地质条件等进行深入研究,如图 25-2 所示。

图 25-2　KM 机场遥感图像三维可视化系列图片

图中左边红色线为东跑道,右边红色线为西跑道。图像上地貌、地质构造、岩溶发育特征显示清楚。上部斜红箭头指示 F_{10} 断裂轨迹线,中部北东向红箭头组指示 F_{12} 断裂轨迹线,中部北西西向粉红箭头组指示 F_{18} 断裂轨迹线

(9)建立咨询制度,关键勘察技术、岩土参数取值、岩土工程计算与分析等均咨询行业和当地专家,请专家对全过程勘察质量把关。

(10)以下是现场内部质量控制具体的几点做法:

①控制好源头。对所有进场人员针对性培训合格后方能上岗;校核各种技术装备,无合格检测证书,严禁进入勘察工地和使用。

②对测量控制点进行复测,并保护好测量标志;作好技术交底,按章操作。

③把住水文工程地质测绘、钻探、测量、物探、原位及室内测试等关键环节,按质量管理制度进行检查和验收。

④认真做好各项原始记录,野外编录人员必须跟班编录,杜绝漏记现象发生。

⑤严格过程监督与控制,任何一道工序不合格必须返工,直至合格,方能进入下一道工序。

⑥实行"三检"制,即自检、抽检和终检,层层落实责任人,层层把关。

⑦资料整理按规范、规定进行,采用标准化术语、单位;资料整理、实事求是,严禁弄虚作假,违反者视情节予以批评、警告和开除的处分,造成事故的按第(6)条处罚;当天的资料必须当天进行初步处理,及时地发现问题,全部基础资料在现场全部整理完毕才能撤场。

⑧成果报告须经专业负责人、项目负责人、院总工办三级审核方能提交。

经过上述严格的质量控制,在长达两年的时间中,勘察工作未出现大的质量问题,赢得了各方面的好评,也获得了良好的经济与社会效益。

25.3　安全管理

25.3.1　安全制度不执行常见原因

安全是一项既重视又容易忽略的工作,尽管单位、项目部皆有完善的安全管理制度,但勘察时作业组往往不执行,其原因:

(1)按安全管理制度执行,需要配备管理人员、进行安全培训、配置安全器材、严格操作规程,成本高;

(2)抢工期,执行难度大;

(3)作业人员安全意识差,背着管理人员违规操作;

(4)严格按安全规程操作、进度慢,影响个人效益,计件(量)的人员违规现象尤其突出。

25.3.2　安全因素识别

针对勘察中的常见问题和 KM 机场的具体情况,对该项目岩土工程勘察安全事故易发工种或环节进行识别:

(1)钻探:主要发生在钻机搬迁、设备上下车、钻塔倾倒、提升钻具过程中钻具空中脱落、钢丝绳断裂、钻塔螺母脱落、柴油机飞车等。

(2)原位试验:动探、标贯试验重锤脱落、载荷和大剪试验安装、拆卸过程及试验中反力系统故障、设备吊装等。

(3)物探:炸药作震源时,爆破作业飞石伤人、火星点燃枯草、树叶,引发火灾。

(4)水文地质工程地质测绘:技术人员进入林中迷路、摔跤、陡崖跌落、溶洞和落水洞掉落等。

(5)在变压器、高压线、油管线、煤气管线、水管线、通信电缆等管线附近作业,引发触电、火灾、爆炸、煤气泄漏、水管破裂、通信线中断等事故。

(6)夏季作业被蜂、蚂蟥、蛇等蜇咬。

(7)占地钻探、试验中与老乡发生肢体冲突。

(8)交通等其他事故。

25.3.3　安全措施

掌握了 KM 机场岩土工程勘察中事故易发的工种、位置和原因,针对性地制定安全规定,设置专门和兼职安全人员进行安全管理和监督。

（1）每月上旬定期进行安全培训,提高安全意识,增强自觉执行安全规程的能动性;不定期地针对生产过程中出现的安全苗头,进行安全教育,及时整顿。

（2）为水文地质工程地质测绘的每个小组配备大功率对讲机、安全绳、砍刀、强光电筒、GPS定位仪、急救箱和1名向导。

（3）对钻探机长、地震物探爆破员、电法物探操作员、剪切、载荷试验等设备吊装人员、电工等必须经国家或地方相关部门培训合格,持证上岗。

（4）对安全风险较大的设备,如钻机、起爆器、液压千斤顶等,运行前应经安全员检查合格。

（5）在夏季对外业人员配备蛇药、面罩、防蚂蟥药等。

（6）对易发事故的位置、工种配备专职安全员,且必须在下列情况蹲点检查监督:

①在变压器、高压线、油管线、煤气管线、水管线、通信电缆附近作业。

②物探爆破作业。

③现场载荷、剪切试验吊装、堆载。

④钻探设备钻机搬迁、上下车。

⑤探井(槽)深度超过1.5m深度等。

（7）对计件工种,如钻探,由兼职安全员负责(一般由机长担任),专职安全员监督检查。发现安全隐患及时处理。对拒不改正的人员,立即停止工作,逐出工地,并将其已完成的工作量按零计。对造成安全事故相关人员追究相关责任。

（8）加强工地食堂管理,由项目副负责人亲自监督,防止中毒等事故。

①由单位抽调有经验厨师主厨,聘请的当地辅助人员由安全员陪同在县级以上人民医院体检合格,并每月体检一次。

②工地食堂食品采购专人负责,并按卫生防疫部门要求留样。

③配备大型冷柜、消毒柜、灭蝇灯等消毒、防疫设备。

（9）先由每个工种编制安全应急预案,再由项目部汇总编制勘察项目应急预案,并报建设单位批准;每个工种按批准的应急预案进行演习后,由项目部组织会演,并请建设单位、当地的安全生产监督部门、消防部门实地指导,建立联防体系。

（10）对本单位人员签订安全责任书;对协作单位签订安全协议,明确双方的安全责任,并监督其认真执行。

（11）为参与项目的人员购买意外伤害保险,对钻探、爆破等工种适当多买。

（12）对玩忽职守的安全员进行严厉批评和惩罚,造成安全责任施工依法追究责任,决不姑息。

经过大家的努力,两年多的紧张勘察中,未发生较大安全事故。一些小事故及时地进行了赔偿处理,结局圆满。

25.4 工 期 控 制

KM机场岩土工程勘察所要求提交勘察成果时间不及正常勘察时间的60%,在确保勘察成果质量的前提下,不断地优化勘察组织,尽可能地缩短勘察时间,最大可能地满足了建设单

位的时间要求,获得了建设单位和设计单位的肯定和赞扬,下面是该机场岩土工程勘察工期控制的方法:

(1)积极与建设单位和设计沟通,阐述必要的勘察时间对确保勘察质量的重要性,以及对勘察施工安全的重要意义。以书面的形式阐明,赶工期可能造成的工程质量问题和安全问题,以及建设单位和设计所要承担的责任,引起建设单位和设计的重视,争取建设单位、设计人员的理解和支持。

(2)与设计沟通和协商,以分数次提供中间资料的形式,来满足设计不同阶段的需要,最大可能地减小勘察对设计的影响。

(3)派出经验丰富的项目和技术负责人,避免重复、反复、补充工作。按顺序梯次展开各工序,最大可能地平行作业,以缩短勘察总工期。

①派出足够多的水文地质与工程地质测绘组,每组皆由具有机场工程勘察经验的工程师带队。在完成常规测绘的同时,还需对钻探布孔、物探布线、室内外试验布点及试验内容提出建议,由 RTK 测量员将点、线在实地标明并在图纸上标注。

②在测绘的同时,按勘察方案调配钻探、原位试验设备、人员,搭建临舍、采购生活用品,调试试验设备、联系当地协作试验室等。

③每天晚上由项目或技术负责人组织水文地质与工程地质测绘小组进行信息交流、小结、布置第二天的工作;每星期进行一次总结,及时完善和修改勘察方案。测绘工作结束,即进行全面的总结、分析,并按测绘成果、勘察要求、相关规范布置勘察工作。

④在测绘工作结束后立即展开物探工作,并合理布置物探工作面,减小相互间影响和避免工作脱节,如按间距600m确定电法物探组数,按相距1km确定浅层地震反射物探组数,然后根据确定的物探组数全额满员展开工作。

⑤在进行物探同时,安排技术过硬的钻工和性能良好的设备,按地质测绘成果调整后的钻孔布点进行钻探取样、探井开挖、静探、载荷、剪切试验等。

⑥配备足够数量的经验丰富的物探工程师,进行物探数据的解译、分析,在按地质测绘划分的工程地质小区范围内的物探外业工作结束后 1~2 天完成物探初步解译工作,并提出钻孔调整、布置建议。地质人员根据物探成果与建议,综合分析,调整钻孔位置、取样钻孔,全面安排调整后工程地质小区的钻探,每个小区钻机数量按6~10孔确定。

⑦地质技术人员及时整理资料,钻孔柱状图初稿在钻探结束后 1~2 天完成,地质剖面图在该条剖面钻探结束后 2 天内完成,综合地质剖面图(含物探、试验成果等)在最后一项工作完成后 2 天提交;原位试验资料整理在外业结束后 2~3 天完成,室内试验资料初步整理在试验结束后 1~2 天完成,系统整理在试验结束 7~10 天完成。根据初步分析成果,在异常数据、异常地质现象处,就近的相关工作组进行补充工作,包括加密物探线、增加物探方法、加密加深钻孔,增加试验项目和数量等。在 1~3 天的时间,各工作组皆在异常处附近,不牵涉到远距离搬迁等问题,节约了时间和经费。

⑧在整理资料的过程中向设计单位提交中间报告,把发现的岩土工程问题向设计人员汇报,并请建设单位、设计人员到现场共同讨论、研究,现场优化和调整勘察方案,使设计人员对场区的地基处理方案、基础形式及早地进行研究。上述信息化、互动式的勘察方法,缩短,甚至省去了设计人员熟悉现场、勘察报告的时间,可直接利用报告中参数(包括中间报告中已确认

不再修改的参数)进行设计,缩短了设计进程,某些方面还提前了不少时间,同时也避免了设计单位、建设单位不断地催交勘察报告。外业结束后20天提交正式勘察报告,各部门反映良好。

⑨后勤组安排专人协调青苗赔偿、林木砍伐、道路阻碍等,并将影响勘察进程的上述事件、降水等作好登记,请监理签认和建设单位代表签认,作为工期索赔之依据。

⑩项目部派专人配合好监理工作,提前将工作方案、计划和报审表报予监理人员,使监理单位及时地安排工作人员。见证采样、送样、旁站、终孔验收等,要提前1~2天报监理人员,物探线长度复查提前2~3天申报,使之提前到达监理岗位,避免等待监理人员而浪费时间。

通过上述措施和项目部的共同努力,按时高质量地完成了勘察任务。

25.5　成　本　控　制

成本是勘察单位最为关心的内容之一,它牵涉到单位和个人的经济效益。工程实践证明,保证勘察全过程高质量的合理成本是成本控制的目标,返工、补勘是最费时间和费用的,只有保证了勘察质量才能实现勘察效益最大化,并获取最好的社会效益。KM机场成本控制方法如下:

(1)严格执行安全、质量管理制度,加强安全、质量是最大效益的意识,对违反安全、质量制度人员严惩不贷。

(2)勘察全过程特别重视技术人员投入,尤其是在水文地质工程地质测绘和综合分析阶段,工程师最多时达60人。力求最合理、先进的技术,减少高成本的钻探、试验等工作,减少返工、补勘工作,实现勘察费用的最大节约。

精细的水文地质工程地质测绘后,果断地修改了设计单位和咨询单位提出的钻探为主勘察方法,提出高密度电测深物探为主,钻探为辅的方法并报建设单位批准,结果表明调整后的勘察方法对溶洞、土洞、溶蚀破碎带、岩溶管道的勘察精度大幅度提高,勘察时间缩短1/4,勘察经费节约1/5。

(3)承接任务后,由项目负责人组织技术和财务人员编制财务预算:对关键岗位技术人员、管理人员按正常标准1.2倍,普通技术、管理人员按正常标准1.1倍,其他人员按正常标准进行成本预算和控制,并预留30%的风险金。

(4)将整个勘察工作视为一个完整系统,每个勘察子项和工种均为系统的组成部分,采用时标网络计划和信息化勘察方法,组织勘察;根据现场反馈的信息和设计人员、建设单位新要求,及时调整勘察方案、内容、手段和部位,增减勘察力量,着力解决时标网络计划中关键路线上控制工期的关键工作,确保工期,并力争有所提前,将单位时间效益最大化。该项目勘察最繁忙时现场涉及20余个专业,达300余人,未曾出现窝工现象,系统化管理创造了良好的经济效益。

(5)建立奖惩制度,提出建议被采纳后,产生的经济效益按40%奖励;责任事故造成的损失同样按40%惩罚,并依法追究相关责任。

(6)由于个人、作业组失误造成的返工、补勘、交通费用而不被建设单位计量,所以项目部规定,这部分费用由相关个人、作业组承担,不计入单位成本。

（7）建立咨询制度，勘察方案、关键勘察技术、岩土参数、岩土计算与分析、勘察报告等均咨询行业和当地专家，以最优勘察方法、最好勘察质量、最大可能缩短工期、降低返工、补勘、窝工等费用。

（8）所有进场设备进场前进行保养、检修、标定，减少异地临时进行上述工作的高费用；所有仪器、设备易损件在进场前报后勤组，批量采购并由厂家发货至工地；水管、泥浆、铁丝、编织袋、油漆、木桩等耗损品与厂家或商家签订合同，建立长期合作关系，保证以最优惠价格供给合格产品，降低零散采购费用和风险。

（9）与当地政府签订民工长期用工合同，并由其组织和管理施工，降低单位用工价格，避免用工过程中伤残、死亡的风险。

（10）按协议价与当地旅店等签订合同，降低短期工作人员住宿费用。

（11）与当地石油部门签订油品批量供给合同，降低单位油品价格和避免存储、运输过程中油品泄露、爆炸和污染风险。

（12）安排熟悉全过程工作的人员配合单位财务人员及时按合同索取工程进度款、竣工结算和尾款，降低资金成本。

25.6 协调工作

复杂场地干线机场面积大、工期长、不可预见因素多的工程，牵涉到与建设有关的各个方面，如果某个因素或方面，协调不畅，皆会影响工期、成本，甚至质量和安全事故。加强协调工作，争取各方面的理解和支持，通常能促进勘察成功，所以在复杂场地干线机场的岩土工程勘察中协调工作非常重要。KM 机场岩土工程勘察协调工作主要包括如下几个方面：

1）与建设单位协调

复杂场地干线机场岩土工程勘察某种程度上可以说是摸着石头过河的工作，勘察工作有许多不可预见的因素，如地质条件变化、降水、青苗、林木、公路、管线等。在勘察过程中往往存在勘察方案的调整、涉及工期、经费的调整。这些调整皆需与建设单位协调，才能顺利完成。与设计单位、地方政府、咨询单位、林业部门等的协调也需建设单位出面，才能及时有效。及时有效的协调和沟通，往往能达到相互的理解和支持，在勘察方案改变、工期及工程款索赔方面能很快协商一致，并能及时获得工程款及索赔款支付。

2）与设计单位协调

勘察工作主要是按设计单位所提的勘察要求进行的，设计单位是勘察成果的主要用户。正确理解设计意图、修改勘察要求中不符合实际的条文，增加某些勘察项目，皆需要经设计单位同意。KM 机场工程勘察中，凭借多年来与设计单位良好的合作关系，双方积极沟通，在勘察过程中，不断调整、完善勘察方案，既保证了勘察的质量，同时为建设单位节约大量的经费并缩短了勘察、建设时间。如建议的加强地质测绘、高密度电测深物探为主、钻探为辅的方法一项就为建设单位缩短勘察时间 1/4，节约勘察经费约 1/5。

3）与咨询单位及专家协调

复杂场地干线机场建设，建设单位往往委托了咨询单位，与咨询单位的沟通协调也很重要。KM 机场至少委托了 3 家工程建设方面的咨询单位。勘察过程中主动与咨询单位派出的岩土和土石方工程建设方面经验丰富的专家联系,及时向他们汇报勘察情况,认真听取他们的意见,完善勘察工作。当勘察中出现某些问题,无法与设计、建设单位沟通时,请这些专家中间协调,起到了非常好的效果。勘察成果评审时,咨询单位专家多数参加了会议,对报告顺利通过评审也起了积极作用。

4)与地方政府的协调

机场建设需要地方政府的配合。尽管 KM 机场在占地、赔偿和协调方面,与地方政府有协议,但由于宣传、政策、赔偿等落实不及时等原因,地方村镇政府、企业和老乡上百次阻拦物探、探井、钻探和现场试验等工作。上级政府往往是出现问题后,才出面解决,严重影响勘察进程。为此,项目部派出专门协调人员,与地方村镇政府主动联系、沟通,宣讲上级政府政策,将勘察的区域、时间和将毁坏的青苗、林木等上报建设单位和上级政府的同时报一份给村镇政府,使其有计划地安排人员负责协调工作,并在可能条件下解决现场交通及生活问题,使其尽心地工作。

5)与当地老乡的协调

干线机场工程勘察首先面临的是占地等问题,与当地居民有关的就是青苗赔偿、林木砍伐、房屋拆迁。KM 机场工程勘察时机场建设征地还未开始,占地赔偿标准未确定或赔付资金不落实,赔偿工作难度大。虽然赔偿由建设单位进行,但老乡阻拦首先影响的是勘察现场工作,一度使勘察工作全面停止。为此项目部派设专职和兼职的协调人员进行如下协调工作:

(1)对老乡动之以情,晓之于理,但绝不能欺骗老乡。

(2)敦促建设单位积极与地方村镇政府联系,赔偿及时到位。

(3)在使用民工上尽可能照顾当地人,让民工扒自家的菜,砍自家的树,所花时间计入民工工资。

(4)对即将成熟的庄稼和果实要设法调整勘察顺序,尽可能地待收获后再进入其区域,最大可能地减小农民损失。

(5)每隔 7~10 天支付一次民工工资,尤其是当地民工。

(6)登记好所损坏的庄稼、林木的数量、种类及户主,双方签字。当主人不在时,找其亲属或当地村组领导签字。

6)与林业部门的协调

KM 机场约40%面积为天然次生林,林木砍伐是摆在勘察单位面前的一道鸿沟,能否跨越直接影响勘察的工期、成本。尽管建设单位、地方政府与林业部门进行了多次协调,但勘察阶段项目还未正式立项,林木砍伐指标无法上报,即使马上上报,国家批复还需一段时间,根本无法满足勘察时间要求,其次窝工成本太高,建设单位又不予补偿。

面临严峻形势,项目部敦促建设单位请林业部门到现场踏勘,明确不能砍伐的树木种类、范围,可以砍伐的林木的种类。经过协商,采用间伐、修枝、砍灌木等基本不破坏树林手段,并将砍伐量严格控制在地方林业部门批准权限内。在林业部门指导、监督下贯穿了勘探线,保障了勘察顺利进行。

对进入林区作业人员进行林区防火教育,严禁在林区做饭、用明火、吸烟、烘烤柴油机等,签订安全责任书;编制林区作业防火预案,并在林业消防部门指导下进行演习。与地方消防部门沟通,建立联防体系,随时处理出现的火情,确保林区作业安全。

7）与其他部门协调

配合建设单位对公路、铁路、通信、电力、水利、煤气、自来水、输油管线管理部门等进行了协调。

25.7 小 结

复杂场地干线机场岩土工程勘察管理是一项全面、细致的工作，包括对外协调和对内的技术和行政管理。有效管理能促进项目进程，缩短工期，提高质量，节约成本，建议对复杂场地干线机场岩土工程勘察管理进行深入研究和交流，提高勘察整体水平，创造更好的效益。

第26章　高高原机场岩土工程勘察管理

26.1　概　　述

按国家民航总局定义,高程 1500m(含)～2438m 的机场为一般高原机场,高程 2438m (含)以上的机场为高高原机场。目前,国内已建、在建和拟建的高高原机场 20 余个,见表 26-1。

我国部分高高原机场概况　　　　　　　　　　　　　表 26-1

工 程 名 称	规　　模	跑道长度(m)	道面平均高程(m)	备　　注
拉萨贡嘎机场*	4E	4000	3569	改扩建,已建
拉萨东郊新机场*	4D	4000	约3700	新建,拟建
日喀则和平机场*	4E	5000	3782	改扩建,已建
邦达机场*	4E	5000	4345	改扩建,在建
林芝机场*	4C	3000	2940	新建,已建
阿里机场*	4C	4500	4274	新建,已建
那曲机场*	4C	4500	4510	新建,拟建
当雄机场*	4E	4500	4270	改扩建
九黄机场**	4C	3200	3447	新建,已建
康定机场*	4C	4200	4242	新建,已建
稻城机场*	4C	4200	4410	新建,已建
红原机场*	4C	3600	3535	新建,已建
甘孜机场*	4C	4000	4060	新建,在建
泸沽湖机场*	4C	3400	3300	新建,已建
香格里拉机场	4D	3600	3273	
格尔木机场	4D	4800	2842	
玉树机场	4C	3800	3950	
夏河机场	4C	3200	3190	
威宁机场*	4C	3200	2448	新建,在建

注:* 表示作者主持勘察的机场;** 表示作者参与勘察的机场。

高高原地区气候恶劣、高寒缺氧、位置偏远、交通不便、后勤保障差;地质条件复杂、岩土工程问题多;勘察时间长、成本高,伤残、亡人概率大。作者对所主持勘察的 14 个高高原机场管理进行了总结和研究,提出了高高原机场岩土工程勘察风险评估和系统控制方法。工程实践证明,该管理方法能提高管理效率,确保高高原机场勘察过程中人员、设备安全及工程质量,缩短工期,节省勘察成本,可供类似工程借鉴[101]。

26.2 风险初步评估

由于高高原特殊的地理环境与社情,恶劣的气候环境和交通条件,复杂的地质条件和工程经验缺乏,目前高高原机场勘察任务来源主要有两种,一是政府直接委托,二是竞标。无论是哪一种来源,均应进行风险评估。风险评估的目的是识别高高原机场勘察中存在的风险,制定相应的应对措施,确保安全、质量、工期和效益。风险初步评估的目的是通过对高高原机场勘察中存在风险的评估,识别高高原机场勘察中存在的重大风险,通过制定相关措施,分析单位和项目的管理者能否进行风险控制。若能进行风险控制,则可以进行竞标或直接承接项目,否则,不应进行竞标或直接承接项目。

重大风险的识别应由具有丰富高原经验的地质或岩土工程师和管理者针对项目的地点、勘察的时间、工期、质量要求、费用等进行,必要时进行咨询。

高高原机场勘察中重大风险一般有:

(1)进出场过程中交通事故、人员对高高原的不适应而产生的死亡、高高原环境下人员反应迟钝而造成的如钻探伤人、亡人事故。

(2)由于经验缺乏而造成的钻探工艺达不到取芯率、原状岩土芯样要求,以及土样运输、保护要求,技术人员对高高原特殊地质现象认识深度不足而造成的重大质量事故。

(3)受恶劣气候和交通条件影响,人员设备运输、现场地质调查、钻探、试验等时间增长,勘察工期延长,造成成本增大和无法满足合同工期,承担违约责任。

(4)高昂的运输、现场钻探、试验、人员费用,使成本增大和效益降低,甚至亏损。

26.3 勘察方案编制

对风险进行初步评估后,若单位和项目管理者能进行风险控制,则可以进行竞标或直接承接项目。在竞标过程或项目承接过程中应进行勘察方案的编制,它是风险评价、勘察实施、过程控制和成本、效益核算的基础。

1)编制依据

编制的主要依据包括:

(1)勘察要求、机场勘测规范等相关规范和规程。

(2)地理位置、高程、气象、交通条件等环境条件。

(3)现场踏勘和收集资料。

(4)勘察时段。

2)编制内容

勘察方案编制主要内容有编制依据、勘察目的与内容、自然地理、区域地质、场区地质、技术路线、勘察工作布置、勘察报告及附件内容、勘察施工组织(包括组织机构、人员组成、设备组织、进度计划、安全、质量和工期的保证措施、成本核算和异常情况或突发情况的应对预案等)。重点内容应包括:

(1)自然地理,包括场区及进出场路途中的气候、人文、风俗、社情、交通、食宿状况,为人员、车辆、设备选择及管理制度制定,服装、药品准备服务。

(2)场区地质,尤其要注意阐述工程地质问题,为选择技术人员、钻探设备及工艺、采样及地基检测方法及设备等作准备。

(3)技术路线是完成整个高高原机场勘察项目总的技术思想,是对具体勘察项目的任务和特点进行认真、详细、系统的分析后,采取的勘察方法、措施、步骤和程序。技术路线应在单位技术负责人和项目负责人的组织和指导下编写。

(4)勘察工作布置应根据技术路线来编写,既要编写得具体,又要留有余地,充分考虑到高高原机场勘察中的不确定性。工程经验表明,高高原机场实际完成的各项工作量约为勘察要求和规范要求的 1.3~1.5 倍,方案中工作量宜适当大于实际完成的工作量。

(5)设备选择与准备中既要考虑先进性,更重要的是考虑设备的适应性和耐久性,因为高高原机场自然环境恶劣,对设备适应性要求高,一旦不能用或损坏,更换、维修、维护困难,时间长,成本高。经不完全统计,在高高原地区,设备效率一般为内地的 0.5~0.7,应根据方案中工作量、工期要求和设备降效来准备设备和操作人员。

(6)人员组织要合理,注意老中青不同技术层次和高原经验差异人员的搭配,注意后备人员培养。项目负责人、技术负责人和后勤负责人要求高原经验丰富。

(7)编制异常情况或突发情况的应对预案,这非常重要,但容易被忽略。在高高原上异常情况或突发情况一旦发生,若无准备,通常手足无措,给现场勘察人员造成心理恐慌,进而造成不必要或过大的时间、费用和荣誉损失,甚至是不必要的刑事或政治纠纷。

26.4　风　险　评　价

26.4.1　定义

勘察风险是指在勘察过程中可能出现的对勘察不利事件,包括安全风险、质量风险和成本风险。对高高原机场工程勘察进行风险评估,就是识别勘察过程中安全、质量和成本等风险因素,评价可能造成的危害,针对性制定规避和减少风险的措施。

26.4.2　风险因素识别

高高原机场工程勘察风险包括安全风险、质量风险和成本风险。安全风险因素包括路途交通风险、人员生命风险、政治风险和其他风险。高高原机场工程勘察安全风险因素识别见图 26-1。

引起勘察质量问题的原因很多,高高原机场工程勘察质量风险因素识别见图 26-2、图 26-3,主要包括人员技术水平、方案完善程度、测绘质量、钻探质量、原位试验质量、样品采集、运输、试验质量、数据整理分析与图件编制、报告编制与审核等。

高高原机场工程勘察成本风险因素识别见图 26-4,主要包括:

(1)气候异常变化引起的堵车、停工,使工期增长,人员费用、设备费用增大。

(2)交通、钻探等安全事故引起的损失和赔偿。

(3)质量事故引起的损失和赔偿。

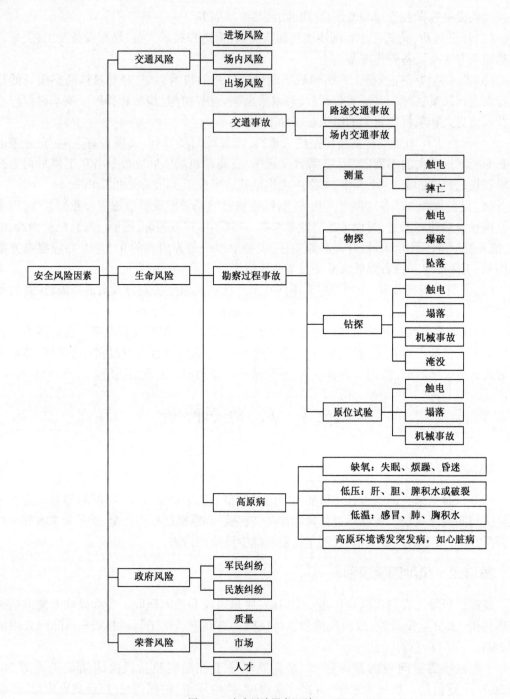

图 26-1　安全风险因素识别

（4）人员对高原不适应造成的非工作病痛、死亡。

（5）组织协调脱节而造成窝工损失。

（6）设计变更造成的返工,甚至反复进场勘察所发生损失。

（7）高高原地区社情复杂,突发骚乱而引起停工、设备损坏、人员伤亡等。

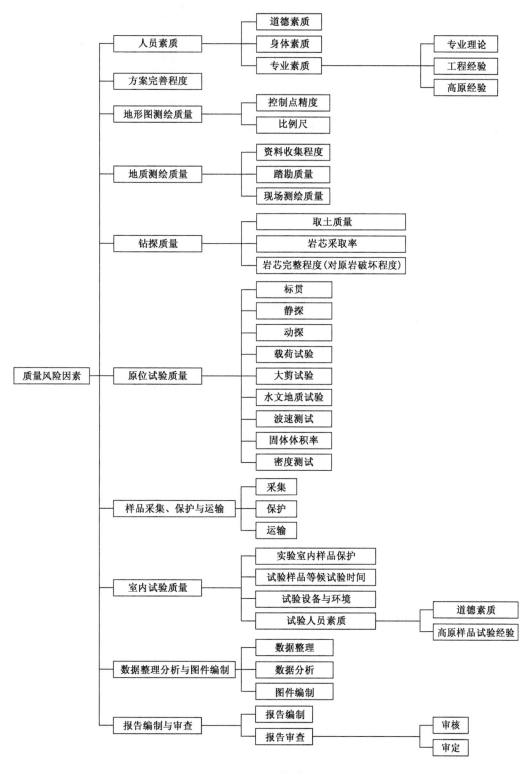

图 26-2　质量风险因素识别

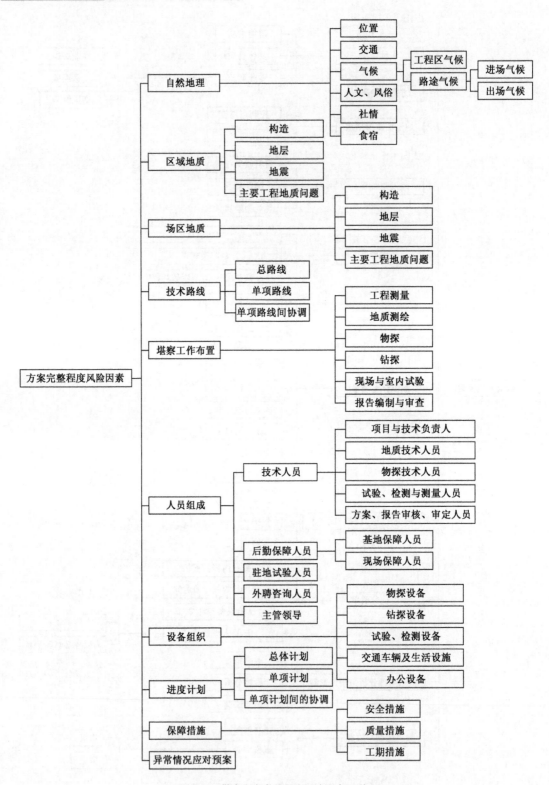

图 26-3　勘察方案完整程度风险因素识别

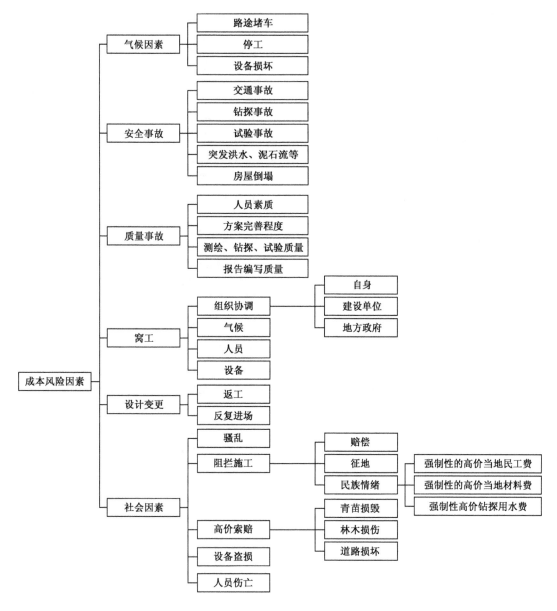

图 26-4 成本风险因素识别

26.4.3 工程勘察风险评价

在风险因素识别后,要进行工程勘察风险评价,即对勘察工程风险事件发生的可能性和损失后果进行评价。风险评价结果主要用于确定各种风险事件发生的概率及对其勘察目标影响的严重程度,以便针对性制定风险对策。

26.4.4 风险对策

根据风险评价结果,针对性地制定风险对策。风险对策主要有风险回避、风险控制、风险自留和风险转移四种形式。

1）风险回避

风险评价后，单位或项目负责人能有效地控制重大风险，可承担本类项目；若不能有效地控制重大工程风险，应选择风险回避，即不承担高高原机场工程勘察。

2）风险控制

高高原机场工程勘察风险控制包括预防损失和减少损失两个方面。预防损失是针对上述识别的勘察风险因素采取措施降低或消除损失发生概率。如选择高原经验丰富、技术娴熟，精力充沛的司机，减少交通事故发生概率；选择经验丰富的现场试验人员，提高试验一次成功率，及时发现和解决试验中的问题，减少异常值产生的概率和对物理力学指标确定的不利影响；加强与地方政府、建设单位沟通，做好用地赔偿、钻探用水等工作，避免窝工发生、施工阻拦事件发生和高价索赔等。

减少损失则是在勘察风险发生后，采取措施降低损失的严重性或遏制损失的进一步发展，使损失最小。减少损失措施主要是编制各种预案，如前述的异常情况应对预案，建立应急机制。应对预案在进入高原之前要进行演练，使进入高原的每个参与者在异常情况发生后，能及时采取措施，遏制事故发展，避免人员伤亡，减少财产损失。如在林芝机场勘察中，3名地质测绘人员在穿越干河道时，突遇上游拦河坝溃坝，被困河心滩。接到被困人员配发的高频高功率对讲机传来的消息后，立即启动救援预案：一部分人员立即赶回驻地，带上绳索、救生衣、救生筏，根据被困人员提供的坐标，迅速赶到事发地，展开自救；另一部分人员立即与当地驻军联系，请求支援。当地驻军按照约定，立即派出救援分队赶到现场，联合展开救援。在双方共同努力下，3名被困人员全部获救。

又如在该机场勘察期间，发现场区外500m处由于老乡生火引发森林火灾。发现火情后，立即启动森林防火预案，勘察值班人员一方面立即报告森林消防部队和当地驻军，另一方面要求全部勘察人员带上灭火器等工具赶到现场，在火情发展的关键时间，控制了火情，在当地驻军配合下，扑灭大火，避免了灾难发生。

3）风险自留

包括非计划自留和计划自留。非计划自留指勘察单位或项目负责人由于自身知识和高原经验缺乏，在风险因素识别时失误或未采取有效的防范措施，风险发生后只好由自己承担。如项目负责人对高高原气候认识不足，在途中和现场，由于人员不适高原环境而生病，甚至死亡。计划自留是有意识、有计划地选择，风险发生后损失由自己承担。哪些风险可以自留，则要根据自身情况，如高原经验丰富、力量雄厚的单位一般选择技术（质量）风险自留。常年在高原从事项目而又管理好的单位，可选交通、钻探等部分安全风险自留。

4）风险转移

包括非保险转移和保险转移。在高高原从事机场勘察时，非保险转移主要有：

（1）人员和设备运输风险转移：除必需的勘察车辆以外，大部分人员乘坐飞机、火车到达最近的站点，再乘坐汽车到工地；钻探等大型设备由专业运输公司承担，将大部分交通运输风险转移给航空、铁路和运输公司。

（2）必要时钻探等劳务由劳务公司（最好是当地劳务公司或常年在高原作业的钻探劳务公司）完成，勘察单位只承担技术工作等，将钻探等风险转移给劳务公司。

保险转移包括为参加勘察的人员、贵重设备以及勘察工程购买保险,将风险转移给保险商。实践中勘察单位一般为勘察人员、贵重设备购买保险。工程保险一般由建设单位购买。现场作业人员的人身保险可按最高限额购买。

26.5　过程控制

高高原机场勘察的过程控制包括勘察全过程安全控制、质量控制、进度控制和成本控制,其中安全控制、质量控制是全员参与过程。

26.5.1　安全控制

针对上述安全风险识别的因素,制定安全措施,督促落实,进行全员、全过程控制。高高原机场勘察的安全措施要针对高高原地区气候、交通、人文、风俗和社情等特点制定。安全措施不仅要细,更要具有操作性。

高高原机场勘察要配备专门安全员或安全工程师,督促落实具体安全措施。安全措施除工程勘察常规措施外,应增加:

(1)参与勘察人员应经体检后确认身体健康。

(2)配备高原安、红景天、肌酐等抗缺氧药物。

(3)配备制氧机、医用氧气罐等供氧设备,条件许可时配备医生。

(4)配备感冒、消炎、腹泻等药品。

(5)配备高频对讲机、卫星电话等通信工具。

(6)配备丰田等高原性能良好的四驱越野车及配件。

(7)按人或按作业组配备 GPS 等卫星定位设备。

(8)配备激光电筒等驱狼设备。

(9)配备压缩饼干、维生素片等。

(10)配备低压低温启动灵。

(11)配备足够的牵涉安全生产的配件。

(12)制定高高原安全生产规程。例如钻探作业,在常规安全规程基础上增加以下内容。

①使用-10 或-20 号柴油。

②晚上下班前必须将柴油机中水、油放干,并用棉被覆盖,避免设备冻裂。

③将供水管道中水放干,并收回帐篷内,避免早上钻探时冰块堵塞管道而引起烧钻事故。

④下班后将摇把、扳手、垫叉等收回帐篷,避免结冰打滑而造成事故。

⑤严禁裸手作业,避免冻伤和打滑。

⑥避免满负荷作业,防止设备损坏。

⑦当出现头晕、胸闷、心跳加速、四肢无力等,严禁上机作业,必须服药、吸氧休息,严重时就近就医。

安全控制是专门安全人员督促和勘察人员相互督促安全措施落实过程,在出队前和勘察过程的适当时候应进行安全演练。当出现安全事故时,在安全负责人的统一指挥下,按安全预案或事发时的具体情况,采取适当措施,控制事态发展,降低损失。

26.5.2 质量控制

针对图 26-2、图 26-3 中质量风险评估识别的风险因素,制定相应质量措施。高高原机场勘察质量控制重点:

1)人员素质

高高原机场远离内地,一旦出队,在技术上很难得到外部有力的支持,更多的是靠现场人员独立工作,其技术水平、责任心和道德水准很大程度上决定了勘察工程的质量,项目负责人、技术负责人和专业负责人必须是技术和思想过硬的人员。根据高高原机场具体情况,出队前应对参与勘察所有人员进行针对性培训和教育。

2)勘察方案质量控制

按图 26-2、图 26-3 进行完整性检查,根据收集资料、工程经验、咨询意见进行适宜性评价。勘察方案在征求总工办或相应技术部门意见修改后,由项目负责人审核,总工审定。

3)水文地质工程地质测绘

高高原机场水文地质工程地质测绘在一般机场地质调查基础上,重点调查:

(1)场地稳定性,尤其是活断层和地质灾害调查。活断层调查区域要大于活动性评价所需范围;地质灾害调查范围要大于泥石流、滑坡、崩塌等地质灾害的形成、发生、运动的影响区。

(2)工程地质问题。冻土、盐渍土、冰碛土、膨胀土、软弱土、砂土液化、移动性沙丘、地下水、岩溶与土洞、地基不均匀性等。

(3)部分高高原机场为河谷机场,特别注意洪水位调查。

4)钻探质量控制

钻探问题主要表现在以下几个方面:

(1)受地形、障碍物影响,钻机到达预定位置难度大,钻工未经技术人员同意,擅自挪动孔位,达不到钻探目的。

(2)不按要求工艺钻探,岩土芯样不能保持原状,不能取出软弱夹层,不能量准岩土及状态界线,取芯率低。

(3)采取原状土样不用取土器,从岩芯管中截取样品。

(4)采取的岩土样品不按要求及时进行掩埋,造成样品失水、暴晒、结冻而破坏。

(5)岩土芯样不按要求摆放和粘贴岩芯标签。

(6)不按要求测量地下水位。

(7)乱填,甚至不填班报表。

勘察方案要制定针对性的钻探问题预防措施,有关人员要按规范要求验收钻孔、检查样品,且重点检查上述可能出现的问题,并签字确认。

5)原位试验质量控制

高高原机场工程勘察原位试验一般为标贯、动探、静探、波速测试、静载荷试验、剪切试验、密度试验、固体体积率测试等,其中标贯、动探由钻探工人完成。原位试验质量控制重点在于是否按勘察方案中的试验方案执行,如试验数量、试验层位、试验方法合理性、试验操作正确性,试验数据处理正确性等。试验方案要随现场实际情况由技术负责人调整。原位试验数据应在现场整理分析,报告在现场编制,发现问题及时补救。在技术负责人验收合格前,原位试验人员和试验设备不得撤场。

6）协作单位质量控制

在按上述要求对协作单位质量控制基础上,还应派出专门或兼职人员对协作单位每一工序及成果进行逐一监控和验收,并协调与本单位及其他协作单位关系。

26.5.3　进度控制

进度控制是按制定的进度计划,采取必要的控制措施,使勘察工作如期完成。高高原机场勘察条件艰苦,干扰因素多,有效工作时间少而工期往往又比较紧张,进度控制非常重要。勘察项目负责人需将工期总目标进行分解,分析影响进度因素,制定进度计划和控制措施,并在勘察工程中不断调整,确保总工期。

1）影响进度的因素

影响高高原机场勘察进度的主要因素有气候与水文因素、技术因素、人为因素、设备、材料因素、资金因素、社会因素等,其中气候与技术因素是最大的干扰因素。进度计划的制定要全面、细致分析这些因素,指出这些因素的有利和不利方面。

2）进度计划

进度计划包括总体计划和单项计划。总体计划指完成某个高高原机场勘察项目总计划,单项计划指完成某项勘察内容或某工种工作的计划。

经验表明,高高原机场工程勘察受干扰因素多,计划工期为目标工期的 $0.7 \sim 0.8$ 倍较适宜,留出 $0.2 \sim 0.3$ 倍目标工期的机动时间。机场工程勘察工作内容多,工序多,总进度计划宜采用时标网络图表示。通过网络技术,找出控制整个工期的关键工作和关键路线,分析影响关键工作的有利及不利因素。对有利因素充分利用,对不利因素妥善预防,并制定相应应对措施,缩小实际进度与计划进度的偏差,实现对勘察项目进度的主动控制和动态控制。一般来讲,关键工作是钻探和现场试验,关键路线往往是钻探所在路线。

3）进度控制措施

进度控制措施包括组织措施、技术措施、经济及合同措施。

组织措施指建立勘察进度目标控制体系,明确相关人员职责,建立进度报告和信息沟通网络,实施进度计划审核和检查制度,建立各专业、工种协调制度。

技术措施主要指项目负责人组织专业负责人和工种编写进度计划,制定进度控制工作细则,采用网络技术对勘察工作实施动态控制。

经济措施主要包括协调单位财务部门给高高原机场勘察项目予以资金保障,给现场作业人员予以高原补助,及时支付钻探、试验、测量协作单位预付款和进度款。对工期提前予以奖励,对延误工期予以惩罚和索赔。

合同措施主要指勘察过程中履行与协作单位合同,合同措施即是加强合同管理,协调各协作单位,如钻探、试验、测量单位的合同工期与进度计划关系,严格控制合同变更,保证合同中进度目标实现。

4）成本控制

高高原机场勘察成本控制重点:一是严防各类事故发生而造成的巨大损失;二是控制生产成本。

（1）安全是最大效益。安全和质量事故必然要造成机械、设备损毁、人员伤亡,返工、赔偿等。这些事件发生必然支出大量费用,引起勘察成本急剧上升。针对高高原机场安全、质量风险因素,增大必要的人员、设备投入,按上述方法严控安全、质量事故发生,是对成本的最大节约。

（2）生产成本控制主要包括以下方面:

①加强与设计沟通,减少和避免设计变更而造成的返工、反复进场勘察。

②加强与地方政府、建设单位沟通,避免征地未落实、钻探用水无保障,人员食宿无着落而造成窝工损失;避免进场后损毁青苗、道路等造成高价索赔;避免当地高价人工费、材料费。

③人员组成上选派经验丰富、责任心强、思想品德好、技术与协调能力强的人,避免返工、质量、安全事故引起的损失和赔偿。

④现场作业人员尽可能一专多能,工作量不大的工作采用兼任方式,各专业和工种间人员可相互调用。如地质技术员,可兼任测量员;物探员可兼任地基检测员等。这样的人员组成具有进场人员少,安全风险量减少,人员开支减少,当某工种人员生病等不能工作时,其他工种人员可顶替,避免再进人员而影响工期,增大成本的优点。

⑤高高原地区物资匮乏,价格高,勘察方案编制要完善,准备要充分,避免到现场后,高价购买加工材料及设备。

⑥调用结构牢固、轻便、性能稳定、适应性强、便于维护的通用设备,避免设备故障、维护、维修、等候配件而引起的工期延误、人员工资等损失。

⑦选用信誉好,力量强,敢于承担责任的协作单位,避免勘察过程及事后扯皮而造成信誉及经济损失。

26.6 成果审查

成果审查包括勘察报告审核和审定。报告审核可分为现场检查、审核和单位驻地的审核和审定。高高原地区自然环境恶劣,二次进场不仅成本高,而且安全风险大,所以有的成果必须在现场检查和审核。必须在现场检查和审核的成果主要有现场试验资料、物探报告、钻探资料、综合工程地质平面图、剖面图、柱状图,以及勘察报告主要内容的初稿等。现场检查一般由专业负责人完成,审核则由技术负责人或项目负责人完成,发现问题及时补救。对牵涉机场的特殊项目是现场检查、审核的重点,地方无任何经验,一旦遗漏或出错,必须现场补救。

单位驻地的审核和审定可按国家或行业标准进行。一般来讲,项目负责人对勘察报告进行详细审核,单位总工或相关技术负责人对勘察报告进行审定。

26.7 小 结

高高原地区气候恶劣,交通困难,机场工程勘察具有安全、质量、成本风险大的特点,通过方案编制、风险评估、过程控制、成果审查等勘察阶段的系统控制,能有效地降低安全风险、提高勘察质量,控制勘察成本。建议在今后的高高原机场勘察工程中采用并不断丰富和完善系统控制方法,更好地为机场建设服务。

第27章　不停航勘察组织与管理

随着国家经济和航空事业的发展,越来越多的旧机场需要进行改造、改建和扩建。在改扩建过程中一般需要进行勘察,而这些机场往往是不停航的。以前机场航班少,通过航班调整大多能留出勘察时间;机场设施简单,管线少,勘察破坏管线,影响飞行问题不明显;社情相对简单,机场管理不严格,出入机场方便,勘察与飞行矛盾不突出。而目前,航班多,机场设施复杂,管线密布,社情复杂,机场管理严格,人员和设备出入机场手续十分麻烦,机场勘察效率低,成本高,稍有闪失,就有可能造成极大的损失,如 TPS 机场、NC 机场、LDB 机场等在改扩建勘察过程中把地埋的通讯光纤线、高压电力线或输油管线钻断,造成了停航;还有个别机场勘察污染了道面、残留设备在跑道上、飞行时间闯入勘察人员、对讲机影响导航通信、不在机场安全部门指定位置摆放设备或设备超高等,严重威胁飞行安全。

不停航勘察是指在机场不关闭或者部分时段关闭,并按照航班计划接收和放行航空器的情况下,在飞行区或飞行管制区内进行的勘察工作。加强改扩建机场不停航勘察管理十分重要,以 GA 机场为例,介绍不停航勘察的组织与管理。

27.1　GA 机场概况

GA 机场属军民合用机场,于1966年建成并于同年开通了北京—成都—GA 航线;1988后进行两次大规模的改扩建,即1988～1990年进行第一次改扩建,修建了民航跑道;2001～2004年实施了航站区改扩建工程,扩建停机坪和航站楼。在两次大规模改扩建期间几乎每年皆有不同规模的改扩建项目。目前,GA 机场飞行区等级指标为4E,民航部分的主要设施包括:1条4000m×45m 的跑道及滑行道系统、7个机位(3D4E)的站坪、2.56万 m² 的航站楼,以及相应的空管、供油、给排水、供电、消防救援等配套设施。

2000～2004年,军航部分也进行了改扩建,翻修了跑道和扩建了停机坪及其他建筑。

2009年 GA 机场再次改扩建,投资8.2亿元,包括新建联络道,延长滑行道,扩建停机坪,新建西工作区、雷达站、跑道盖被等。

目前 GA 机场还在进行航站楼、停机坪改扩建。

27.2　飞行和勘察情况

2000年以前,GA 机场一般每天2～4个航班,13:00以前,航班全部结束。夏季21:30天黑,冬季20:30天黑,每天勘察时间7.5～8.5h。

2000～2005年,GA 机场一般每天6～10个航班,15:00以前,航班全部结束,每天勘察时间5.5～6.5h。

2005年至今,由于飞行设备、导航设备改进,尤其是高性能高原飞机引进,GA 机场飞行由原来的主要上午飞行,变为全天飞行,甚至在2007年后在夏季开通夜航,每天一般20~30个航班,繁忙时达40余个航班。

除民航外,还有军队运输机和战斗机飞行。

在2005年以前,飞行与勘察矛盾是不突出的,机场管理也相对宽松,人员和设备进出机场十分方便。2005年以后,尤其是2008年"3·14"以后,机场管理十分严格,人员进出和施工受到了严格限制,同时勘察单位各种责任显著增大,效益明显降低。在严峻的安全形势下,经过严密勘察组织与管理,不仅保质按期完成了勘察任务,而且还获得了一定经济效益。

27.3　勘察组织与管理

27.3.1　进场前准备

1)组织机构

先前的该机场勘察项目部组织机构比较松散,由单位领导指定勘察项目负责人,然后由项目负责人按勘察任务成立项目部。由于勘察人数较少,且只有钻探为危险工种,安全形式一般不严峻,多次勘察也未出现安全事故。

2009年改扩建勘察时,由于前期多次建设,勘察区域管线多而无规律、无图纸,同时航班多,且有空军飞行训练,只能在夜间进行。夜晚施工,灯光照明,岩土鉴别与白天有较大差异、钻探采样、现场试验等存在盲区,容易发生误差或事故。

接受任务后,认真分析了本次勘察任务的特殊性,在成立勘察项目部组织结构时,做了如下规定:

(1)项目负责人为安全第一责任人,且同时具备下列条件:

①经验丰富的国家注册岩土工程师;

②国家注册安全工程师;

③参加过该机场前期的勘察工作,熟悉机场的环境与地质情况。

(2)增设专职安全工程师,对整个勘察过程安全负直接责任。专职安全工程师直接受项目负责人领导,有权随时纠正和停止可能存在危险的现场工作,有权越过项目负责人向单位主管汇报,有权处罚违反安全规定的所有人员。

勘察组织机构如图27-1所示。

2)手续报批

进行飞行区或飞行管制区勘察应完善报批手续。由于报批时间一般比较长,成立项目部后,在进场之前完成编制勘察技术方案、不停航勘察施工方案、应急预案工作。

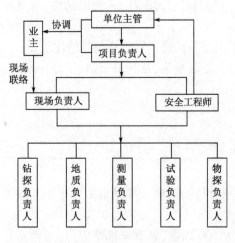

图27-1　GA机场改扩建勘察组织结构图

（1）手续报批程序

手续报批一般程序:勘察技术方案编制和报批→不停航施工方案编制与报批→应急预案编制与报批→报地区管理局审批→报民航总局备案→发航行通告。

（2）勘察技术方案编制和报批

勘察技术方案由项目负责人组织技术负责人、现场负责人和各专业负责人编制,报建设单位工程技术部门审批。

（3）不停航勘察施工方案编制与报批

勘察技术方案审批通过之后,由安全工程师组织安全员、现场负责人和各专业负责人编制不停航勘察施工方案。其内容应包括如下部分:

①工程内容、工期;

②施工平面图和分区详图;

③影响航空器起降、滑行和停放的情况和采取的措施;

④影响跑道和滑行道标志和灯光的情况和采取的措施;

⑤对跑道端安全区、无障碍物区和其他净空限制面的保护措施,包括对施工设备高度的限制要求;

⑥影响导航设施正常工作的情况和所采取的措施;

⑦对施工人员和车辆进出飞行区出入口的控制措施和对车辆灯光和标识的要求;

⑧防止无关人员和动物进入飞行区的措施;

⑨防止污染道面的措施;

⑩对沟渠和坑洞的覆盖要求;

⑪对施工中的漂浮物、灰尘、施工噪声和其他污染的控制措施;

⑫对无线电通信的要求;

⑬需要停用供水管线或消防栓,或消防救援通道发生改变或被堵塞时,通知航空器救援和消防人员的程序和补救措施;

⑭开挖施工时对电缆、输油管道、给排水管线和其他地下设施位置的确定和保护措施;

⑮施工安全协调会议制度,所有施工安全相关方的代表姓名和联系电话;

⑯对施工人员和车辆驾驶员的培训要求;

⑰各相关部门的职责和检查的要求。

（4）应急预案编制与报批

应急预案编制、报批与不停航施工方案编制和报批同时进行。应急预案编制的重点区域是在跑道端之外300m以内、跑道中心线两侧75m以内的区域。同时考虑到停机坪、管网密布区和其他重点区域。应急预案应突出应急程序、要求和责任。该机场钻探应急程序、要求如下:

①应急程序

a.任何负责人接到通知,或任何人员发现进场飞机,立即报告现场负责人。现场负责人立即组织应急工作,命令所有人员履行安全责任。

b.在跑道端之外300m以内、跑道中心线两侧75m以内的区域内的勘探孔,安排轮式SH-30型钻机。接到飞机迫降通知或发现迫降飞机进场时,首先在2min内推倒钻机塔架和取掉外露钻杆,人员卧到。钻机高度不大于1m。如果接到机场通知,若时间许可,在拖拉机牵引下快速撤离至巡场路与围界间空地上。

c. 在跑道端之外300m以内、跑道中心线两侧75米以外的区域，根据场地地层情况，必须采用XY-100钻机时，接到飞机迫降通知或发现迫降飞机进场时，在3min内推倒钻机塔架和取掉外露钻杆，5min钟内撬翻钻机，使钻机高度不大于1m，人员卧到。

d. 险情过后，立即组织人员和设备撤离。

②各级人员安全责任

a. 勘察负责人：负责勘察的组织、技术、协调等工作；组织学习不停航施工的有关要求及应急措施。督促现场负责人、现场安全员落实安全及应急措施，检查安全及应急措施落实情况，并及时更正。

b. 现场负责人：组织实施现场的勘察工作；与机场方面有关人员保持联系，信息畅通，及时获得机场飞行方面突发事件，并及时将现场情况报告有关部门和人员；及时指挥现场安全工程师、安全员和钻探负责人组织倒塔、取钻杆、撬翻钻机、撤离等工作。

c. 现场安全工程师：具体完成现场安全工作，监督钻探人员按章操作；约束所有人员在规定区域活动，及时纠正勘察中出现的安全问题；与钻探负责人一起组织倒塔、取钻杆、撬翻钻机、撤离等工作；对天空进行瞭望，如有飞机在未通知条件下进场，立即与其他负责人一道组织倒塔等工作。

d. 钻探负责人：负责钻探组织、实施，解决钻探过程中出现的有关问题；在现场负责人的统一指挥下，组织倒塔、取钻杆、撬翻钻机、撤离等工作。

e. 机长：在钻探负责人指挥下，与钻探辅助人员一起完成倒塔、取钻杆、撬翻钻机、撤离等工作。

f. 钻探辅助人员：在机长指挥下完成倒塔、取钻杆、撬翻钻机、撤离等工作。

（5）手续审批主体和时间

勘察技术方案审批由建设单位完成，一般在3~7天；不停航施工方案和应急预案由省（自治区）民航部门审查后报地区民航管理局审批，同时报民航总局备案和发航行通告。这一阶段一般需两个星期。

手续审批时间一般在20~30天。

3）设备组织及检修

在手续报批过程中，应安排专人进行设备组织与检修。选择设备时，应优先考虑轻便高效，便于搬运和适宜夜间作业设备和仪器。对所选择设备和仪器进行检修和校验，并测试夜间工作性能。

4）人员培训与演练

在手续报批过程中，应组织项目人员进行培训。培训主要内容除包括夜间常规的勘察程序、方法外，应重点培训应急预案，使项目成员，做到：

（1）一切行动听指挥。

（2）进入工区后应完成的工作内容和严禁触摸、搬动、损毁设备、污染地面、越界等事项。

（3）违反纪律和相关规程后，造成的后果及时承担责任。

（4）出现紧急情况时要采取紧急处理措施。

5）签订安全责任书

安全责任书包括三级:建设单位与勘察单位安全责任书、勘察单位与勘察项目部安全责任书、勘察项目部与其成员安全责任书。

安全责任书要明确各责任主体及其承担责任。同时要实事求是,不可转嫁和推卸责任。

27.3.2 勘察施工

1)照明与防护

(1)照明

夜间施工照明极其重要,不仅影响勘察质量,而且还可能造成勘察事故。夜间照明应采用固定照明和流动照明相结合方式。固定照明为主要照明方式,宜从多个方位照明,避免盲区。照明应选用亮度大,对眼刺激小的灯具,如 LED 灯、碘钨灯;勘察工作流动性大,固定照明电源宜采用发电机。流动照明宜采用照明时间长、亮度大的 LED 手电。

(2)防护

防护工作包括防风、防雨、防冻、防蛇虫叮咬、防雷击等。

①人员防护

高原地区天气多变,夜晚温度低,风雨无常,夜晚在工作区搭建了临时军用帐篷,起大风和降雨时,临时躲避。

人员防冻采用轻便保暖性能好的服装和戴防护面罩、手套,轮换到帐篷取暖方式,严禁生火取暖。

②仪器、设备防护

a.测量、物探等电子仪器防护采用外套棉套,每间隔 30 ~ 60min 在车内空调保暖 5 ~ 10min,避免电子设备在夜晚低温下不显数字、乱跳数字、停机等。

b.钻机等机械设备防冻采用 -20 号柴油、低温防冻液,所有用水设备在停工后放干水、盖上棉被等。

c.高耸的钻塔,测量的金属塔尺严禁在雷雨天气作业,避免雷击。

2)探井

目前,管线探测仪探测的管线,很难精确定位,多次发生钻探和土方施工损伤管线情况。改扩建机场的探井除常规意义上的探明地质情况外,更重要的是探明地下管线的情况,避免钻探损伤管线,保障钻探安全和飞行安全。

GA 机场本次改扩建300 多个钻探点位全部开挖探井,深度不小于 1.5m,发现管线率约15%,70%以上不在建设单位指定和管线探测标明的位置。探井是查明管线最原始,也是最有效办法。

探井必须人工小心开挖,开挖深度在管线埋置深度以下。

3)钻探与编录

(1)钻探

钻探必须在未发现管线的探井最深处进行,稍有偏差可能损伤管线。

钻探照明从多个方位,主照明从钻机主操作手背面照射,严禁直射主操作手面部。

(2)编录

夜晚编录往往失真,有时还漏编某些现象。采取代表性原状样和判断不明岩土芯在第二天白天开样,完善编录。

4)物探

该机场改扩建场地,地形平坦,物探效果较好,勘察中采用了电法物探、地震浅层反射和面波方法。物探过程中采用了下列方法确保物探安全、质量:

(1)与机场安全部门协调,物探工作时,关闭勘察区所有电源、水源和电信信号源。

(2)根据探井揭露管线、管线探测仪探测的管线修正管线对电法的影响。

(3)地震物探采用人工锤击震源。当人工震源能量不足时,用钻机起吊 63.5kg、80kg 或 120kg 重锤,止动、关闭钻机,让重锤自由落下,冲击地面,产生振动。重锤下落过程中,用轮胎等围护,避免重锤弹跳伤及人员和设备。

5)采样

扰动土样应注意分层,避免误装入非试验土层。

原装土样采取严格按操作规程。特别注意样筒装入正确,丝口严密,松紧合适,避免过紧损坏丝口,过松使取土器掉入孔内。取土后应把取土器取下,轻放在灯光下,仔细取出土样,立即密封。

6)原位试验

(1)标贯、动探

针对在夜晚,进行标贯、动探试验过程中,装卸、提升重锤时滑脱,以及提锤架松脱、钢丝绳打滑、断裂的前兆难以发现,容易引发事故问题。要求试验人员高度重视,执行 2 个试验点位全面检查,1 个试验点位重点检查;1 人检查,1 人复查制度。

采用白色粉笔在探杆上画封闭的粗标志线。

(2)地基承载力现场检测

由于载荷试验时间长,堆载高度超过飞行要求,故在飞行区勘察中采用现场地基检测仪、微型贯入仪等轻便快速现场检测方法。在不影响飞行的相同地貌单元、相同地层、相同点位同时进行 6 组载荷试验,与地基检测仪、微型贯入仪贯入试验对比,建立对应关系,修正检测成果。

(3)波速测试

采用面波测试获取地震动参数,避免孔内波速测试对管线和飞行影响。

(4)静力触探

静力触探在探井中进行,避免探头刺伤管线。采用静力触探车,避免地锚伤及管线。

27.4　小　　结

GA 机场不停航勘察方案是作者多年在多个机场不停航施工勘察经验的基础上,结合 GA 机场实际情况和军队、民航管理的具体要求编写的,在勘察过程中不但修正和完善,在高原缺氧、气候多变、管网复杂、社情复杂、军航和民航皆在飞行的条件下,保质按期地完成了勘察任务,其勘察施工组织方案可供其他机场参考。但机场改扩建情况千差万别,机场管理法规和要求不断变化,应结合所勘察机场的具体情况和勘察单位实际情况编写,并严格执行。实践证明,合理的勘察施工组织和严格的管理,在不停航条件下,可满足勘察质量和工期要求。

参 考 文 献

[1] 中国民用航空总局.MH 5001—2013 民用机场飞行区技术标准[S].北京:中国民航出版社,2013.

[2] 中国人民解放军总后勤部.GJB 2263A—2012 军用机场勘测规范[S].北京:总后科学研究所,2012.

[3] 中国民用航空总局.MH/T 5025—2011 民用机场勘测规范[S].北京:中国民航出版社,2011.

[4] 谢春庆.机场工程地质与勘察[M].成都:西南交通大学出版社,2001.

[5] 谢春庆.关于工程地质测绘在西南地区机场勘察中的几点认识[J].机场工程,1998(2):30-32.

[6] 谢春庆.偏心刮刀钻头的试验研究[J].探矿工程,2000(4):33-34.

[7] 工程地质手册编委会.工程地质手册(第四版)[M].北京:中国建筑工业出版社,2007.

[8] 中华人民共和国建设部.GB 50021—2001 岩土工程勘察规范(2009年版)[S].北京:中国建筑工业出版社,2009.

[9] 中国民用航空总局.MH/T 5027—2013 民用机场岩土工程设计规范[S].北京:中国民航出版社,2014.

[10] 中华人民共和国住房和城乡建设部.JGJ/T 87—2012 建筑工程地质勘探与取样技术规程[S].北京:中国建筑工业出版社,2012.

[11] 廖崇高,谢春庆,潘凯.西南地区全强风化红层砂岩工程特性试验研究,路基工程[J].2016(5).

[12] 吴勇,谢春庆,李自停.岩土工程中红黏土土样保护新方法[J].山地学报,1999(2):61.

[13] 谢春庆.关于山区机场选址阶段加强地质勘察的思考[J].机场建设,2004(2):31-32.

[14] 谢春庆.机场一次性勘察探索[J].机场工程,2001(3):14-17.

[15] 谢春庆,廖梦雨.关于机场土面区工程勘察的讨论[J].机场建设,2015(4):44-48.

[16] 王晓欣,王运生,谢春庆.昆明新机场工程土洞分布规律及成因机制分析[J].路基工程,2010(4):157-159.

[17] 谢春庆,李天华,孙刚,等.某大型工程场地碳酸盐岩覆盖层成因类型及分析[J].勘察科学技术,2011(6):19-23.

[18] 中国国家标准化管理委员会.GB/T 14684—2011 建设用砂[S].北京:中国标准出版社,2011.

[19] 中国民用航空总局.MH 5006—2015 民用机场水泥混凝土面层施工技术规范[S].北京:中国民航出版社,2015.

[20] 中国国家标准化管理委员会.GB/T 14685—2011 建设用卵石、碎石[S].北京:中国标准出版社,2011.

[21] 赵志强.烟台新国际机场拟建场区金矿采空区治理方法研究[J/OL].城市建设理论研

究:电子版,2013(17).

[22] 崔可锐,周阳,管政亭,等.合肥新桥国际机场膨胀土工程性质的试验研究[J].上海地质,2010(S1):60-63.

[23] 胡清华,崔可锐.合肥新桥国际机场膨胀土石灰改良研究[J].安徽地质,2009(04):284-286.

[24] 张义芳,谢守华,黄发恒.宜昌三峡机场膨胀土处置深度及方法研究[J].湖北地质,1996(01):109-119.

[25] 杨明亮,陈善雄,全元元,等.空军汉口机场试验路段石灰改性膨胀土试验研究[J].岩石力学与工程学报,2006(09):1868-1875.

[26] 刘瑞,王家鼎,王新忠.石灰改良弱膨胀土击实特性试验研究[J].工程地质学报,2013(6):864-870.

[27] 吴永龙.咸阳机场强夯加固地基施工工艺[J].建筑技术,1990(06):9-1.

[28] 陶志怀.西宁曹家堡机场二期工程湿陷性黄土地基处理技术研究[D].西安:长安大学,2011.

[29] 谭晓刚.兰州(中川)机场改扩建工程地基处理方法的探讨[J].重庆交通学院学报,1998(02):53-57.

[30] 中华人民共和国建设部.GB 50324—2001 冻土工程地质勘察规范[S].北京:中国建筑工业出版社,2001.

[31] 谢春庆,邱延峻,王伟.冰碛层工程性质及地基处理方法的研究[J].岩土工程技术,2008(4):213-217.

[32] 谢春庆.冰碛土工程性能的研究[J].山地学报,2002(S1):132-219.

[33] 谢春庆,刘都鹏.冰碛层中架空块碎石成因及处理分析[J].路基工程,2006(6):34-37.

[34] 谢春庆,邱延峻.冰碛层水文地质特征及其对工程影响的研究[J].水文地质工程地质,2006(5):90-94.

[35] 谢春庆,陈涛,邱延峻.冰碛层路用工程性质研究[J].路基工程,2010(4):78-80.

[36] 李天华,蒋发森,谢春庆,等.川西海子山超固结土工程地质特性及成因机理研究[J].路基工程,2012(2):1-5.

[37] 屈智炯,刘开明,肖晓军,等.冰碛土微观结构、应力应变特性及其模型研究[J].岩土工程学报,1992(6):19-2.

[38] 李正忠,谢春庆,潘凯.粗粒混合土地基处理及高填方填筑体压实试验研究[J].路基工程,2016(3).

[39] 中国工程建设标准化协会.CECS99:98 岩土工程勘察报告编制标准[S].北京:中国标准出版社,1998.

[40] 中华人民共和国住房和城乡建设部.建质[2010]215号 房屋建筑和市政基础设施工程勘察文件编制深度规定(2010年版)[S].北京:中国建筑工业出版社,2010.

[41] 谢春庆,李天华,徐洪彪.某机场道面脱空原因分析与处治措施[J].路基工程,2012(1):181-184.

[42] 袁晓铭,曹振中.砂砾土液化判别的基本方法及计算公式[J].岩土工程学报,2011(4):

509-519.

[43] 谢春庆,钱锐.大面积高填方工程地下水后评价探讨[J].勘察科学技术,2014(6):1-4,64.

[44] 姚永熙.地下水监测方法和仪器概述[J].水利水文自动化,2010(01):6-13.

[45] 姚文婷,吴斌,潘全荣.地下水监测研究工作现状及应对措施分析[J].科技传播,2013(21):127-128.

[46] 林祚顶,章树安,李洋,等.国家地下水监测工程可行性研究报告主要成果综述[C]//中国水文科技新发展——2012中国水文学术讨论会论文集.南京,2012:328-335.

[47] 王爱平,杨建青,杨桂莲,等.我国地下水监测现状分析与展望,水文[J],2010年,No.6,53-56.

[48] 龚志红,李天斌,龚习炜,等.攀枝花机场北东角滑坡整治措施研究[J].工程地质学报,2007(02):237-243.

[49] 中华人民共和国水利部.SL 183—2005 地下水监测规范[S].北京:中国水利水电出版社,2006.

[50] 中华人民共和国水利部.SL 360—2006 地下水监测站建设技术规范[S].北京:中国水利水电出版社.2007.

[51] 中华人民共和国环境保护部.HJ 610—2016 环境影响评价技术导则-地下水环境[S].北京:中国环境出版社,2016.

[52] 王丹辉.昆明新机场航站区岩溶洞隙稳定性研究[D].贵阳:贵州大学,2009.

[53] 中华人民共和国国土资源部.DZ/T 0218—2006 滑坡防治工程勘察规范[S].北京:中国标准出版社,2006.

[54] 赵宗坤,马先员.绵阳机场飞行区东南端滑坡治理工程设计[J].建材与装饰,2012(8):140-141.

[55] 李志成.GPS技术在地表滑坡变形观测中的应用与实践[J].重庆建筑,2003(06):43-44.

[56] 谢先勇.吕梁机场工程黄土边坡的敏感性分析[J].路基工程,2012(01):135-137.

[57] 谷天峰,王家鼎,王念秦.吕梁机场黄土滑坡特征及其三维稳定性分析[J].岩土力学,2013(07):2009-2016.

[58] 林肖荣,庞昌全.宜昌三峡机场灯光带滑坡特征及治理[J].湖北地质,1997(01):66-72.

[59] 张勇,李茂生,刘建武.自由锚索在深圳机场边坡加固中的应用[C]//地面岩石工程与注浆技术学术研讨会论文集.重庆,1997:5.

[60] 吕相军.探析武夷山机场快速通道某标段滑坡勘察[J].地球,2014(3):146-147.

[61] 张金航.高填方边坡变形破坏机理及防治对策研究—以攀枝花机场12#滑坡为例[D].成都:成都理工大学,2010.

[62] 曹集士.攀枝花机场滑坡滑带土试验及滑坡滑动机理研究[D].成都:西南交通大学,2013.

[63] 李安洪,同德培,冯君,等.顺层岩质边坡稳定性分析与支挡防护设计[M].北京:人民交通出版社,2011.

［64］ 徐平,王阿丹,李同录,等.西安咸阳国际机场污水排放口潜在滑坡稳定性分析［J］.防灾减灾工程学报,2011(02):191-195.

［65］ 李毅.西安咸阳国际机场污水排放口潜在滑坡补充岩土工程勘察报告［R］.西安:西安中勘工程有限公司,2008.

［66］ 阮永芬,刘文连,张永彬.攀枝花机场滑坡块体的稳定性计算分析［J］.路基工程,2008(2):5-7.

［67］ 余绍维,黄经秋.攀枝花民用机场场区高填方边坡稳定性研究［J］.有色矿山,1999(05):45-49.

［68］ 阮小龙,黄双华,汪杰,等.攀枝花机场滑坡成因分析及治理对策［J］.四川建筑,2013(05):118-122.

［69］ 田鲁军.高填方机场的滑坡与防治［J］.机场建设,2002(03):19-21.

［70］ 秦良彬,李晓明,李学伟.攀枝花机场某滑坡稳定性可靠度分析［J］.低温建筑技术,2013(09):114-116.

［71］ 阎鼎熠,陈捷,熊南杰.某高填方人工填土稳定性分析［J］.采矿技术,2006(01):46-49.

［72］ 张登武.西南某机场边坡稳定性分析及综合治理研究［D］.兰州:兰州交通大学,2013.

［73］ 岑国平,洪刚.机场泥石流沟的防治［J］.机场建设,2004(01):26-27.

［74］ 山西省交通厅,中交通力公路勘察设计工程有限公司.高速公路设计与施工治理手册［M］.P62.

［75］ 黎斌,范秋雁,秦凤荣.岩溶地区溶洞顶板稳定性分析［J］.岩石力学与工程学报,2002,21(4):532～536.

［76］ 王丹辉,王亨林,刘宏.FLAC3D 在溶洞顶板稳定性评价中的应用［J］.人民长江,2009,40(9):71-73.

［77］ 周立新,周虎鑫,李玉宏,等.机场工程中岩溶地基厚跨比分析研究［J］.工程地质学报,2011,19(s):417-420.

［78］ 谢春庆,谢春涛.机场工程中视大溶洞的勘察与处理［J］,路基工程,2012,165(6):130-133.

［79］ 戴自航,范夏玲,卢才金.岩溶区高速公路路堤及溶洞顶板稳定性数值分析［J］.岩土力学,2014,35(s1):382-390.

［80］ 王卫中,魏桂琴.基于极限平衡分析方法的溶洞顶板稳定性评价［J］.中国水运,2015,15(5):339-340.

［81］ 李刚,孟祥龙,杨光,等.某机场高填方土基滑塌原因分析［J］.科技与创新,2014(21):64-65.

［82］ 中国建筑科学研究院地基基础研究所,清华大学土木工程系.山区机场高填方地基稳定及变形控制关键技术研究(863 计划)［R］.2009.

［83］ 巨能攀,黄润秋,涂国祥,等.西部某机场高填边坡三维稳定性分析［J］.成都理工大学学报(自然科学版),2004(03):221-225.

［84］ 陈涛.山区机场高填方地基变形及稳定性研究［D］.郑州:郑州大学,2010.

［85］ 徐则民,黄润秋,许强,等.九寨黄龙机场填方高边坡静力稳定性分析［J］.地球与环境,

2005（S1）：290-295.

[86] 徐则民，张倬元，许强，等.九寨黄龙机场填方高边坡动力稳定性分析[J].岩石力学与工程学报，2004（11）：1883-1890.

[87] 刘宏，张倬元.四川九寨黄龙机场高填方地基变形与稳定性分析系统研究[M].成都：西南交通大学出版社，2006.

[88] 徐斌，邹德高，孔宪京，等.高土石坝坝坡地震稳定性分析研究[J].岩土工程学报，2012（01）：139-144.

[89] 中华人民共和国建设部.GB 50267—1997 核电厂抗震设计规范[S].北京：中国计划出版社，1998.

[90] 谢春庆，容树俭，王伟.红层地区工程中土石比研究[J].路基工程，2013（6）：83-88.

[91] 程强，寇小兵，黄绍槟，等.中国红层的分布及地质环境特征[J].工程地质学报，2004（01）：34-40.

[92] 中华人民共和国交通运输部.JTG C20—2011 公路工程地质勘察规范[S].北京：人民交通出版社，2011.

[93] 郭永春，谢强，文江泉.水热交替对红层泥岩崩解的影响[J].水文地质工程地质，2012（05）：69-73.

[94] 谢春庆，李正忠，潘凯.岩溶山区大面积挖方工程土石比研究[J].路基工程，2015（2）：1-5，12.

[95] 谢春庆，王伟，杨小东.川西高原冰碛层土石比确定方法研究[J].路基工程，2013（4）：1-5.

[96] 岑国平.机场排水设计[M].北京：人民交通出版社，2002.

[97] 谢春庆，王伟.地质雷达在大面积复杂岩溶场地勘察中的应用研究[J].工程勘察，2013（5）：25-28.

[98] 谢春庆，谢春涛.机场工程中"视大溶洞"的勘察与处理[J].路基工程，2012（6）：130-133，13.

[99] 中华人民共和国住房和城乡建设部.GB 50585—2010 岩土工程勘察安全规范[S].北京：中国计划出版社，2010.

[100] 谢春庆，王伟，邱延峻.复杂场地大型岩土工程勘察管理探讨[J].机场工程，2008（03）：26-30.

[101] 谢春庆.高高原机场岩土工程勘察管理[J].机场工程，2013（01）：38-45.